机 械 设 计 手 册

第 6 版

单 行 本

机架、箱体与导轨

主　编　闻邦椿
副主编　鄂中凯　张义民　陈良玉　孙志礼
　　　　宋锦春　柳洪义　巩亚东　宋桂秋

机 械 工 业 出 版 社

《机械设计手册》第6版 单行本共26分册，内容涵盖机械常规设计、机电一体化设计与机电控制、现代设计方法及其应用等内容，具有系统全面、信息量大、内容现代、突显创新、实用可靠、简明便查、便于携带和翻阅等特色。各分册分别为：《常用设计资料和数据》《机械制图与机械零部件精度设计》《机械零部件结构设计》《连接与紧固》《带传动和链传动 摩擦轮传动与螺旋传动》《齿轮传动》《减速器和变速器》《机构设计》《轴 弹簧》《滚动轴承》《联轴器、离合器与制动器》《起重运输机械零部件和操作件》《机架、箱体与导轨》《润滑 密封》《气压传动与控制》《机电一体化技术及设计》《机电系统控制》《机器人与机器人装备》《数控技术》《微机电系统及设计》《机械系统概念设计》《机械系统的振动设计及噪声控制》《疲劳强度设计 机械可靠性设计》《数字化设计》《工业设计与人机工程》《智能设计 仿生机械设计》。

本单行本为《机架、箱体与导轨》，主要介绍了机架设计概述、机架结构设计、机架的设计与计算、箱体的结构设计与计算、机架与箱体的现代设计方法、导轨等内容。

本书供从事机械设计、制造、维修及有关工程技术人员作为工具书使用，也可供大专院校的有关专业师生使用和参考。

图书在版编目（CIP）数据

机械设计手册．机架、箱体与导轨/闻邦椿主编．—6版．—北京：机械工业出版社，2020.1（2023.4重印）

ISBN 978-7-111-64739-3

Ⅰ.①机… Ⅱ.①闻… Ⅲ.①机械设计-技术手册②机架-技术手册③机械-箱体-技术手册④导轨（机械）-技术手册 Ⅳ.①TH122-62②TH136-62③TH131.9-62

中国版本图书馆CIP数据核字（2020）第024577号

机械工业出版社（北京市百万庄大街22号 邮政编码100037）
策划编辑：曲彩云 责任编辑：曲彩云 高依楠
责任校对：徐 强 封面设计：马精明
责任印制：常天培
北京机工印刷厂有限公司印刷
2023年4月第6版第2次印刷
184mm×260mm · 12印张 · 413千字
标准书号：ISBN 978-7-111-64739-3
定价：48.00元

电话服务	网络服务
客服电话：010-88361066	机 工 官 网：www.cmpbook.com
010-88379833	机 工 官 博：weibo.com/cmp1952
010-68326294	金 书 网：www.golden-book.com
封底无防伪标均为盗版	机工教育服务网：www.cmpedu.com

出版说明

《机械设计手册》自出版以来，已经进行了5次修订，2018年第6版出版发行。截至2019年，《机械设计手册》累计发行39万套。作为国家级重点科技图书，《机械设计手册》深受广大读者的欢迎和好评，在全国具有很大的影响力。该书曾获得中国出版政府奖提名奖、中国机械工业科学技术奖一等奖、全国优秀科技图书奖二等奖、中国机械工业部科技进步奖二等奖，并多次获得全国优秀畅销书奖等奖项。《机械设计手册》已成为机械设计领域的品牌产品，是机械工程领域最具权威和影响力的大型工具书之一。

《机械设计手册》第6版共7卷55篇，是在前5版的基础上吸收并总结了国内外机械工程设计领域中的新标准、新材料、新工艺、新结构、新技术、新产品、新的设计理论与方法，并配合我国创新驱动战略的需求编写而成的。与前5版相比，第6版无论是从体系还是内容，都在传承的基础上进行了创新。重点充实了机电一体化系统设计、机电控制与信息技术、现代机械设计理论与方法等现代机械设计的最新内容，将常规设计方法与现代设计方法相融合，光、机、电设计融为一体，局部的零部件设计与系统化设计互相衔接，并努力将创新设计的理念贯穿其中。《机械设计手册》第6版体现了国内外机械设计发展的新水平，精心诠释了常规与现代机械设计的内涵、全面荟萃凝练了机械设计各专业技术的精华，它将引领现代机械设计创新潮流、成就新一代机械设计大师，为我国实现装备制造强国梦做出重大贡献。

《机械设计手册》第6版的主要特色是：体系新颖、系统全面、信息量大、内容现代、突显创新、实用可靠、简明便查。应该特别指出的是，第6版手册具有较高的科技含量和大量技术创新性的内容。手册中的许多内容都是编著者多年研究成果的科学总结。这些内容中有不少依托国家“863计划”“973计划”“985工程”“国家科技重大专项”“国家自然科学基金”重大、重点和面上项目资助项目。相关项目有不少成果曾获得国际、国家、部委、省市科技奖励、技术专利。这充分体现了手册内容的重大科学价值与创新性。如仿生机械设计、激光及其在机械工程中的应用、绿色设计与和谐设计、微机电系统及设计等前沿新技术；又如产品综合设计理论与方法是闻邦椿院士在国际上首先提出，并综合8部专著后首次编入手册，该方法已经在高铁、动车及离心压缩机等机械工程中成功应用，获得了巨大的社会效益和经济效益。

在《机械设计手册》历次修订的过程中，出版社和作者都广泛征求和听取各方面的意见，广大读者在对《机械设计手册》给予充分肯定的同时，也指出《机械设计手册》卷册厚重，不便携带，希望能出版篇幅较小、针对性强、便查便携的更加实用的单行本。为满足读者的需要，机械工业出版社于2007年首次推出了《机械设计手册》第4版单行本。该单行本出版后很快受到读者的欢迎和好评。《机械设计手册》第6版已经面市，为了使读者能按需要、有针对性地选用《机械设计手册》第6版中的相关内容并降低购书费用，机械工业出版社在总结《机械设计手册》前几版单行本经验的基础上推出了《机械设计手册》第6版单行本。

《机械设计手册》第6版单行本保持了《机械设计手册》第6版（7卷本）的优势和特色，依据机械设计的实际情况和机械设计专业的具体情况以及手册各篇内容的相关性，将原手册的7卷55篇进行精选、合并，重新整合为26个分册，分别为：《常用设计资料和数据》《机械制图与机械零部件精度设计》《机械零部件结构设计》《连接与紧固》《带传动和链传动　摩擦轮传动与螺旋传动》《齿轮传动》《减速器和变速器》《机构设计》《轴　弹簧》《滚动轴承》《联轴器、离合器与制动器》《起重运输机械零部件和操作件》《机架、箱体与导轨》《润滑　密封》《气压传动与控制》《机电一体化技术及设计》《机电系统控制》《机器人与机器人装备》《数控技术》《微机电系统及设计》《机械系统概念设计》《机械系统的振动设计及噪声控制》《疲劳强度设计　机械可靠性设计》《数字化设计》《工业设计与人机工程》《智能设计　仿生机械设计》。各分册内容针对性强、篇幅适中、查阅和携带方便，读者可根据需要灵活选用。

《机械设计手册》第 6 版单行本是为了助力我国制造业转型升级、经济发展从高增长迈向高质量，满足广大读者的需要而编辑出版的，它将与《机械设计手册》第 6 版（7 卷本）一起，成为机械设计人员、工程技术人员得心应手的工具书，成为广大读者的良师益友。

由于工作量大、水平有限，难免有一些错误和不妥之处，殷切希望广大读者给予指正。

机械工业出版社

前　言

本版手册为新出版的第6版7卷本《机械设计手册》。由于科学技术的快速发展，需要我们对手册内容进行更新，增加新的科技内容，以满足广大读者的迫切需要。

《机械设计手册》自1991年面世发行以来，历经5次修订，截至2016年已累计发行38万套。作为国家级重点科技图书的《机械设计手册》，深受社会各界的重视和好评，在全国具有很大的影响力，该手册曾获得全国优秀科技图书奖二等奖（1995年）、中国机械工业部科技进步奖二等奖（1997年）、中国机械工业科学技术奖一等奖（2011年）、中国出版政府奖提名奖（2013年），并多次获得全国优秀畅销书奖等奖项。1994年，《机械设计手册》曾在我国台湾建宏出版社出版发行，并在海内外产生了广泛的影响。《机械设计手册》荣获的一系列国家和部级奖项表明，其具有很高的科学价值、实用价值和文化价值。《机械设计手册》已成为机械设计领域的一部大型品牌工具书，已成为机械工程领域权威的和影响力较大的大型工具书，长期以来，它为我国装备制造业的发展做出了巨大贡献。

第5版《机械设计手册》出版发行至今已有7年时间，这期间我国国民经济有了很大发展，国家制定了《国家创新驱动发展战略纲要》，其中把创新驱动发展作为了国家的优先战略。因此，《机械设计手册》第6版修订工作的指导思想除努力贯彻“科学性、先进性、创新性、实用性、可靠性”外，更加突出了“创新性”，以全力配合我国“创新驱动发展战略”的重大需求，为实现我国建设创新型国家和科技强国梦做出贡献。

在本版手册的修订过程中，广泛调研了厂矿企业、设计院、科研院所和高等院校等多方面的使用情况和意见。对机械设计的基础内容、经典内容和传统内容，从取材、产品及其零部件的设计方法与计算流程、设计实例等多方面进行了深入系统的整合，同时，还全面总结了当前国内外机械设计的新理论、新方法、新材料、新工艺、新结构、新产品和新技术，特别是在现代设计与创新设计理论与方法、机电一体化及机械系统控制技术等方面做了系统和全面的论述和凝练。相信本版手册会以崭新的面貌展现在广大读者面前，它将对提高我国机械产品的设计水平、推进新产品的研究与开发、老产品的改造，以及产品的引进、消化、吸收和再创新，进而促进我国由制造大国向制造强国跃升，发挥出巨大的作用。

本版手册分为7卷55篇：第1卷　机械设计基础资料；第2卷　机械零部件设计（连接、紧固与传动）；第3卷　机械零部件设计（轴系、支承与其他）；第4卷　流体传动与控制；第5卷　机电一体化与控制技术；第6卷　现代设计与创新设计（一）；第7卷　现代设计与创新设计（二）。

本版手册有以下七大特点：

一、构建新体系

构建了科学、先进、实用、适应现代机械设计创新潮流的《机械设计手册》新结构体系。该体系层次为：机械基础、常规设计、机电一体化设计与控制技术、现代设计与创新设计方法。该体系的特点是：常规设计方法与现代设计方法互相融合，光、机、电设计融为一体，局部的零部件设计与系统化设计互相衔接，并努力将创新设计的理念贯穿于常规设计与现代设计之中。

二、凸显创新性

习近平总书记在2014年6月和2016年5月召开的中国科学院、中国工程院两院院士大会上分别提出了我国科技发展的方向就是“创新、创新、再创新”，以及实现创新型国家和科技强国的三个阶段的目标和五项具体工作。为了配合我国创新驱动发展战略的重大需求，本版手册突出了机械创新设计内容的编写，主要有以下几个方面：

（1）新增第7卷，重点介绍了创新设计及与创新设计有关的内容。

该卷主要内容有：机械创新设计概论，创新设计方法论，顶层设计原理、方法与应用，创新原理、思维、方法与应用，绿色设计与和谐设计，智能设计，仿生机械设计，互联网上的合作设计，工业通信网络，面向机械工程领域的大数据、云计算与物联网技术，3D打印设计与制造技术，系统化设计理论与方法。

（2）在一些篇章编入了创新设计和多种典型机械创新设计的内容。

“第11篇　机构设计”篇新增加了“机构创新设计”一章，该章编入了机构创新设计的原理、方法及飞剪机剪切机构创新设计，大型空间折展机构创新设计等多个创新设计的案例。典型机械的创新设计有大型全断面掘进机（盾构机）仿真分析与数字化设计、机器人挖掘机的机电一体化创新设计、节能抽油机的创新设计、产品包装生产线的机构方案创新设计等。

（3）编入了一大批典型的创新机械产品。

“机械无级变速器”一章中编入了新型金属带式无级变速器，“并联机构的设计与应用”一章中编入了数十个新型的并联机床产品，“振动的利用”一章中新编入了激振器偏移式自同步振动筛、惯性共振式振动筛、振动压路机等十多个典型的创新机械产品。这些产品有的获得了国家或省部级奖励，有的是专利产品。

（4）编入了机械设计理论和设计方法论等方面的创新研究成果。

1）闻邦椿院士团队经过长期研究，在国际上首先创建了振动利用工程学科，提出了该类机械设计理论和方法。本版手册中编入了相关内容和实例。

2）根据多年的研究，提出了以非线性动力学理论为基础的深层次的动态设计理论与方法。本版手册首次编入了该方法并列举了若干应用范例。

3）首先提出了和谐设计的新概念和新内容，阐明了自然环境、社会环境（政治环境、经济环境、人文环境、国际环境、国内环境）、技术环境、资金环境、法律环境下的产品和谐设计的概念和内容的新体系，把既有的绿色设计篇拓展为绿色设计与和谐设计篇。

4）全面系统地阐述了产品系统化设计的理论和方法，提出了产品设计的总体目标、广义目标和技术目标的内涵，提出了应该用IQCTES六项设计要求来代替QCTES五项要求，详细阐明了设计的四个理想步骤，即“3I调研”“7D规划”“1+3+X实施”“5（A+C）检验”，明确提出了产品系统化设计的基本内容是主辅功能、三大性能和特殊性能要求的具体实现。

5）本版手册引入了闻邦椿院士经过长期实践总结出的独特的、科学的创新设计方法论体系和规则，用来指导产品设计，并提出了创新设计方法论的运用可向智能化方向发展，即采用专家系统来完成。

三、坚持科学性

手册的科学水平是评价手册编写质量的重要方面，因此，本版手册特别强调突出内容的科学性。

（1）本版手册努力贯彻科学发展观及科学方法论的指导思想和方法，并将其落实到手册内容的编写中，特别是在产品设计理论方法的和谐设计、深层次设计及系统化设计的编写中。

（2）本版手册中的许多内容是编著者多年研究成果的科学总结。这些内容中有不少是国家863、973计划项目，国家科技重大专项，国家自然科学基金重大、重点和面上项目资助项目的研究成果，有不少成果曾获得国际、国家、部委、省市科技奖励及技术专利，充分体现了本版手册内容的重大科学价值与创新性。

下面简要介绍本版手册编入的几方面的重要研究成果：

1）振动利用工程新学科是闻邦椿院士团队经过长期研究在国际上首先创建的。本版手册中编入了振动利用机械的设计理论、方法和范例。

2）产品系统化设计理论与方法的体系和内容是闻邦椿院士团队提出并加以完善的，编写者依据多年的研究成果和系列专著，经综合整理后首次编入本版手册。

3）仿生机械设计是一门新兴的综合性交叉学科，近年来得到了快速发展，它为机械设计的创新提供了新思路、新理论和新方法。吉林大学任露泉院士领导的工程仿生教育部重点实验室开展了大量的深入研究工作，取得了一系列创新成果且出版了专著，据此并结合国内外大量较新的文献资料，为本版手册构建了仿生机械设计的新体系，编写了“仿生机械设计”篇（第50篇）。

4）激光及其在机械工程中的应用篇是中国科学院长春光学精密机械与物理研究所王立军院士依据多年的研究成果，并参考国内外大量较新的文献资料编写而成的。

5）绿色制造工程是国家确立的五项重大工程之一，绿色设计是绿色制造工程的最重要环节，是一个新的学科。合肥工业大学刘志峰教授依据在绿色设计方面获多项国家和省部级奖励的研究成果，参考国内外大量较新的文献资料为本版手册首次构建了绿色设计新体系，编写了“绿色设计与和谐设计”篇（第48篇）。

6）微机电系统及设计是前沿的新技术。东南大学黄庆安教授领导的微电子机械系统教育部重点实验室多年来开展了大量研究工作，取得了一系列创新研究成果，本版手册的“微机电系统及设计”篇（第28篇）就是依据这些成果和国内外大量较新的文献资料编写而成的。

四、重视先进性

（1）本版手册对机械基础设计和常规设计的内容做了大规模全面修订，编入了大量新标准、新材料、新结构、新工艺、新产品、新技术、新设计理论和计算方法等。

1）编入和更新了产品设计中需要的大量国家标准，仅机械工程材料篇就更新了标准126个，如GB/T 699—2015《优质碳素结构钢》和GB/T 3077—2015《合金结构钢》等。

2）在新材料方面，充实并完善了铝及铝合金、钛及钛合金、镁及镁合金等内容。这些材料由于具有优良的力学性能、物理性能以及回收率高等优点，目前广泛应用于航空、航天、高铁、计算机、通信元件、电子产品、纺织和印刷等行业。增加了国内外粉末冶金材料的新品种，如美国、德国和日本等国家的各种粉末冶金材料。充实了国内外工程塑料及复合材料的新品种。

3）新编的“机械零部件结构设计”篇（第4篇），依据11个结构设计方面的基本要求，编写了相应的内容，并编入了结构设计的评估体系和减速器结构设计、滚动轴承部件结构设计的示例。

4）按照GB/T 3480.1～3—2013（报批稿）、GB/T 10062.1～3—2003及ISO 6336—2006等新标准，重新构建了更加完善的渐开线圆柱齿轮传动和锥齿轮传动的设计计算新体系；按照初步确定尺寸的简化计算、简化疲劳强度校核计算、一般疲劳强度校核计算，编排了三种设计计算方法，以满足不同场合、不同要求的齿轮设计。

5）在“第4卷　流体传动与控制”卷中，编入了一大批国内外知名品牌的新标准、新结构、新产品、新技术和新设计计算方法。在“液力传动”篇（第23篇）中新增加了液黏传动，它是一种新型的液力传动。

（2）“第5卷　机电一体化与控制技术”卷充实了智能控制及专家系统的内容，大篇幅增加了机器人与机器人装备的内容。

机器人是机电一体化特征最为显著的现代机械系统，机器人技术是智能制造的关键技术。由于智能制造的迅速发展，近年来机器人产业呈现出高速发展的态势。为此，本版手册大篇幅增加了“机器人与机器人装备”篇（第26篇）的内容。该篇从实用性的角度，编写了串联机器人、并联机器人、轮式机器人、机器人工装夹具及变位机；编入了机器人的驱动、控制、传感、视角和人工智能等共性技术；结合喷涂、搬运、电焊、冲压及压铸等工艺，介绍了机器人的典型应用实例；介绍了服务机器人技术的新进展。

（3）为了配合我国创新驱动战略的重大需求，本版手册扩大了创新设计的篇数，将原第6卷扩编为两卷，即新的“现代设计与创新设计（一）”（第6卷）和“现代设计与创新设计（二）”（第7卷）。前者保留了原第6卷的主要内容，后者编入了创新设计和与创新设计有关的内容及一些前沿的技术内容。

本版手册“现代设计与创新设计（一）”卷（第6卷）的重点内容和新增内容主要有：

1）在“现代设计理论与方法综述”篇（第32篇）中，简要介绍了机械制造技术发展总趋势、在国际上有影响的主要设计理论与方法、产品研究与开发的一般过程和关键技术、现代设计理论的发展和根据不同的设计目标对设计理论与方法的选用。闻邦椿院士在国内外首次按照系统工程原理，对产品的现代设计方法做了科学分类，克服了目前产品设计方法的论述缺乏系统性的不足。

2）新编了“数字化设计”篇（第40篇）。数字化设计是智能制造的重要手段，并呈现应用日益广泛、发展更加深刻的趋势。本篇编入了数字化技术及其相关技术、计算机图形学基础、产品的数字化建模、数字化仿真与分析、逆向工程与快速原型制造、协同设计、虚拟设计等内容，并编入了大型全断面掘进机（盾构机）的数字化仿真分析和数字化设计、摩托车逆向工程设计等多个实例。

3）新编了“试验优化设计”篇（第41篇）。试验是保证产品性能与质量的重要手段。本篇以新的视觉优化设计构建了试验设计的新体系、全新内容，主要包括正交试验、试验干扰控制、正交试验的结果分析、稳健试验设计、广义试验设计、回归设计、混料回归设计、试验优化分析及试验优化设计常用软件等。

4）将手册第5版的“造型设计与人机工程”篇改编为“工业设计与人机工程”篇（第42篇），引入了工业设计的相关理论及新的理念，主要有品牌设计与产品识别系统（PIS）设计、通用设计、交互设计、系统设计、服务设计等，并编入了机器人的产品系统设计分析及自行车的人机系统设计等典型案例。

（4）“现代设计与创新设计（二）”卷（第7卷）主要编入了创新设计和与创新设计有关的内容及一些前沿技术内容，其重点内容和新编内容有：

1）新编了“机械创新设计概论”篇（第44篇）。该篇主要编入了创新是我国科技和经济发展的重要战略、创新设计的发展与现状、创新设计的指导思想与目标、创新设计的内容与方法、创新设计的未来发展战略、创新设计方法论的体系和规则等。

2）新编了“创新设计方法论”篇（第45篇）。该篇为创新设计提供了正确的指导思想和方法，主要编入了创新设计方法论的体系、规则，创新设计的目的、要求、内容、步骤、程序及科学方法，创新设计工作者或团队的四项潜能，创新设计客观因素的影响及动态因素的作用，用科学哲学思想来统领创新设计工作，创新设计方法论的应用，创新设计方法论应用的智能化及专家系统，创新设计的关键因素及制约的因素分析等内容。

3）创新设计是提高机械产品竞争力的重要手段和方法，大力发展创新设计对我国国民经济发展具有重要的战略意义。为此，编写了“创新原理、思维、方法与应用”篇（第47篇）。除编入了创新思维、原理和方法，创新设计的基本理论和创新的系统化设计方法外，还编入了29种创新思维方法、30种创新技术、40种发明创造原理，列举了大量的应用范例，为引领机械创新设计做出了示范。

4）绿色设计是实现低资源消耗、低环境污染、低碳经济的保护环境和资源合理利用的重要技术政策。本版手册中编入了“绿色设计与和谐设计”篇（第48篇）。该篇系统地论述了绿色设计的概念、理论、方法及其关键技术。编者结合多年的研究实践，并参考了大量的国内外文献及较新的研究成果，首次构建了系统实用的绿色设计的完整体系，包括绿色材料选择、拆卸回收产品设计、包装设计、节能设计、绿色设计体系与评估方法，并给出了系列典型范例，这些对推动工程绿色设计的普遍实施具有重要的指引和示范作用。

5）仿生机械设计是一门新兴的综合性交叉学科，本版手册新编入了“仿生机械设计”篇（第50篇），包括仿生机械设计的原理、方法、步骤，仿生机械设计的生物模本，仿生机械形态与结构设计，仿生机械运动学设计，仿生机构设计，并结合仿生行走、飞行、游走、运动及生机电仿生手臂，编入了多个仿生机械设计范例。

6）第55篇为“系统化设计理论与方法”篇。装备制造机械产品的大型化、复杂化、信息化程度越来越高，对设计方法的科学性、全面性、深刻性、系统性提出的要求也越来越高，为了满足我国制造强国的重大需要，亟待创建一种能统领产品设计全局的先进设计方法。该方法已经在我国许多重要机械产品（如动车、大型离心压缩机等）中成功应用，并获得重大的社会效益和经济效益。本版手册对该系统化设计方法做了系统论述并给出了大型综合应用实例，相信该系统化设计方法对我国大型、复杂、现代化机械产品的设计具有重要的指导和示范作用。

7）本版手册第7卷还编入了与创新设计有关的其他多篇现代化设计方法及前沿新技术，包括顶层设计原理、方法与应用，智能设计，互联网上的合作设计，工业通信网络，面向机械工程领域的大数据、云计算与物联网技术，3D打印设计与制造技术等。

五、突出实用性

为了方便产品设计者使用和参考，本版手册对每种机械零部件和产品均给出了具体应用，并给出了选用方法或设计方法、设计步骤及应用范例，有的给出了零部件的生产企业，以加强实际设计的指导和应用。本版手册的编排尽量采用表格化、框图化等形式来表达产品设计所需要的内容和资料，使其更加简明、便查；对各种标准采用摘编、数据合并、改排和格式统一等方法进行改编，使其更为规范和便于读者使用。

六、保证可靠性

编入本版手册的资料尽可能取自原始资料，重要的资料均注明来源，以保证其可靠性。所有数据、公式、图表力求准确可靠，方法、工艺、技术力求成熟。所有材料、零部件、产品和工艺标准均采用新公布的标准资料，并且在编入时做到认真核对以避免差错。所有计算公式、计算参数和计算方法都经过长期检验，各种算例、设计实例均来自工程实际，并经过认真的计算，以确保可靠。本版手册编入的各种通用的及标准化的产品均说明其特点及适用情况，并注明生产厂家，供设计人员全面了解情况后选用。

七、保证高质量和权威性

本版手册主编单位东北大学是国家211、985重点大学、“重大机械关键设计制造共性技术”985创新平台建设单位、2011国家钢铁共性技术协同创新中心建设单位，建有“机械设计及理论国家重点学科”和“机械工程一级学科”。由东北大学机械及相关学科的老教授、老专家和中青年学术精英组成了实力强大的大型工具书编写团队骨干，以及一批来自国家重点高校、研究院所、大型企业等 30 多个单位、近 200 位专家、学者组成了高水平编审团队。编审团队成员的大多数都是所在领域的著名资深专家，他们具有深广的理论基础、丰富的机械设计工作经历、丰富的工具书编纂经验和执着的敬业精神，从而确保了本版手册的高质量和权威性。

在本版手册编写中，为便于协调，提高质量，加快编写进度，编审人员以东北大学的教师为主，并组织邀请了清华大学、上海交通大学、西安交通大学、浙江大学、哈尔滨工业大学、吉林大学、天津大学、华中科技大学、北京科技大学、大连理工大学、东南大学、同济大学、重庆大学、北京化工大学、南京航空航天大学、上海师范大学、合肥工业大学、大连交通大学、长安大学、西安建筑科技大学、沈阳工业大学、沈阳航空航天大学、沈阳建筑大学、沈阳理工大学、沈阳化工大学、重庆理工大学、中国科学院长春光学精密机械与物理研究所、中国科学院沈阳自动化研究所等单位的专家、学者参加。

在本版手册出版之际，特向著名机械专家、本手册创始人、第 1 版及第 2 版的主编徐灏教授致以崇高的敬意，向历次版本副主编邱宣怀教授、蔡春源教授、严隽琪教授、林忠钦教授、余俊教授、汪恺总工程师、周士昌教授致以崇高的敬意，向参加本手册历次版本的编写单位和人员表示衷心感谢，向在本手册历次版本的编写、出版过程中给予大力支持的单位和社会各界朋友们表示衷心感谢，特别感谢机械科学研究总院、郑州机械研究所、徐州工程机械集团公司、北方重工集团沈阳重型机械集团有限责任公司和沈阳矿山机械集团有限责任公司、沈阳机床集团有限责任公司、沈阳鼓风机集团有限责任公司及辽宁省标准研究院等单位的大力支持。

由于编者水平有限，手册中难免有一些不尽如人意之处，殷切希望广大读者批评指正。

主编　闻邦椿

目　　录

出版说明
前言

第 18 篇　机架、箱体与导轨

第 1 章　机架设计概述

1　机架设计一般要求 …………………………… 18-3
1.1　定义及分类 ……………………………… 18-3
1.2　一般要求和设计步骤 …………………… 18-3
1.2.1　机架设计准则 ……………………… 18-3
1.2.2　机架设计的一般要求 ……………… 18-3
1.2.3　设计步骤 …………………………… 18-3
2　机架的常用材料及热处理 ……………… 18-4
2.1　机架常用材料 …………………………… 18-4
2.1.1　金属铸造机架常用材料 …………… 18-4
2.1.2　非金属机架常用材料 ……………… 18-5
2.2　机架的热处理及时效处理 ……………… 18-6
2.2.1　铸钢机架的热处理 ………………… 18-6
2.2.2　铸铁机架的时效处理 ……………… 18-8

第 2 章　机架结构设计

1　机架的截面形状、肋的布置及壁板上的孔 …………………………………………… 18-9
1.1　机架的截面形状 ………………………… 18-9
1.2　肋的布置 ………………………………… 18-11
1.2.1　肋的作用 …………………………… 18-11
1.2.2　肋的合理布置 ……………………… 18-11
1.3　机架壁板上的孔 ………………………… 18-18
2　铸造机架 ………………………………… 18-20
2.1　壁厚及肋的尺寸 ………………………… 18-20
2.2　铸造机架结构设计的工艺性 …………… 18-21
3　焊接机架 ………………………………… 18-22
3.1　焊接机架与铸造机架特点比较 ………… 18-22
3.2　焊接件设计中一般应注意的问题 ……… 18-22
3.3　机架的焊接结构 ………………………… 18-23
3.3.1　焊接机架的结构型式 ……………… 18-23
3.3.2　金属切削机床中机架的焊接结构 … 18-23
3.3.3　柴油机焊接机体 …………………… 18-27
3.3.4　曲柄压力机闭框式组合焊接机身 …………………………………… 18-28
3.4　机架的电渣焊结构 ……………………… 18-29
3.4.1　电渣焊的接头形式 ………………… 18-29
3.4.2　结构设计中应注意的问题 ………… 18-30
4　机架的连接结构设计 …………………… 18-32
5　非金属机架 ……………………………… 18-34
5.1　混凝土机架 ……………………………… 18-34
5.1.1　金属切削机床混凝土床身 ………… 18-34
5.1.2　预应力钢筋混凝土液压机机架 … 18-35
5.2　塑料壳体设计 …………………………… 18-36
5.2.1　塑料壳体设计中的几个问题 ……… 18-36
5.2.2　塑料壳体的结构设计 ……………… 18-37
5.2.3　塑料制品的精度 …………………… 18-43

第 3 章　机架的设计与计算

1　轧钢机机架的设计与计算 ……………… 18-45
1.1　初定基本尺寸并选择立柱、横梁的截面形状 …………………………………… 18-45
1.2　机架的强度计算和变形计算 …………… 18-45
2　预应力钢丝缠绕机架的设计与计算 …… 18-54
2.1　机架的结构及缠绕方式 ………………… 18-55
2.2　半圆梁机架的强度和刚度计算 ………… 18-57
2.3　拱梁机架的强度计算 …………………… 18-57
2.4　机架的缠绕设计 ………………………… 18-64
3　曲柄压力机闭式机身的计算 …………… 18-66
4　开式曲柄压力机机身的设计与计算 …… 18-70
5　桥式起重机箱形双梁桥架的设计 ……… 18-73
6　叉车门架的设计与计算 ………………… 18-82
6.1　门架的结构 ……………………………… 18-82
6.2　叉车门架的强度计算 …………………… 18-84

第 4 章　箱体的结构设计与计算

1　概述 ……………………………………… 18-88

1.1 箱体的分类 …… 18-88
1.2 箱体的设计要求 …… 18-88
2 齿轮传动箱体的设计与计算 …… 18-88
2.1 概述 …… 18-88
2.2 焊接箱体设计 …… 18-89
2.3 齿轮箱体噪声分析与控制 …… 18-91
2.4 按刚度设计圆柱齿轮减速器箱座 …… 18-93
2.5 机床主轴箱的刚度计算 …… 18-98
3 压力铸造箱体的结构设计 …… 18-101
3.1 传动箱体的肋的设计 …… 18-102
3.2 箱体上的通孔及紧固孔的设计 …… 18-103
3.3 压铸孔最小孔径 …… 18-105
3.4 箱体壁厚 …… 18-105

第5章 机架与箱体的现代设计方法

1 概述 …… 18-106
2 机架和箱体的有限元分析 …… 18-106
2.1 轧机闭式机架的有限元分析 …… 18-106
2.2 主减速器壳体有限元分析 …… 18-107
2.3 多工况变速器箱体静动态特性有限元分析 …… 18-108
3 机架和箱体的优化设计 …… 18-109
3.1 轧机闭式机架的优化设计 …… 18-109
3.2 矿用减速器箱体的优化设计 …… 18-111
3.3 热压机机架结构的优化设计 …… 18-113
3.4 基于拓扑优化方法主减速器壳的轻量化 …… 18-116
3.5 多工况变速器箱体静动态联合拓扑优化 …… 18-116

第6章 导 轨

1 概述 …… 18-120
1.1 导轨的类型及其特点 …… 18-120
1.2 导轨的设计要求 …… 18-120
1.3 导轨的设计程序及内容 …… 18-121
1.4 精密导轨的设计原则 …… 18-121
2 滑动导轨 …… 18-121
2.1 滑动导轨截面形状、特点及应用 …… 18-121
2.1.1 直线滑动导轨 …… 18-121
2.1.2 圆运动滑动导轨 …… 18-123
2.2 滑动导轨尺寸 …… 18-123
2.2.1 三角形导轨尺寸 …… 18-123
2.2.2 燕尾形导轨尺寸 …… 18-123
2.2.3 矩形导轨尺寸 …… 18-123
2.2.4 卧式车床导轨尺寸关系 …… 18-123
2.3 导轨间隙调整装置 …… 18-126
2.3.1 导轨间隙调整装置设计要求 …… 18-126
2.3.2 镶条、压板尺寸系列 …… 18-126
2.3.3 导轨的夹紧装置和卸荷装置 …… 18-129
2.4 导轨材料与热处理 …… 18-130
2.4.1 材料的要求和匹配 …… 18-130
2.4.2 材料及其热处理 …… 18-130
2.5 导轨的技术要求 …… 18-131
2.5.1 表面粗糙度 …… 18-131
2.5.2 几何精度 …… 18-131
2.6 滑动导轨压强的计算 …… 18-131
2.6.1 导轨的许用压强 …… 18-131
2.6.2 压强的分布与假设条件 …… 18-131
2.6.3 导轨的受力分析 …… 18-133
2.6.4 导轨压强的计算 …… 18-134
3 塑料导轨 …… 18-135
3.1 塑料导轨的特点 …… 18-135
3.2 塑料导轨的材料 …… 18-135
3.3 常见塑料导轨材料 …… 18-136
3.4 软带导轨技术条件 …… 18-137
3.4.1 软带导轨设计及材料要求 …… 18-137
3.4.2 黏结要求 …… 18-137
3.4.3 加工与装配要求 …… 18-137
3.4.4 检验要求 …… 18-138
3.5 环氧涂层材料技术通则 …… 18-138
3.5.1 摩擦磨损性能 …… 18-138
3.5.2 机械物理性能 …… 18-138
3.6 环氧涂层导轨通用技术条件 …… 18-138
3.6.1 环氧涂层滑动导轨的设计要求 …… 18-138
3.6.2 配对导轨的要求 …… 18-138
3.6.3 环氧涂层滑动导轨的要求 …… 18-138
3.6.4 环氧涂层滑动导轨与配套导轨的接触精度 …… 18-138
4 滚动导轨 …… 18-139
4.1 滚动导轨的特点、类型及应用 …… 18-139
4.2 滚动直线导轨副 …… 18-140
4.2.1 结构与特点 …… 18-140
4.2.2 额定寿命计算 …… 18-141
4.2.3 载荷计算 …… 18-141
4.2.4 摩擦力 …… 18-142
4.2.5 尺寸系列 …… 18-142
4.2.6 精度及预加载荷 …… 18-144
4.2.7 安装与使用 …… 18-146
4.2.8 设计和使用注意事项 …… 18-150
4.3 滚柱交叉导轨副 …… 18-150
4.3.1 结构与特点 …… 18-150

4.3.2　额定寿命…… 18-151
4.3.3　载荷及滚子数量计算…… 18-151
4.3.4　编号规则及尺寸系列…… 18-151
4.3.5　精度…… 18-152
4.3.6　安装与使用…… 18-153
4.4　滚柱导轨块…… 18-153
4.4.1　结构、特点及应用…… 18-153
4.4.2　滚柱导轨块的代号编号规则…… 18-154
4.4.3　滚柱导轨块的尺寸系列示例…… 18-155
4.4.4　寿命计算…… 18-155
4.4.5　安装方式和方法…… 18-155
4.4.6　安装注意事项…… 18-157
4.5　套筒型直线球轴承…… 18-157
4.5.1　套筒型直线球轴承的外形尺寸和公差…… 18-157
4.5.2　套筒型直线球轴承的技术要求…… 18-160
4.6　滚动花键副…… 18-161
4.6.1　结构、特点与应用…… 18-161
4.6.2　编号规则…… 18-161
4.6.3　精度及其精度检验…… 18-161
4.6.4　寿命计算…… 18-163
4.6.5　尺寸系列…… 18-164
4.7　滚动轴承导轨…… 18-166
4.7.1　滚动轴承导轨的主要特点…… 18-166
4.7.2　滚动轴承导轨的结构…… 18-167
4.7.3　轴承组的布置方案…… 18-167
4.7.4　预加载荷和间隙的调整方法…… 18-168
4.7.5　导轨面的要求…… 18-168
4.7.6　导轨的计算…… 18-168
4.7.7　应用示例…… 18-168
5　液体静压导轨…… 18-169
5.1　液体静压导轨的原理、类型、特点和应用…… 18-169
5.2　静压导轨结构设计…… 18-169
5.2.1　导轨面支承单元的主要形式…… 18-169
5.2.2　静压导轨的基本结构型式…… 18-170
5.2.3　静压导轨的技术要求…… 18-170
5.2.4　静压导轨的节流器、润滑油及供油装置…… 18-171
5.2.5　静压导轨的加工和调整…… 18-171
5.2.6　静压导轨油腔结构设计…… 18-171
6　压力机导轨设计特点…… 18-172
6.1　导轨的形式和特点…… 18-172
6.2　导轨尺寸和验算…… 18-173
6.2.1　导轨长度…… 18-173
6.2.2　导轨工作面宽度及其验算…… 18-173
6.3　导轨材料…… 18-173
6.4　导轨间隙的调整…… 18-174
7　导轨的防护…… 18-174
7.1　导轨防护装置的类型及特点…… 18-174
7.2　导轨刮屑板…… 18-174
7.3　刚性套伸缩式导轨防护罩…… 18-174
7.4　柔性伸缩式导轨防护罩…… 18-175
参考文献…… 18-176

第 18 篇　机架、箱体与导轨

主　编　张耀满　吴自通
编写人　张耀满　吴自通
审稿人　原所先

第 5 版
机架与箱体

主　编　吴自通
编写人　吴自通
审稿人　鄂中凯

第1章　机架设计概述

1　机架设计一般要求

1.1　定义及分类

在机器（或仪器）中支承或容纳零部件的零件称之为机架。故机架是底座、机体、床身、车架、桥架（起重机）、壳体、箱体以及基础平台等零件的统称。

机架的分类如下（对照图18.1-1）：

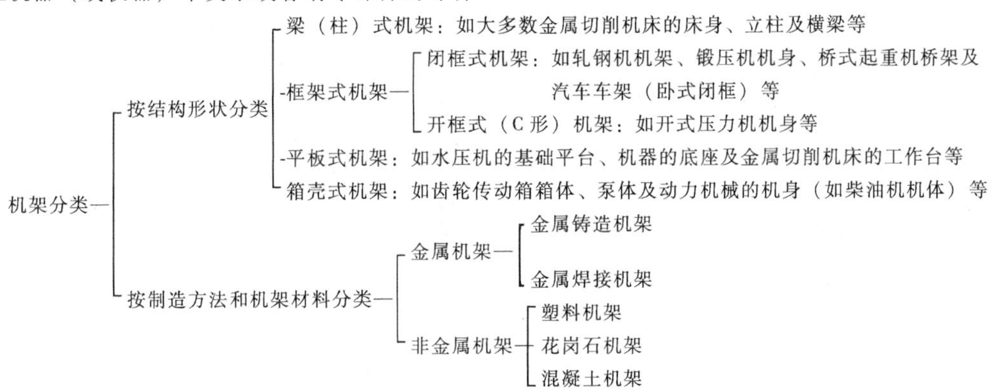

1.2　一般要求和设计步骤

1.2.1　机架设计准则

机架的设计主要应保证刚度、强度及稳定性。

1）刚度。评定大多数机架工作能力的主要准则是刚度，例如，在机床中，床身的刚度决定着机床生产率和产品精度；在齿轮减速器中，箱体的刚度决定了齿轮的啮合情况和它的工作性能；薄板轧机的机架刚度直接影响钢板的质量和精度。

2）强度。强度是评定重载机架工作性能的基本准则。机架的强度应根据机器在运转过程中可能发生最大载荷，或安全装置所能传递的最大载荷来校核其静强度。此外，还要校核其疲劳强度。

机架的强度和刚度都需要从静态和动态两方面来考虑。动刚度是衡量机架抗振能力的指标，而提高机架抗振性能应从提高机架构件的静刚度、控制固有频率、加大阻尼等方面着手。提高静刚度和控制固有频率的途径有：合理设计机架构件的截面形状和尺寸，合理选择壁厚及布肋，注意机架的整体刚度与局部刚度的匹配以及结合面刚度等。

3）稳定性。机架受压结构及受压、弯结构都存在失稳问题。有些构件制成薄壁腹式也存在局部失稳问题。稳定性是保证机架正常工作的基本条件，必须加以校核。

此外，对于机床、仪器等精密机械还应考虑热变形。热变形将直接影响机架原有精度，从而使产品精度下降，例如，卧轴矩形工作台平面磨床，如果立柱前壁的温度高于后壁，则会使立柱后倾，其结果是加工出的零件工作表面与安装基面不平行；有导轨的机架，由于导轨面与底面存在温差，在垂直平面内导轨将产生中凸或中凹热变形。因此，机架结构设计时应使热变形尽量小。

1.2.2　机架设计的一般要求

1）在满足强度和刚度的前提下，机架应满足重量轻、成本低的条件。

2）抗振性好。把受迫振动振幅限制在允许范围内。

3）噪声小。

4）温度场分布合理，热变形对精度的影响小。

5）结构设计合理，工艺性良好，便于铸造、焊接和机械加工。

6）结构力求便于安装与调整，方便修理和更换零部件。

7）有导轨的机架要求导轨面受力合理、耐磨性良好。

8）造型好，既经济适用，又美观大方。

1.2.3　设计步骤

1)初步确定机架的形状和尺寸。机架的结构形

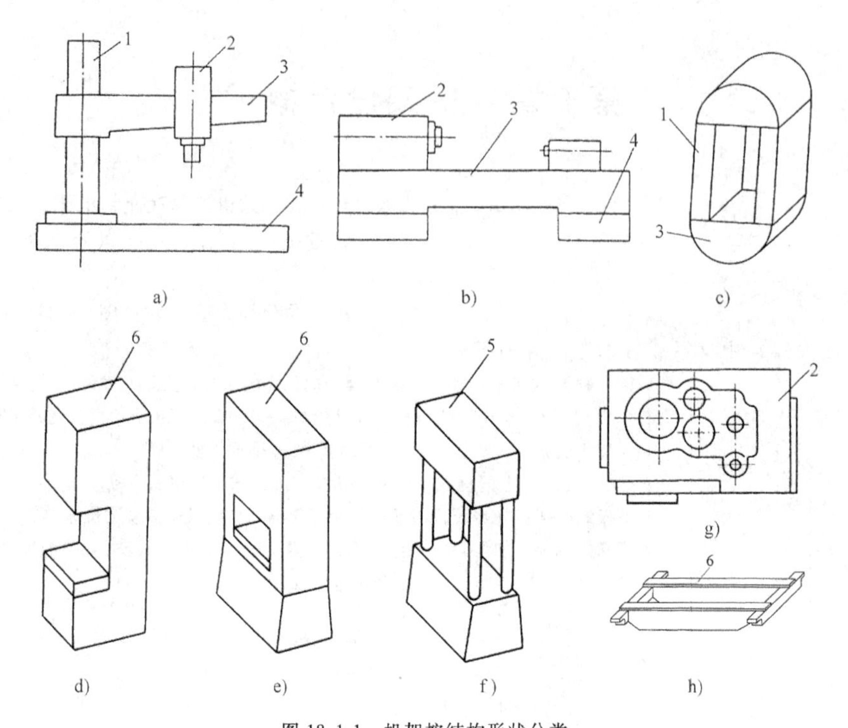

图 18.1-1 机架按结构形状分类

a）摇臂钻床 b）车床 c）预应力钢丝缠绕机架 d）开式锻压机机身

e）闭式锻压机机身 f）柱式压力机机身 g）机械传动箱体 h）桥式起重机桥架

1、3、5—梁（柱）式机架 2—箱壳式机架 4—平板式机架 6—框架式机架

状和尺寸，取决于安装在它内部与外部的零件和部件的形状与尺寸，配置情况、安装与拆卸等要求。同时也取决于工艺、所承受的载荷及运动等情况。然后，综合上述情况，利用经验公式或有关资料提供的经验数据，同时结合设计人员的经验，并参考现有同类型机架，初步拟定出机架的结构形状和尺寸。

2）常规计算。常规计算是利用材料力学、弹性力学等固体力学理论和计算公式，对机架进行强度、刚度和稳定性等方面的校核，并修改设计，以满足设计要求。

常规计算方法比较方便直观，适用于一般用途的机架。对于重要的机架或结构复杂、受力复杂的机架，可不进行常规计算，直接按第3）步骤进行计算。

3）有限元静、动态分析，模型试验（或实物试验）和优化设计。求得其静态和动态特性，并据此对设计进行修改，或对几个方案进行对比，选择出最佳方案。

4）制造工艺性和经济性分析。

最后，还要对机架进行造型设计，以求得内外质量的统一性。

2 机架的常用材料及热处理

2.1 机架常用材料

材料的选用主要是根据机架的使用要求。多数机架形状较复杂，故一般采用铸件，由于铸铁的铸造性能好、价廉和吸振能力强，所以应用最广。重型机架常采用铸钢，当要求重量轻时，可以用铸造或压铸铝合金等轻金属制造。焊接机架具有制造周期短、重量轻和成本低等优点，故在机器制造业中，焊接机架日益增多。焊接机架主要由钢板、型钢或铸钢件等焊接而成。有的机架则宜用非金属材料。

2.1.1 金属铸造机架常用材料

1）铸铁。目前铸铁是机架使用最多的一种材料，它的流动性好，体收缩和线收缩小，容易获得形状复杂的铸件。在铸造中加入少量合金元素可提高耐磨性能。铸铁的内摩擦大、阻尼作用强，故动态刚性好。铸铁还具有切削性能好、价格便宜和易于大量生产等优点。但当铸件的壁厚超过临界值时，其力学性能会显著下降，故不宜设计成过厚、过大的铸件。铸铁机架常用材料见表18.1-1。

表 18.1-1　铸铁机架常用材料

铸铁名称	牌号	特点及应用举例
灰铸铁	HT100	力学性能较差，承受轻载荷，如用于制造机床中镶装导轨的支承件等
	HT150	流动性好。用于制造承受中等弯曲应力(约为 10^7Pa)，摩擦面间压强大于 $5×10^5$Pa 的铸件。如大多数机床的底座(溜板、工作台)、鼓风机底座、汽轮机操纵座外壳、减速器箱体和汽车变速器箱体、水泵壳体等
	HT200 及 HT250	用于制造承受较大弯曲应力(达 $3×10^7$Pa)、摩擦面间压强大于 $5×10^5$Pa(10t 以上大型铸件大于 $1.5×10^5$Pa)或需经表面淬火的铸件，以及要求保持气密性的铸件。如机床的立柱、齿轮箱体、工作台、机床的横梁和滑板、球磨机的磨头座、鼓风机机座、锻压机的机身、气体压缩机机身、汽轮机的机架及动力机械的箱壳、泵体
	HT300	用于制造承受高弯曲应力(达 $5×10^7$Pa)和拉应力、摩擦面间的压强大于 $2×10^6$Pa 或进行表面淬火，以及要求保持高度气密性的铸件。如轧钢机座、重型机床的床身、剪床和冲床的床身、镗床机座、高压液压泵泵体、阀体及多轴机床的主轴箱等
球墨铸铁	QT800-2	具有较高强度、耐磨性和一定的韧性，用作空压机和冷冻机的缸体、缸套、柴油机缸体、缸套，QT800-2 用于制造冶金、矿山用减速器箱体等
	QT700-2	
	QT600-3	
	QT500-7	具有中等强度和韧性，用作水轮机阀门体、曲柄压力机机身等
	QT450-10	
	QT400-15	韧性高，低温性能较好，且有一定的耐蚀性，用作汽车、拖拉机驱动桥的壳体、离合器和差速器的壳体，以及减速器箱体、1.6~2.4MPa 的阀门的阀体等
	QT400-18	

2) 铸造碳钢。由于钢液的流动性差，在铸型中凝固冷却时体收缩和线收缩都较大，故不宜设计成形状复杂的铸件。铸钢的吸振性低于铸铁，但其弹性模量却较大，强度也比铸铁高，故铸钢机架用于受力较大的机架。铸造碳钢机架常用材料见表 18.1-2。

表 18.1-2　铸造碳钢机架常用材料

牌号	特点及应用举例
ZG 200-400 及 ZG 230-450	有一定的强度、良好的塑性与韧性，有较高的导热性、焊接性和切削加工性。但排除钢液中的气体和杂质比较困难，所以容易氧化和热裂。常用于模锻锤砧座、外壳、机座、轧钢机机架、锻锤气缸体和箱体等的制造
ZG 270-500	它是大型铸钢件生产中最常用的碳素铸钢，具有较好的铸造性和焊接性，但易产生较大的铸造应力，引起热裂 广泛应用于轧钢、锻压及矿山等设备的制造，如轧钢机机架、辊道架、连轧机轨座、坯轧机立辊机架、万能板坯轧机机体、水压机横梁和中间底座、水压机基础平台、曲柄压力机机身、锻锤立柱、热模锻底座及破碎机架体等
ZG 310-570	用于重要机架的制造

3) 铸造铝合金及压铸铝合金。铝与一些元素形成的铸铝合金密度小，而且大多数可通过热处理强化，使其具有足够高的强度，较好的塑性，良好的低温韧性和耐热性；压铸方法可以生产锌、铝、镁和铜合金的铸件，但以铝合金压铸件最多。机架常用的铸造铝合金及压铸铝合金材料见表 18.1-3。

2.1.2　非金属机架常用材料

(1) 花岗石及混凝土（见表 18.1-4）

(2) 工程塑料（见表 18.1-5）

表 18.1-3　机架常用的铸造铝合金及压铸铝合金材料

类别	合金代号	特点及应用举例
铸造铝合金	ZL101	常温力学性能较好，但高温力学性能较差。耐蚀性良好，铸造、焊接性能好，切削加工性能中等 常用于船用柴油机机体、汽车传动箱体和水冷发动机气缸体等制造
	ZL104	用于形状复杂、薄壁、耐蚀及承受冲击载荷的大型铸件，如中小型高速柴油机机体的制造
	ZL105A	用来铸造在较高温度下工作的机体，有良好的铸造、焊接、切削性能和耐蚀性能，如液压泵泵体、高速柴油机机体等
	ZL401	用来铸造大型、复杂和承受较高载荷而又不便进行热处理的零件，如军用特殊柴油机机体
压铸铝合金	YL112	压铸件表面硬度及强度都高于砂型铸件，其中抗拉强度高出 20%~30%，但伸长率较低 用于发动机气缸体、发动机罩、曲柄箱，电动机底座、缝纫机机头的壳体，承受较高的液压力壳体、水泵外壳，表芯架、打字机机架，仪表和照相机壳体及接线盒底座等的制造
	YL113	
	YL102	
	YL104	

表 18.1-4 花岗石及混凝土的特点及应用举例

材料名称	特点及应用举例
花岗石	由于亿万年的自然时效，故花岗石的组织比较稳定，几乎不变形，加工简便，可以获得高而稳定的精度；对温度不敏感，传热系数和线胀系数均很小，在没有恒温的条件下仍能保持较高精度；吸振性好、耐蚀、不生锈；使用维护方便，成本低。缺点是脆性大，不能承受过大的撞击 花岗石的有关特性如下：抗压强度为1967MPa；抗拉强度为1.47MPa；线胀系数为8×10^{-6}℃$^{-1}$；传热系数为0.8W/(m^2·K)；密度为2.66g/cm^3；弹性模量为39000MPa 用于制作精密机械或仪器的机架，如量仪的基座、三坐标测量机身和激光测长机；数控铣镗床床身及用作空气导轨的基座
混凝土	混凝土有良好的抗压强度、防锈和吸振，它的内阻尼是钢的15倍、铸铁的5倍。缺点是弹性模量和抗拉强度比较低，其弹性模量为33000MPa，抗拉强度为4MPa 用作机床床身、底座和液压机机架等

表 18.1-5 壳体常用塑料及其应用举例

塑料种类		特点及应用举例
热塑性塑料	ABS	ABS具有坚韧、质硬及刚性好的综合力学性能；耐寒性好，在-40℃仍有一定强度；耐酸碱、耐油及耐水性好；尺寸稳定性较好，工作温度为70℃，加工成型、修饰容易，表面易镀金属；价格低 可用于制造电动机、电视机、收音机、收录机、电话和手电钻的外壳，也可用于仪表、水表外壳、空调机及吸尘器外壳，还可用于制造小轿车车身等
	聚丙烯	具有良好的耐热性，在高温下保持不变形、抗弯曲疲劳强度高，绝缘性优越。但收缩率较大，在0℃以下易变脆 可用于制造收音机、录音机外壳和散热器水箱体等
	聚酰胺	有较高的抗拉强度和冲击韧度，并且还耐水、耐油 可用于制造电能表外壳、干燥机外壳、收音机外壳，还可用于打字机框架、打火机壳体等
	聚三氟氯乙烯	耐各种强酸、强碱和耐太阳光，耐冷流性能好，压缩强度大。能用一般塑料的加工方法成型。成本高 用于制造各种耐酸泵壳体
	聚碳酸酯	具有优良的综合力学性能，抗冲击强度高，且耐寒，脆化温度低，可在-100~130℃温度范围内长期使用，尺寸稳定性好 用于使用温度范围宽的仪器仪表罩壳、电话机壳体、变速器箱壳等的制造
	聚甲醛	抗拉强度达75MPa，弹性模量和硬度较高，耐疲劳，减磨性好 可用于制造离心泵和水下泵泵体，泵发动机外壳、水阀体、燃油泵泵体和排灌水泵壳体，汽车化油器壳体、煤矿电钻外壳、电动羊毛剪外壳、速度表壳体、手表壳体及电子钟外壳等
	聚苯醚	抗冲击、抗蠕变及耐热性能均较优良，可在120℃蒸汽中使用，有良好的电绝缘性能 可用于制造电器外壳、汽车用泵体、复印机框架、阀座及仪表板等
	聚砜	强度高，抗拉强度可达75MPa 耐酸、碱，耐热、耐寒，抗蠕变，可在-65~150℃温度范围内长期工作，在水、湿空气或高温下仍然保持良好电绝缘性 用于制造各种电器设备的壳体，如电钻外壳、配电盘外壳、电位差计外壳及钟表外壳等
热固性塑料	酚醛塑料	具有耐热、绝缘、刚性大和化学稳定性好等特点 可用于制造电话机外壳、变速器箱体、电动机外壳盖及低压电器底座壳体等
	环氧树脂	耐热、耐磨损，有较高的强度及韧度，优良的绝缘性，抗酸 可用于化工容器及塔体、飞机发动机罩壳、发动机支架等的制造

2.2 机架的热处理及时效处理

2.2.1 铸钢机架的热处理

铸钢件一般都要经过热处理，热处理的目的是消除铸造内应力和改善力学性能。铸钢机架的热处理方法一般有正火加回火、退火、高温扩散退火和补焊后回火等。结构比较复杂，对力学性能要求较高的机架多用正火加回火，形状简单的机架如钻座等才采用退火。对于表面粘砂严重、不易清砂的铸钢机架则可用高温扩散退火。

1）正火或退火、回火温度。正火或退火温度一般为Ac_3+(30~50)℃（见表18.1-6）。大型铸钢机架多采用较高的回火温度，碳钢机架的回火温度一般为

550~650℃。

表 18.1-6　正火或退火温度

钢　　号	正火或退火温度/℃
ZG 200-400	920~940
ZG 230-450	880~900
ZG 270-500	860~880
ZG 310-570	840~860

2）铸造碳钢机架正火、回火工艺规范见表 18.1-7。

3）厚大截面铸钢机架退火工艺规范见表 18.1-8。

4）铸钢机架补焊后回火规范。当补焊面积较大时，为消除焊接内应力，机架需进行回火。其工艺规范见表 18.1-9。

表 18.1-7　铸造碳钢机架正火、回火工艺规范

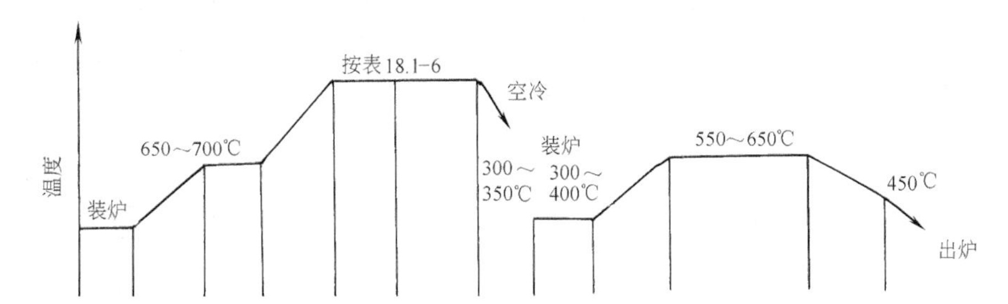

钢号	铸件截面/mm²	装炉温度/℃	保温时间/h	升温速度≤/℃·h⁻¹	保温时间/h	升温速度≤/℃·h⁻¹	均温时间/h	保温时间/h	冷却	保温时间/h	升温速度≤/℃·h⁻¹	均温时间/h	保温时间/h	冷却速度≤/℃·h⁻¹		出炉温度/℃
ZG 200-400 ZG 230-450 ZG 270-500	<200	≤650	—	—	2	120	—	1~2	—	—	120	—	2~3	停火开闸板炉冷		450
	200~500	400~500	2	70	3	100	—	2~5	—	—	100	—	3~8	停火开闸板炉冷		400
	500~800	300~350	3	60	4	80	—	5~8	—	2	80	—	8~12	停火关闸板	停火开闸板	350
	800~1200	250~300	4	40	5	60	—	8~12	—	3	60	—	12~18	50	30	300
	1200~1500	≤200	5	30	6	50	—	12~15	—	3	50	—	18~24	40	30	250
ZG 310-570	<200	400~500	2	80	3	100	—	1~2	—	1	100	—	2~3	停火开闸板炉冷		350

注：1. 退火时的工艺参数与正火同，保温后冷却时，高于 450℃为停火关闸板炉冷，低于 450℃为停火开闸板炉冷。
2. 有力学性能要求的重要铸件回火温度宜选 550~600℃。

表 18.1-8　厚大截面的铸钢机架退火工艺规范

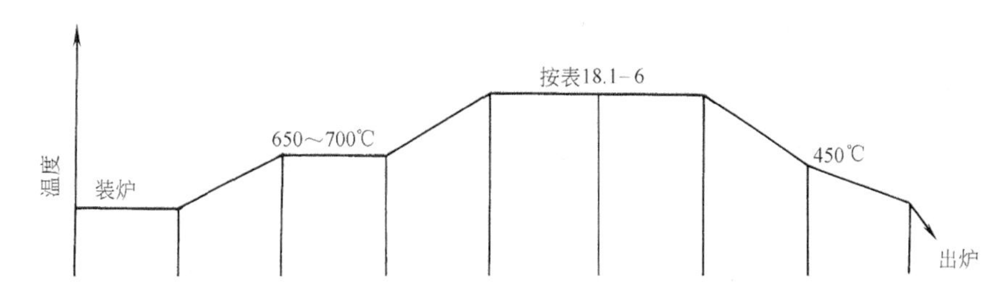

最大截面/mm²	装炉温度/℃	保温时间/h	升温速度≤/℃·h⁻¹	保温时间/h	升温速度≤/℃·h⁻¹	均温时间/h	保温时间/h	冷却速度≤/℃·h⁻¹		出炉温度/℃
1000~1500	200	4	40	5	60	—	20	50	30	250
1500~2000	200	5	30	6	50	—	28	50	30	200

表 18.1-9　铸钢机架补焊后回火工艺规范

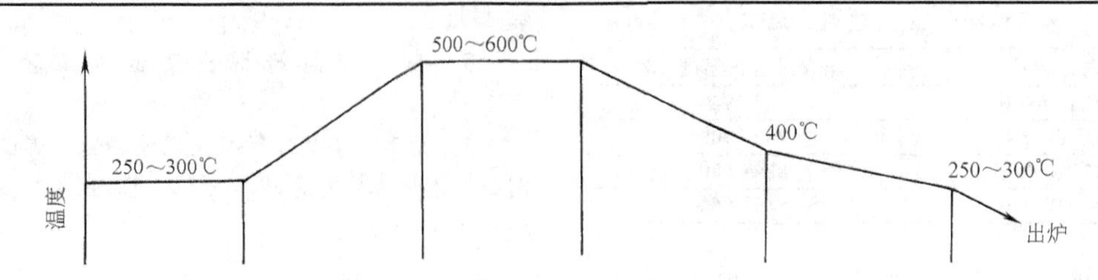

补焊深度/mm	保温时间/h	升温速度/℃·h^{-1}	保温时间/h	冷却速度		出炉温度/℃
10~60	2	≤60	6	停火关闸板	停火开闸板	250~300
>60	2	≤50	8	停火关闸板	停火开闸板	250~300

注：1. 补焊后的回火温度应比该铸件正火后回火温度低 30~50℃。
2. 对大截面的重要铸件保温时间应加长，以保证铸件烧透。

铸钢机架经过热处理后，可采用喷丸和抛丸清理其表面，以清除表面的粘砂和氧化皮。对铸件上的缺陷（裂纹、缩孔和夹砂等），补焊前也需进行清整剖口以备焊补。

2.2.2　铸铁机架的时效处理

时效处理的目的是在不降低铸铁力学性能的前提下，使铸铁的内应力和机加工切削应力得到消除或稳定，以减少长期使用中的变形，保证几何精度。

1）时效分类及特点见表 18.1-10。

表 18.1-10　时效分类及特点

分类		工艺过程	特点
自然时效		粗加工后，在室外搁置相当长的一段时间（一般都要一年以上）使内应力自然松弛或消除	方法简单、效果好，但生产周期长，占地面积大、积压资金多
人工时效	热处理方法	将铸件缓慢加热到共析点以下（一般为 500~600℃），保温一段时间，然后缓慢冷却，以消除内应力	经验证明，在人工时效后配以短时间的自然时效（一般为 3~6 月），对精度稳定性可获得良好的效果
	机械振动法	将激振器装卡在机架上，使其产生共振，经持续一段时间后（对于形状复杂的机架只要几十分钟），金属产生了局部微观塑性变形，消除残余应力	耗能少，时间短，效果显著

2）铸铁机架人工时效工艺规范见表 18.1-11。

表 18.1-11　铸铁机架人工时效工艺规范

类别	时效规范						
	装炉温度/℃	保温时间/h	加热速度/℃·h^{-1}	保温温度/℃	保温时间/h	冷却速度/℃·h^{-1}	出炉温度/℃
一般机架，如齿轮箱体、变速器机座和曲轴箱等	≤300	—	≤50	520~550	5~8	≤40	<200
结构复杂的机架，如空气压缩机机体、内燃机缸体和重大工具机床身台面等	≤200	2~4	40~50	520~550	6~10	≤30	<120

注：1. 合金铸铁的保温温度为 570~650℃。
2. 精密铸件（如坐标镗床床身等）一般要进行二次时效，第二次时效的温度应比第一次时效的温度低 30~50℃。

第 2 章　机架结构设计

1　机架的截面形状、肋的布置及壁板上的孔

1.1　机架的截面形状

由于零件的抗弯、抗扭强度和刚度除与其截面面积有关外，还取决于截面形状。合理改变截面形状，增大其惯性矩和截面系数，可提高机架零件的强度和刚度，从而充分发挥材料的作用。因此，正确地选择机架的截面形状是机架设计中的一个重要问题。表 18.2-1 列出了截面面积相等而截面形状不同的等截面杆的抗弯和抗扭惯性矩的相对值。相对值是以圆形截面惯性矩为对比基准，其他惯性矩与之相比而得的数值。表 18.2-2 列举了各种截面的应用实例。一般金属切削机床的床身、立柱、横梁和底座截面的高宽比推荐值见表 18.2-3。

表 18.2-1　常见截面的抗弯、抗扭惯性矩比值

截面形状（面积相等）	抗弯惯性矩相对值	抗扭惯性矩相对值	说　　明
φ113	1	1	1）由惯性矩的相对值可以看出：圆形截面有较高的抗扭刚度，但抗弯强度较差，故宜用于受扭为主的机架。工字形截面的抗弯强度最大，但抗扭强度很低，故宜用于承受纯弯的机架。矩形截面抗弯、抗扭分别低于工字形和圆形截面，但其综合刚性最好（各种形状的截面，其封闭空心截面的刚度比实心截面的刚度大）
φ113，φ160	3.03	2.89	
φ160，φ196	5.04	5.37	
φ160，φ196		0.07	
50，200，235，85	7.35	0.82	
100，100	1.04	0.88	另外，截面面积不变，加大外形轮廓尺寸、减小壁厚，即使材料远离中性轴的位置，可提高截面的抗弯、抗扭刚度。封闭截面比不封闭截面的抗扭刚度高得多 2）机架受载情况往往是拉、压、弯曲和扭转同时存在，对刚度要求高；另一方面，由于空心矩形内腔容易安设其他零件，故许多机架的截面常采用空心矩形截面
200，50	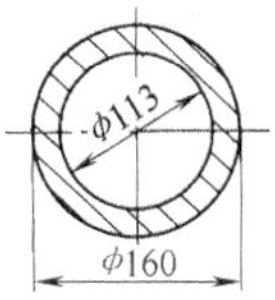 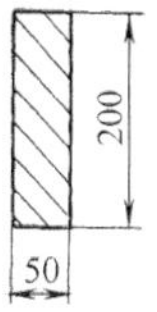 4.13	0.43	
100，100，148，148	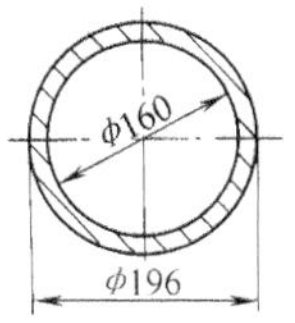 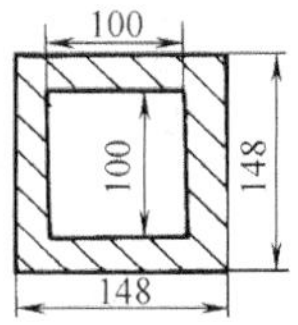 3.45	1.27	
148，148，184，184	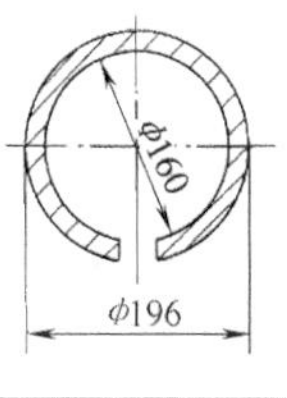 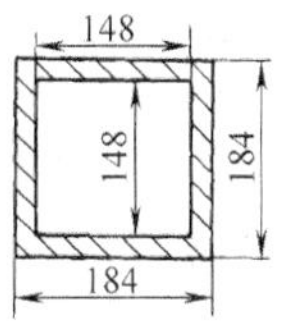 6.90	3.98	
25，10，500，25，150	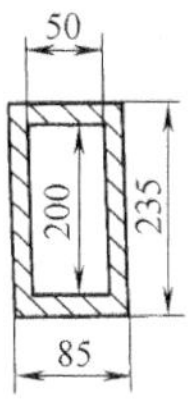 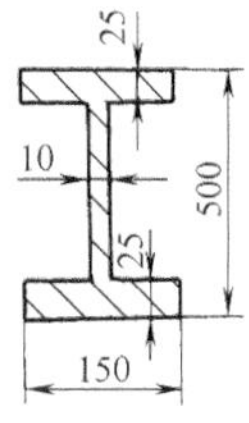 19	0.09	

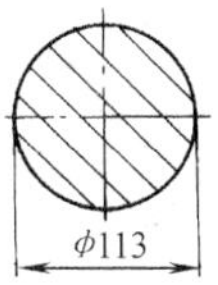

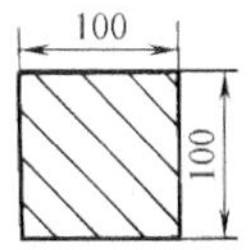

表 18.2-2　各种截面的应用实例

截面形状	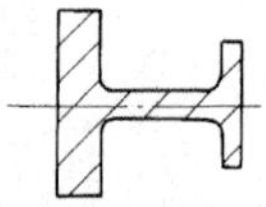	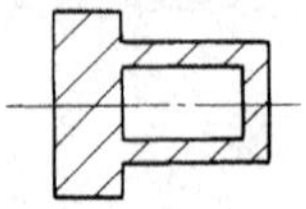	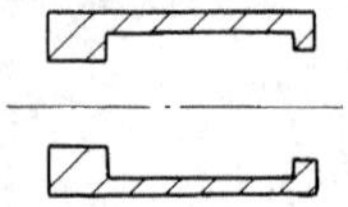	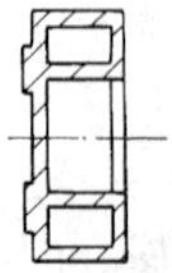
机架名称	开式机机身	开式机机身	开式机机身	闭式组合机立柱
	曲　柄　压　力　机			
截面形状	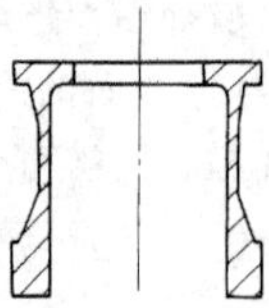	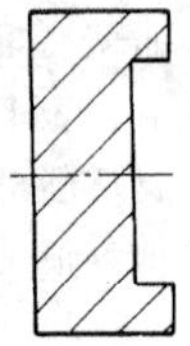	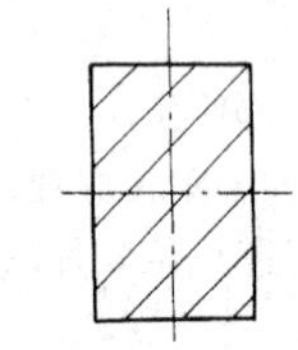	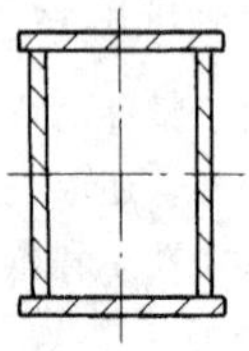
机架名称	闭式组合机机座	钢丝缠绕机架立柱	钢丝缠绕机架立柱	桥架
	曲柄压力机	液　压　机		桥式起重机
截面形状	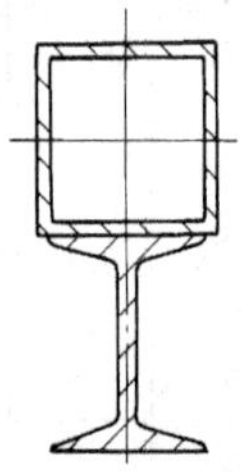	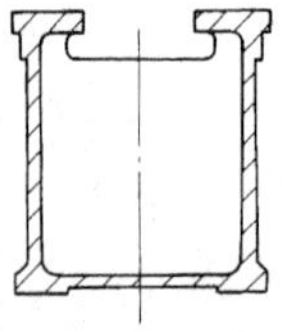	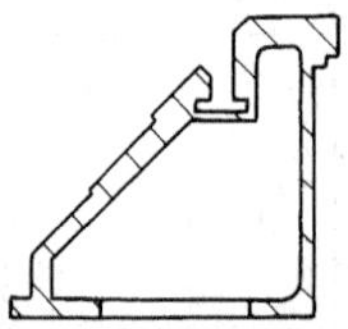	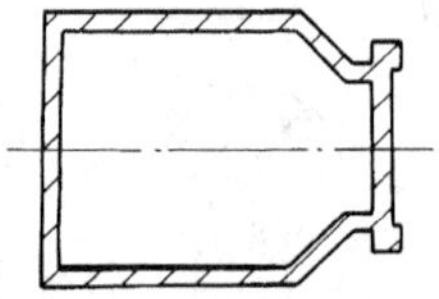
机架名称	桥架	磨床床身	仿形车床床身	单柱式机床立柱（载荷作用在立柱对称面上）
	桥式起重机	金属切削机床		
截面形状	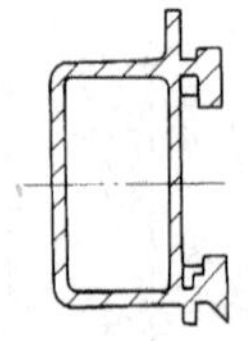	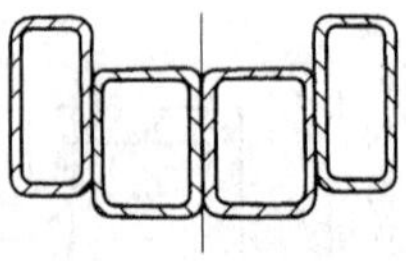	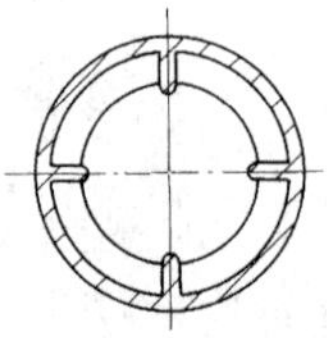	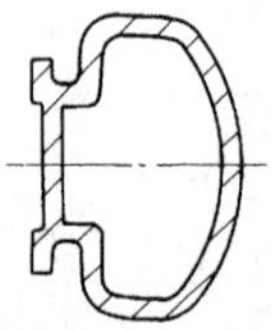
机架名称	龙门刨床横梁	加工中心机床床身（矩形钢管焊接组合截面，具有刚度高、减振性能好等优点）	摇臂钻床立柱	摇臂钻床的摇臂（制造较复杂）
	金　属　切　削　机　床			

表 18.2-3　金属切削机床床身、立柱、横梁和底座截面的高宽比推荐值

机架名称	高宽比（h/b）	适　用　机　床
床身	≈1.0 1.2~1.5 <1.0	卧式车床 转塔车床 中、大型镗床，龙门刨（铣）床
立柱（包括立式床身）	≈1.0 ≥2.0~3.0 3~4	立式镗床、单柱坐标镗床、铣床 立式钻床、龙门刨（铣）床、双柱坐标镗床、组合机床 立式车床
横梁	1.5~2.2	龙门刨（铣）床、立式车床、坐标镗床
悬臂梁	2~3	摇臂钻床、单柱龙门刨床、单柱立式车床
工作台	0.1~0.18 0.08~0.12	矩形工作台 圆形工作台（高/直径）
底座	≥0.1 （高/长）	摇臂钻床、升降台式铣床、落地镗床

1.2　肋的布置

肋分为肋板和肋条两种，肋条只有有限的高度，它不连接整个的截面。

1.2.1　肋的作用

1）可以提高机架的强度、刚度和减轻机架的重量。

2）在薄壁截面内设肋可以减少其截面畸变，在大面积的薄壁上布肋可缩小局部变形和防止薄壁振动及降低噪声。

3）对于铸造机架，肋使铸件壁厚均匀，防止金属堆积而产生缩孔、裂纹等缺陷；作为补缩通道，扩大冒口的补缩范围；改善铸型的充满性，防止铸件上产生大平面夹砂等缺陷。

4）散热，如电动机外壳上的散热肋。

1.2.2　肋的合理布置

1）布肋的一般原则见表 18.2-4。

2）梁式机架箱形结构的布肋。表 18.2-5、表 18.2-6分别列出了布肋对开式和闭式箱形结构刚度的影响。表中相对刚度均以无肋箱体序号 1 作为比较基准。从表中可以看出：①纵向肋能有效地提高开式箱形结构的抗弯刚度；②45°对角肋对扭转刚度的提高有明显的效果；③无论哪一种布肋形式，当开式改为闭式时，抗弯刚度平均可提高 60%，扭转刚度可提高 4.5~8.5 倍。开式床身的布肋示例见表 18.2-7。

表 18.2-4　布肋的一般原则

项目	图　例	说　明
一、肋的布置应有效地提高机架的强度和刚度		
为有效地提高机架抗弯刚度，肋应布置在弯曲平面内	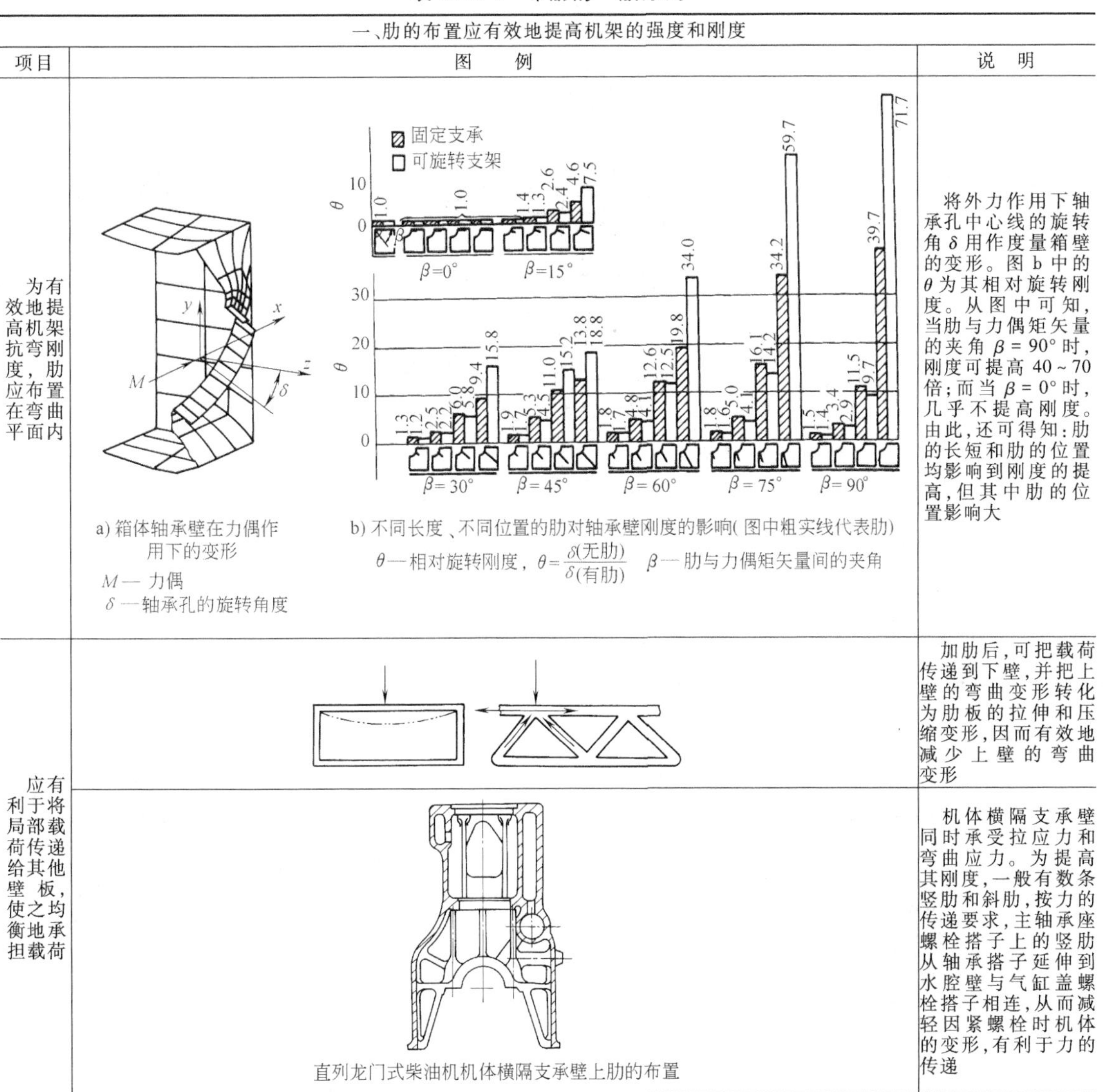 a) 箱体轴承壁在力偶作用下的变形 M— 力偶 δ —轴承孔的旋转角度 b) 不同长度、不同位置的肋对轴承壁刚度的影响(图中粗实线代表肋) θ—相对旋转刚度，$\theta=\dfrac{\delta(无肋)}{\delta(有肋)}$　β—肋与力偶矩矢量间的夹角	将外力作用下轴承孔中心线的旋转角 δ 用作度量箱壁的变形。图 b 中的 θ 为其相对旋转刚度。从图中可知，当肋与力偶矩矢量的夹角 β = 90° 时，刚度可提高 40 ~ 70 倍；而当 β = 0° 时，几乎不提高刚度。由此，还可得知：肋的长短和肋的位置均影响到刚度的提高，但其中肋的位置影响大
应有利于将局部载荷传递给其他壁板，使之均衡地承担载荷		加肋后，可把载荷传递到下壁，并把上壁的弯曲变形转化为肋板的拉伸和压缩变形，因而有效地减少上壁的弯曲变形
	直列龙门式柴油机机体横隔支承壁上肋的布置	机体横隔支承壁同时承受拉应力和弯曲应力。为提高其刚度，一般有数条竖肋和斜肋，按力的传递要求，主轴承座螺栓搭子上的竖肋从轴承搭子延伸到水腔壁与气缸盖螺栓搭子相连，从而减轻因紧螺栓时机体的变形，有利于力的传递

（续）

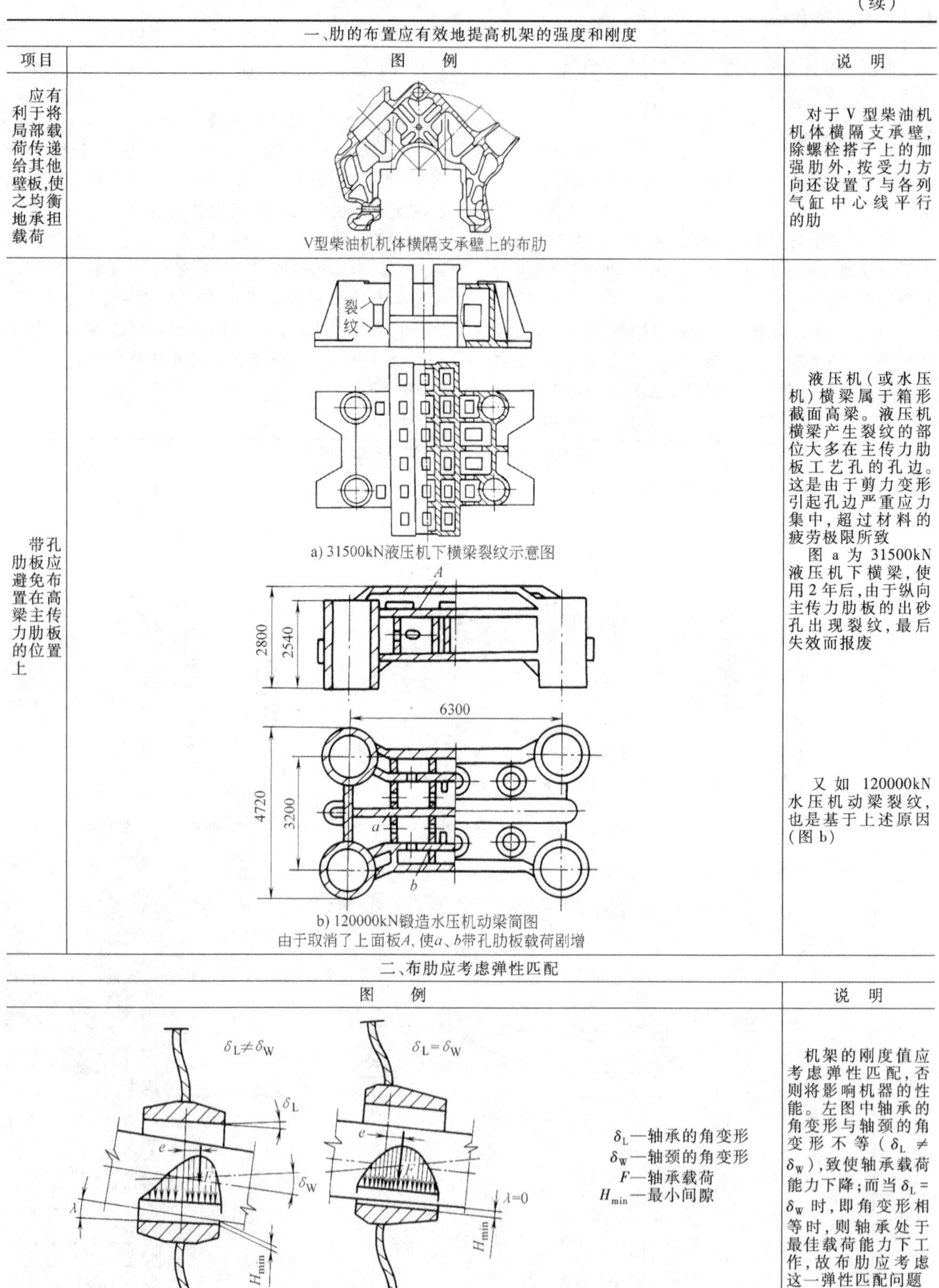

一、肋的布置应有效地提高机架的强度和刚度		
项目	图　　例	说　明
应有利于将局部载荷传递给其他壁板，使之均衡地承担载荷	V型柴油机机体横隔支承壁上的布肋	对于 V 型柴油机机体横隔支承壁，除螺栓搭子上的加强肋外，按受力方向还设置了与各列气缸中心线平行的肋
带孔肋板应避免布置在高梁主传力肋板的位置上	裂纹 a) 31500kN液压机下横梁裂纹示意图 A　2800　2540　6300　4720　3200　a　b b) 120000kN锻造水压机动梁简图 由于取消了上面板A，使a、b带孔肋板载荷剧增	液压机（或水压机）横梁属于箱形截面高梁。液压机横梁产生裂纹的部位大多在主传力肋板工艺孔的孔边。这是由于剪力变形引起孔边严重应力集中，超过材料的疲劳极限所致 图 a 为 31500kN 液压机下横梁，使用 2 年后，由于纵向主传力肋板的出砂孔出现裂纹，最后失效而报废 又如 120000kN 水压机动梁裂纹，也是基于上述原因（图 b）

二、布肋应考虑弹性匹配	
图　　例	说　明
$\delta_L \neq \delta_W$　δ_L　e　F　δ_W　λ　H_{min}　$\lambda=\delta_W-\delta_L$ $\delta_L=\delta_W$　e　F　$\lambda=0$　H_{min} δ_L—轴承的角变形 δ_W—轴颈的角变形 F—轴承载荷 H_{min}—最小间隙	机架的刚度值应考虑弹性匹配，否则将影响机器的性能。左图中轴承的角变形与轴颈的角变形不等（$\delta_L \neq \delta_W$），致使轴承载荷能力下降；而当 $\delta_L=\delta_W$ 时，即角变形相等时，则轴承处于最佳载荷能力下工作，故布肋应考虑这一弹性匹配问题
三、布肋应考虑经济性，即在满足强度、刚度的前提下，应选用材料消耗少、焊接费用低的布肋方式	

表 18.2-5　布肋对开式箱形结构刚度的影响

序号	模　　型	模型体积		弯曲刚度 (x-x)		扭转刚度	
		10^{-6} m^3	指数	N/mm	指数	N·m/rad	指数
1		75.5	1.0	1980	1.0	303	1.0
2		90.0	1.19	2710	1.37	405	1.34
3		90.9	1.19	3100	1.57	446	1.48
4		90.0	1.19	3300	1.67	567	1.87
5		82.7	1.08	2000	1.01	426	1.41
6		82.7	1.08	2140	1.07	526	1.75
7		82.7	1.08	2340	1.18	660	2.18
8		91.5	1.20	2440	1.23	656	2.17
9		91.5	1.20	2470	1.25	791	2.61
10		95.8	1.26	2780	1.40	左扭 890 右扭 1075	2.94 3.44
11		95.8	1.26	2850	1.44	1230	4.06

表 18.2-6　布肋对闭式箱形结构刚度的影响

序号	模　　型	模型体积		弯曲刚度 (x-x)		扭转刚度	
		10^{-6} m^3	指数	N/mm	指数	N·m/rad	指数
1		1077	1.0	3700	1.0	2490	1.0
2		1220	1.13	4290	1.16	3580	1.44
3		1220	1.13	4390	1.18	3970	1.59
4		1220	1.13	5190	1.40	4470	1.80
5		1148	1.06	3790	1.02	3300	1.33
6		1146	1.06	3840	1.03	3640	1.46
7		1148	1.06	3860	1.04	4680	1.88
8		1236	1.15	4120	1.11	4150	1.67
9		1236	1.15	4210	1.13	5020	2.02
10		1278	1.19	4220	1.14	左扭 4570 右扭 5010	1.84 2.02
11		1278	1.19	4370	1.18	5460	2.02

表 18.2-7　开式床身的布肋示例

布肋形式	说　　明	布肋形式	说　　明
	斜肋板的抗扭与抗弯性能都比较好，适用于既受弯曲变形又受扭转变形的床身，如金属切削机床中的轻型龙门刨床、导轨磨床的床身		纵、横向组合肋，适用于载荷大的床身
	除斜肋外，在床身中心线上有一条长的纵向肋，故抗弯、抗扭都较好，适用于重载和长的床身，如金属切削机床中的大型龙门铣床、刨床的床身		米字形肋，这种布肋刚性最高，适用于要求变形量很小或载荷大的床身，如大型高精度的仪器；丝杠动态检查仪、自动比长仪、测长机的床身，以及大型外圆磨床的床身等。米字形肋铸造工艺较复杂

将机床床身的肋板布置归纳为5类20种形式，作用在床身上的载荷分为六种类型（见图18.2-1）。而后把各种载荷条件下产生的应变能总和作为柔度特性值（柔度指构件在外加载荷作用下倾向于产生变形的能力）；用所耗材料的体积和柔度特性值表示材料使用的经济性；用焊缝长度和柔度的乘积表示焊接费用的技术效益。最经济的结构型式是上述两项乘积小的结构。表18.2-8列出了20种形式布肋的柔度、材料体积和焊缝长度的比值，表18.2-9列出了闭式床身内布肋的经济性比较。从表18.2-9中可知，最经济的肋板布置式是模型序号0（无肋闭式），其次是模型序号18和模型序号12，但它们只有在肋板或箱体壁板直接支撑导轨时才能应用。从经济性看，模型序号9和模型序号10的纵向肋较差。

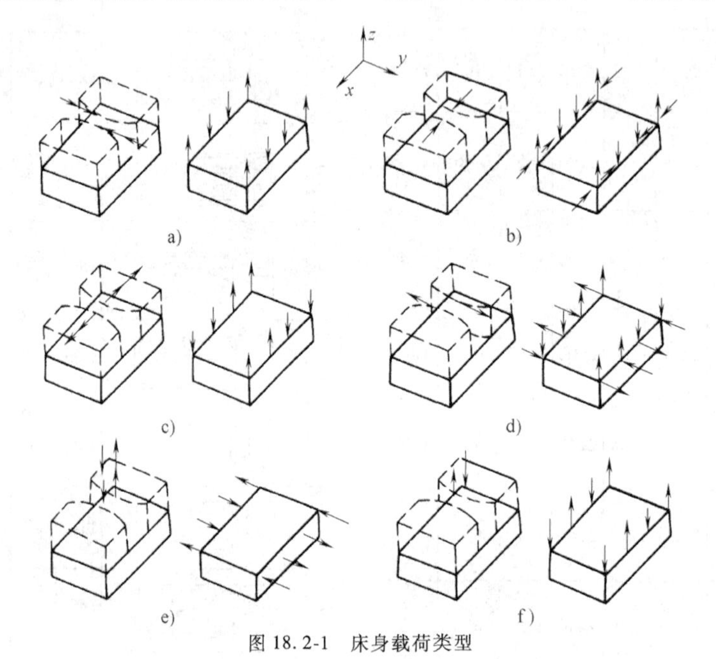

图18.2-1　床身载荷类型

a）绕y轴作用的力偶矩等效静载荷（产生弯曲应力）　b）x方向的静力等效载荷（产生弯曲应力）　c）绕x轴作用的力偶矩等效静载荷（产生切应力）　d）y方向的静力等效载荷（产生切应力）　e）绕z轴作用的力偶矩等效静载荷（产生弯曲应力）　f）z方向的静力等效载荷（产生弯曲应力）

表18.2-8　具有不同布肋的闭式床身（模型）柔度、材料体积和焊缝长度的比值

肋板布置的原则性表示		柔度		材料体积		焊缝长度	
		模型序号	百分数	模型序号	百分数	模型序号	百分数
0	9	0	100	0	100	0	100
		9	98	9	114	9	136
10	14	10	93	10	129	10	171
		14	92	14	116	14	139
18	6	18	92	18	107	18	121
		6	89	6	120	6	155
19	15	19	88	19	114	19	143
		15	86	15	132	15	185
16	1	16	85	16	123	16	168
		1	83	1	133	1	177
5	17	5	82	5	126	5	173
		17	80	17	139	17	214
3	12	3	79	3	129	3	192
		12	78	12	132	12	145
4	7	4	78	4	136	4	179
		7	78	7	140	7	223
2	8	2	77	2	140	2	177
		8	77	8	148	8	246
11	20	11	70	11	140	11	177
		20	69	20	155	20	219
13		13	64	13	164	13	218

表 18.2-9　闭式床身（模型）内布肋的经济性比较

肋板布置的原则性表示	模型序号	柔度×体积(%)（六种载荷总和）	柔度×焊缝长度(%)（六种载荷总和）	肋板布置的原则性表示	模型序号	柔度×体积(%)（六种载荷总和）	柔度×焊缝长度(%)（六种载荷总和）
10 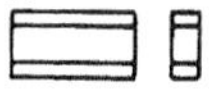	 10	120	160	15 	 15	113.7	160
8	8	114	189	9	9	112.3	133
17 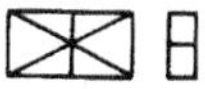	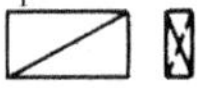 17	111.4	171	5 	5	103.7	142
1	1	111	148	12	12	103.5	113
13 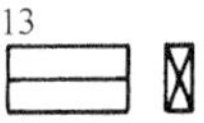	 13	110.5	147	3 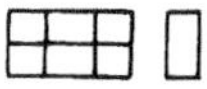	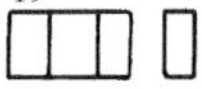 3	101.6	152
7	7	109.4	187	19	19	101	126
2 	 2	108.4	137	0	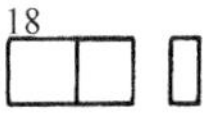 0	100	100
14	14	107.4	129	18	18	99	112
6 	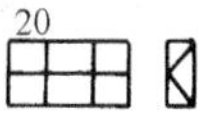 6	107	137	11 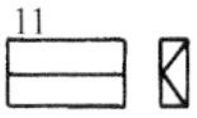	11	98.4	124
20	20	106	150				
4 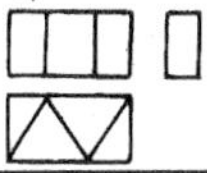	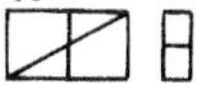 4	106	139				
16	16	105	143				

3）柱式机架肋的布置对空心立柱抗弯及抗扭刚度的影响见表 18.2-10（参照图 18.2-2）。

4）平板式机架肋板布置对开式（无底板）与闭式底座刚度的影响见表 18.2-11。从表中可以看出：对角线肋和交叉肋（模型序号 7~11）对提高开式底座的抗扭刚度作用显著。在相同条件下，闭式底座比开式底座抗弯、抗扭刚度都高，如表 18.2-11 中的序号 15 比序号 7 的相对扭转刚度要高十几倍。平板式机架布置示例见表 18.2-12。

5）壁板上布肋可以减少局部变形和薄壁振动，以及提高机架刚度。壁板上常见的布肋形式见表 18.2-13。柴油机、空气压缩机、破碎机和金属切削机床壁上肋的布置示例见表 18.2-14。

表 18.2-10　布肋对空心立柱抗弯及抗扭刚度的影响

模型类别		静刚度				动刚度			说　明
		抗弯刚度 F/2 F/2 455		抗扭刚度 F F		抗弯刚度相对值	抗扭刚度相对值		
简图	顶板	相对值	单位质量刚度相对值	相对值	单位质量刚度相对值		振型Ⅰ	振型Ⅱ	
	无	1	1	1	1	1	1.22	7.7	顶板对立柱抗扭静刚度和动刚度有良好的作用，但对抗弯影响不明显
	有	1	1	7.9	7.9	2.3		44	
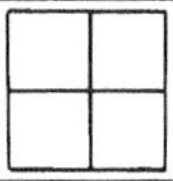	无	1.17	0.94	1.4	1.1	1.2			纵向肋板可提高抗弯静刚度和无顶板时的抗扭静刚度
	有	1.13	0.90	7.9	6.5				
	无	1.14	0.76	2.3	1.54	3.8	3.76	6.5	
	有	1.14	0.76	7.9	5.7				
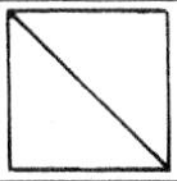	无	1.21	0.90	10	7.45	5.8	10.5		对角线纵向肋板对抗弯有一定的提高。无顶板时，可有效地减小截面的畸变
	有	1.19	0.90	12.2	9.3				

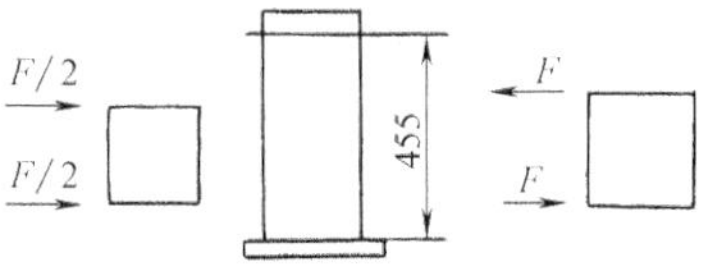

（续）

模型类别		静刚度				动刚度			说 明
		抗弯刚度		抗扭刚度		抗弯刚度相对值	抗扭刚度相对值		
简图	顶板	相对值	单位质量刚度相对值	相对值	单位质量刚度相对值		振型Ⅰ	振型Ⅱ	
	无	1.32	0.81	18	10.8	3.5		61.5	在纵向肋板中，对角线交叉肋板对扭转刚度提高效果最佳
	有	1.32	0.83	19.4	12.2				
	无	0.91	0.85	15	14	3.0	12.2	6.1	具有横向肋板的立柱其抗扭刚度较好，对抗弯静刚度无作用，但能提高抗弯动刚度和振型Ⅰ的抗扭动刚度
	有							42.0	
	无	0.85	0.75	17	14.6	2.75	11.7	6.1	
	有					3.0		26.3	

注：表中振型Ⅰ系指截面畸变比较严重的扭振；振型Ⅱ指纯扭转的扭振。

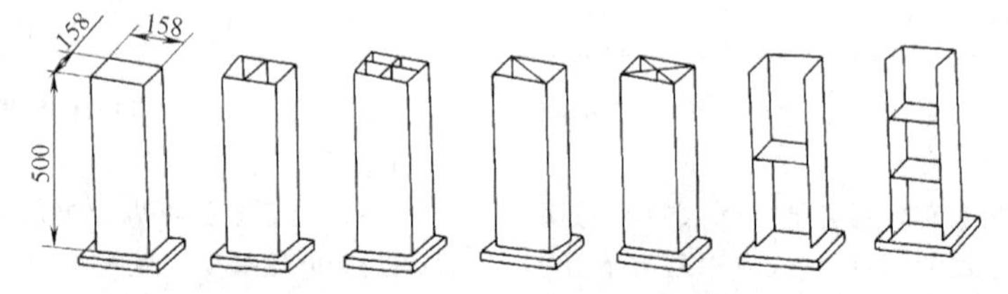

图 18.2-2 立柱模型的肋板布置

表 18.2-11 布肋对底座刚度的影响

序号	肋板布置	扭转（O-O 轴）相对抗扭刚度	扭转（O-O 轴）单位质量相对抗扭刚度	扭转（O-O 轴）固有频率/Hz	弯曲（x-x 轴）相对抗弯刚度	弯曲（x-x 轴）单位质量相对抗弯刚度	弯曲（x-x 轴）固有频率/Hz
1		1	1	168	1	1	422
2		1.2	1.1	177	1.4	1.3	742
3		1.4	1.2	188	1.1	0.9	530
4		1.3	1.2	191	1.4	1.2	642
5		2.6	2.1	231	1.6	1.3	680
6		1.5	1.5	192	1.1	1.1	405
7		7.8	6.6	409	1.1	0.9	645
8		12.3	8.8	513	1.3	0.9	530
9		6.3	4.5	367	2.2	1.6	800
10		8.7	6.3	429	2.2	1.6	748
11		6.9	4.8	360	1.5	1.1	633
12		3.6	2.9	276	2.2	1.8	459
13		22	14	571	4.0	2.5	880
14		61.1	35.5	>640	3.4	2	491
15		92	47.5	1160	6.1	3.2	995

表 18.2-12　平板式机架布肋示例

形式	零件名称	肋板布置	说明
闭式	模锻水压机基础平台(70t)	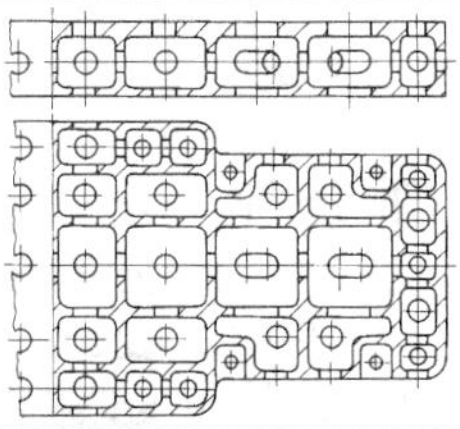	为保证基础平台的刚度,在纵、横方向加肋组成若干个箱形结构,并用两条贯穿平台的纵肋来提高整体的刚度
	金属切削机床大型工作台	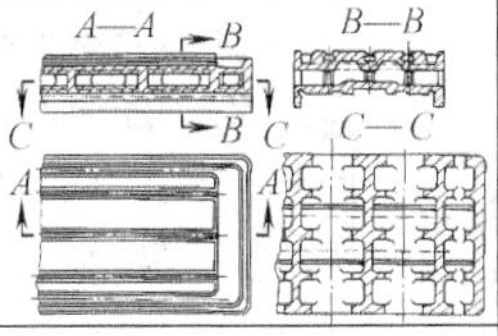 A—A　B—B　C—C	在闭式工作台内部设有纵向肋和横向肋,纵向肋布置在 T 形槽的下面,以减少台面夹紧时的局部变形
开式	摇臂钻床的底座	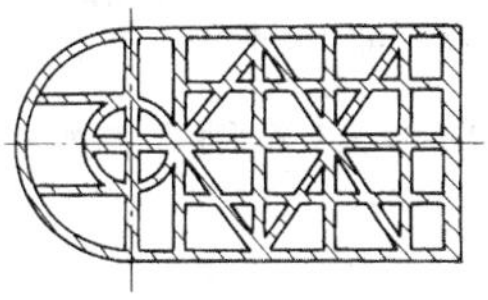	底座的内部除有纵、横肋外,还设有对角肋,以提高抗扭刚度。为了使立柱的重力分布均匀,在安装立柱的部位布置有环形肋及径向肋

表 18.2-13　壁板上常见的布肋形式

类型	肋的布置	说明
直肋	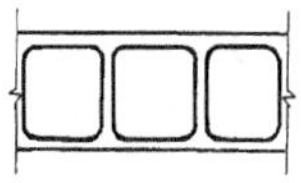	直肋容易制造,应用于狭窄壁。三角形肋和交叉肋有足够的刚度,一般布置在平板上,交叉肋制造成本高。蜂窝形肋在肋的连接处不堆积金属,所以内应力小,不易产生裂纹,且刚度也高。米字形肋抗弯、抗扭刚度高,但铸造困难,多用于焊接机架。井字肋的抗弯刚度接近米字形肋,但抗扭刚度比米字形肋低,应用于较宽的矩形壁板上
三角形肋		
交叉肋	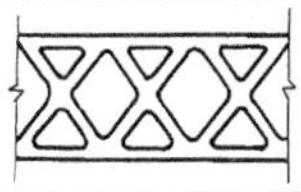	
蜂窝形肋	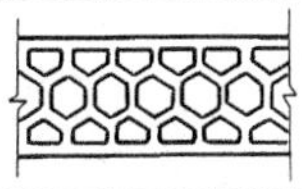	
米字形肋	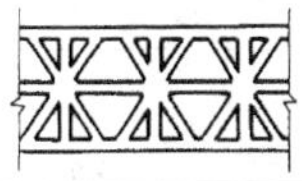	
井字肋	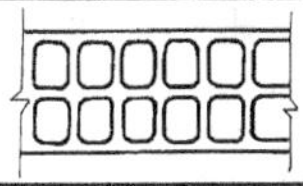	

表 18.2-14　柴油机、空气压缩机、破碎机和金属切削机床壁上肋的布置示例

机架名称	柴油机机体			空气压缩机机身
布肋形式	直肋	井字肋	三角形肋	井字肋
简图	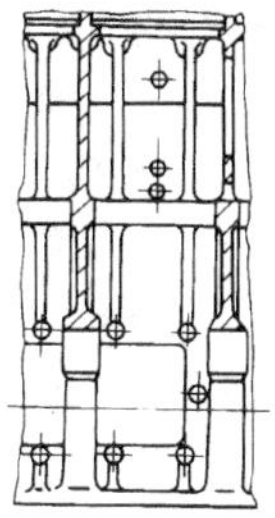	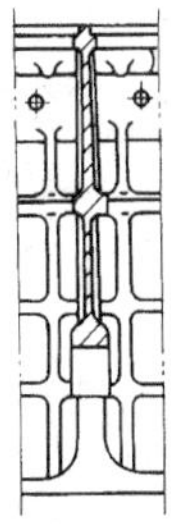	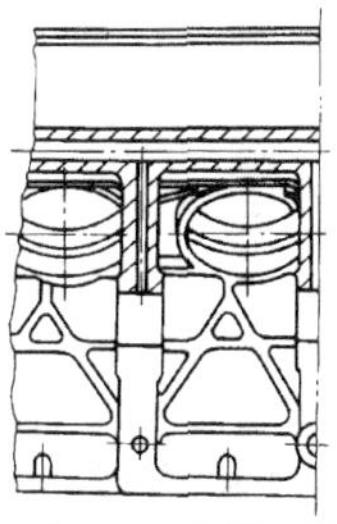	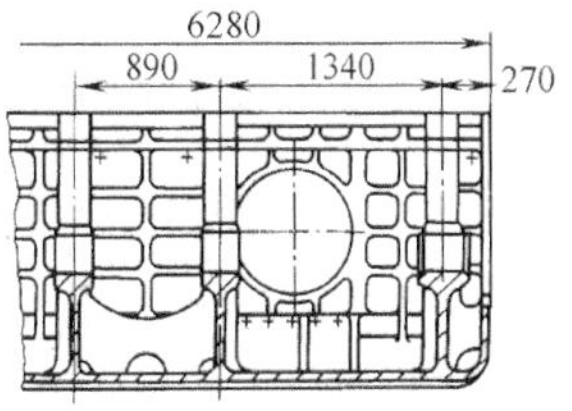 6280　890　1340　270
说明	根据机体纵向壁的有效宽厚比及载荷情况,布置不同距离和形式的肋 为有利于力的传递和刚度提高,肋应与螺栓搭子相连,并尽量不中断地延伸到机体底部			

机架名称	破碎机下架体	金属切削机床立柱	
布肋形式	井字肋	直肋	井字肋
简图	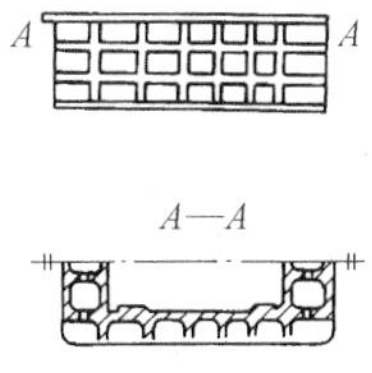 A　A　A—A	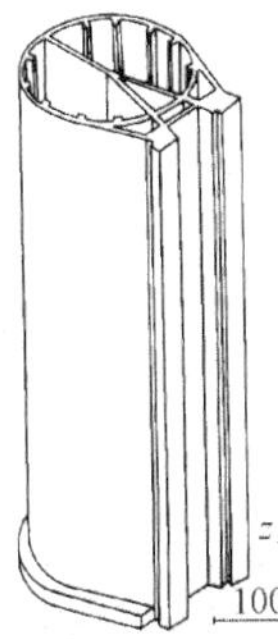 1000mm	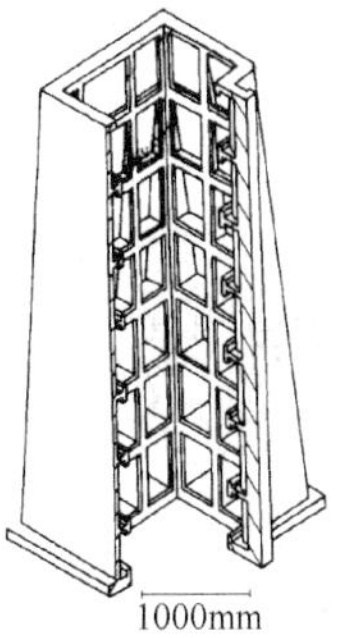 1000mm
说明	在外壁上布肋,提高了整个机架及侧壁的强度和刚度	立柱整个内壁从上到下布有纵向肋,以提高立柱的抗弯刚度,此外还有一条横贯圆心的纵向 Y 形肋,它支承着径向力,并传递到立柱的后壁。由于立柱为圆形截面,故具有较高的抗扭刚度 与方形截面的立柱相比,圆形截面的立柱为安装横梁提供了更多的空间,从而减少了导轨的外伸量,改善了立柱受载条件。同时,还省去了环状横向肋	主柱内壁上均布有一系列纵、横向肋。壁上的纵向肋有助于提高立柱的抗弯刚度,并防止截面畸变 横向肋和纵向肋在内壁上构成的若干框形单元,共同阻止各段壁板的振动

1.3　机架壁板上的孔

由于结构上或工艺上的要求，在机架的壁上往往开孔，这些孔的形状、大小和位置对机架的刚度均有一定的影响。下面提供有关实验数据供设计时参考。

图18.2-3所示为在弯矩、扭矩作用下，圆孔对箱形截面梁刚度的影响。从图18.2-3中可知，梁的刚度随孔的直径增大而减小，当 $D/H>0.4$ 时，刚度明显下降；梁中性轴附近的孔对弯曲刚度削弱的影响要比远离中性轴的孔小。

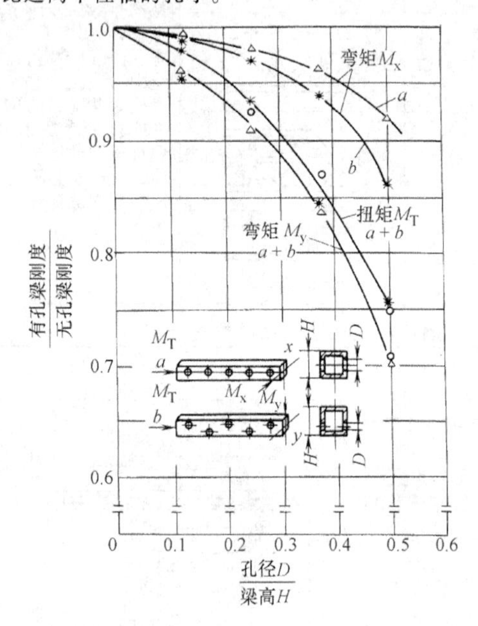

图18.2-3　孔的位置和直径对箱形截面梁刚度的影响

图18.2-4所示为在开长孔上加盖板对箱形截面梁刚度的影响。图18.2-4表明，在开孔上加盖板并用螺钉紧固，可将弯曲刚度恢复到接近未开孔时的刚度，但对抗扭刚度提高不大。

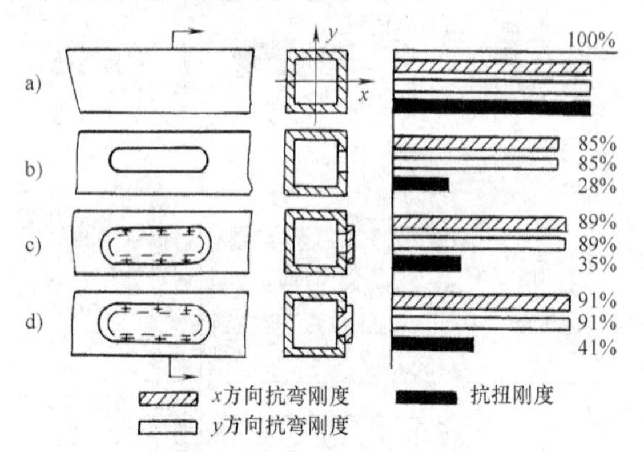

图18.2-4　开孔加盖对箱形截面梁刚度的影响
a）未开孔　b）开孔未加盖板　c）开孔加盖板
d）开孔加组合盖板并堵塞

表18.2-15列出了各种形状和大小的孔位于立柱的不同位置时，对立柱刚度的影响。

表18.2-16、表18.2-17列出了孔对箱体刚度的综合影响。从表中可知：①当箱体开孔的面积小于板壁面积的10%时，不会显著地降低箱体的刚度；当孔的面积大于10%时，随着孔的面积加大，刚度将急剧下降；当孔的面积达到30%左右时，与未开孔的箱体相比，扭转刚度下降了80%～90%，扭转固有频率下降了2/3～3/4；②当箱体孔位于侧壁（即孔在弯曲平面内）时，对降低箱体抗弯刚度的影响要比顶壁孔大。

表18.2-15　孔的各种形状、位置及大小对立柱刚度的影响

壁孔形状、位置及尺寸	720　200　120　20　320　270		φ100	φ100	φ120	φ120	φ120	φ120
抗弯刚度相对值	1.0		0.99	0.89	0.78	0.94	0.90	0.97
抗扭刚度相对值	1.0		0.97	0.97	0.72	0.98	0.86	0.95
弯曲固有频率/Hz	455		434	390	428	411	448	403
扭转固有频率/Hz	336		334	273	299	285	324	287
壁孔形状、位置及尺寸	70	80	70	80	100　100　立柱底面	185　255	245	240
抗弯刚度相对值	1.0	0.98	0.78	0.62	1.0	0.87	0.97	0.89
抗扭刚度相对值	1.0	1.0	0.62	0.59	1.0	0.69	0.99	0.94
弯曲固有频率/Hz	438	392	435	360	412	406	418	408
扭转固有频率/Hz	325	264	270	270	275	270	306	312

表 18.2-16 箱体高度、顶部开孔面积对刚度的影响

箱体加载简图	扭转：箱体两端加力偶，测量 A 点相对于由 B、C、D 三点决定的平面的位移 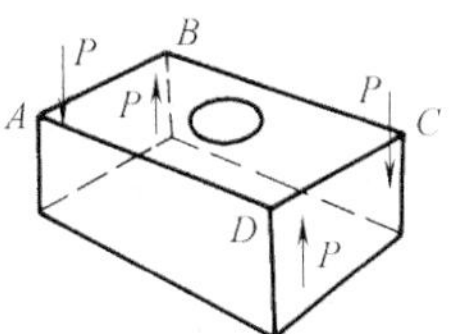 弯曲：箱体两侧壁中部加载；在加载处测量箱壁位移 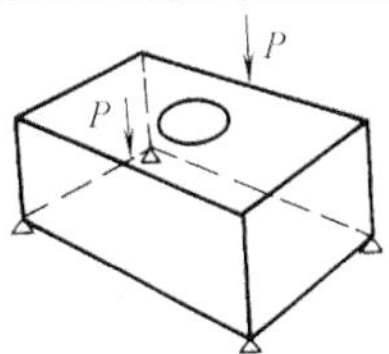												
箱体模型结构简图（模型壁厚 6mm）	顶部开口面积的百分比（%）	箱体高度 $h=210$mm				箱体高度 $h=140$mm				箱体高度 $h=43$mm			
		扭转		弯曲		扭转		弯曲		扭转		弯曲	
		相对刚度比	固有频率/Hz	相对刚度比	固有频率/Hz	相对刚度比	固有频率/Hz	相对刚度比	固有频率/Hz	相对刚度比	固有频率/Hz	相对刚度比	固有频率/Hz
250，450，h	100	0.005	118	0.44		0.007	142	0.50	446	0.015	177	0.40	423
200，280	50	0.08	368	0.57	295	0.08	452	0.65	560	0.07	347	0.60	458
$\phi160$	18	0.74	1390	0.80	350	0.78	1460	0.80	580	0.63	965	0.82	462
$\phi100$	7	0.97		0.83	412	0.93		0.85	522	0.90	0.97	0.89	482
	0	1.0		1.0	419	1.0		1.0	495	1.0	1030	1.0	459

表 18.2-17 箱体两侧壁孔面积对刚度的影响

箱体加载简图	扭转			弯曲		
箱体模型结构简图（箱体壁厚 6mm）	箱体高度 $h=210$mm			箱体高度 $h=140$mm		
	侧壁孔面积的百分比（%）	相对刚度比		侧壁孔面积的百分比（%）	相对刚度比	
		扭转	弯曲		扭转	弯曲
250，450，h	0	1	1	0	1	1

（续）

箱体加载简图	扭转			弯曲		
箱体模型结构简图（箱体壁厚 6mm）	箱体高度 $h=210$mm			箱体高度 $h=140$mm		
	侧壁孔面积的百分比（%）	相对刚度比		侧壁孔面积的百分比（%）	相对刚度比	
		扭转	弯曲		扭转	弯曲
$\phi30$	0.75	0.91	0.84	1.1	0.98	0.97
$\phi60$	3	0.86	0.60	4.5	0.95	0.93
$\phi120$	12	0.77	0.44	18	0.43	0.33
$\phi180$	27	0.33	0.10	35①	0.06	0.04

① 箱体侧壁孔接近矩形，长边 180mm，短边 120mm。

2　铸造机架

2.1　壁厚及肋的尺寸

1）铸件壁厚的选择取决于其强度、刚度、材料、铸件尺寸、质量和工艺等因素。

① 铸铁机架：按目前工艺水平，砂型铸造铸铁件的壁厚，可利用当量尺寸 N 按表 18.2-18 选择，对于铝合金铸件的壁厚，按表 18.2-19 选择。表中推荐的是铸件最薄部分的壁厚，支承面、凸台等应根据强度、刚度以及结构上的需要适当加厚。

$$当量尺寸\ N=\frac{2L+B+H}{3}$$

式中　L——铸件的长度（m）；

B——铸件的宽度（m）；

H——铸件的高度（m）。

② 大型铸钢机架的合理最小壁厚及凸台尺寸：铸钢件的最小壁厚值，在一般情况下不宜为大型铸钢件设计时所选用，因为大型铸钢件模样及工艺装备比较粗糙，浇注温度一般难以控制，这给生产薄壁铸件带来一定困难，故一般情况下大型铸钢件合理的最小壁厚可参照表 18.2-20 选取。表 18.2-21 列出了大型铸钢件的凸台高度尺寸。

表 18.2-18　铸铁机架的壁厚

材料	灰铸铁		可锻铸铁	球墨铸铁
壁厚 / 当量尺寸 N/m	外壁厚/mm	内壁厚/mm	壁厚/mm	壁厚/mm
0.3	6	5	壁厚比灰铸铁减少15%~20%	壁厚比灰铸铁增加15%~20%
0.75	8	6		
1.0	10	8		
1.5	12	10		
1.8	14	12		
2.0	16	12		
2.5	18	14		
3.0	20	16		
3.5	22	18		
4.0	24	20		
4.5	25	20		
5.0	26	22		
6.0	28	24		
7.0	30	25		
8.0	32	28		
9.0	36	32		
10.0	40	36		

表 18.2-19　铝合金铸件的壁厚

当量尺寸 N/m	0.3	0.5	1.0	1.5	2	2.5
壁厚/mm	4	4	6	8	10	12

2）加强肋的尺寸一般可按表 18.2-22 确定。为防止铸铁平板变形所加的加强肋的高度见表 18.2-23。

表 18.2-20　大型铸钢件合理的最小壁厚　(mm)

铸件的最大轮廓尺寸	铸件的次大轮廓尺寸						
	≤350	351~700	701~1500	1501~3500	3501~5500	5501~7000	>7000
≤350	10	—	—	—	—	—	—
351~700	10~15	15~20	—	—	—	—	—
701~1500	15~20	20~25	25~30	—	—	—	—
1501~3500	20~25	25~30	30~35	35~40	—	—	—
3501~5500	25~30	30~35	35~40	40~45	45~50	—	—
5501~7000	—	35~40	40~45	45~50	50~55	55~60	—
>7000	—	—	>50	>55	>60	>65	>70

注：对形状复杂、容易变形的铸件，其合理最小壁厚值，可按表适当增加；对不重要的、形状简单的铸件，其合理最小壁厚值可按表适当减小。

表 18.2-21　大型铸钢件的凸台高度尺寸　(mm)

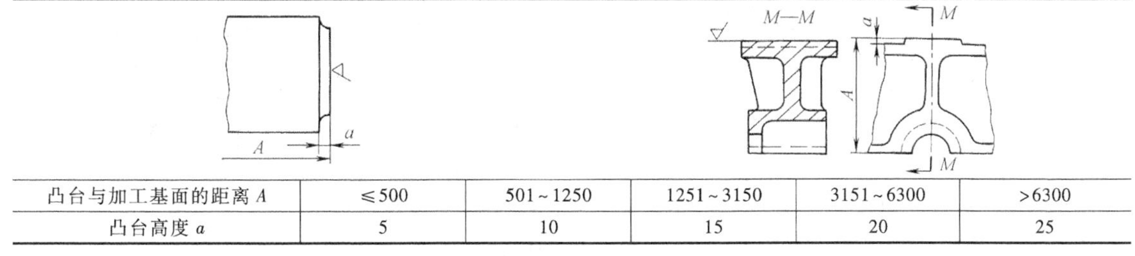

凸台与加工基面的距离 A	≤500	501~1250	1251~3150	3151~6300	>6300
凸台高度 a	5	10	15	20	25

注：1. 对于无相关尺寸要求的凸台，高度可适当减小。

2. 侧壁上的凸台应考虑起模斜度的影响，适当增加高度。

3. 如果铸件尺寸较大，且沿长度方向上有几个凸台时，a 值按表增大 50%。

表 18.2-22　加强肋的尺寸

铸件外表面上肋的厚度	铸件内腔中肋的厚度	肋的高度
0.8s	(0.6~0.7)s	≤5s
说　明	s—肋所在壁的壁厚	

表 18.2-23　铸铁平板上加强肋的高度　(mm)

简图	最大轮廓尺寸	当宽度为下列尺寸时平板的加强肋高度 H	
	L	$B<0.5L$	$B>0.6L$
	<300	40	50
	301~500	50	75
	501~800	75	100
	801~1200	100	150
	1201~2000	150	200
	2001~3000	200	300
	3001~4000	300	400
	4001~5000	400	450
	>5000	450	500

2.2　铸造机架结构设计的工艺性

铸造机架的结构特点是轮廓尺寸较大，多为箱形结构，有复杂的内外形状，尤其是内腔往往设置有凸台和加强肋等。在造型和制芯，以及型芯的定位、支承、浇注时，这些结构将给型芯气体的排除以及清砂等带来一系列问题。另外，机架的某些部位尺寸厚大（如床身导轨），当这些部位的厚度与周围连接壁相差过大时，还易产生裂纹等缺陷，因此在设计中应正确处理这类问题。图 18.2-5 所示为铸造结构设计的一般原则。

机架的加工工艺性应注意以下几点：

1）对于长度较大的机架，尽可能避免端面加工，因为当其长度超过龙门刨加工宽度时，需落地镗或专用设备，而且装夹费时；也要避免内部深处有加工面和倾斜的加工面。

2）尽量减少加工时翻转和调头的次数。

3）加工时要有较大的基准支承面。

4）箱体的加工量主要由箱壁上精度高的支承孔和平面确定，故结构设计时应注意以下几点：

① 避免设计工艺性差的不通孔、阶梯孔和交叉孔。

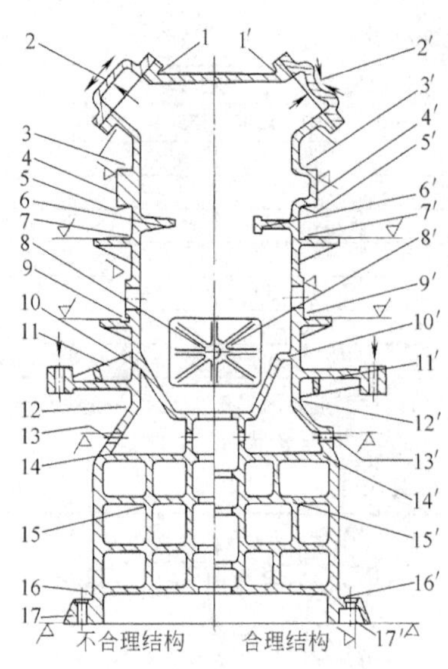

图 18.2-5　铸造结构设计的一般原则

注：不合理结构：1—易裂纹　2—当材料的抗压强度高于抗拉强度（如铸铁）时，应采取结构上的措施将不利的拉应力转化为压应力　3—易裂纹　4—多余的材料堆积，易缩孔　5—易裂纹　6—不良肋形　7—无空刀槽　8—节点金属堆积，导致组织松弛　9—造型与加工困难　10—锐角布肋，易裂纹和组织松弛　11—力矩引起的拉应力高于压应力　12—尖角，应力集中　13—刀具轴线与加工面倾斜　14—易裂纹　15—肋的十字形分布造成节点金属堆积，导致组织松弛　16—应力集中，易裂纹　17—费工，材料堆积

合理结构：1′—加圆角，以获得与应力分布相适应的结构　2′—使材料延伸，产生压应力　3′、5′、14′—载荷拉伸圆角　4′—节省金属　6′—合理肋形　7′—应有空刀槽　8′—无金属堆积，材质紧密　9′—简化了结构和加工　10′—应力均布，材质紧密　11′—材料中的压应力高于拉应力　12′—最佳应力分布和较好的外观　13′—刀具轴线与加工面垂直，加工准确　15′—肋错开布置，防止金属堆积　16′—加圆角，以获得与应力分布相适应的结构　17′—减少加工面

通孔的工艺性好，其中长度 L 与孔径 D 之比 $L/D\leqslant 1.5$ 的短圆柱通孔工艺性最好。当 $L/D>5$ 时称为深孔，精度要求高、表面粗糙度要求小时加工困难。

② 同轴线上孔径的分布形式应尽量避免中间隔壁上的孔径大于外壁上的孔径。

③ 箱体上的紧固孔和螺纹孔的尺寸规格尽量一致，以减少刀具数量和换刀次数。

3　焊接机架

3.1　焊接机架与铸造机架特点比较

与铸造结构相比，焊接结构具有强度和刚度高、重量轻、生产周期短以及施工简便等优点，因此焊接机架日益增多。铸铁机架与焊接机架的特点比较见表 18.2-24。

表 18.2-24　铸铁机架与焊接机架的特点比较

项目	铸铁机架	焊接机架
机架重量	较重	钢板焊接毛坯比铸件毛坯轻 30%，比铸钢毛坯轻 20%
强度、刚度及抗振性	铸铁机架的强度与刚度较低，但内摩擦大，阻尼作用大，故抗振性能好	强度高、刚度大，对同一结构，钢的强度为铸铁的 2.5 倍，钢的疲劳强度为铸铁的 3 倍。但抗振性能较差
材料价格	铸铁材料来源方便、价廉	价格高
生产周期	生产周期长，资金周转慢，成本高	生产周期短，能适应市场竞争的需要
设计条件	由于技术上的限制，铸件壁厚不能相差过大。而为了取出芯砂，设计时只能用“开口”式结构，影响刚度	结构设计灵活、壁厚可以相差很大，并且可根据工况需要，不同部位选用不同性能的材料
用途	大批量生产的中小型机架	1）单件、小批生产的大、中型机架 2）特大型机架，如大型水压机横梁、底座及立柱，大的轧钢机机架和颚式破碎机机架等，可采用小拼大的电渣焊

3.2　焊接件设计中一般应注意的问题（见表 18.2-25）

表 18.2-25　焊接件设计中一般应注意的问题

项　目	说明与措施
材料焊接性	焊接件的选择要考虑焊接性，焊接性差的材料会造成焊接困难，使焊缝可靠性降低。一般 w(C)<0.25%的碳钢（如 Q235A、20 钢及 25 钢）和 w(C)<0.2%的低合金钢（如 Q345 及 Q390 等）焊接性良好
合理布置焊缝	焊缝应位于低应力区，以获得承载能力大、变形小的构件；为减小焊缝应力集中和变形，焊缝布置尽可能对称，最好至中性轴的距离相等；尽量减少焊缝的数量和尺寸，且焊线要短；焊缝不要布置在加工面和需要表面处理的部位上；若条件允许应将工作焊缝变成联系焊缝；避免焊缝汇交和密集，让次要焊缝中断，主要焊缝连续
提高抗振能力	由于普通钢材的吸振能力低于铸铁，故对于抗振能力要求高的焊接件应采取抗振措施，如利用板材间的摩擦力来吸收振动；利用填充物吸振

（续）

项　目	说明与措施
合理选择截面形状及合理布肋	参照本章第 1 节
提高焊接接头抗疲劳能力和抗脆断能力	1)减少应力集中,如尽量采用对接接头;当厚度不等的钢板对接时,要以 1∶4 至 1∶10 的斜度预加工厚板;采用刻槽影响小的接头;焊缝避开高应力区;焊趾部加工使焊缝向母材圆滑过度 2)减少或消除焊接残余应力,如采用合理的焊接方法和工艺参数,焊后热处理等 3)减少结构刚度,以期降低应力集中和附加应力的影响 4)调整残余应力场
坯料选择的经济性	1)尽可能选用标准型材、板材、棒料,减少加工量 2)拐角处用压弯(内侧半径为 1.5~2.0 倍的壁厚)可节省材料和焊接费用 3)合理确定焊缝尺寸。角焊缝的焊脚尺寸的增加将使角焊缝的面积和焊接量成平方关系增加
操作方便	1)避免仰焊缝,减少立焊缝,尽量采用自动焊接,减少焊条电弧焊和工地焊接 2)要考虑可焊到性。当采用焊条电弧焊时,可焊到性所要的空间为: 当 $t_1<t_0$ 时,$\alpha>45°$ 当 $t_1=t_0$ 时,$\alpha=45°$ 当 $t_1>t_0$ 时,$\alpha<45°$ (图: t_1, >15, α, t_0)

3.3 机架的焊接结构

3.3.1 焊接机架的结构型式（见表 18.2-26）

表 18.2-26　焊接机架的结构型式

结构型式	特　点	简　图
型钢结构	机架主要由槽钢、角钢和工字钢等型钢焊接而成。这种结构的质量小、成本低、材料利用充分。适用于中小型机架	
板焊结构	机架主要由钢板拼焊而成,广泛应用于各类机床,如锻压设备的床身、水压机、金属切削机床的床身、立柱以及柴油机机身等	压力机机身
双层壁结构	双层壁结构是在上、下盖板之间有序地焊上一段管子,再以条钢构成对角线肋网而形成机架的墙壁,也可由在盖板之间焊上肋板而形成 双层壁结构是一种具有刚度高、重量轻和抗振性好的高性能结构,适用于大型、精密机架	
管形结构	以无缝钢管作为机架的主体,其特点是重量轻,抗扭刚度高	(对照图18.2-12)

3.3.2 金属切削机床中机架的焊接结构

单件、小批生产的重型机床、专用机床以及组合机床的床身、立柱等零件，宜用焊接结构。

（1）机床中焊接机架的壁厚及布肋

金属切削机床的机架壁厚主要是根据刚度来确定的，焊接壁厚约为相应铸件壁厚的 2/3~4/5，具体数值可参照表 18.2-27 选用。为提高壁板的刚度和固有频率，防止薄板弯曲和颤振，可在壁板上焊一定形状和数量的加强肋，壁板上常见的布肋形式见表 18.2-28。大型机床以及承受载荷较大的导轨处的壁板，往往采用双层壁结构提高刚度（见表 18.2-29）。一般选用双层壁结构的壁厚 $t\geqslant3\sim6$mm。

（2）焊缝尺寸的确定

确定焊缝尺寸的方法一般为：①焊缝的工作应力；②按等强原则；③刚度条件。由于焊接机床的床身、立柱、横梁和箱体等一般按刚度设计，故焊缝尺寸宜采用第三种方法。

按刚度条件选择角焊缝尺寸的经验做法是：根据被焊钢板中较薄的钢板强度的 33%、50% 和 100% 作为焊缝强度来确定焊缝尺寸，其焊脚尺寸 K 为

100%强度焊缝：　$K=\frac{3}{4}\delta$

50%强度焊缝：　$K=\frac{3}{8}\delta$

33%强度焊缝：　$K=\frac{1}{4}\delta$

式中　δ——较薄钢板厚度。

表 18.2-27　钢板焊接机架壁厚的参考值　　（mm）

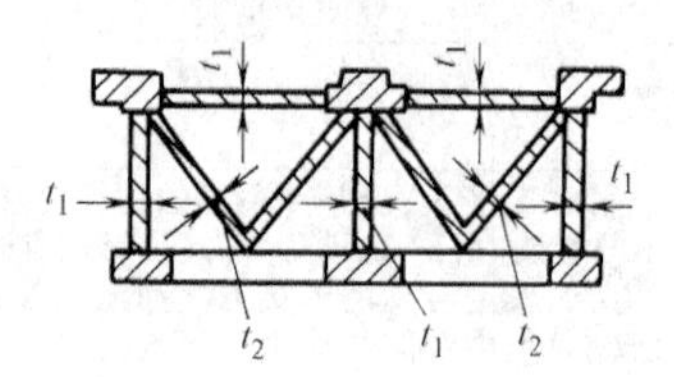

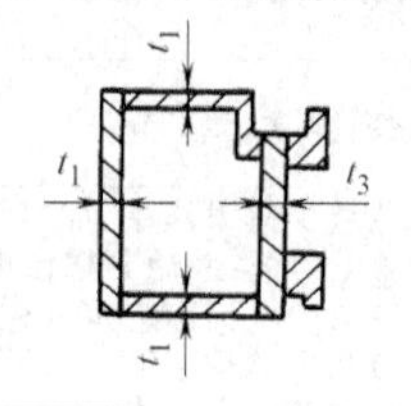

壁或肋的位置及承载情况		壁厚		壁或肋的位置及承载情况		壁厚	
		大型机床	中型机床			大型机床	中型机床
外壁和纵向主肋	t_1	20~25	8~15	导轨支承壁	$t_3$①	30~40	12~25
肋	t_2	15~20	6~12				

① 导轨支承壁为与导轨的承载表面平行且承受弯矩的壁。

表 18.2-28　壁板上常见的布肋形式

矩形排列肋	菱形排列肋	等边等角交叉排列肋
平板上布肋，纵横面呈矩形排列，其中通长肋布置在抗弯曲平面内抗弯。断开肋抗扭 $a \leqslant 20t$ 式中　a—肋的最大间距 t—壁厚 制造简单、抗振性好	平板上布置冲压的波浪肋，且呈菱形排列，两肋构成 U 形减振接头，抗扭和吸振性好，改善了阻尼特性 $a \leqslant 30t$ 式中　a—肋的最大间距 t—壁厚 制造复杂	以等边角钢为肋（大型机床一般用规格为 7~14 号等边角钢），焊成交叉肋，肋条最大间距可适当加大 制造简单

表 18.2-29　不同尺寸双层壁与单壁平板的静刚度和固有频率的对比

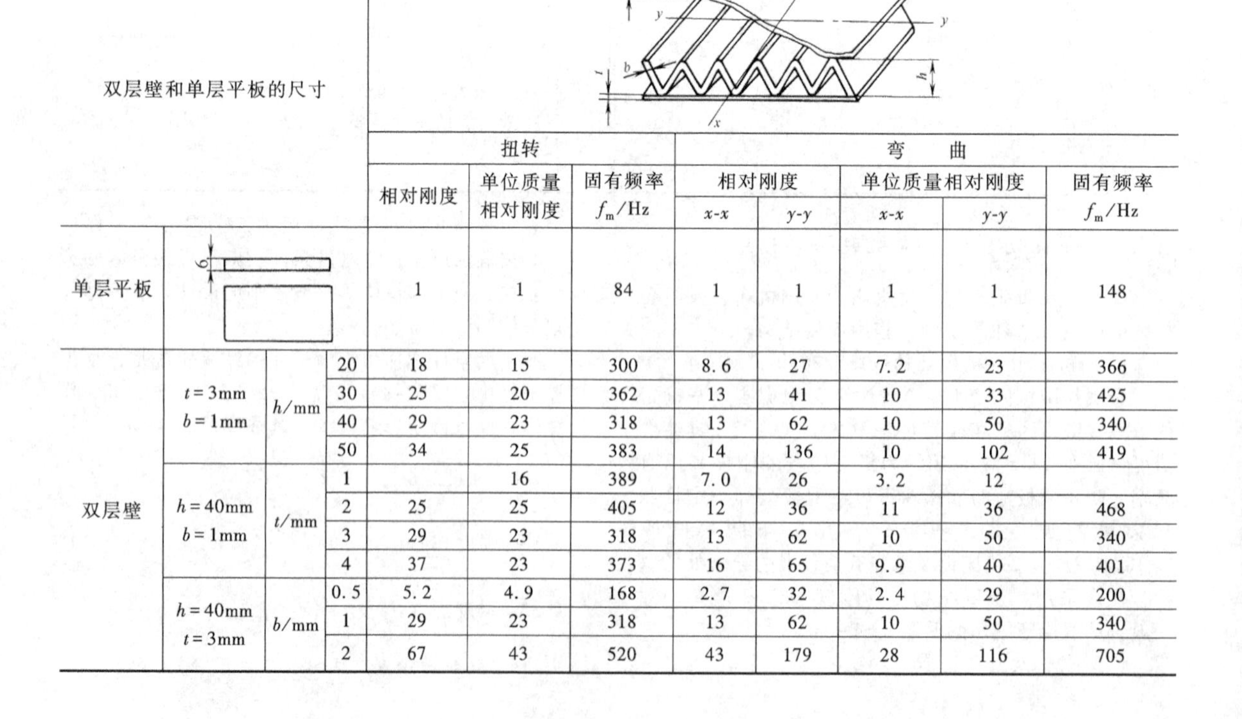

双层壁和单层平板的尺寸				扭转			弯曲				
				相对刚度	单位质量相对刚度	固有频率 f_m/Hz	相对刚度 x-x	相对刚度 y-y	单位质量相对刚度 x-x	单位质量相对刚度 y-y	固有频率 f_m/Hz
单层平板				1	1	84	1	1	1	1	148
双层壁	t=3mm b=1mm	h/mm	20	18	15	300	8.6	27	7.2	23	366
			30	25	20	362	13	41	10	33	425
			40	29	23	318	13	62	10	50	340
			50	34	25	383	14	136	10	102	419
	h=40mm b=1mm	t/mm	1		16	389	7.0	26	3.2	12	
			2	25	25	405	12	36	11	36	468
			3	29	23	318	13	62	10	50	340
			4	37	23	373	16	65	9.9	40	401
	h=40mm t=3mm	b/mm	0.5	5.2	4.9	168	2.7	32	2.4	29	200
			1	29	23	318	13	62	10	50	340
			2	67	43	520	43	179	28	116	705

100%强度的角焊缝（即等强焊缝）主要用于集中载荷作用的部位，如导轨的焊接；50%强度的角焊缝，在箱体焊接中一般指 $K=(3/4)\delta$ 的单面角焊缝（见图 18.2-6）；33%强度焊缝主要用于不承载焊缝，它可以是单面或双面焊接（见图 18.2-7）。

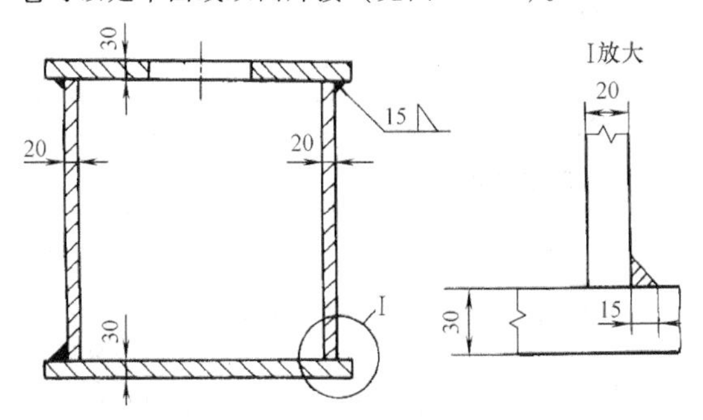

图 18.2-6　50%强度焊缝

表 18.2-30 列出了按刚度条件设计时的各种厚度钢板的角焊缝尺寸的经验估算值。

表 18.2-30　角焊缝尺寸的经验估算值

（mm）

板厚 δ	强度设计	刚度设计	
	100%强度 $K=\frac{3}{4}\delta$	50%强度 $K=\frac{3}{8}\delta$	33%强度 $K=\frac{1}{4}\delta$
6.35	4.76	2.38	1.59
7.94	5.96	2.98	1.99
9.53	7.15	3.57	2.38
11.11	8.33	4.17	2.78
12.70	9.53	4.76	3.18
14.27	10.70	5.35	3.57
15.88	11.91	5.96	3.97
19.05	14.29	7.14	4.76
22.23	16.67	8.34	5.56
25.40	19.05	9.53	6.35
28.58	21.43	10.69	7.15
31.75	23.81	11.91	7.94
34.93	26.20	13.10	8.73
38.10	28.58	14.29	9.53
41.29	30.97	15.48	10.32
44.45	33.34	16.67	11.11
50.86	38.15	19.07	12.72
53.98	40.49	20.24	13.50
56.75	42.56	21.28	14.19
60.33	45.25	22.62	15.08
63.50	47.63	23.81	15.88
66.67	50.00	25.00	16.67
69.85	52.39	26.19	17.46
76.20	57.15	25.58	19.05

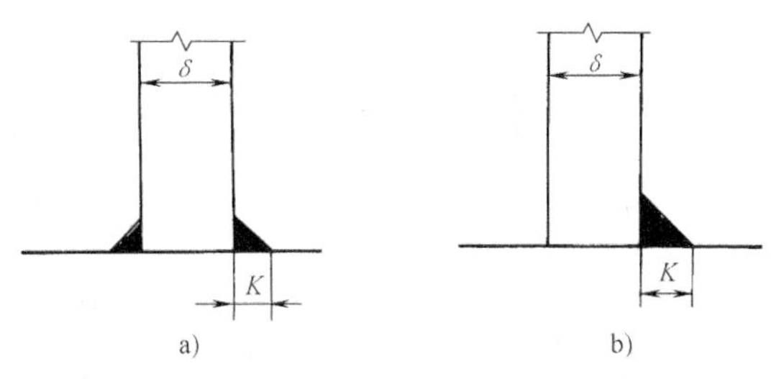

图 18.2-7　33%强度焊缝

a）双面角焊缝 $K=\frac{1}{4}\delta$　b）单面角焊缝 $K=\frac{1}{2}\delta$

（3）改善机床结构阻尼比的一般措施

1）采用吸振接头。由于它们的插头两侧焊缝在冷却收缩时，使未焊透的结合面具有一定的接触压力，当结构振动时，未焊透的结合面产生微小的位移，相互摩擦，消耗能量而吸振。

图 18.2-8 及图 18.2-9 所示为机床焊接结构中广泛应用的减振接头形式。

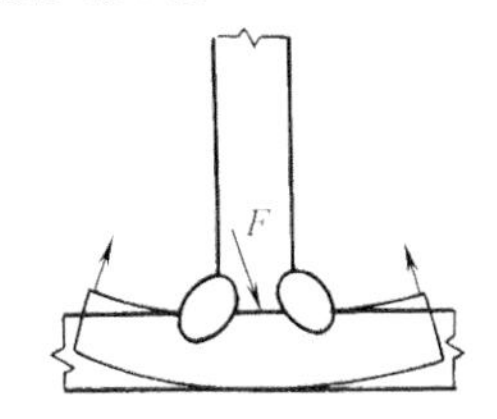

图 18.2-8　未焊透的 T 形接头

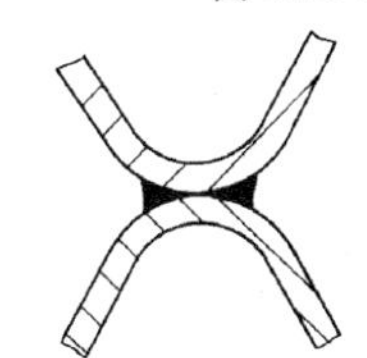
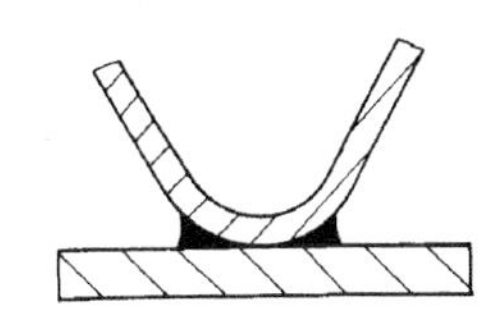

图 18.2-9　U 形减振接头

2）采用断续焊缝加大结构阻尼。它的吸振机理与吸振接头是相同的，因此断续焊缝也能获得良好的阻尼特性，见表 18.2-31。

3）注入吸振的填充物。如向焊件内部注入膨胀混凝土等吸振填充物。

4）机床焊接机架结构设计中应注意的问题（见表 18.2-32）。

（4）示例

例 18.2-1　T6916 型超重型落地镗铣床立柱原为铸件，毛坯重 24t，改为焊接立柱后，毛坯重 16t，其焊接结构如图 18.2-10 所示。其焊接结构主要具有如下特点：

表 18.2-31　断续角焊缝和连续角焊缝减振能力和刚度比较

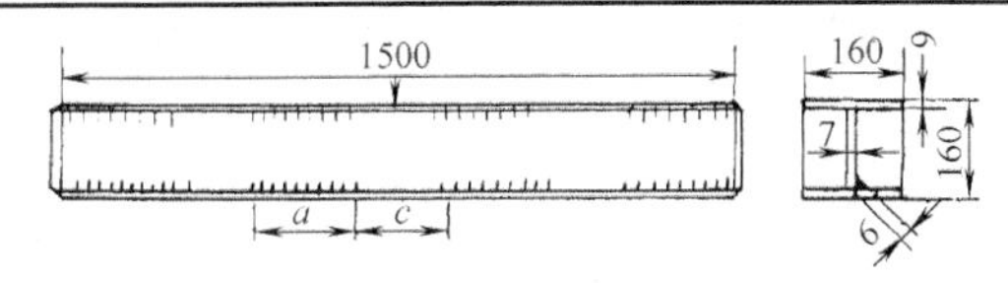

（续）

角焊接/mm			静刚度 /N · μm^{-1}	固有频率 /Hz	振幅 60μm 以下的平均振幅下降 /mm
焊接方式	焊接全长 a/c	厚度			
单侧焊接	880/620	4	28.4	175	14.5×10^{-3}
单侧焊接	1080/420	4	30.8	183	2.18×10^{-3}
单侧焊接	1280/220	4	32.8	190	2.06×10^{-3}
单侧焊接	1500/0	4	33.0	196	1.985×10^{-3}
单侧焊接	1500/0	4.5	33.5	196	
单侧焊接	1500/0	5.5	35.0	201	1.77×10^{-3}
单侧焊接	1500/0	5.5	35.8	210	1.54×10^{-3}

表 18.2-32　机床焊接机架结构设计中应注意的问题

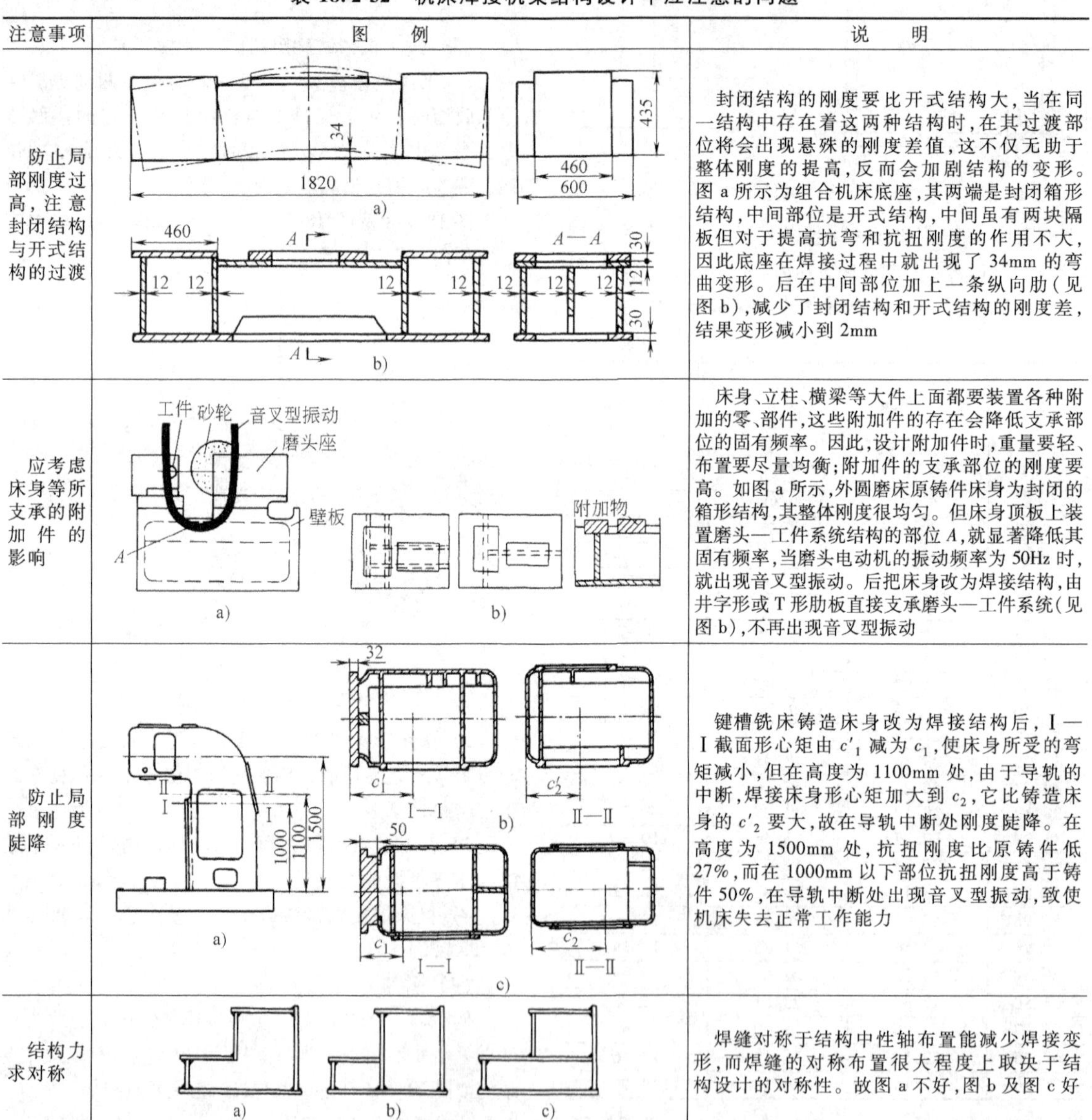

注意事项	图　例	说　明
防止局部刚度过高，注意封闭结构与开式结构的过渡	a)　b)	封闭结构的刚度要比开式结构大，当在同一结构中存在着这两种结构时，在其过渡部位将会出现悬殊的刚度差值，这不仅无助于整体刚度的提高，反而会加剧结构的变形。图 a 所示为组合机床底座，其两端是封闭箱形结构，中间部位是开式结构，中间虽有两块隔板但对于提高抗弯和抗扭刚度的作用不大，因此底座在焊接过程中就出现了 34mm 的弯曲变形。后在中间部位加上一条纵向肋（见图 b），减少了封闭结构和开式结构的刚度差，结果变形减小到 2mm
应考虑床身等所支承的附加件的影响	a)　b)	床身、立柱、横梁等大件上面都要装置各种附加的零、部件，这些附加件的存在会降低支承部位的固有频率。因此，设计附加件时，重量要轻、布置要尽量均衡；附加件的支承部位的刚度要高。如图 a 所示，外圆磨床原铸件床身为封闭的箱形结构，其整体刚度很均匀。但床身顶板上装置磨头—工件系统结构的部位 A，就显著降低其固有频率，当磨头电动机的振动频率为 50Hz 时，就出现音叉型振动。后把床身改为焊接结构，由井字形或 T 形肋板直接支承磨头—工件系统（见图 b），不再出现音叉型振动
防止局部刚度陡降	a)　b)　c)	键槽铣床铸造床身改为焊接结构后，Ⅰ—Ⅰ截面形心矩由 c'_1 减为 c_1，使床身所受的弯矩减小，但在高度为 1100mm 处，由于导轨的中断，焊接床身形心矩加大到 c_2，它比铸造床身的 c'_2 要大，故在导轨中断处刚度陡降。在高度为 1500mm 处，抗扭刚度比原铸件低 27%，而在 1000mm 以下部位抗扭刚度高于铸件 50%，在导轨中断处出现音叉型振动，致使机床失去正常工作能力
结构力求对称	a)　b)　c)	焊缝对称于结构中性轴布置能减少焊接变形，而焊缝的对称布置很大程度上取决于结构设计的对称性。故图 a 不好，图 b 及图 c 好

1）为保证立柱具有较高的抗弯和抗扭的综合性能，立柱采用封闭的箱形结构。

2）前墙安装有导轨，直接承受载荷，是主要受力面，故前墙采用刚性好的双层壁板结构。由于其外壁板受载大，所以前板厚度为 40mm。而双壁内紧靠导轨处还设有纵向肋，以进一步提高导轨的支承刚度。

3）为防止薄壁板引起的局部失稳和颤振，在四壁板内侧焊上波浪形肋。其中，前墙双层壁中间焊有两组波浪形肋，后墙的内侧有三组波浪形肋，左右墙内侧各有两组波浪形肋。

4）为进一步提高抗扭性能，防止立柱发生断面畸形，沿柱长度方向每隔 810mm 设横向肋板。

5）波浪形肋组成了许多 U 形减振接头。其 T 形接头均采用断续角焊缝以增加阻尼，从而提高了减振能力。

6）四个柱脚采用厚壁无缝钢管，自然形成圆角，可避免应力集中并加强了立柱的刚性，此外还可使外板连接方便。

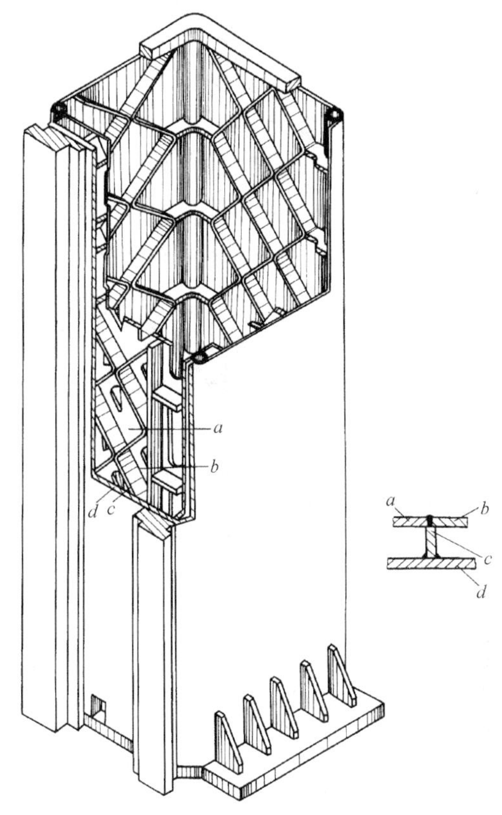

图 18. 2-10　T6916 型超重型落地镗铣床立柱的焊接结构

T6916 焊接立柱的壁厚及材料见表 18. 2-33。

表 18. 2-33　T6916 焊接立柱的壁厚及材料

件名	厚度/mm	材料
前板	40	Q345
外板	25	Q345
肋板	14	Q345
导轨		铸铁
上法兰	80	19Mn
下法兰	90	19Mn
无缝钢管	ϕ152	20

综上所述，在立柱的结构设计中，由于采用了合理的载面和正确布肋，以及改善结构的阻尼特性等一系列措施，从而保证了在减轻重量的同时，提高了立柱的静刚度和良好的抗振性能。

为保持尺寸稳定，消除内应力，焊后应进行热处理。第一次热处理安排在焊接后，第二次热处理安排在粗加工后进行。第一、二次热处理规范分别如图 18. 2-11a及图 18. 2-11b 所示。

例 18. 2-2　图 18. 2-12 所示为加工中心机床水平床身。它由四根长度相等的矩形钢管（1、2、3 和 4）焊接而成（对照表 18. 2-26），其中左右两根钢管较高，顶部焊有钢制导轨。在钢管的端部，分别用板 5、6 封口，构成有较高刚度的焊接机架。

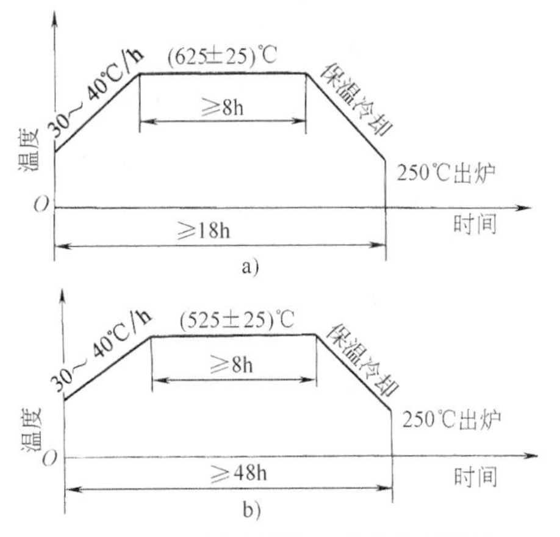

图 18. 2-11　T6916 焊接立柱热处理规范

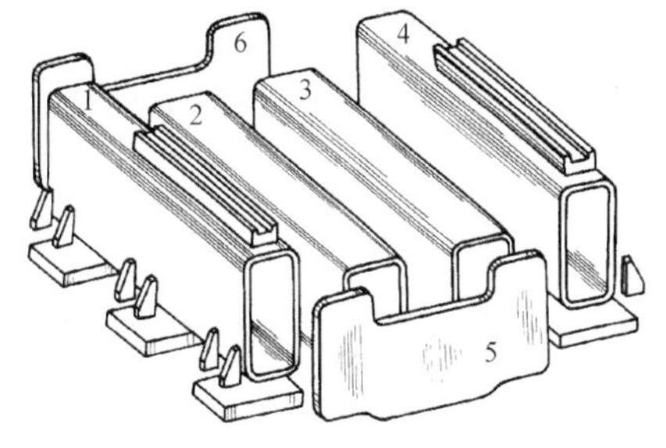

图 18. 2-12　加工中心机床水平床身

3. 3. 3　柴油机焊接机体

柴油机工作时，机体要承受气体的压力、各种惯性力以及紧固各零部件的预紧力，故机体必须具有足够的强度和刚度。图 18. 2-13 所示为铸焊组合的柴油机机体。主轴承座是整体铸钢件（材料为 Q345 或 ZG 230-450），刚性大又方便组焊定位。其上焊有左右对称的 14 块垂直板及两端的端板，并且与左右顶板相焊接，中间有中侧板与其相连，下有水平板，纵向有整体的内侧板、中侧板以及外侧板贯穿前后，整个机身焊成后，形成一个箱形结构。

在全焊透的情况下，T 形接头的应力集中系数是对接接头的 1.7 倍。有关资料表明，某型号的柴油机焊接机体在顶板与内侧板以及主轴承座与中间隔板间，由于采用了 T 形接头，结果在使用中，大部分机

体在该两处发生疲劳开裂。改为对接（双V形坡口）后，运行良好（见图18.2-14）。因此，各板与主轴

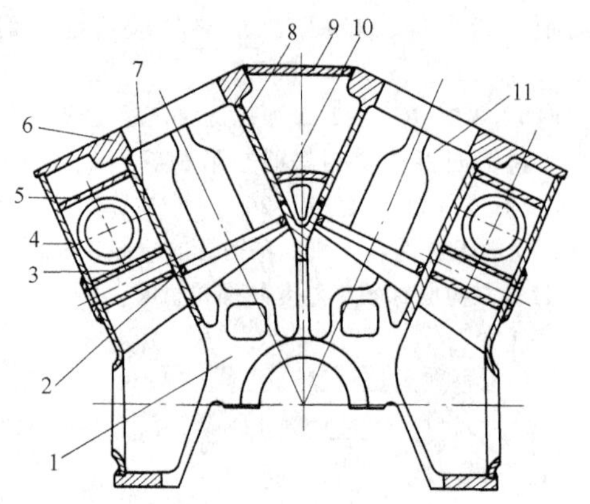

图18.2-13 铸焊组合的柴油机机体
1—主轴承座 2—水平板 3—套管 4—外侧板
5—支承板 6—左顶板 7—中侧板 8—内侧板
9—中顶板 10—隔板 11—垂直板

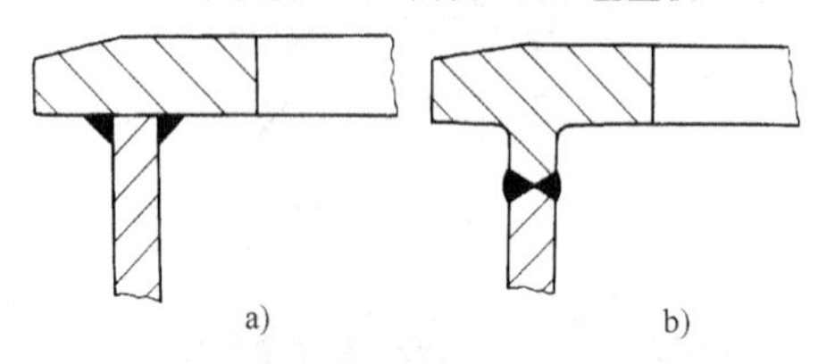

图18.2-14 顶板内侧板间的焊接接头
a）改进前 b）改进后

承座之间的焊缝，以及顶板和内侧板、顶板和中侧板之间的焊缝，均应采用对接接头。

焊后机体进行炉内整体高温回火处理，以消除残余应力，保证机身加工精度和尺寸的稳定性。

3.3.4 曲柄压力机闭框式组合焊接机身

曲柄压力机闭框式组合焊接机身由上横梁、立柱、底座和拉紧螺栓组成（见图18.2-15）。组合式机身便于加工、运输，故适用于中型和大型压力机。其焊接结构见表18.2-34。

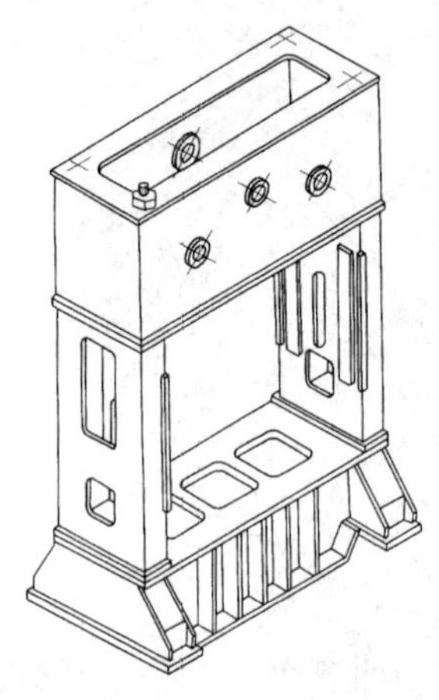

图18.2-15 曲柄压力机闭框式组合焊接机身

表18.2-34 曲柄压力机闭框式组合机身焊接结构

项目	简 图	说 明
上横梁	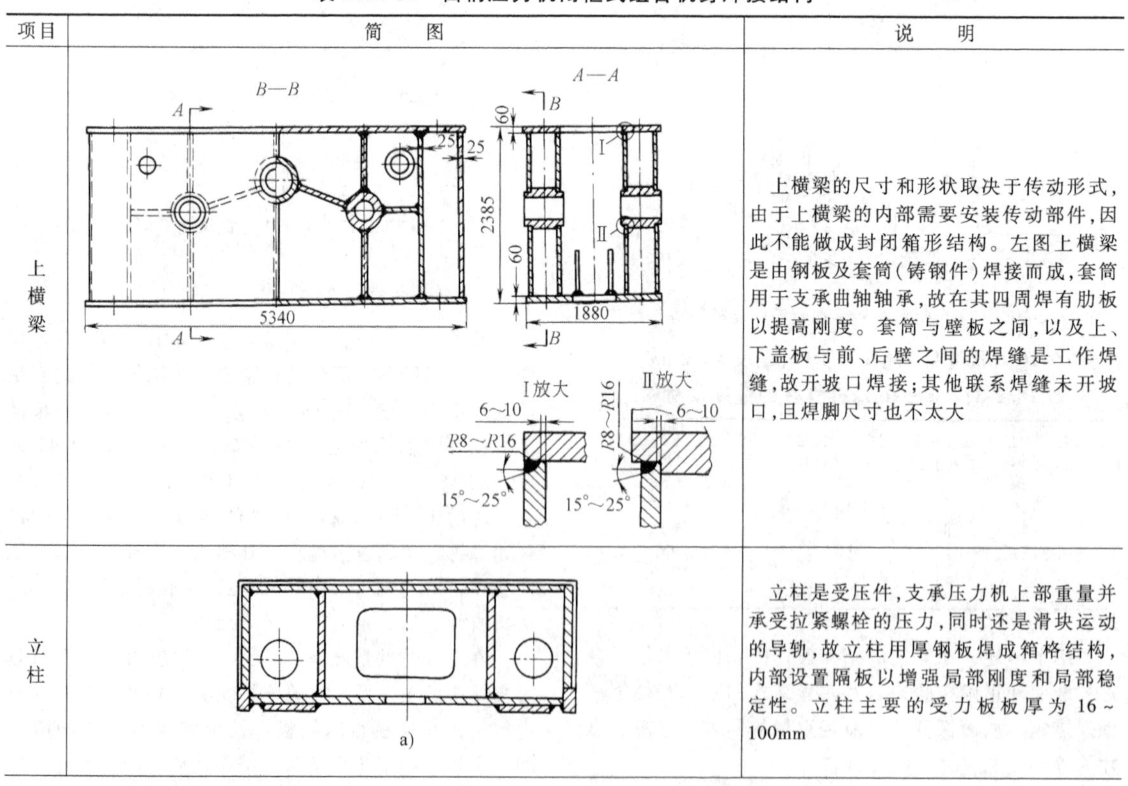	上横梁的尺寸和形状取决于传动形式，由于上横梁的内部需要安装传动部件，因此不能做成封闭箱形结构。左图上横梁是由钢板及套筒（铸钢件）焊接而成，套筒用于支承曲轴轴承，故在其四周焊有肋板以提高刚度。套筒与壁板之间，以及上、下盖板与前、后壁之间的焊缝是工作焊缝，故开坡口焊接；其他联系焊缝未开坡口，且焊脚尺寸也不太大
立柱	a)	立柱是受压件，支承压力机上部重量并承受拉紧螺栓的压力，同时还是滑块运动的导轨，故立柱用厚钢板焊成箱格结构，内部设置隔板以增强局部刚度和局部稳定性。立柱主要的受力板板厚为16~100mm

（续）

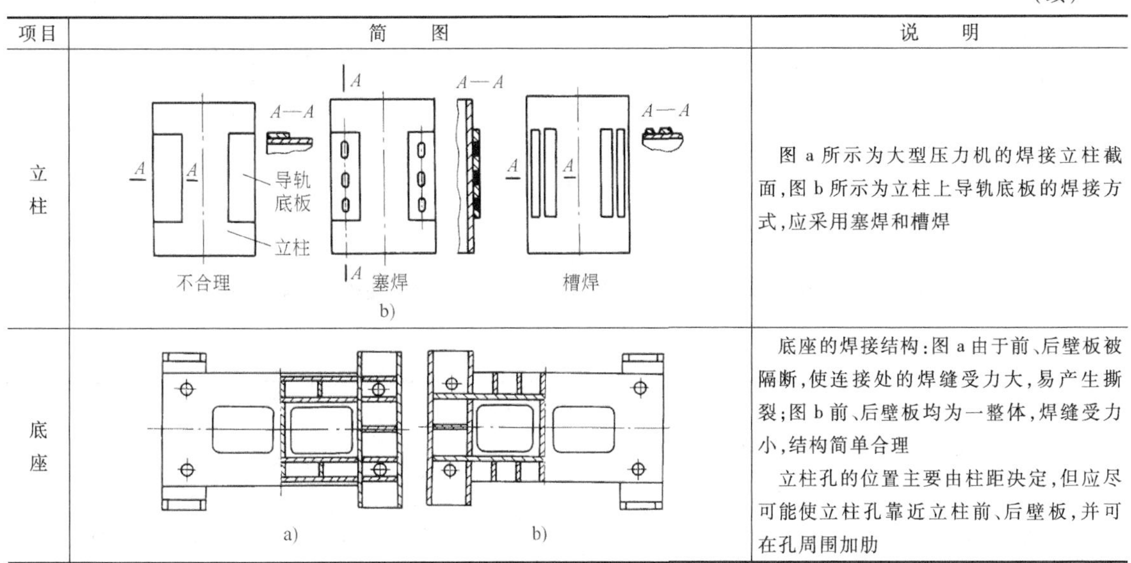

项目	简　图	说　明
立柱		图 a 所示为大型压力机的焊接立柱截面，图 b 所示为立柱上导轨底板的焊接方式，应采用塞焊和槽焊
底座		底座的焊接结构：图 a 由于前、后壁板被隔断，使连接处的焊缝受力大，易产生撕裂；图 b 前、后壁板均为一整体，焊缝受力小，结构简单合理 立柱孔的位置主要由柱距决定，但应尽可能使立柱孔靠近立柱前、后壁板，并可在孔周围加肋

3.4 机架的电渣焊结构

电渣焊已在锻压机械、重型机械和船舶机械制造业中得到普遍的应用，可焊接各种碳钢及中、低合金钢和铬镍不锈钢等。

大型机架采用铸-焊、锻-焊或板-焊结构，这不仅可以解决由于冶炼、铸造及锻造设备吨位不足无法整铸、整锻的问题，而且还可以使产品重量大为减轻，缩短生产周期，取得良好的技术经济效果。采用现场焊接可解决大型机架的运输问题。

3.4.1 电渣焊的接头形式（见表 18.2-35）

表 18.2-35　电渣焊的接头形式

<table>
<tr><th colspan="2" rowspan="2">接头形式</th><th colspan="2">图　形</th><th colspan="6" rowspan="2">接头尺寸/mm</th></tr>
<tr><th>标注方法</th><th>详图</th></tr>
<tr><td rowspan="19">常用接头</td><td rowspan="5">对接接头</td><td rowspan="5"></td><td rowspan="5"></td><td>δ</td><td>50~60</td><td>60~120</td><td colspan="2">120~400</td><td>>400</td></tr>
<tr><td>b</td><td>24</td><td>26</td><td colspan="2">28</td><td>30</td></tr>
<tr><td>B</td><td>28</td><td>30</td><td colspan="2">32</td><td>34</td></tr>
<tr><td>e</td><td colspan="5">2±0.5</td></tr>
<tr><td>θ</td><td colspan="5">45°</td></tr>
<tr><td rowspan="6">丁字接头</td><td rowspan="6"></td><td rowspan="6"></td><td>δ</td><td>50~60</td><td>60~120</td><td>120~200</td><td>200~400</td><td>>400</td></tr>
<tr><td>b</td><td>24</td><td>26</td><td>28</td><td>28</td><td>30</td></tr>
<tr><td>B</td><td>28</td><td>30</td><td>32</td><td>32</td><td>34</td></tr>
<tr><td>δ_0</td><td>≥60</td><td>≥δ</td><td>≥120</td><td>≥150</td><td>≥200</td></tr>
<tr><td>R</td><td colspan="5">5</td></tr>
<tr><td>α</td><td colspan="5">15°</td></tr>
<tr><td rowspan="8">角接接头</td><td rowspan="8"></td><td rowspan="8"></td><td>δ</td><td>50~60</td><td>60~120</td><td>120~200</td><td>200~400</td><td>>400</td></tr>
<tr><td>b</td><td>24</td><td>26</td><td>28</td><td>28</td><td>30</td></tr>
<tr><td>B</td><td>28</td><td>30</td><td>32</td><td>32</td><td>34</td></tr>
<tr><td>δ_0</td><td>≥60</td><td>≥δ</td><td>≥120</td><td>≥150</td><td>≥200</td></tr>
<tr><td>e</td><td colspan="5">2±0.5</td></tr>
<tr><td>θ</td><td colspan="5">45°</td></tr>
<tr><td>R</td><td colspan="5">5</td></tr>
<tr><td>α</td><td colspan="5">15°</td></tr>
<tr><td>特殊接头</td><td>叠接接头</td><td></td><td></td><td colspan="6">同对接接头</td></tr>
</table>

（续）

接头形式		图形：标注方法	图形：详图	接头尺寸/mm
特殊接头	斜角接头		β	同丁字接头　$\beta>45°$
	双丁字接头		固定式水冷成形板	两块立板应先叠接，然后焊丁字接头

3.4.2　结构设计中应注意的问题

1）合理选择分割面的位置（见表 18.2-36）。

2）拼合面的形状。电渣焊适合焊接矩形或环形截面，其他形状截面一般应改成矩形截面焊接。铸件可在拼合面的位置局部铸成矩形（见表 18.2-37）

3）方便施焊。

① 应有一定的操作空间。焊接操作最小空间尺寸见表 18.2-38。

② 应使焊缝处于垂直的位置上，对倾斜位置的焊接，其倾斜角度应在一定范围之内，以免烧坏成形装置或造成未焊透。其角度允许值见表 18.2-39。

表 18.2-36　分割面位置的合理选择

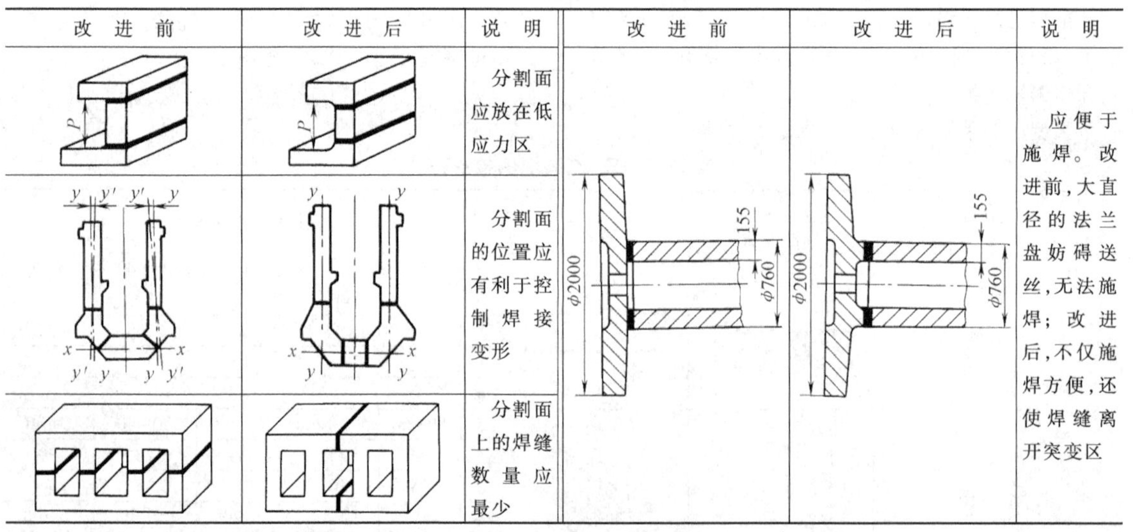

改进前	改进后	说明	改进前	改进后	说明
		分割面应放在低应力区			应便于施焊。改进前，大直径的法兰盘妨碍送丝，无法施焊；改进后，不仅施焊方便，还使焊缝离开突变区
		分割面的位置应有利于控制焊接变形			
		分割面上的焊缝数量应最少			

表 18.2-37　焊接处截面形状及尺寸

工作截面形状	截面形状：矩形	圆形	⌈形	I 形	回形
焊接处截面形状	h、δ、t	h、δ、t	h、δ、t	h、δ、t	h、δ、t
焊接处截面尺寸/mm					
δ	>120～200	>200～500	>500～1000	>1000	
h	100	120	150	150	
t	80～100	100～120	120～150	>200	

表 18.2-38　焊接操作空间最小尺寸

（mm）

H	$b_1 \times b_2$	简图
<500	≥300×300	
<500～1000	≥400×400	
>1000	≥500×500	

表 18.2-39　倾斜位置焊接角度允许值

成形装置	倾斜角度的允许值		简图
	焊件倾斜、焊缝处于垂直位置（图 a）	焊缝倾斜、机体处于垂直位置（图 b）	
铜质成形装置	20°～30°	10°～15°	
钢垫板	30°～45°		

4）板-焊结构中主要承力板的布置。在板-焊结构设计中，不应使主要工作应力方向和板面垂直，即最大外力不应作用在板的侧面焊缝上，以防止当厚板内部存在夹层时，由于工作应力的作用，可能在夹层处裂开。如图 18.2-16 所示，当 y-y 轴方向的弯曲力矩大于 x-x 轴方向的弯曲力矩时，则图 18.2-16a 较合理。

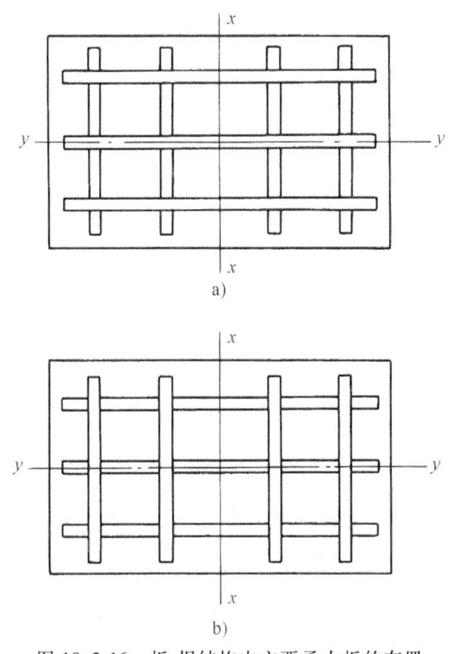

图 18.2-16　板-焊结构中主要承力板的布置

5）电渣焊结构，在焊后一般应进行正火、回火或高温退火处理。

例 18.2-3　铸-焊压力机横梁（见图 18.2-17）。采用整体铸造时，经常产生变形，而对于这种大截面的铸件，矫正变形很困难。后分两部分铸造，采用电渣焊焊成一整体，很好地解决了整体铸造的变形问题，而且还简化了铸造工艺。

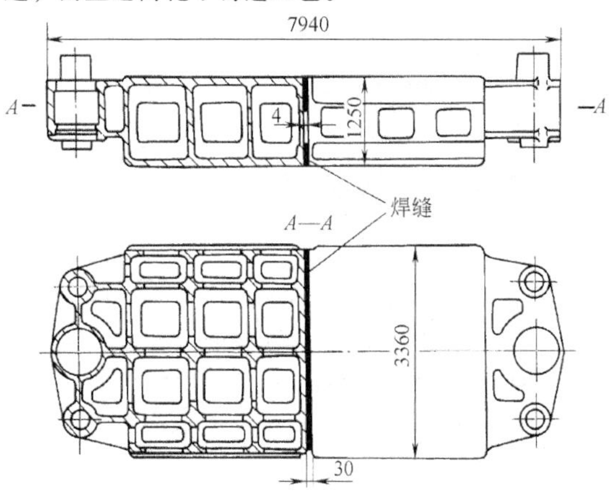

图 18.2-17　铸-焊压力机横梁

例 18.2-4　铸-焊平台（见图 18.2-18）要求有一定的平面度，这种板式结构若全部用焊接结构，焊接后变形非常大，校正困难。将其分成三段，拼合面铸造矩形，然后采用电渣焊焊成整体，保证了平台质量。

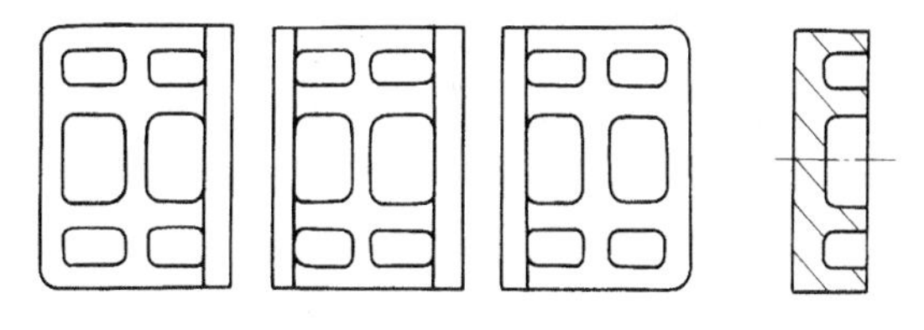

图 18.2-18　铸-焊平台

例 18.2-5　将铸-焊立辊机架（见图 18.2-19）分六块浇注，再用电渣焊焊成整体，拼合面局部铸成矩

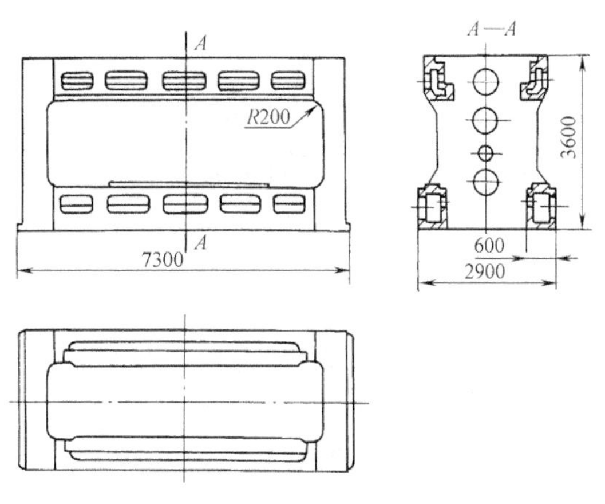

图 18.2-19　铸-焊立辊机架

形。为便于焊接时装拆水冷成形板，R200mm 部位先不铸出，铸焊后再堆焊。

例 18.2-6　板-焊水压机下横梁（见图 18.2-20）是由厚钢板拼焊而成的，不需大型冶炼设备，用电渣焊焊成整体。由于纵向立板受力较大，全长不分段，横向立板则分为若干段，用丁字形接头与纵向立板连接。焊后进行正火加回火热处理。

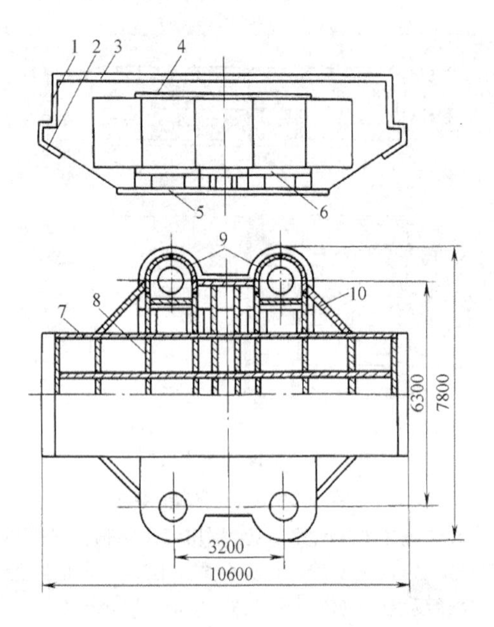

图 18.2-20　板-焊水压机下横梁
1—封头盖板　2—斜底板　3—上盖板　4—柱套盖板
5—底板　6—柱套底板　7—纵向立板　8—横向立板
9—柱套构架　10—斜立板

例 18.2-7　大型三辊卷板机机架（见图 18.2-21）分为上横梁、立柱和下横梁三个部分。根据不同部位的不同使用要求，分别采用 Q345 厚钢板、45 钢锻件、35 钢铸件焊接而成。

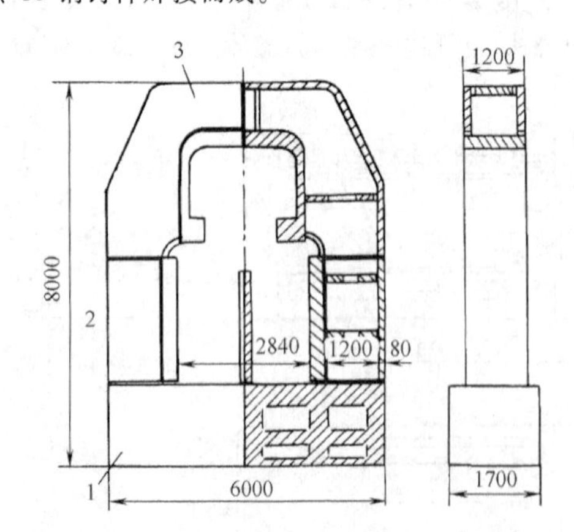

图 18.2-21　大型三辊卷板机机架
1—下横梁　2—立柱　3—上横梁

上横梁用 45 钢的弓形锻件及 Q345 钢板拼焊而成，除圆角处及弧形板用焊条电弧焊外，主要用熔嘴电渣焊。立柱内侧厚板用 45 钢锻件，其余用 Q345 钢板，全部用熔嘴电渣焊。上横梁及立柱焊后都及时进行热处理，以消除焊接应力。下横梁为 ZG 275-485H 铸件。

最后，将上横梁、立柱、下横梁三部分进行总装，用电渣焊焊成整体，整体进行热处理。

4　机架的连接结构设计

机架与机架之间以及机架与地基之间的连接多采用螺栓连接，机架连接处的刚度是机器总体刚度的重要组成部分，连接结构刚度直接影响机器的工作性能。影响连接刚度的因素有：①预压力的大小；②参与力传递的接触面大小，传力接触面越大，接触变形就越小，接触刚度就越高；③机架的刚度大小。在集中载荷的作用下，机架的自身刚度及局部刚度较高时，接触压强的分布就比较均匀。反之，若机架刚度不足，则接触压强分布不均，接触变形也将不均，使接触刚度降低。

为保证机架连接刚度，设计时应注意以下几点：

1）改善连接部位的受力状态。如图 18.2-22 所示，由于螺栓中心线与板壁之间存在着偏心距 e，使凸缘产生向上的弯曲变形，但当螺栓越靠近板壁时，弯曲变形就越小，因此设计时尽量使螺栓孔靠近壁板，或使螺栓孔中心线与壁板中心线重合（见表 18.2-41 中的壁龛式结构）。

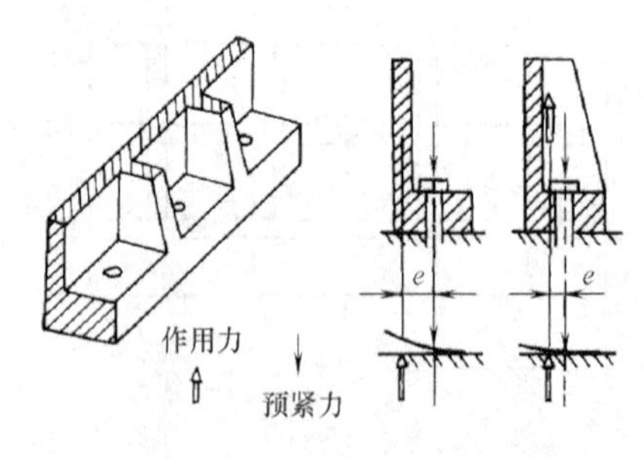

图 18.2-22　凸缘的受力及变形

2）合理提高接触表面的平面度公差等级及改善其表面粗糙度。重要的接触表面必须配磨或配研，Ra 应不大于 1.6μm，一般接触表面应不大于 3.2μm。配刮时每 25mm×25mm 范围内，高精度机床接触点为 12 点以上，一般接触面不少于 4～8 个点，并应使接触点分布均匀。

3）预紧力应大于作用力，通常应使接触面间的平均预压压强约为 2MPa。

4）螺栓的数量及排列。图 18.2-23 所示为当连

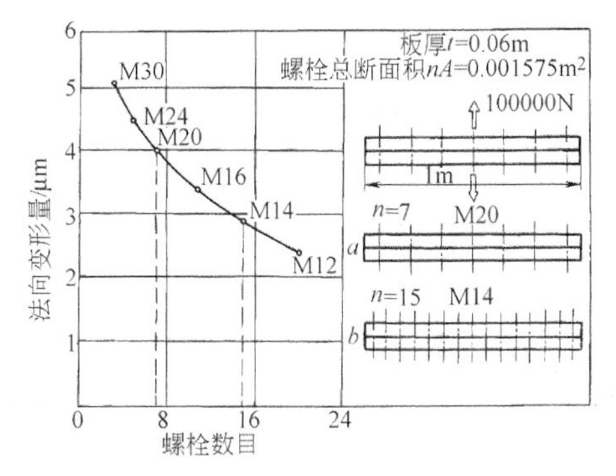

图 18.2-23　螺栓数量及大小对连接刚度的影响

接螺栓的总截面积不变时，螺栓的数量及大小对连接刚度的影响。从图 18.2-23 中可看出，直径较小而数量较多的螺栓连接，比直径较大而数量较少的螺栓连接法向变形小。

螺栓的数量、排列及肋的分布对连接刚度的影响见表 18.2-40。表内数据表明，均布排列的比不均布排列的螺栓刚度高。y 方向的抗弯刚度和抗扭刚度随着肋的数量增加而提高。

铸造及焊接机架连接凸缘的结构型式见表 18.2-41。

表 18.2-40　螺栓的数量、排列及肋的分布对连接刚度的影响

简图						
相对抗弯刚度	x 向	1	1	1.4	1.37	1.37
	y 向	1	1.1	1.2	1.3	1.43
相对抗扭刚度		1	1.25	1.35	1.42	1.52
说明		M16 的 12 个螺栓分两组排列于两侧	M16 的 10 个螺栓，其中 8 个等距分布两侧，背面分布 2 个	螺栓分布情况同左，加 2 条肋	螺栓分布情况同左，加 4 条肋	螺栓分布情况同左，加 6 条肋

表 18.2-41　铸造及焊接机架连接凸缘的结构型式

制造方法	结构型式	简　　图	特点与应用
铸造	爪座式	a)　b)　c)　d)	爪座与壁连接处的局部刚度较差，连接刚度低，铸造简单 当爪座附着壁的内侧加肋（见图 d）时，比无肋的爪座（见图 a、图 b、图 c）刚度提高 1.5 倍 适用于侧向力小的连接
	翻边式		局部刚度比爪座式高 1~1.5 倍 翻边的附着壁内侧或外侧加肋，可提高局部刚度 1.5~1.8 倍。内侧肋的位置应通过螺栓孔的中心线 占地面积大，适用于一般连接
	壁龛式	e)　f)　g)　h)	局部刚度高，比爪座式大 2.5~3 倍，比翻边式大 1.5 倍以上。内侧加肋比不加肋的刚度可提高 1.5 倍。内侧肋的位置应通过螺钉孔的中心线（见图 f） 装配时，定位销在接触面的两个垂直骑缝上打入，或斜打入（见图 g、图 h） 外形美观，占地面积小，铸造困难，适用于各种载荷的连接

（续）

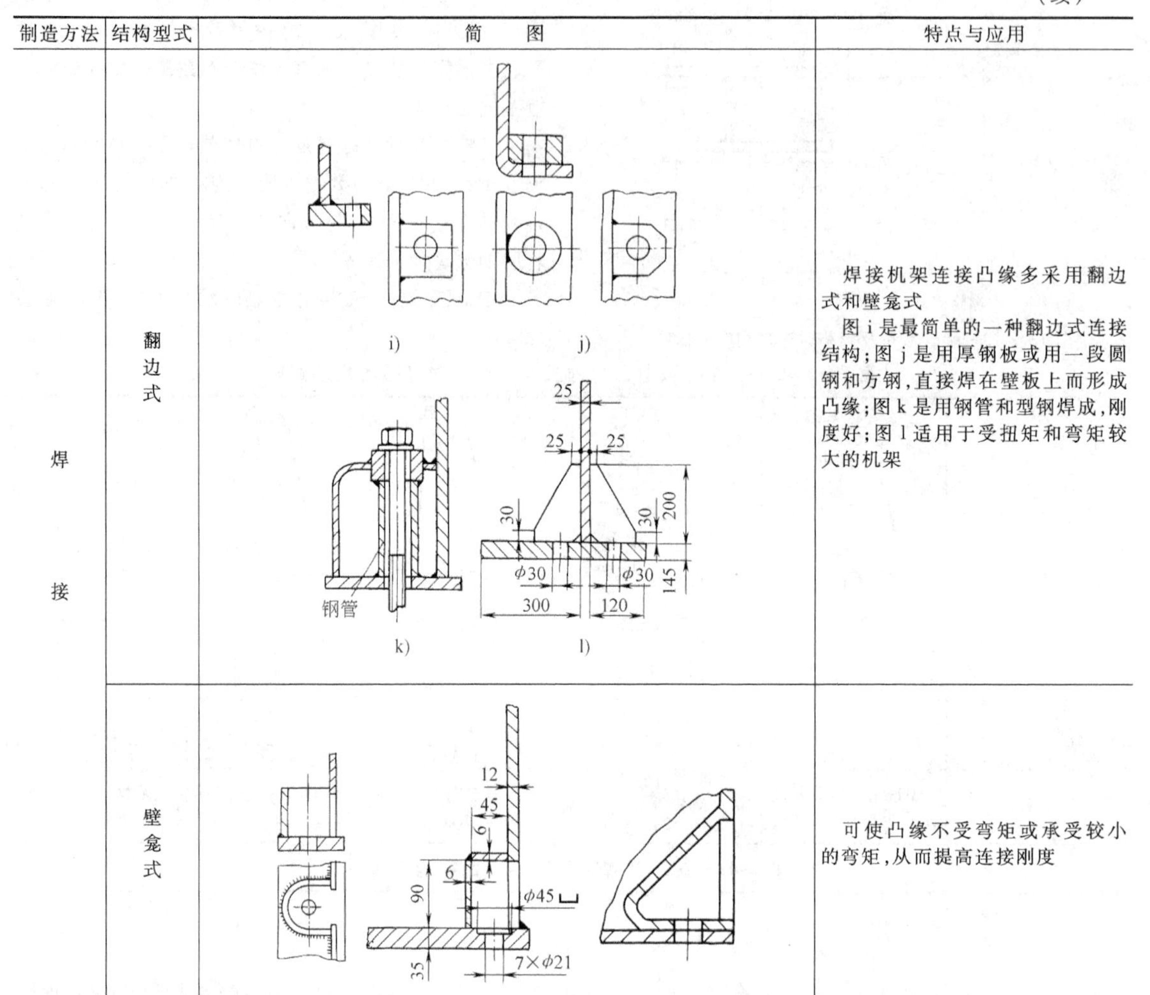

制造方法	结构型式	简　图	特点与应用
焊接	翻边式	i)　j)　k)　l)	焊接机架连接凸缘多采用翻边式和壁龛式 图 i 是最简单的一种翻边式连接结构；图 j 是用厚钢板或用一段圆钢和方钢，直接焊在壁板上而形成凸缘；图 k 是用钢管和型钢焊成，刚度好；图 l 适用于受扭矩和弯矩较大的机架
	壁龛式		可使凸缘不受弯矩或承受较小的弯矩，从而提高连接刚度

5　非金属机架

5.1　混凝土机架

混凝土的弹性模量 E 约为铸铁的 1/5，钢的 1/8.5；强度约为铸铁的 1/6，钢的 1/12。而内阻尼 5 倍于铸铁和 15 倍于钢，其线胀系数也低于铸铁和钢（约 1/4）。试验表明，与铸铁床身的车床相比，具有混凝土床身的数控机床的加工精度可提高 80%。另外，混凝土还有较高的抗压强度、防锈、耐用，可节省大量金属、成本低，缩短制造周期等优点。

5.1.1　金属切削机床混凝土床身

1）合理选择床身截面面积。由于混凝土的弹性模量 E 比较低，提高刚度的主要措施是依靠加大壁厚或加大截面积。例如，在数控车床床身底座的设计中，截面面积大小的比值一般为：

铸造结构∶焊接结构∶混凝土结构 = 1∶0.53∶3.14

即当截面面积等于铸件的 3.14 倍时，混凝土结构的刚度与铸造结构相同。

2）正确布置钢筋。在混凝土结构中，钢筋的质量一般占总质量的 3.0%～3.6%。图 18.2-24 所示为大型车床车身，其钢筋布置除了纵、横垂直筋外，为有效地提高刚度，在导轨下面设置交叉筋。图 18.2-25 所示为 PN 系列数控车床混凝土底座钢筋布置情况。

3）混凝土阴干后，进行喷砂处理可降低表面粗糙度，而后在混凝土表面涂上一层特殊的塑料薄层，以防止老化和酸性物质的侵蚀。

4）除混凝土外，还可采用环氧树脂混凝土作材料。它的阻尼特性比水混凝土约高一倍，硬化时间只需 24h，而且不会出现明显的收缩。另外，导轨及其基准面还可以用黏结剂直接与床身黏结在一起。

5）综合示例。图 18.2-26、图 18.2-27 所示为不同结构的混凝土机架，供设计时参考。

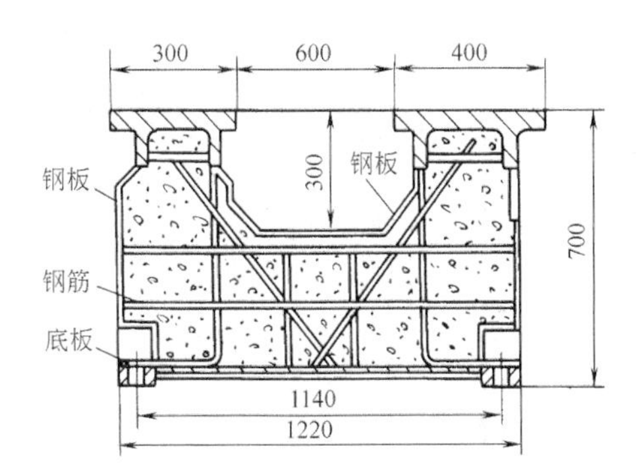

图 18. 2-24　大型车床混凝土结构床身

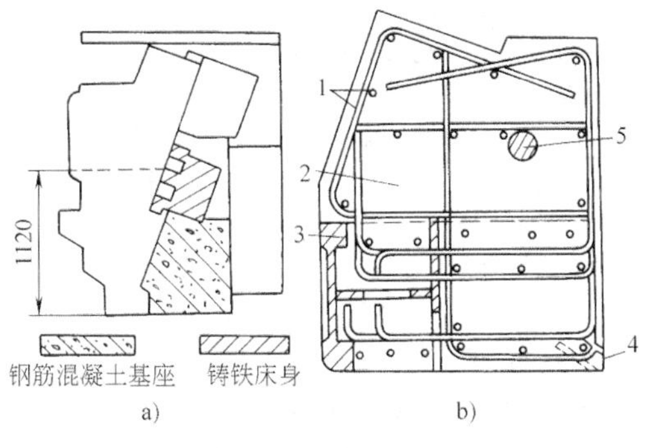

图 18. 2-25　数控车床混凝土结构底座

a）铸铁床身及混凝土底座

b）混凝土底座内的钢筋布置

1—钢筋　2—混凝土　3—齿轮箱接合板

4—护角　5—起吊轴

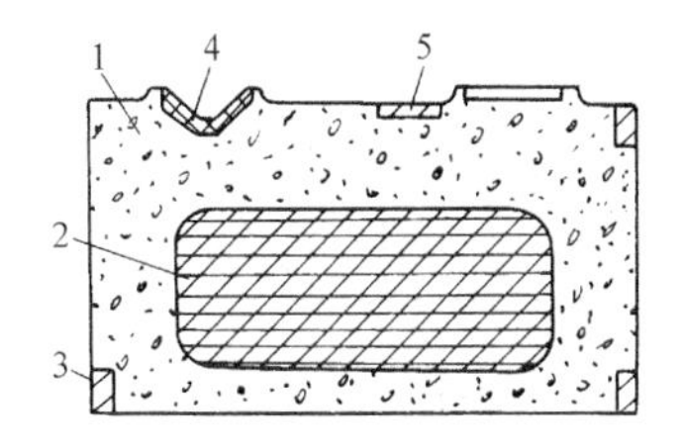

图 18. 2-26　机床立柱

1—立柱　2—泡沫塑料　3—护角

4—导轨面　5—装配面

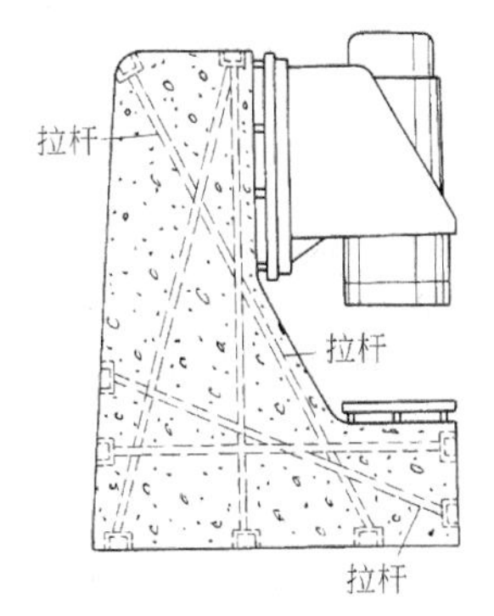

图 18. 2-27　钻床或铣床床身

5.1.2　预应力钢筋混凝土液压机机架

钢筋混凝土机架由于施加了预应力，使混凝土总在受压状态下工作，可防止在使用情况下出现裂纹，因而具有承受长时期的脉动载荷和强大载荷的能力。

1）结构设计要点（见图 18. 2-28）。

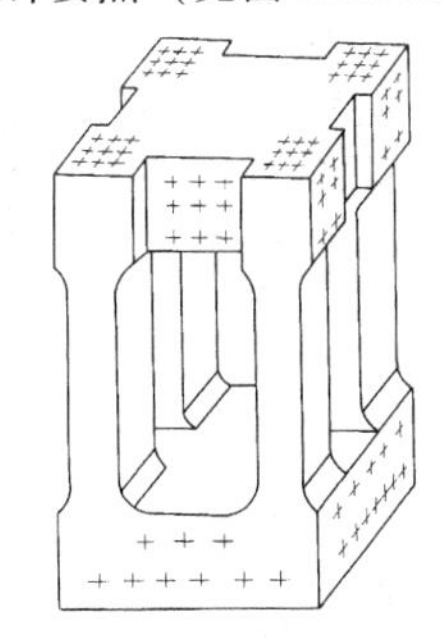

图 18. 2-28　预应力钢筋混凝土液压机机架

① 一般将预应力钢筋混凝土液压机机架设计成由上、下横梁及四个立柱构成的立体矩形闭合框架，上横梁及下横梁由于两个方向均承受弯矩，因此在三个方向上均施加预应力，立柱主要在轴向施加预应力。

② 在机架受力分析及计算的基础上，配置预应力钢丝束，上、下横梁在受拉的一边配置较多的钢丝束。按主应力的分布情况，应配置一些斜向结构钢筋。

③ 预应力钢丝束的配置应使机架各个截面在最不利的工作条件下，仍然处于压应力状态，且有一定的强度储备。

④ 设计时必须考虑由于混凝土收缩、徐变、钢丝应力松弛及锚头弹性变形引起的预应力损失。预应力损失约占原始张拉应力的 15%左右。

⑤ 在混凝土浇筑时，用铁皮制成的管子在混凝土块体中预先为预应力钢丝束留出孔道。在机架混凝土凝固养护并具有足够强度后，张拉钢丝束两端的锚头，然后垫上垫板（见图 18. 2-29）。

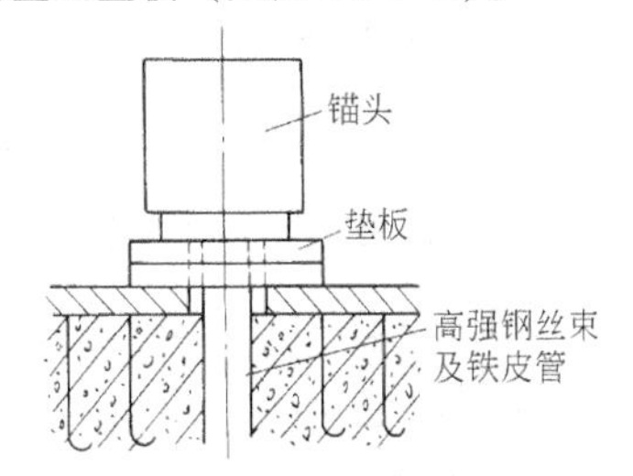

图 18. 2-29　钢丝束锚头结构

2）示例。图 18. 2-30、图 18. 2-31 所示分别为 50000kN 液压机预应力混凝土机架的上横梁两个方向的预应力钢丝束配置图。图 18. 2-32 所示为立柱的预应力钢丝束配置图。该机架采用 900 号水泥，预应力钢丝采用 T9-4 工具钢的 ϕ5mm 冷拔钢丝，抗拉强度 R_m 为 18000×10^5Pa。机架各部分预应力钢丝束配置数量见表 18.2-42。

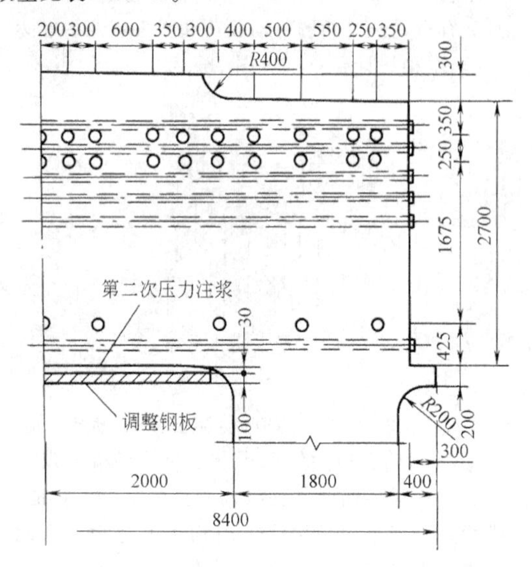

图 18.2-30　上横梁正框架预应力钢丝束配置图

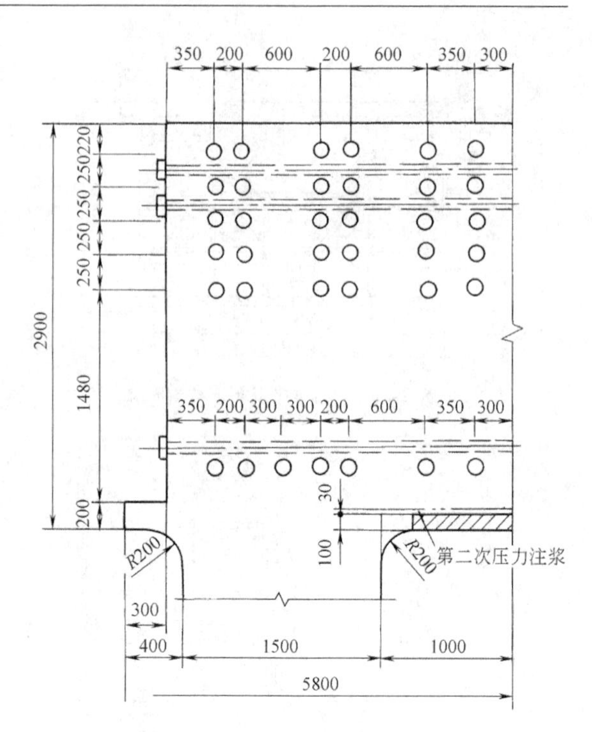

图 18.2-31　上横梁侧框架预应力钢丝束配置图

表 18.2-42　50000kN 液压机预应力混凝土机架的钢丝束、钢筋及混凝土统计表

部件名称	钢丝束(54mm×ϕ5mm) 受拉区	受压区	抗剪	共计(束)	结构钢筋规格/mm	混凝土体积/m^3
上梁正面框架	60	14	28	102	20、25	(上横梁)120
上梁侧面框架	38	9	—	47	20、25	(上横梁)120
下梁正面框架	68	14	—	110	20、25	(下横梁)212
下梁侧面框架	38	10	—	48	20、25	
立柱	44(单根)			176	22	93
总计	—	—	—	483	—	425

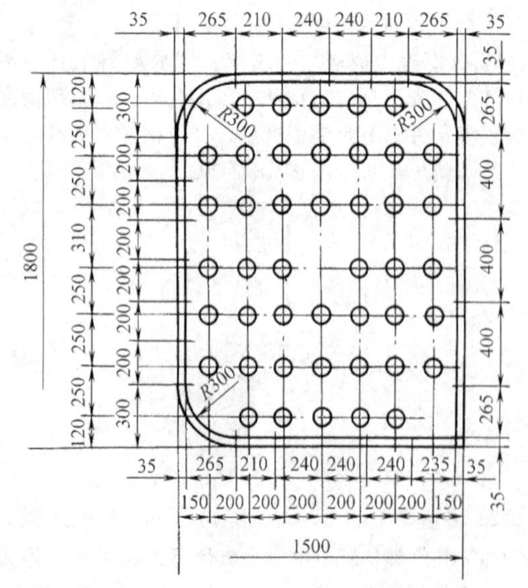

图 18.2-32　立柱预应力钢丝束配置图

5.2　塑料壳体设计

5.2.1　塑料壳体设计中的几个问题

（1）关于强度计算

塑料制品设计中的强度计算方法目前仍借用金属制品的强度计算方法。但设计计算时应注意以下几个问题：

1）由于温度在很大程度上影响塑料的力学性能，如从表 18.2-43 中可以看出，其强度随着温度的变化而改变，故在塑料机壳的设计中应考虑温度对设计应力的影响。

2）塑料在使用过程中会产生蠕变，当应力达到足够大时将发生蠕变断裂。塑料的蠕变值与载荷大小、作用时间、温度以及塑料的品种有关。

表 18.2-43　塑料在不同使用温度对设计应力的影响

塑料名称	相对 20℃时的设计应力的百分率						
	20℃	30℃	40℃	50℃	60℃	70℃	80℃
聚丙烯	100	—	50	—	—	25	12.5
ABS	100	95	80	70	60	48	25
硬质聚氯乙烯	100	94	83	72	60	49	—

3）塑料的疲劳强度远低于静强度，多数塑料的疲劳强度仅为静抗拉强度的 20%～25%。表 18.2-44 对几种塑料的抗弯强度与弯曲疲劳强度做了比较。

表 18.2-44　几种塑料的抗弯强度与弯曲疲劳强度的比较　（MPa）

塑料名称	抗弯强度	弯曲疲劳强度（10^7 次）
均聚甲醛	99	30
玻纤增强共聚甲醛	112	35
聚苯醚	86.5～116	8.5～17.6
ABS	58.7～79.4	11～15

因此，为确保塑料制品能在蠕变极限及疲劳极限以下使用，取较大的安全系数，一般为 2.25～6。

（2）线胀系数

由于塑料的线胀系数一般要比金属材料大 3～10 倍，这将影响尺寸的稳定性以及配合的性质。因此，当设计带有金属嵌件的结构时，应考虑由于塑料与金属的线胀系数的差异而造成嵌件的松动、脱落，或者过盈量过大引起塑料开裂。

（3）塑料材料的选择

在制品的选材中，应根据制品的不同的使用功能（如机械强度、耐化学腐蚀性能、电性能、耐热性、耐磨性、尺寸稳定性、尺寸精度和耐候性等）进行合理选材，以充分发挥不同种类的塑料各自性能的长处，避开其缺点。如对强度要求高的机壳，可选择聚碳酸酯、聚甲醛、ABS 及聚砜等，它们的弹性模量、屈服强度及抗拉强度都较高，聚甲醛及增强聚碳酸酯还有较高的疲劳强度，而蠕变性较小的塑料主要有聚碳酸酯、聚砜、酚醛树脂及聚苯醚等。

用于输送酸、碱等腐蚀性介质的机壳，应试验在使用温度下塑料的化学稳定性，以避免因腐蚀影响到机壳的使用寿命。

选材还应考虑外观（指制品的表面光泽方面）、经济性等诸方面的情况。

有关塑料的详细性能及应用实例，可参阅表 18.1-5 及其他相关资料。

塑料制品的成型是由模具来实现的，因此壳体的结构应有利于模具的方便制造，有利于充模和排气，易于脱模。同时，考虑模具成型零件的强度。

5.2.2　塑料壳体的结构设计

（1）壁厚

1）壁厚的计算。塑料制品往往是由原金属制品改过来的，这时壳体的壁厚可采用等价截面设计法求得。所谓等价截面设计法，就是为了保证新设计的塑料壳体与原有金属件具有相同的刚度或强度，只需使塑料壳体的截面刚度系数或截面强度系数与原有金属件相等即可。

在等价截面设计法中，截面弯曲刚度系数等式的数学原则表达式为

$$E_{塑料}I_{塑料}=E_{金属}I_{金属}$$

式中　$E_{塑料}$、$E_{金属}$——塑料及金属的弹性模量；

$I_{塑料}$、$I_{金属}$——塑料及金属的惯性矩。

根据上式可求得抗弯结构的板壁壁厚 $t_{塑料}$ 的计算式为

$$t_{塑料}=t_{金属}\sqrt[3]{\frac{E_{金属}}{E_{塑料}}}$$

式中　$t_{金属}$——原金属件壁厚。

当求得的壁厚过厚时，可通过设置加强肋的方法以达到与金属件相同的刚度，而将过厚的壁厚减下来。

当抗弯结构的截面形状和轮廓尺寸与原金属结构相同，且形心矩又近似相等时，则壁厚 $t_{塑料}$ 可按下式求得

$$t_{塑料}=\frac{E_{金属}}{E_{塑料}}t_{金属}$$

2）最小壁厚与常用壁厚。壳体的壁厚一方面要满足强度、刚度的要求，同时还应考虑制品结构工艺性。壁过厚必将延长塑料在模具中的冷却与固化时间，影响生产率的提高，此外还容易产生气泡等缺陷，降低机体的强度。反之壁过薄，材料流动困难，造成充填不良。壳体壁厚一般在 1～6mm 之间，大型壳体的壁厚或要求强度和刚度较高的壳体可加大到 5～8mm。热塑性塑料制品及热固性塑料制品最小壁厚及常用壁厚的推荐值见表 18.2-45。

3）壁厚均匀设计。设计壁厚时，要注意壁厚均匀，相邻壁厚最好相等或近似相等，以保证充模及冷却收缩均匀。若无法避免不等壁厚时，应在薄壁与厚壁之间设置过渡区，否则会造成翘曲、扭曲等变形。相邻不等壁厚比（薄壁厚度/厚壁厚度），对于注射成型的热塑性塑料制品，比值应等于或大于 1∶2～1∶1.5。

塑料壳体壁厚设计示例见表 18.2-46。

（2）孔

在壳体上常设置各种孔，如通孔、不通孔、螺纹孔、固定孔及异形孔等。有的孔是在壳体成型后，通过二次加工制成，如热塑性塑料制品的薄壁孔，用冲裁模冲压获得；直径 $d<1.5$mm 的深孔应采用机械切削加工方法制成。但更多的孔是在成型中制成的。

表 18.2-45　塑料制品的最小壁厚及常用壁厚推荐值　　(mm)

材料种类		最小壁厚	壁厚推荐值		
			小型制品	中型制品	大型制品
热塑性塑料	聚苯乙烯	0.75	1.25	1.6	3.2~5.4
	聚丙烯	0.85	1.45	1.75	2.4~3.2
	聚碳酸酯	0.95	1.80	2.3	3.0~4.5
	聚苯醚	1.20	1.75	2.5	3.5~6.4
	聚甲醛	0.80	1.40	1.6	3.2~5.4
	聚砜	0.95	1.80	2.3	3.0~4.5
	聚酰胺	0.45	0.75	1.5	2.4~3.2
	ABS	1.5~4.5			

材料种类		最小壁厚	壁厚推荐值		
			小型制品	中型制品	大型制品
热固性塑料	环氧树脂—玻纤充填	0.76~25.4(推荐壁厚为3.2)			
	粉状填料的酚醛树脂	外形高度小于50mm,壁厚=0.7~2.0mm 外形高度等于50~100mm,壁厚=2.0~3.0mm 外形高度大于100mm,壁厚=5.0~6.5mm			
	纤维状填料的酚醛树脂	外形高度小于50mm,壁厚=1.5~2.0mm 外形高度等于50~100mm,壁厚=2.5~3.5mm 外形高度大于100mm,壁厚=6.0~8.0mm			

表 18.2-46　塑料壳体壁厚设计示例

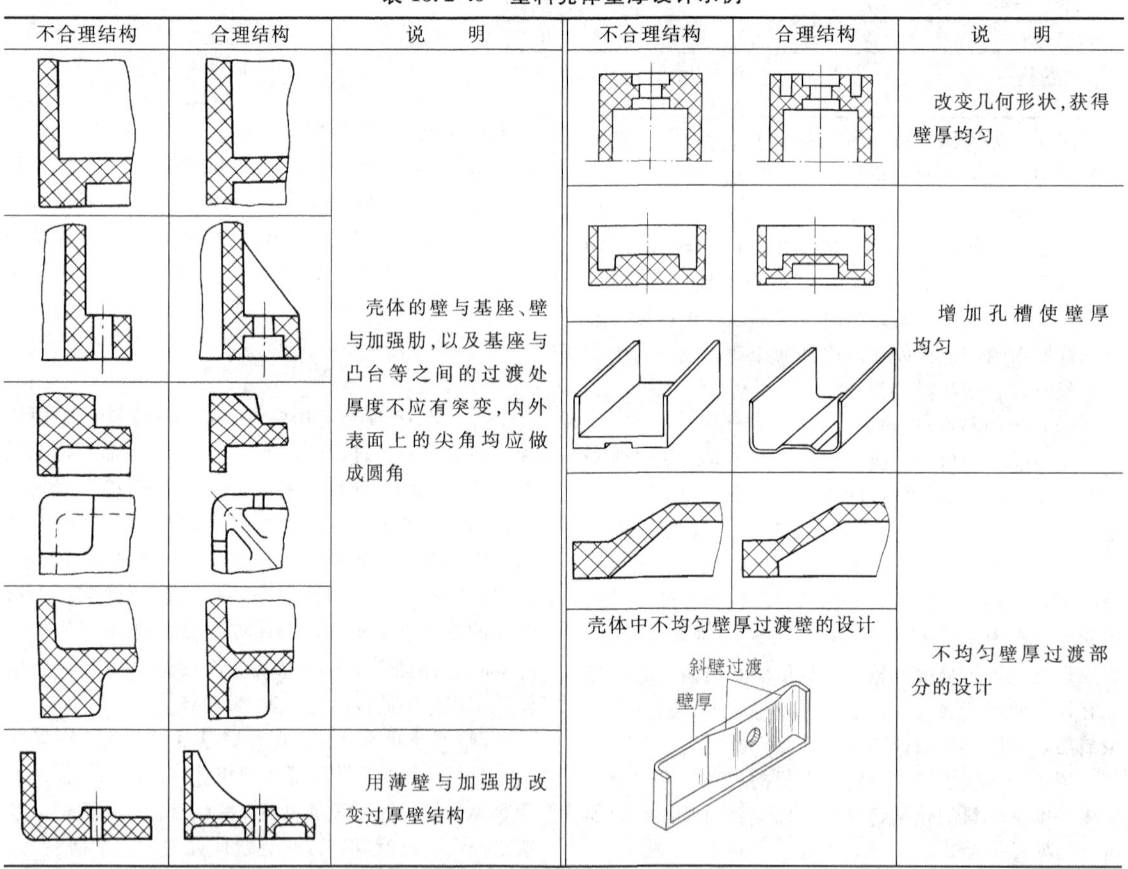

不合理结构	合理结构	说　明
(图)	(图)	壳体的壁与基座、壁与加强肋,以及基座与凸台等之间的过渡处厚度不应有突变,内外表面上的尖角均应做成圆角
(图)	(图)	用薄壁与加强肋改变过厚壁结构
(图)	(图)	改变几何形状,获得壁厚均匀
(图)	(图)	增加孔槽使壁厚均匀
壳体中不均匀壁厚过渡壁的设计		不均匀壁厚过渡部分的设计

1）孔的设计注意事项。

① 孔的位置尽可能设置在对结构的强度影响较小的部位。

② 通孔较容易制造，故尽量采用通孔。

③ 关于螺纹孔：金属螺钉与成型螺纹孔连接，经反复多次使用会造成螺纹孔损伤，因此对经常装拆和强度要求较高的螺纹连接，应采用金属螺母嵌件。

由自攻螺钉形成的螺纹孔：其螺纹孔形成的过程如图 18.2-33 所示。将自攻螺钉紧靠在成型品预先准备的底孔上，而后旋入孔内，形成螺纹孔。由于螺纹孔的强度较低，故用于螺钉退出次数较少的场合，如用于电视机及收音机中。

④ 用于沉头螺钉连接的固定孔，不宜采用锥形孔的沉头座，因为锥孔有侧向力，容易引起制品边缘变形、开裂。因此，应采用圆柱形的沉头座（见图 18.2-34）。

⑤ 孔周边加凸边（见图 18.2-35）。固定孔和受力孔其周围应加凸边，以提高强度（见图 18.2-35a

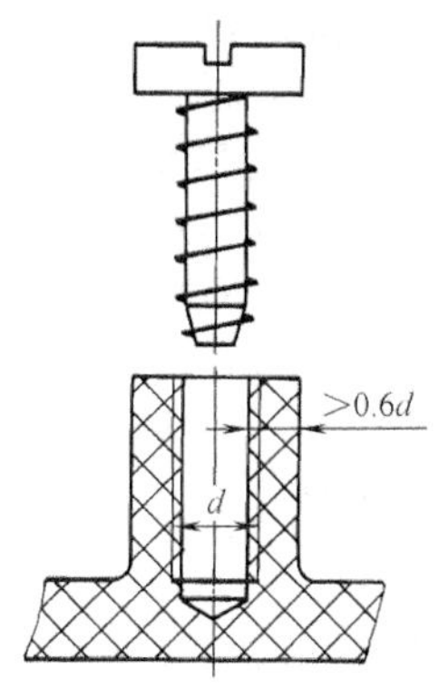

图 18.2-33　自攻螺钉形成螺纹孔及凸台壁厚

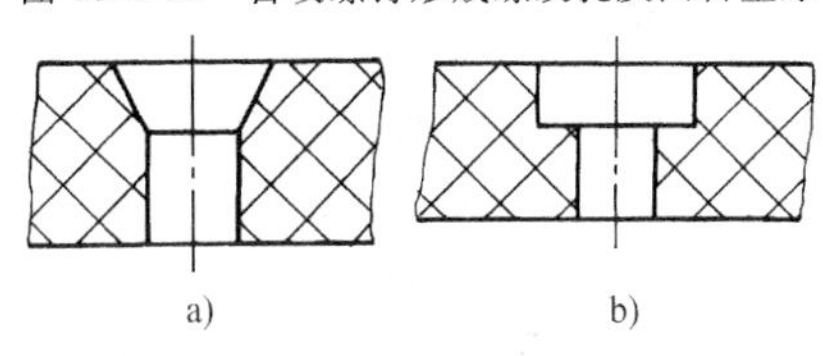

图 18.2-34　固定孔的沉头座
a）不合理　b）合理

及图 18.2-35b）；由于零部件装配的需要，将孔周边加高（见图 18.2-35c）；当两孔中心距较小或孔边距较小时（见图 18.2-35d）可采用图 18.2-35e 的形式，把相邻两孔打通，设计成长孔，并在长孔周边加凸边。

2）螺纹孔与光孔的合理尺寸推荐值见表 18.2-47。

（3）圆角、斜度与加强肋

1）圆角。为减少应力集中，提高机械强度以及改善物料的流动性，在制品的各内、外表面的连接处都应用圆角过渡，如图 18.2-36 所示。

2）斜度。为便于塑料制品易于出模，必须考虑制品的内、外壁在出模方向上具有一定的斜度，即起模斜度。起模斜度值与塑料的性能、制品的大小和形状以及表面的加饰有关，多数是根据经验确定。表 18.2-48 中列出了几种塑料的起模斜度的推荐值，供参考。

表 18.2-47　螺纹孔与光孔的合理尺寸推荐值

<table>
<tr><th colspan="4">类别</th><th colspan="2">推荐尺寸</th><th>简图</th></tr>
<tr><td rowspan="14">光孔深 h</td><td rowspan="4">压塑</td><td rowspan="2">竖孔</td><td>不通孔</td><td colspan="2">当 $d<1.5$mm 时　$h \leqslant d$
当 $d>1.5$mm 时　$h \leqslant 3d$</td><td rowspan="6"></td></tr>
<tr><td>通孔</td><td colspan="2">当 $d>1.5$mm 时　$h>4d$</td></tr>
<tr><td rowspan="2">横孔</td><td>不通孔</td><td colspan="2">$h<1.5d$</td></tr>
<tr><td>通孔</td><td colspan="2">$h=2.5d$</td></tr>
<tr><td rowspan="2">注射</td><td colspan="2">不通孔</td><td colspan="2">$h=4 \sim 5d$</td></tr>
<tr><td colspan="2">通孔</td><td colspan="2">$h=10d$</td></tr>
<tr><td colspan="3" rowspan="7">热固性塑料制品相邻孔之间或孔与边缘之间的距离 b 值</td><td>孔径 d /mm</td><td>孔间距、孔边距 b/mm</td><td rowspan="8">关于 b 值的说明：
1）对于增强塑料制品 b 值宜取大值
2）当两孔径不一致时，则以小孔孔径查得 b 值</td></tr>
<tr><td><1.5</td><td>1~1.5</td></tr>
<tr><td>1.5~3</td><td>1.5~2</td></tr>
<tr><td>3~6</td><td>2~3</td></tr>
<tr><td>6~10</td><td>3~4</td></tr>
<tr><td>10~18</td><td>4~5</td></tr>
<tr><td>18~30</td><td>5~7</td></tr>
<tr><td colspan="3">热塑性塑料制品的 b 值</td><td colspan="2">热塑性塑料制品的 b 值为热固性塑料制品 b 值的 75%</td></tr>
<tr><td rowspan="2">螺孔</td><td colspan="3">可成型的最小螺纹孔公称直径 D</td><td colspan="2">当 $L/D \leqslant 2$ 时，$D=2 \sim 4$mm
式中　L—螺纹长度</td><td rowspan="2"></td></tr>
<tr><td colspan="3">引导面的深度 f</td><td colspan="2">为防止螺纹崩裂，在螺纹出口处留出一段圆柱形的引导面，其深度 $f=1 \sim 2$ 螺距</td></tr>
</table>

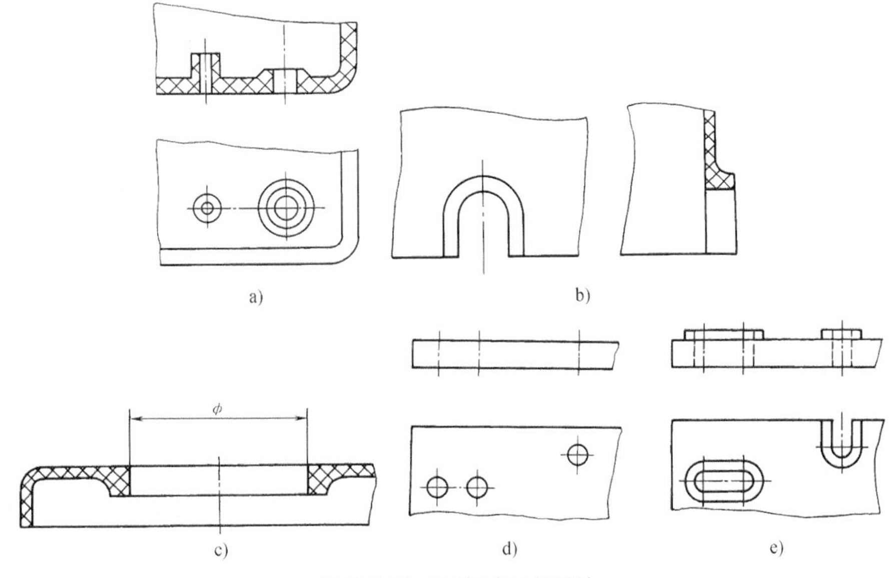

图 18.2-35　孔周边加凸边设计

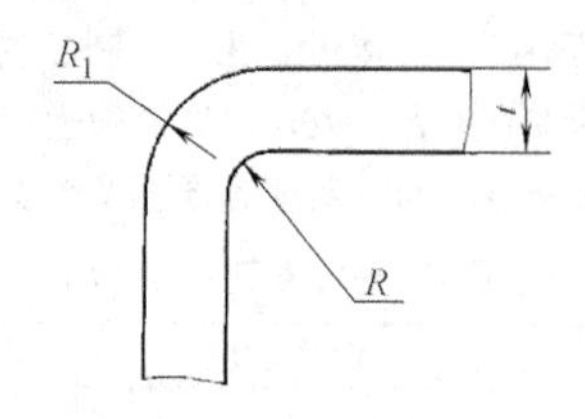

图 18.2-36　圆角半径

R—内圆角半径，$R=\dfrac{t}{2}$　R_1—外圆角半径，$R_1=1\dfrac{1}{2}t$

t—壁厚

表 18.2-48　起模斜度的推荐值

材料名称	起模斜度		图示
	型腔 α_1	型芯 α_2	
ABS	40′~1°20′	35′~1°	α_1 α_2
聚碳酸酯	35′~1°	30′~50′	
聚苯乙烯	35′~1°30′	30′~1°	
聚甲醛	35′~1°30′	30′~1°	
聚酰胺(普通)	20′~40′	25′~40′	
聚酰胺(增强)	20′~50′	20′~40′	
一般热固性塑料	15′~1°	≥15′	

起模斜度取值原则：

① 在条件允许的情况下，尽可能取较大值。

② 收缩率大的塑料、厚度过厚、形状复杂、不易脱模者，以及增强塑料制品宜选用较大值。

③ 箱形壳体侧面需加饰，进行花纹加工，侧面的起模斜度加大到 1/10~1/5 左右为宜。

④ 精度要求高的制品的起模斜度应取小值，多数制品的起模斜度必须控制在允许尺寸公差范围内。

⑤ 较高大的制品应取小值。

3）加强肋。壳体上设有加强肋，以提高壳体的强度与刚度，防止变形，同时由于加肋后使过厚壁减薄，可节约塑料用量，降低成本。加强肋的截面尺寸如图 18.2-37 所示。肋底部厚度 $B=0.5A$（A 为肋所在壁的壁厚），肋的高度 $H\leqslant 3A$。加强肋与肋之间的中心距应大于所在壁壁厚的两倍（见图 18.2-38）。布肋示例见表 18.2-49。

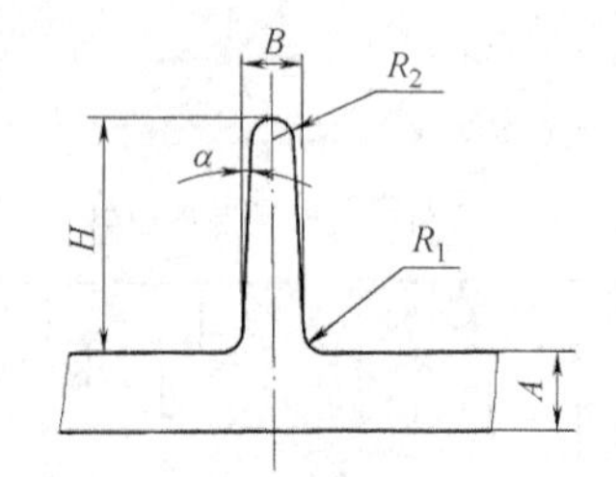

图 18.2-37　加强肋的截面尺寸

$B=0.5A$　$H\leqslant 3A$　$R_1=H/8$　$\alpha=2°\sim5°$

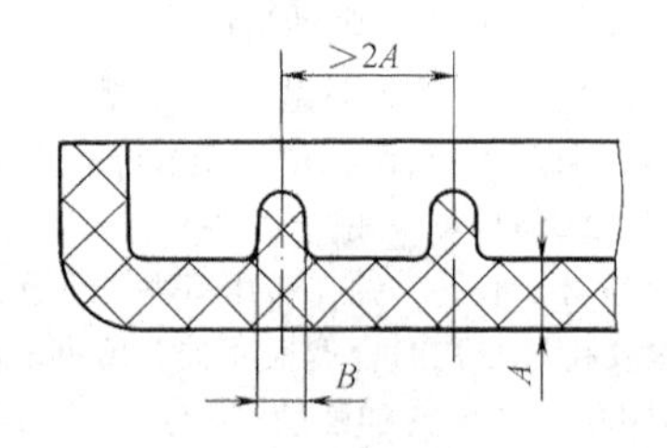

图 18.2-38　两加强肋间最小中心距

B—肋底部厚度

表 18.2-49　布肋示例

布肋位置	布肋方式	说　明
在较大平面上布置加强肋	a)　b)　c)　d)　e)　f)	防止壳体的盖或底座变形翘曲(见图 a),在平面上布肋如图 b、c、d、e、f 所示。但布肋时应防止材料在纵、横肋相交点上堆积,图 c 的布肋比图 d 合理;图 e 合理,图 f 会产生缩孔
侧壁上的角撑肋	g)	可提高侧壁与边缘的刚性
高凸台上布肋	h)	可防止高凸台受力后变形,并可改善料的流动性,防止充填不良的现象

（4）嵌件

塑料壳体体内设有必要的嵌件（如滑动轴承、轴套、支柱及套形螺母等），嵌件的材料多数是由各种有色金属或黑色金属制成。嵌件可在制品成型时埋入型品内，或在成型后嵌入。

嵌件在成型时嵌入存在的问题是：使模具复杂化，固定嵌件的成型操作费时，成型周期长，生产率随之降低，而且难以实现自动化。故一般在特殊情况下采用。

近来出现的后嵌入法，是在制品模塑后再装入嵌件，具体的方法有：压入法、热插法及超声波装配法（即将热塑性塑料软化后装入）等。热插法是在热固性塑料制品出模时，在热状态下插入嵌件，如图 18.2-39 所示。由于是过盈孔，因此制品冷却后金属嵌件与孔是以过盈配合方式牢固地连接在一起，但过盈量不宜过大，应在塑料允许的强度范围内，否则塑料易开裂。

表 18.2-50 列出了成型时嵌入的金属嵌件有关结构及嵌件在制品中的合理位置。

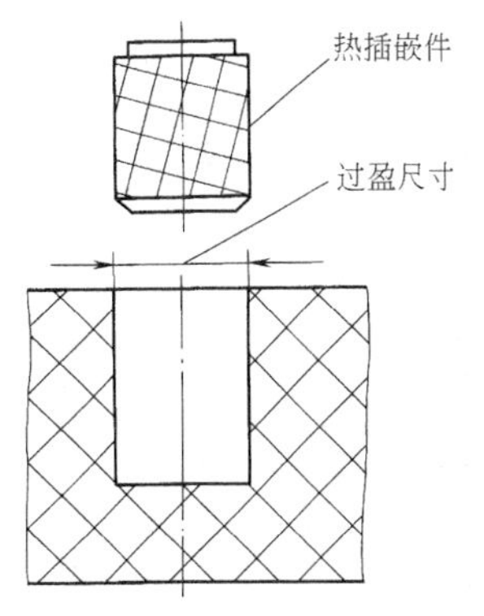

图 18.2-39 热插嵌件

带嵌件的制品冷却时，由于金属嵌件与塑料的收缩率相差较大，因而在嵌件周围产生较大内应力。另外，嵌件在不同的工作条件下受着不同的外力（如扭转、拉伸等）作用，因此在嵌件周围的塑料层应有足够的厚度，以保证连接强度，防止制品开裂。金属嵌件周围塑料层的最小厚度见表 18.2-51。

表 18.2-50 套、柱类嵌件的结构及在制品内的位置

图示	说明
1. 套、柱类嵌件的结构	
套类嵌件：d，H<2d；1.5~2，ϕf9；ϕH9；1.5~2，ϕf9；柱类嵌件：ϕf9	1）套类金属嵌件的高度宜小于其直径的2倍 2）为防止嵌件在制品内松动，应在嵌件的外表面（埋入塑料部分）制成滚花、开槽、六边形、切扁等。滚花有直纹的和菱形的两种，宜用菱形滚花，滚花槽深1~2mm
ϕf9；ϕf9，1.5~2	3）为防止溢料，设计凸台和凹坑结构与模具相配合，一般可采用间隙配合 H9/f9。当结构上不允许有凸台时，则可在光滑圆柱部分采用配合
2. 嵌件的合理位置	
<0.05；≥3	嵌件高度应低于型腔成型高度 0.05mm 两嵌件之间的距离不得小于 3mm
	凸台中的嵌件在保证最小底厚的前提下，应伸入到凸台的底部。左图不合理，右图合理
l	在拐角凸缘处设置嵌件时，嵌件埋入制品的深度应超过拐角的弯曲点，以减少应力集中

注：1. 尽可能选择与塑料的线胀系数接近的金属作为嵌件的材料。
2. 为保证冷却时收缩均匀，嵌件尽可能设计成圆形或对称形状。

表 18.2-51 金属嵌件周围塑料层最小厚度 (mm)

金属嵌件直径 D	嵌件周围塑料层最小厚度 C	嵌件顶部塑料层的最小厚度 H	图示
≤4	1.5	0.8	C，D，H，a，d，h，b 图中，$d=0.75D$ $a=b=0.3h(h\geq D)$
>4~8	2.0	1.5	
>8~12	3.0	2.0	
>12~16	4.0	2.5	
>16~25	5.0	3.0	

表 18.2-52 模塑件尺寸公差（摘自 GB/T 14486—2008） (mm)

公差等级	公差种类	>0~3	>3~6	>6~10	>10~14	>14~18	>18~24	>24~30	>30~40	>40~50	>50~65	>65~80	>80~100	>100~120	>120~140	>140~160	>160~180	>180~200	>200~225	>225~250	>250~280	>280~315	>315~355	>355~400	>400~450	>450~500
标注公差的尺寸公差值																										
MT1	*a*	0.07	0.08	0.09	0.10	0.11	0.12	0.14	0.16	0.18	0.20	0.23	0.26	0.29	0.32	0.36	0.40	0.44	0.48	0.52	0.56	0.60	0.64	0.70	0.78	0.86
	b	0.14	0.16	0.18	0.20	0.21	0.22	0.24	0.26	0.28	0.30	0.33	0.36	0.39	0.42	0.46	0.50	0.54	0.58	0.62	0.66	0.70	0.74	0.80	0.88	0.96
MT2	*a*	0.10	0.12	0.14	0.16	0.18	0.20	0.22	0.24	0.26	0.30	0.34	0.38	0.42	0.46	0.50	0.54	0.60	0.66	0.72	0.76	0.84	0.92	1.00	1.10	1.20
	b	0.20	0.22	0.24	0.26	0.28	0.30	0.32	0.34	0.36	0.40	0.44	0.48	0.52	0.56	0.60	0.64	0.70	0.76	0.82	0.86	0.94	1.02	1.10	1.20	1.30
MT3	*a*	0.12	0.14	0.16	0.18	0.20	0.22	0.26	0.30	0.34	0.40	0.46	0.52	0.58	0.64	0.70	0.78	0.86	0.92	1.00	1.10	1.20	1.30	1.44	1.60	1.74
	b	0.32	0.34	0.36	0.38	0.40	0.42	0.46	0.50	0.54	0.60	0.66	0.72	0.78	0.84	0.90	0.98	1.06	1.12	1.20	1.30	1.40	1.50	1.64	1.80	1.94
MT4	*a*	0.16	0.18	0.20	0.24	0.28	0.32	0.36	0.42	0.48	0.56	0.64	0.72	0.82	0.92	1.02	1.12	1.24	1.36	1.48	1.62	1.80	2.00	2.20	2.40	2.60
	b	0.36	0.38	0.40	0.44	0.48	0.52	0.56	0.62	0.68	0.76	0.84	0.92	1.02	1.12	1.22	1.32	1.44	1.56	1.68	1.82	2.00	2.20	2.40	2.60	2.80
MT5	*a*	0.20	0.24	0.28	0.32	0.38	0.44	0.50	0.56	0.64	0.74	0.86	1.00	1.14	1.28	1.44	1.60	1.76	1.92	2.10	2.30	2.50	2.80	3.10	3.50	3.90
	b	0.40	0.44	0.48	0.52	0.58	0.64	0.70	0.76	0.84	0.94	1.06	1.20	1.34	1.48	1.64	1.80	1.96	2.12	2.30	2.50	2.70	3.00	3.30	3.70	4.10
MT6	*a*	0.26	0.32	0.38	0.46	0.52	0.60	0.70	0.80	0.94	1.10	1.28	1.48	1.72	2.00	2.20	2.40	2.60	2.90	3.20	3.50	3.90	4.30	4.80	5.30	5.90
	b	0.46	0.52	0.58	0.66	0.72	0.80	0.90	1.00	1.14	1.30	1.48	1.68	1.92	2.20	2.40	2.60	2.80	3.10	3.40	3.70	4.10	4.50	5.00	5.50	6.10
MT7	*a*	0.38	0.46	0.56	0.66	0.76	0.86	0.98	1.12	1.32	1.54	1.80	2.10	2.40	2.70	3.00	3.30	3.70	4.10	4.50	4.90	5.40	6.00	6.70	7.40	8.20
	b	0.58	0.66	0.76	0.86	0.96	1.06	1.18	1.32	1.52	1.74	2.00	2.30	2.60	2.90	3.20	3.50	3.90	4.30	4.70	5.10	5.60	6.20	6.90	7.60	8.40
未注公差的尺寸允许偏差																										
MT5	*a*	±0.10	±0.12	±0.14	±0.16	±0.19	±0.22	±0.25	±0.28	±0.32	±0.37	±0.43	±0.50	±0.57	±0.64	±0.72	±0.80	±0.88	±0.96	±1.05	±1.15	±1.25	±1.40	±1.55	±1.75	±1.95
	b	±0.20	±0.22	±0.24	±0.26	±0.29	±0.32	±0.35	±0.38	±0.42	±0.47	±0.53	±0.60	±0.67	±0.74	±0.82	±0.90	±0.98	±1.06	±1.15	±1.25	±1.35	±1.50	±1.65	±1.85	±2.05
MT6	*a*	±0.13	±0.16	±0.19	±0.23	±0.26	±0.30	±0.35	±0.40	±0.47	±0.55	±0.64	±0.74	±0.86	±1.00	±1.10	±1.20	±1.30	±1.45	±1.60	±1.75	±1.95	±2.15	±2.40	±2.65	±2.95
	b	±0.23	±0.26	±0.29	±0.33	±0.36	±0.40	±0.45	±0.50	±0.57	±0.65	±0.74	±0.84	±0.96	±1.10	±1.20	±1.30	±1.40	±1.55	±1.70	±1.85	±2.05	±2.25	±2.50	±2.75	±3.05
MT7	*a*	±0.19	±0.23	±0.28	±0.33	±0.38	±0.43	±0.49	±0.56	±0.66	±0.77	±0.90	±1.05	±1.20	±1.35	±1.50	±1.65	±1.85	±2.05	±2.25	±2.45	±2.70	±3.00	±3.35	±3.70	±4.10
	b	±0.29	±0.33	±0.38	±0.43	±0.48	±0.53	±0.59	±0.66	±0.76	±0.87	±1.00	±1.15	±1.30	±1.45	±1.60	±1.75	±1.95	±2.15	±2.35	±2.55	±2.80	±3.10	±3.45	±3.80	±4.20

注：1. *a* 为不受模具活动部分影响的尺寸公差值，如图 18.2-40 所示；*b* 为受模具活动部分影响的尺寸公差值，如图 18.2-41 所示。

2. MT1 级为精密级，只有采用严密的工艺控制措施的模具、设备、原料时才有可能选用。

5.2.3　塑料制品的精度

塑料制品尺寸精度取决于材料的收缩率、湿度、模具制造精度和模具结构等诸因素。模塑件尺寸公差见表 18.2-52。表中 MT 为模塑件尺寸公差等级代号，公差等级分为 7 级，表中只规定公差，而公称尺寸的上、下极限偏差可根据工程的实际需要分配。例如，公差 0.8 可分配为：$^{+0.8}_{0}$，$^{0}_{-0.8}$，± 0.4，$^{+0.6}_{-0.2}$或$^{+0.3}_{-0.5}$等。

常用材料模塑件公差等级的选用见表 18.2-53。未列入表 18.2-53 的塑料模塑件选用公差等级按收缩特性值确定，具体选用方法见表 18.2-54。

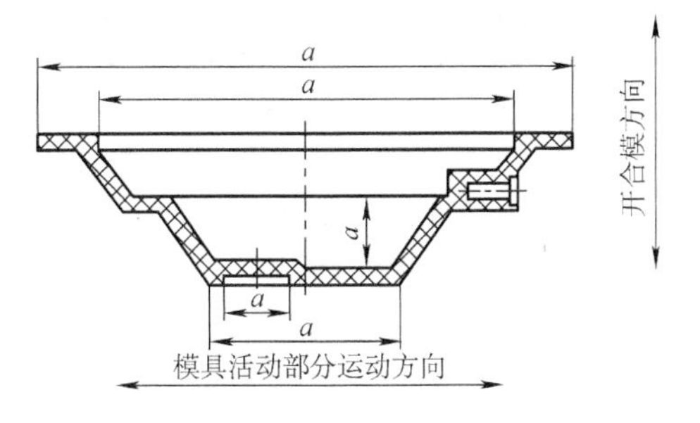

图 18.2-40　不受模具活动部分影响的尺寸 a

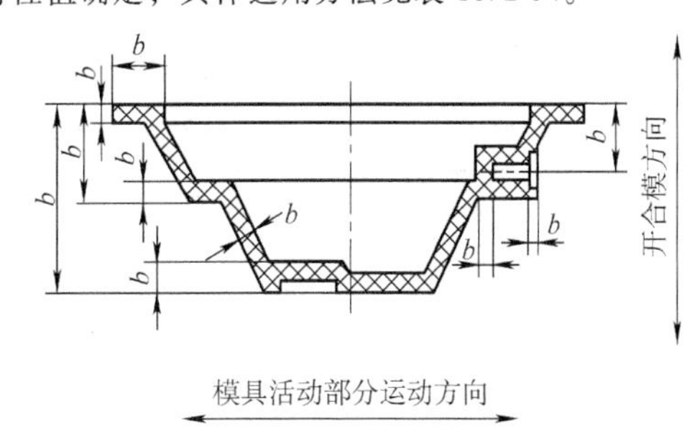

图 18.2-41　受模具活动部分影响的尺寸 b

表 18.2-53　常用材料模塑件尺寸公差等级的选用（摘自 GB/T 14486—2008）

材料代号	模塑材料		公差等级		
			标注公差尺寸		未注公差尺寸
			高精度	一般精度	
ABS	（丙烯腈-丁二烯-苯乙烯）共聚物		MT2	MT3	MT5
CA	乙酸纤维素		MT3	MT4	MT6
EP	环氧树脂		MT2	MT3	MT5
PA	聚酰胺	无填料填充	MT3	MT4	MT6
		30%玻璃纤维填充	MT2	MT3	MT5
PBT	聚对苯二甲酸丁二酯	无填料填充	MT3	MT4	MT6
		30%玻璃纤维填充	MT2	MT3	MT5
PC	聚碳酸酯		MT2	MT3	MT5
PDAP	聚邻苯二甲酸二烯丙酯		MT2	MT3	MT5
PEEK	聚醚醚酮		MT2	MT3	MT5
PE-HD	高密度聚乙烯		MT4	MT5	MT7
PE-LD	低密度聚乙烯		MT5	MT6	MT7
PESU	聚醚砜		MT2	MT3	MT5
PET	聚对苯二甲酸乙二酯	无填料填充	MT3	MT4	MT6
		30%玻璃纤维填充	MT2	MT3	MT5
PE	苯酚-甲醛树脂	无机填料填充	MT2	MT3	MT5
		有机填料填充	MT3	MT4	MT6
PMMA	聚甲基丙烯酸甲酯		MT2	MT3	MT5
POM	聚甲醛	≤150mm	MT3	MT4	MT6
		>150mm	MT4	MT5	MT7
PP	聚丙烯	无填料填充	MT4	MT5	MT7
		30%无机填料填充	MT2	MT3	MT5
PPE	聚苯醚；聚亚苯醚		MT2	MT3	MT5
PPS	聚苯硫醚		MT2	MT3	MT5
PS	聚苯乙烯		MT2	MT3	MT5
PSU	聚砜		MT2	MT3	MT5
PUR-P	热塑性聚氨酯		MT4	MT5	MT7
PVC-P	软质聚氯乙烯		MT5	MT6	MT7

（续）

材料代号	模塑材料		公差等级		
			标注公差尺寸		未注公差尺寸
			高精度	一般精度	
PVC-U	未增塑聚氯乙烯		MT2	MT3	MT5
SAN	（丙烯腈-苯乙烯）共聚物		MT2	MT3	MT5
UF	脲-甲醛树脂	无机填料填充	MT2	MT3	MT5
		有机填料填充	MT3	MT4	MT6
UP	不饱和聚酯	30%玻璃纤维填充	MT2	MT3	MT5

表 18.2-54　模塑材料收缩特性值和选用的公差等级（摘自 GB/T 14486—2008）

收缩特性值 $\overline{S}_V$(%)	公差等级			收缩特性值 $\overline{S}_V$(%)	公差等级		
	标注公差尺寸		未注公差尺寸		标注公差尺寸		未注公差尺寸
	高精度	一般精度			高精度	一般精度	
>0~1	MT2	MT3	MT5	>2~3	MT4	MT5	MT7
>1~2	MT3	MT4	MT6	>3	MT5	MT6	MT7

第3章　机架的设计与计算

1　轧钢机机架的设计与计算

框架式机架可分为闭框式和开框式两类。闭框式机架的主要特点是机架容易获得较高的刚度，故广泛应用于轧钢机、锻压机械、塑料与橡胶制品机械，以及液压机等机器中。

轧钢机机架主要由上、下横梁及左、右两边的立柱组成（见图 18.3-1）。在轧制过程中，金属作用于轧辊的全部压力和水平方向的张力、铸锭或板坯的惯性冲击，以及轧辊平衡装置所产生的作用力，最后都为机架所承受。机架受力后产生的变形将直接影响板材和带材的轧制精度。因此，在设计中既要满足强度的要求，还应保证足够的刚度。

轧钢机的整体式机架属于闭框式机架，它有四种类型（见图 18.3-2），即小圆弧形（见图 a）、多边形（见图 b）、矩形（见图 c）及大圆弧形（见图 d）。由于矩形机架可视为 $R_1=R_2=0$ 的小圆弧形机架，或视为 $h_1=h_2=h_3=h_4=0$ 时的多边形机架，所以只需介绍小圆弧形及多边形机架的计算即可。

机架的设计与计算包括初步拟定机架基本尺寸和立柱、横梁的截面形状选择；机架的静强度校核；机架的疲劳计算及变形计算等。对于速度较高的轧钢机，还应增加机架的动力学设计内容。

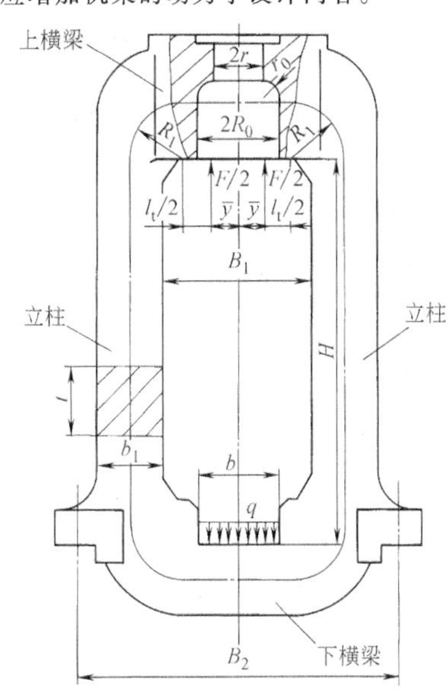

图 18.3-1　轧钢机机架

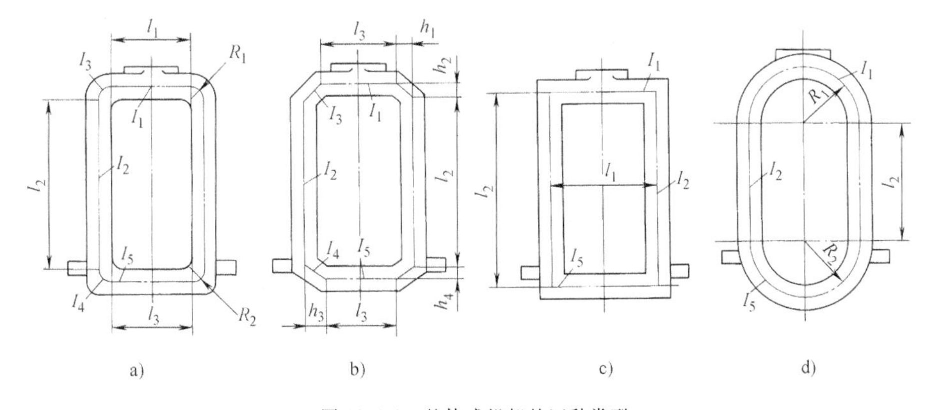

图 18.3-2　整体式机架的四种类型

1.1　初定基本尺寸并选择立柱、横梁的截面形状

机架基本尺寸主要指窗口的大小，以及立柱和上、下横梁的截面尺寸等。基本尺寸的确定见表 18.3-1，各种截面形状的选择见表 18.3-2。

1.2　机架的强度计算和变形计算

1）计算的基本假定。

① 对作用在机架上的外力，只考虑轧制力的作用，并用两个集中载荷取代作用于上横梁圆环面的均布载荷（见图 18.3-1）。作用在下横梁上的力为均布载荷。

② 视机架为一封闭框架，该框架由依次连接各截面形心而形成。

③ 机架的变形属于平面变形。

表 18.3-1　机架基本尺寸的确定（参照图 18.3-3）

计算项目	符　号	推荐的计算公式
窗口高度	H	1) $H=a+d+2s+h+\delta$ 2) 根据统计资料，对于普通的四辊轧钢机，H 大约控制 $H=(2.6\sim3.5)(D_1+D_2)$
窗口宽度	B_1	1) $B_1=C_1+C_2$ 2) 对于普通四辊轧钢机，B_1 大约控制在 $B_1=(1.15\sim1.30)D_2$
一根立柱截面积	A	对于铸铁轧辊：$A=(0.6\sim0.8)d^2$ 对于铸钢轧辊（开坯机）：$A=(0.65\sim0.8)d^2$ 对于铸钢轧辊（一般轧钢机）：$A=(0.8\sim1.0)d^2$ 对于合金钢轧辊（四辊轧钢机）：$A=(1.0\sim1.2)d^2$
机架与轨座连接用螺栓孔间的距离	B_2	$B_2=(2.5\sim3)D$ 式中　D—对于二辊轧钢机，D 为轧辊辊身直径；对于四辊轧钢机，D 为支承辊辊身直径（m）
说　　明		a—轧辊中心距，四辊轧钢机指支承辊中心距，三辊轧钢机指上、下辊中心距（m）；d—辊颈直径，四辊轧机指支承辊辊颈直径（m）；s—轴承和轴承座的径向厚度（m）；h—上轧辊调整距离（m）；δ—考虑压下螺钉头部伸出机架的余量，以及安放测压头的预留尺寸（m）；C_1—支承辊轴承座宽度（m）；C_2—窗口滑板厚度（一般取 $C_2=0.02\sim0.04$m）；D_1—工作辊辊身直径（m）；D_2—支承辊辊身直径（m）

表 18.3-2　机架立柱与横梁的截面形状的选择

截面形状	特点及应用
	刚度大、省材料，但制造麻烦，多用在水平力大、宽度较大的机架。如二辊大型初轧机及板坯轧机的机架
	刚度较大，制造容易，表面易加工，但费材料，常用在刚度与强度均要求高的大型板坯及二辊带钢连轧机上
	刚度差，节省金属，用在高而窄、水平力较小的中小型机架上。如四辊轧钢机的机架
	实际生产中很少采用，仅用在一些成批生产制造的中小型连轧机上

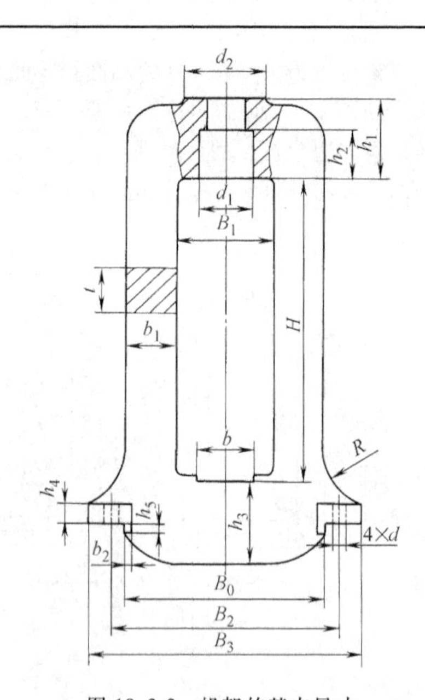

图 18.3-3　机架的基本尺寸

2）主要运算符号的含义（参照图 18.3-1～图 18.3-3 及表 18.3-3～表 18.3-6）。

M_1——作用在上横梁上中部的弯矩（N·m）；

M_2——作用在上、下横梁与立柱交接处的弯矩（N·m）；

F——作用在一片机架上的力，它等于轧制力的一半（N）；

b——下横梁上均布载荷的宽度（m）；

R_1、R_2、l_1、l_2、l_3、h_1、h_2、h_3、h_4——机架有关尺寸（m）；

A_2——立柱截面面积（m^2）；

I_2——立柱截面二次矩（m^4）；

A_1、A_3、A_4、A_5、A_6、A_7——机架其余各段截面面积（m^2）；

I_1、I_3、I_4、I_5、I_6、I_7——机架其余各段截面二次矩（m^4）；

l_t——运算符号（m），$l_t = l_1 - 2\bar{y}$

$\bar{y}$——集中力 $F/2$ 的等效力臂（m）

$$\bar{y} = \frac{4}{3\pi}\left(\frac{R^3 - r^3}{R^2 - r^2}\right)$$

R、r——圆环形受载台阶的外半径和内半径（m）

$$R = R_0 - r_0$$

R_0——安装压下螺母的孔半径（m）；

r_0——安装压下螺母的孔的孔底过渡圆角半径（m）；

W_1——机架上横梁中部截面系数（m^3）；

W_2——机架立柱的截面系数（m^3）；

W_3——机架下横梁中部的截面系数（m^3）；

W_1'、W_2'——曲梁内、外层的折算截面系数（m^3）

$$W_1' = \frac{A'(R_P - r_0')R_1'}{r_0' - R_1'}$$

$$W_2' = \frac{A'(R_P - r_0')R_2'}{R_2' - r_0'}$$

A'——曲梁截面面积（m^2）；

R_P——曲梁的平均半径（m）

$$R_P = \frac{R_1' + R_2'}{2}$$

R_1'、R_2'——曲梁的内、外半径（m）；

r_0'——曲梁中性层半径（m）

$$r_0' = \frac{R_2' - R_1'}{\ln\frac{R_2'}{R_1'}}$$

σ_1、σ_3——机架上、下横梁中部截面上最大弯曲应力（Pa）；

σ_2——立柱截面上的最大拉应力（Pa）；

$\sigma_{\varphi \mathrm{I}}$、$\sigma_{\varphi \mathrm{I}}'$——曲梁的危险截面Ⅰ—Ⅰ的内、外层的应力（Pa）；

$\sigma_{\varphi \mathrm{II}}$、$\sigma_{\varphi \mathrm{II}}'$——曲梁的危险截面Ⅱ—Ⅱ的内、外层应力（Pa）；

F_J——机架的计算载荷（N），通常等于轧制力的一半；

d——辊颈直径（m）；

c——轧辊辊颈危险截面与压下螺钉或轴承中心线间的距离（m）；

σ_s——机架材料的屈服强度（Pa）；

σ_b'——轧辊材料的强度极限（Pa）；

K_σ'——辊颈应力集中系数，一般可取 $K_\sigma' = 1.5$；

σ_{rb}——机架材料在脉动循环载荷作用下的弯曲疲劳极限，推荐 $\sigma_{rb} = 0.64R_m$，对于 ZG270-500 钢，$\sigma_{rb} = 3200 \times 10^5$Pa；

K_σ——有效应力集中系数，此系数与机架各部位的形状和过渡状况有关，安装压下螺母的上横梁中部，$K_\sigma = 2.0 \sim 2.5$；横梁与立柱交接处，按一般方法计算应力时，取 $K_\sigma = 3 \sim 4$，按曲梁计算应力时，则取 $K_\sigma = 1.0 \sim 1.2$，其余部位根据不同情况选取不同的 K_σ 值；

$\varepsilon_{1\sigma}$——表面状况系数，机架表面多属于粗加工或非加工表面，故推荐 $\varepsilon_{1\sigma} = 0.6 \sim 0.8$；

$\varepsilon_{2\sigma}$——尺寸因素的影响系数，对大、中型轧钢机，$\varepsilon_{2\sigma} = 0.6 \sim 0.7$，对小型轧钢机，$\varepsilon_{2\sigma} = 0.8 \sim 0.9$；

k——截面形状系数，$k = 1.2$；

E——机架材料的弹性模量（Pa）；

G——机架材料的切变模量（Pa）；

f_z——机架在垂直方向上的挠度（m）；

f_s——机架在水平方向上的挠度（m）；

σ_{rz}——机架材料在脉动循环载荷作用下的拉伸疲劳极限，推荐 $\sigma_{rz} = 0.7\sigma_{rb}$，对于 ZG270-500 号钢 $\sigma_{rz} = 2240 \times 10^5$Pa。

3）机架的强度计算和变形计算。表 18.3-3、表 18.3-4 为机架的静强度计算和挠度计算。表 18.3-5 为机架的疲劳安全系数计算。表 18.3-6 为用图解法确定机架任意截面上的弯矩。对于结构形状复杂的机架可用图解法。

4）计算示例。

例 18.3-1　图 18.3-4 所示为 1200×550/1100 四辊热轧钢机机架结构图。要求对该机架进行刚度、强度校核。机架材料为 ZG 270-500 钢，轧机的最大轧制力为 16000kN，每片机架上的作用力为 8000kN。

解：

① 绘制机架计算简图。

第一步，将机架简化为封闭框架。由于该机架形状较规整，故只取五个截面，它们是：上、下横梁的中间截面，立柱的中间截面，上、下横梁与立柱交接处。而后分别求其形心位置和截面二次矩。根据所求得的数据及机架的结构尺寸便可作出机架的封闭框架图，如图 18.3-5 所示。

表 18.3-3 机架的静强度计算

机架结构型式	计算项目	计算公式	简图
小圆弧形机架	作用在立柱上的弯矩 M_2	$M_2=\dfrac{F}{\dfrac{l_1-l_t}{2I_1}+\dfrac{\pi}{2}\left(\dfrac{R_1}{I_3}+\dfrac{R_2}{I_4}\right)+\dfrac{l_2}{I_2}+\dfrac{l_3-b}{2I_7}+\dfrac{b}{2I_5}+\dfrac{l_t}{2I_6}}\times\left[\dfrac{1}{4I_1}\left(\dfrac{l_t}{2}+R_1\right)(l_1-l_t)+\dfrac{l_t}{4I_6}\left(R_1+\dfrac{l_t}{4}\right)+\dfrac{\pi-2}{4}\left(\dfrac{R_1^2}{I_3}+\dfrac{R_2^2}{I_4}\right)+\dfrac{1}{16I_7}(l_3-b)(4R_2+l_3-b)+\dfrac{b^2}{48I_5}\left(12\dfrac{R_2}{b}+6\dfrac{l_3}{b}-4\right)\right]$	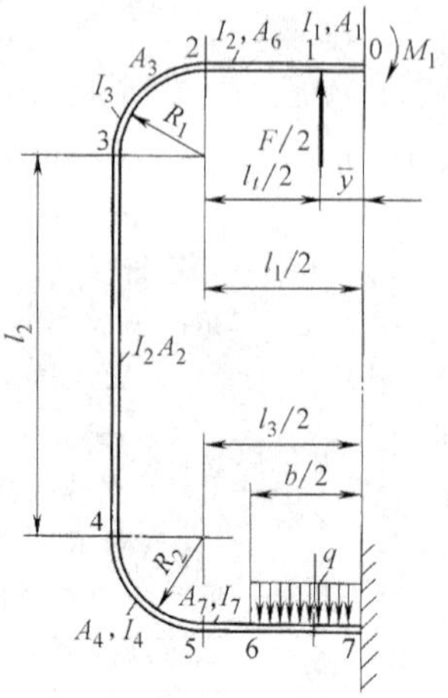
	作用在横梁中部的弯矩 M_1	$M_1=\dfrac{F}{2}\left(\dfrac{l_t}{2}+R_1\right)-M_2$	
多边形机架	作用在立柱上的弯矩 M_2	$M_2=\dfrac{F}{\dfrac{l_1-l_t}{2I_1}+\dfrac{\sqrt{h_1^2+h_2^2}}{I_3}+\dfrac{\sqrt{h_3^2+h_4^2}}{I_4}+\dfrac{l_2}{I_2}+\dfrac{l_3-b}{2I_7}+\dfrac{b}{2I_5}+\dfrac{l_t}{2I_6}}\times\left[\dfrac{1}{4I_1}\left(\dfrac{l_t}{2}+h_1\right)(l_1-l_t)+\dfrac{l_t}{4I_6}\left(h_1+\dfrac{l_t}{4}\right)+\dfrac{h_1\sqrt{h_1^2+h_2^2}}{4I_3}+\dfrac{h_3\sqrt{h_3^2+h_4^2}}{4I_4}+\dfrac{1}{16I_7}(l_3-b)\times(4h_3+l_3-b)+\dfrac{b^2}{48I_5}\left(12\dfrac{h_3}{b}+6\dfrac{l_3}{b}-4\right)\right]$	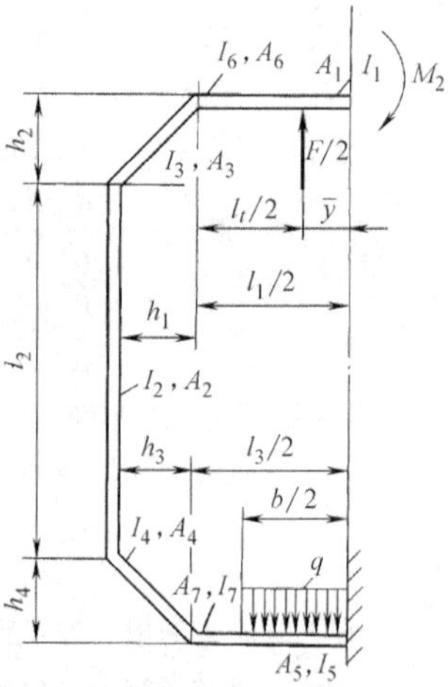
	作用在横梁中部的弯矩 M_1	$M_1=\dfrac{F}{2}\left(\dfrac{l_t}{2}+h_1\right)-M_2$	
小圆弧形或多边形机架	上横梁中间截面最大弯曲应力 σ_1	$\sigma_1=\dfrac{M_1}{W_1}\leqslant[\sigma]$	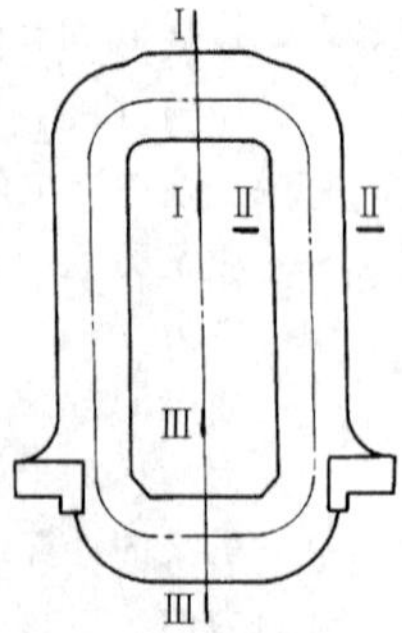
	下横梁中间截面最大弯曲应力 σ_3	$\sigma_3=\dfrac{M_1}{W_3}\leqslant[\sigma]$	
	立柱横截面最大拉应力 σ_2	$\sigma_2=\dfrac{F}{2A_2}+\dfrac{M_2}{W_2}\leqslant[\sigma]$	

（续）

机架结构型式	计算项目	计算公式	简　　图
横梁与立柱交接处	曲梁危险截面Ⅰ—Ⅰ内、外层的应力 $\sigma_{\varphi \mathrm{I}}$ 及 $\sigma_{\varphi \mathrm{I}}'$	$\sigma_{\varphi \mathrm{I}}=-\dfrac{\dfrac{F\gamma_0'}{2}-M_2}{W_1'}\leqslant[\sigma]$ $\sigma_{\varphi \mathrm{I}}'=\dfrac{\dfrac{F\gamma_0'}{2}-M_2}{W_2'}\leqslant[\sigma]$	a)
	曲梁危险截面Ⅱ—Ⅱ内、外层的应力 $\sigma_{\varphi \mathrm{II}}$ 及 $\sigma_{\varphi \mathrm{II}}'$	$\sigma_{\varphi \mathrm{II}}=\dfrac{M_2}{W_1'}+\dfrac{F}{2A}\leqslant[\sigma]$ $\sigma_{\varphi \mathrm{II}}'=\dfrac{-M_2}{W_2'}+\dfrac{F}{2A}\leqslant[\sigma]$	b) 当立柱与梁交接处不是正规曲梁形状，可按图中所示方法画出近似的曲梁，并找出曲梁内、外圆半径。而图 b 中阴影部分的金属在计算中可以不考虑
说　明		机架的许用应力： 1）当机架材料为 ZG 270-500 时， 对于小规格的轧钢机机架：横梁，$[\sigma]=500\sim700\times10^5$ Pa；立柱，$[\sigma]=300\sim400\times10^5$ Pa 对于大规格的轧钢机机架：横梁，$[\sigma]=300\sim500\times10^5$ Pa；立柱，$[\sigma]=200\sim300\times10^5$ Pa 2）为了防止轧钢机超载荷时损伤机架，机架的许用应力还应满足：轧辊由于超载荷而发生断裂，机架不产生塑性变形这一条件，即 $[\sigma]'\leqslant\dfrac{F_J\sigma_s cK_\sigma'}{0.167\sigma_b'd^3}$	

表 18.3-4　机架的挠度计算

机架结构型式	计算项目		计算公式
小圆弧形机架	机架在垂直方向的挠度（$f_z=f_1+f_2+f_3$）	弯矩在上、下横梁中部所引起的变形量 f_1	$f_1=\dfrac{(0.18FR_1-0.57M_2)R_1^2}{EI_3}+\dfrac{El_t}{4EI_6}\left[R_1\left(R_1+\dfrac{l_t}{2}\right)+\dfrac{l_t^2}{12}\right]-\dfrac{M_2l_t}{2EI_6}\times\left(R_1+\dfrac{l_t}{4}\right)+\dfrac{1}{EI_1}(l_1-l_t)\left(R_1+\dfrac{l_1+l_t}{4}\right)\left[\dfrac{F}{4}\left(R_1+\dfrac{l_t}{2}\right)-\dfrac{M_2}{2}\right]+\dfrac{(0.18FR_2-0.57M_2)R_2^2}{EI_4}+\dfrac{F(l_3-b)}{4EI_7}\left[R_2\left(R_2+\dfrac{l_3-b}{2}\right)+\dfrac{(l_3-b)^2}{12}\right]-\dfrac{M_2}{2EI_7}(l_3-b)\left(R_2+\dfrac{l_3-b}{4}\right)+\dfrac{1}{EI_5}\left\{Fb/4\left[\left(R_2+\dfrac{l_3-b}{2}\right)\times\left(R_2+\dfrac{l_3}{2}-\dfrac{b}{12}\right)+\dfrac{5b^2}{96}\right]-\dfrac{M_2b}{2}\left(R_2+\dfrac{l_3}{2}-\dfrac{b}{4}\right)\right\}$
		剪力在上、下横梁上引起的变形量 f_2	$f_2=\dfrac{kF}{8G}\left[\dfrac{\pi R_1}{A_3}+\dfrac{2l_t}{A_6}+\dfrac{\pi R_2}{A_4}+\dfrac{2(l_3-b)}{A_7}+\dfrac{b}{A_5}\right]$
		纵向力引起的变形量 f_3	$f_3=\dfrac{F}{8E}\left[\pi\left(\dfrac{R_1}{A_3}+\dfrac{R_2}{A_4}\right)+\dfrac{4l_2}{A_2}\right]$

（续）

机架结构型式	计算项目		计算公式
多边形机架	机架在水平方向的总挠度f_s	$f_s=2f_4$	$f_s=2f_4=\dfrac{M_2l_0^2}{4EI_2}$ 式中　f_4—立柱中点挠度 $l_0=l_2+0.5(R_1+R_2)$
	机架在垂直方向的总挠度$f_z=f_1+f_2+f_3$	弯矩所引起的变形量f_1	$f_1=\dfrac{1}{6E}\left(\dfrac{Fh_1^2}{I_3}\sqrt{h_1^2+h_2^2}+\dfrac{Fh_3^2}{I_4}\sqrt{h_3^2+h_4^2}-\dfrac{3M_2h_1}{I_3}\sqrt{h_1^2+h_2^2}+\dfrac{3M_2h_3}{I_4}\sqrt{h_3^2+h_4^2}\right)+$ $\dfrac{Fl_t}{4EI_6}\left[h_1\left(h_1+\dfrac{l_t}{2}\right)+\dfrac{l_t^2}{12}\right]-\dfrac{M_2l_t}{2EI_6}\left(h_1+\dfrac{l_t}{4}\right)+\dfrac{1}{EI_1}(l_1-l_t)\left(h_1+\dfrac{l_1+l_t}{4}\right)\times$ $\left[\dfrac{F}{4}\left(h_1+\dfrac{l_t}{2}\right)-\dfrac{M_2}{2}\right]+\dfrac{F(l_3-b)}{4EI_7}\left[h_3\left(h_3+\dfrac{l_3-b}{2}\right)+\dfrac{(l_3-b)^2}{12}\right]-$ $\dfrac{M_2}{2EI_7}(l_3-b)\left(h_3+\dfrac{l_3-b}{4}\right)+\dfrac{1}{EI_5}\left\{\dfrac{Fb}{4}\left[\left(h_3+\dfrac{l_3-b}{2}\right)\left(h_3+\dfrac{l_3}{2}-\right.\right.\right.$ $\left.\left.\left.\dfrac{b}{12}\right)+\dfrac{5b^2}{96}\right]-\dfrac{M_2b}{2}\left(h_3+\dfrac{l_3}{2}-\dfrac{b}{4}\right)\right\}$
		剪力所引起的变形量f_2	$f_2=\dfrac{kF}{4G}\left[\dfrac{2h_1^2}{A_3\sqrt{h_1^2+h_2^2}}+\dfrac{2h_3^2}{A_4\sqrt{h_2^2+h_4^2}}+\dfrac{l_t}{A_6}+\dfrac{l_3-b}{A_7}+\dfrac{b}{2A_5}\right]$
		纵向力所引起的变形量f_3	$f_3=\dfrac{F}{2E}\left[\dfrac{l_2}{A_2}+\dfrac{h_2^2}{A_3\sqrt{h_1^2+h_2^2}}+\dfrac{h_4^2}{A_4\sqrt{h_3^2+h_4^2}}\right]$
	机架水平方向的总挠度f_s	$f_s=2f_4$	$f_s=2f_4=\dfrac{M_2l_0^2}{4EI_2}$ 式中　f_4—立柱中点挠度 $l_0=l_2+0.5(h_2+h_4)$
说　明			1）在小圆弧形机架中，令 $R_1=R_2=0$，$l_1=l_3$，便可得到计算矩形机架的变形公式 2）机架窗口与轴承座间的最小间隙应不小于f_s

表 18.3-5　机架各部分的疲劳安全系数计算

计算项目	计算公式
横梁的疲劳安全系数	$S=\dfrac{\sigma_{rb}}{\dfrac{\sigma}{2}\left(1+\dfrac{K_\sigma}{\varepsilon_{1\sigma}\varepsilon_{2\sigma}}\right)}\geqslant[S]$
立柱的疲劳安全系数	$S=\dfrac{\sigma_{rz}}{\dfrac{\sigma}{2}\left(1+\dfrac{K_\sigma}{\varepsilon_{1\sigma}\varepsilon_{2\sigma}}\right)}\geqslant[S]$
横梁与立柱交接处的疲劳安全系数	$S=\dfrac{\sigma_{rb}+\sigma_{rz}}{\sigma\left(1+\dfrac{K_\sigma}{\varepsilon_{1\sigma}\varepsilon_{2\sigma}}\right)}\geqslant[S]$

注：疲劳安全系数的许用值推荐为 $[S]=1.5\sim2.0$。

表 18.3-6　用图解法确定机架任意截面上的弯矩

项　　目	图解计算
求弯矩 M_1 及机架任意截面上的弯矩 M_x	将机架沿垂直对称面剖切开，取其一半，沿其中性线划分为若干区段，每一区段中，截面的二次矩视为相同。求出各段的$\dfrac{\Delta x}{I_x}$、y值，代入下面公式，便可求得 $M_x=\dfrac{F}{2}y-M_1$ $M_1=\dfrac{\dfrac{F}{2}\sum y\dfrac{\Delta x}{I_x}}{\sum\dfrac{\Delta x}{I_x}}$ 式中　M_x—任一截面上的弯矩（N·m） F—作用在一片机架上的轧制力（N）

（续）

<table>
<tr><th>项　　目</th><th>图 解 计 算</th></tr>
<tr><td>求弯矩 M_1 及机架任意截面上的弯矩 M_x</td><td>I_x—任一截面上的二次矩（m^4）
M_1—作用在横梁中部的弯矩（N·m）
y—计算区段的坐标值（m）
若按等效力矩原则，即两对称集中载荷作用于机架（参照图 18.2-1）时，则作用在横梁中部的弯矩为 M_1'
$$M_1'=\frac{\frac{F}{2}\sum y'\frac{\Delta x}{I_x}}{\sum\frac{\Delta x}{I_x}}$$
式中　y'—计算区段的坐标值（m），$y'=y-\bar{y}$
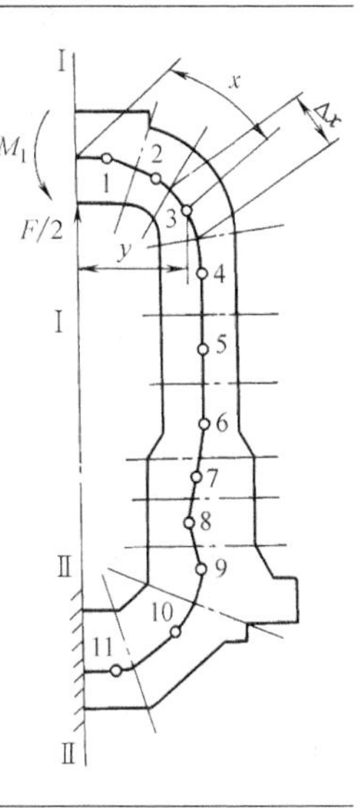
</td></tr>
<tr><td>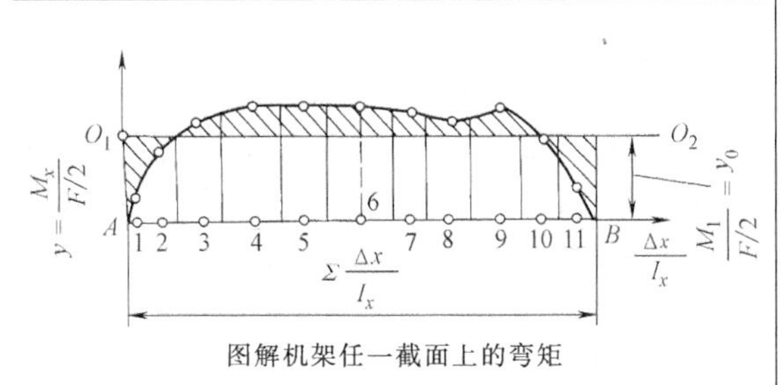

图解机架任一截面上的弯矩</td><td>以 $\frac{\Delta x}{I_x}$ 为横坐标轴，y 为纵坐标轴建立坐标系，而后分别求出各区段的 $\frac{\Delta x}{I_x}$ 及 y 值，根据其每一个值，在坐标系 $\frac{\Delta x}{I_x}-y$ 可标定一个点。把各点光滑连接成曲线（AB），曲线（AB）与横坐标所包容的面积，即为 $\sum y\frac{\Delta x}{I_x}$，曲线（$AB$）的纵坐标的平均值 y_0 与 $F/2$ 的乘积，就是 M_1。将横坐标轴原来的位置向上平移 y_0 距离，得以 O_1 为坐标原点的新坐标系。曲线（AB）在新坐标系的纵坐标值与 $F/2$ 的乘积便是 M_x</td></tr>
</table>

第二步，确定各段的截面二次矩及集中力 $F/2$ 的等效力臂。

截面二次矩（I_i）：

上横梁中间截面　$I_1=0.0903\text{m}^4$；

立柱的中间截面　$I_2=0.0206\text{m}^4$；

上横梁与立柱的交接处　$I_3=0.0412\text{m}^4$；

下横梁与立柱的交接处　$I_4=0.0694\text{m}^4$；

下横梁中间截面　$I_5=0.074\text{m}^4$；

上横梁左、右端

$$I_6=\frac{I_1+I_3}{2}=\frac{(0.0903+0.0412)}{2}\text{m}^4=0.0658\text{m}^4$$

下横梁左、右端

$$I_7=\frac{I_4+I_5}{2}=\frac{(0.0694+0.074)}{2}\text{m}^4=0.0717\text{m}^4$$

集中力 8×10^6N 的等效力臂 $\bar{y}$ 为

$$\bar{y}=\frac{4}{3\pi}\left(\frac{R^3-r^3}{R^2-r^2}\right)=\frac{4}{3\pi}\left(\frac{0.36^3-0.24^3}{0.36^2-0.24^2}\right)\text{mm}=0.193\text{mm}$$

l_t 及 b：

$l_t=l_1-2\bar{y}=(1-2\times0.193)\ \text{m}=0.614\text{m}$

$b=0.8\text{m}$

② 机架的静强度校核。

a）按表 18.3-3 中的计算公式求得各截面上的最大应力（见表 18.3-7）。

由表 18.3-7 可知，求得的各截面上最大应力均小于许用应力，故机架静强度满足要求。

b）以轧辊在断裂时机架不产生塑性变形为条件计算机架的许用应力 $[\sigma]'$。

$$[\sigma]'=\frac{F_J\sigma_s cK_\sigma'}{0.167\sigma_b'd^3}=\frac{8\times10^6\times2800\times10^5\times0.47\times1.5}{0.167\times9100\times10^5\times0.6^3}\text{Pa}=481\times10^5\ \text{Pa}$$

由于上式求得的 $[\sigma]'$ 值大于机架的最大应力，故轧辊在断裂时，机架无损伤。

③ 机架的疲劳安全系数计算。按表 18.3-5 中公

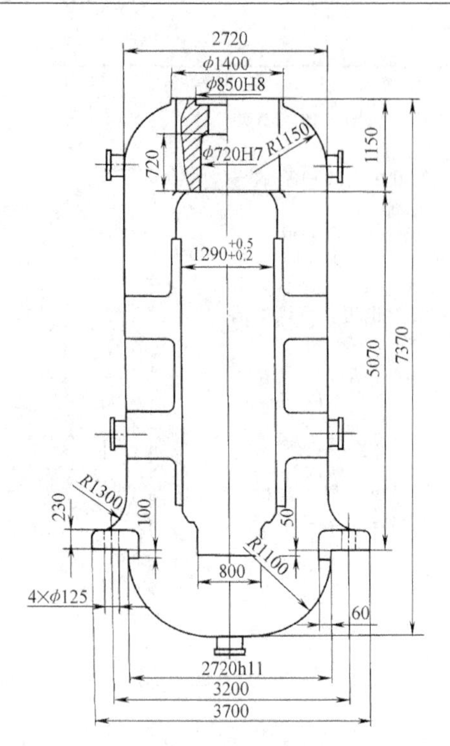

图 18.3-4 1200×550/1100 四辊热轧钢机机架结构图

式计算各截面的疲劳安全系数，并列于表 18.3-8 中，由于表 18.3-8 中的 S 值大于许用安全系数 $[S]=1.5\sim2$，故机架疲劳强度满足要求。

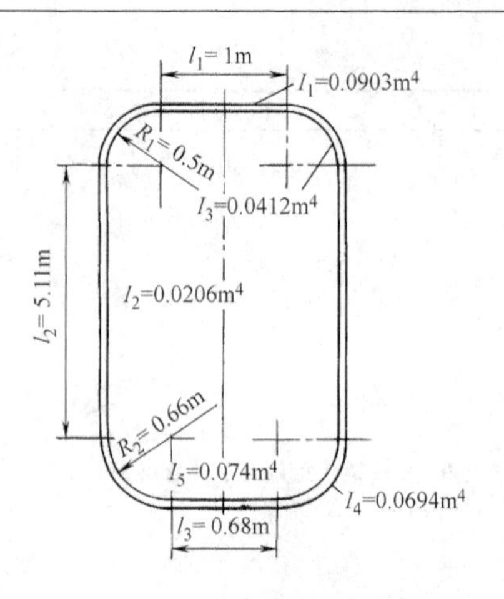

图 18.3-5 1200×550/1100 四辊热轧钢机机架计算简图

④ 挠度计算。利用表 18.3-4 中的公式计算机架的挠度，并列于表 18.3-9 中。从表中可知，机架在垂直方向的挠度 $f_z=0.000485\text{m}$，水平方向的挠度 $f_s=0.00039\text{m}$。对于大中型四辊热轧钢机，机架在垂直方向的总挠度应不大于 0.0005～0.001m，故机架满足刚度要求。由于轧钢机中滑板与支承辊轴承座宽度之间的最小间隙为 0.00057m，大于机架的水平挠度 $f_s=0.00039\text{m}$，从而可满足轴承座沿窗口自由移动的使用要求。

表 18.3-7 1200×550/1100 轧钢机机架的静强度计算数据

截面位置	截面面积 A_i/m^2	内边缘至形心的距离 y_i/m	截面二次矩 I_i/m^4	截面系数 W_i/m^3	弯矩 $M_i/10^5\text{N}\cdot\text{m}$	内边缘上的应力 $\sigma_i/10^5\text{Pa}$	外边缘上的应力 $\sigma_i'/10^5\text{Pa}$
上横梁中间截面	0.8593	0.604	0.0903	0.165 0.1495	30.36	−203	184
立柱中间截面	0.4860	0.358	0.0206	0.051	2.04	118	46.4
上横梁与立柱交接处	0.6120	0.450	0.0412	0.0424 0.166	14.15	−334	85.3
下横梁与立柱交接处	0.7320	0.50	0.0694	0.0424 0.216	14.56	−344	67.5
下横梁中间截面	0.7480	0.550	0.074	0.134	30.36	−226	226

表 18.3-8 机架各截面的疲劳安全系数

截面位置	疲劳安全系数
上横梁中间截面	$S=\dfrac{3200\times10^5}{\dfrac{203\times10^5}{2}\left(1+\dfrac{2.5}{0.6\times0.6}\right)}=3.97$
立柱中间截面	$S=\dfrac{2240\times10^5}{\dfrac{118\times10^5}{2}\left(1+\dfrac{2.5}{0.6\times0.6}\right)}=4.78$
横梁与立柱交接处	$S=\dfrac{3200\times10^5+2240\times10^5}{344\times10^5\left(1+\dfrac{2.5}{0.6\times0.6}\right)}=3.64$

（续）

截面位置	疲劳安全系数
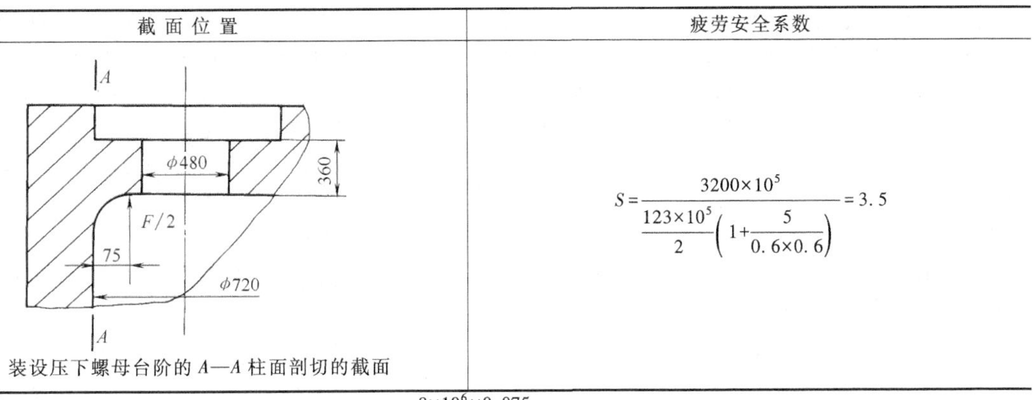 装设压下螺母台阶的 A—A 柱面剖切的截面	$S=\dfrac{3200\times10^5}{\dfrac{123\times10^5}{2}\left(1+\dfrac{5}{0.6\times0.6}\right)}=3.5$

注：123×10^5Pa 为 A—A 截面的最大应力，即 $\sigma_{A-A}=\dfrac{8\times10^6\times0.075}{\dfrac{\pi\times0.72\times0.36^2}{6}}\text{Pa}=123\times10^5\text{Pa}$；此处的应力集中系数 $K_\sigma=4.0\sim5.0$。

表 18.3-9　1200×550/1100 轧机机架的挠度计算

(1)机架在垂直方向的挠度	
弯矩引起的变形量 f_1	$f_1=\frac{1}{2.1\times10^{11}}\left\{\frac{(0.18\times8\times10^6\times0.5\times-0.57\times2.04\times10^5)0.5^2}{0.0412}+\frac{8\times10^6\times0.626}{4\times0.658}\times\left[0.5\left(0.5+\frac{0.625}{2}\right)+\frac{0.625^2}{12}\right]-\frac{2.04\times10^5\times0.626}{2\times0.0658}\left(0.5+\frac{0.626}{4}\right)+\frac{1}{0.0903}(1-0.626)\left(0.5+\frac{1+0.626}{4}\right)\left[\frac{8\times10^6}{4}\left(0.5+\frac{0.626}{2}\right)-\frac{2.04\times10^5}{2}\right]+\frac{(0.18\times8\times10^5\times0.66-0.57\times2.04\times10^5)}{0.0694}\times0.66^2+\frac{8\times10^6(0.68-0.8)}{4\times0.0717}\times\left[0.66\left(0.66+\frac{0.68-0.8}{2}\right)+\frac{(0.68-0.8)^2}{12}\right]-\frac{2.04\times10^5}{2\times0.0717}(0.68-0.8)\times\left(0.66+\frac{0.68-0.8}{4}\right)+\frac{8\times10^5\times0.8}{4\times0.074}\left[\left(0.66+\frac{0.68-0.8}{2}\right)\left(0.66+\frac{0.68}{2}-\frac{0.8}{12}\right)+\frac{5\times0.8^2}{96}\right]-\frac{2.04\times10^5\times0.8}{2\times0.074}\left(0.66+\frac{0.68}{2}-\frac{0.8}{4}\right)\right\}\text{m}=0.000132\text{m}$
剪力引起的变形量 f_2	$f_2=\frac{1.2\times8\times10^6}{8\times0.75\times10^{11}}\left[\frac{\pi\times0.5}{0.612}+\frac{2\times0.626}{0.7357}+\frac{\pi\times0.66}{0.732}+\frac{2(0.68-0.8)}{0.74}+\frac{0.8}{0.748}\right]\text{m}$ $=0.000127\text{m}$
纵向力引起的变形量 f_3	$f_3=\frac{8\times10^6}{8\times2.1\times10^{11}}\left[\pi\left(\frac{0.5}{0.612}+\frac{0.66}{0.732}\right)+\frac{4\times5.11}{0.486}\right]\text{m}$ $=0.000226\text{m}$
垂直方向的总挠度 $f_z=f_1+f_2+f_3$	$f_z=(0.000132+0.000127+0.000226)\text{m}=0.000485\text{m}$
(2)机架在水平方向的挠度	
$f_s=\frac{2.04\times10^5\times5.67^2}{4\times2.1\times10^{11}\times0.0202}\text{m}=0.00039\text{m}$	

5）轧钢机机架应力的有限元分析。用有限元法计算 250×100/300 四辊冷轧钢机机架所得应力分布及变形情况。

假定：①机架只承受垂直方向的轧制力，而水平外力被忽略。②机架几何形状及外载均前、后对称，且无垂直于此对称面的外力，故计算时按平面问题来处理。

用有限元法计算所得机架的应力分布图，如图 18.3-6～图 18.3-9 所示。从图中得知：①上横梁中间截面内缘上有较大的沿 x 轴方向的压应力（$\sigma_x=$

-284×10^5Pa)，其值向两边逐渐减小。②上横梁内、外缘 σ_{xmax} 分别是下横梁对应点 σ_{xmax} 的 1.55 和 1.68 倍。上、下横梁的内、外缘的 σ_x 值按曲线规律变化。③立柱受力状态接近于单向拉伸。④根据上横梁中间截面的应力分布，可确定压下螺母支承面的位置（尽可能布置在压应力区）。⑤从图 18.3-7、图 18.3-8 中可知，横梁与立柱交接处和下横梁带孔部位有较大的应力集中，从而使应力达到较高值。如在上、下横梁与立柱交接处最大应力分别达到 410×10^5Pa 和 320×10^5Pa，而在 ϕ40mm 圆孔 A、B 两点拉应力达到 290×10^5Pa。

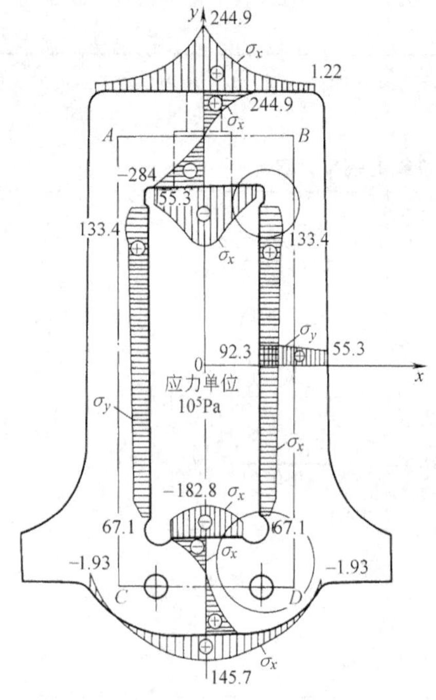

图 18.3-6　有限元法计算所得 250×100/300 四辊轧钢机机架应力分析

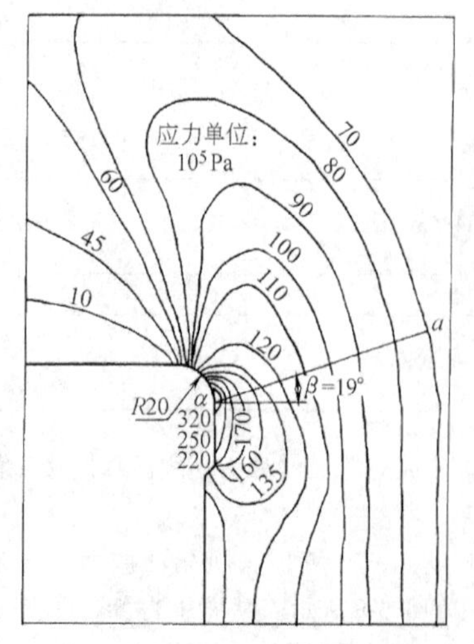

图 18.3-7　上横梁与立柱交接处主应力等值曲线

机架的变形：当以机架各边中性线 $ABCD$（见图 18.3-6）为基准时，计算所得机架在垂直方向的总挠度为 0.0001058m，其中立柱的垂直变形量为 0.0000448m，上、下横梁的垂直变形为 0.000061m。

在表 18.3-3 中，按曲梁计算，上、下横梁与立柱交接处的最大应力值分别为 430×10^5Pa 及 328×10^5Pa，与有限元法计算结果很接近。

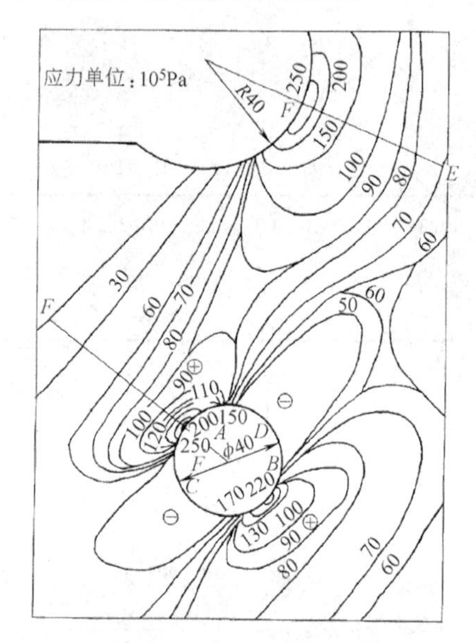

图 18.3-8　下横梁与立柱交接处的主应力等值曲线

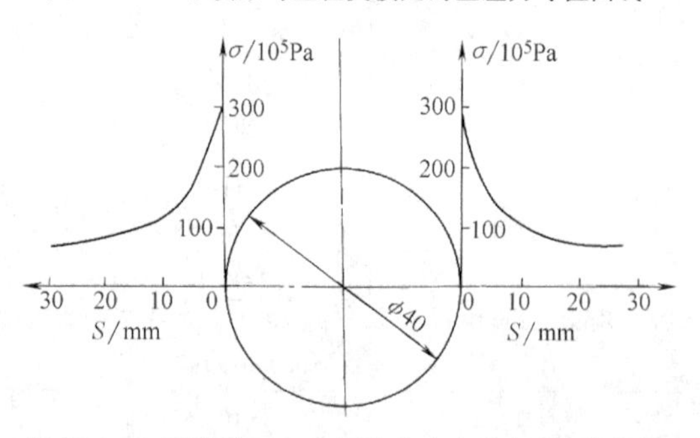

图 18.3-9　下横梁 ϕ40mm 圆孔拉应力区应力变化曲线

2　预应力钢丝缠绕机架的设计与计算

预应力钢丝缠绕机架由上、下两个半圆梁（或两个拱形梁）和两个（或四个）立柱并用高强度预应力钢丝（或钢带）缠绕而成（见图 18.3-10）。它具有结构紧凑，重量轻，便于加工、运输和安装，以及疲劳强度高等优点。这种机架广泛用于各种超高压液压机中，如等静压、冷锻、静压挤压、超硬材料合成以及粉末压制等。

预应力钢丝缠绕机架的设计包括结构设计、强度和刚度计算，以及缠绕设计等。

机架设计中的主要运算符号如下：

F——工作载荷；

F_c——预紧力；

F_{ca}——一根立柱上的预紧力；

F_{ce}——工作状态作用在一根立柱上的压力；

F_w——工作状态作用在一根立柱上的钢丝层上的总张力；

M_{co}——作用于立柱端的弯矩；

η——预紧系数；

i——立柱根数；

$2w$——机架窗宽度（w 为窗口宽度之半）；

$2l$——机架窗口长度，即立柱长度（l 为立柱长度之半）；

b_0——钢丝槽的宽度；

b'——钢丝槽板厚度；

R——半圆梁半径、即半圆梁钢丝槽底半径；

R'——半圆梁钢丝槽板外径；

A_c——立柱截面面积；

I——立柱截面二次矩；

E_c——立柱弹性模量；

G——半圆梁切变模量；

ζ_1——最内层钢丝工作应力系数；

ξ_2——最外层钢丝工作应力系数；

n_1——立柱静载安全系数；

n_2——半圆梁静载安全系数；

n_3——钢丝设计静载安全系数；

n_3'——钢丝静载实际安全系数；

n_4——立柱不失稳安全系数；

σ_g——预紧状态钢丝应力；

σ_{go}——最内层钢丝预应力；

σ_{gz}——最外层钢丝预应力；

$[\sigma]_1$——立柱的许用应力；

$[\sigma]_3$——钢丝的许用应力；

σ_{s1}——立柱的屈服极限；

σ_{s2}——半圆梁的屈服极限；

σ_{s3}——钢丝的屈服极限。

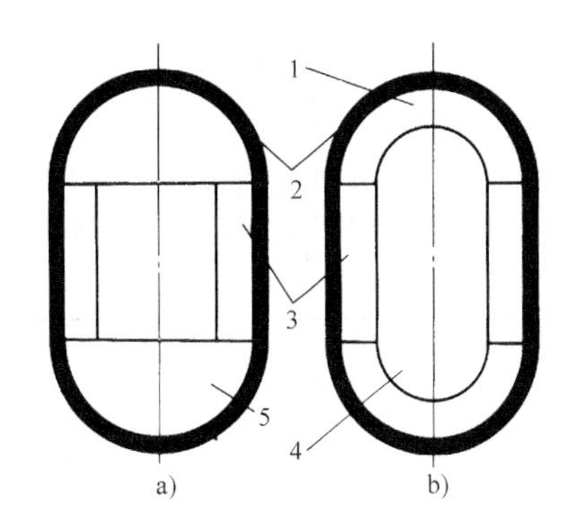

图 18.3-10　预应力半圆梁机架和拱形机架
a）半圆梁机架　b）拱形梁机架
1—拱形梁　2—钢丝层　3—立柱
4—半圆形垫块　5—半圆梁

2.1　机架的结构及缠绕方式

机架的半圆梁及立柱均有实心结构与空心结构两种类型。表 18.3-10 为单牌坊机架结构的类型、简图、特点及适用范围。

钢丝缠绕方式见表 18.3-11。

表 18.3-10　单牌坊（两个立柱）机架结构的类型、简图、特点及适用范围

类型		简图及特点	适用范围
整体式	无槽式		用于台面较大、缠绕层数少、主要承受中载的机架
	开槽式	用机加工的方法在梁及柱上加工出缠绕槽。在转角处的厚度变化过大，热处理中容易引起裂纹	适用于缠绕层数较少的机架
	贴板式	用螺栓和销钉将挡丝板固定在梁和柱上，形成缠绕槽 挡丝板的质量大约是机架质量的 1/7，从而增加了机架的质量	适用于缠绕层数多的机架

（续）

类型		简图及特点	适用范围
整体式	镶条式	镶条式机架是将挡丝板镶在上、下横梁及立柱中，形成缠丝槽。其优点是：省去了贴板式中的螺钉、销钉等连接，节约了材料和加工费用，热处理工艺也得到了改善	在大型机架中得到广泛应用
	组合式（多片）	由数块钢板叠合而成，其特点是：钢板的力学性能比相同材质的锻件高，又由于单件质量小，故便于运输，可在现场缠绕。解决了数百吨重机架的运输问题 钢板的平面度公差要求较严，以保证叠板间不产生缝隙	适用于大吨位机架

表18.3-11 钢丝缠绕方式

缠绕方式		缠绕工艺	特点及应用
先张法	等张力缠绕	预先将钢丝拉紧到规定的应力值，直接缠到机架上。缠绕时，机架可随同支承它的转台一起旋转，把钢丝缠绕上去，或者机架固定不动，而借助张力小车牵引着钢丝围绕它运行实现缠绕	以不变的初张力进行缠绕称为等张力缠绕 等张力缠绕工艺简单。但由于缠绕时，外层钢丝引起立柱压缩，使内层钢丝张力减小，故缠完后，钢丝层上的应力分布不均，外层钢丝的应力高于内层 适用于立柱刚度较大、缠绕层数不多、小吨位的压力机机架
	变张力缠绕	钢丝缠绕方法同上，但缠绕时，每层的初张力都不相同，内层高于外层；缠绕完成后，各层钢丝的张力相等	变张力缠绕可分为A型缠绕（即考虑工作应力为平均值的变张力缠绕）和B型缠绕（即考虑工作应力的不均匀性的变张力缠绕）。A型适用于立柱较长、钢丝层数较少的机架，B型适用于立柱较短、钢丝层数较多的机架
后张法		先把初张力较小的钢丝（其初张力只需使钢丝拉直和紧密排列即可）缠绕在拼合成圆形胎具的外表面上（层数与所要求的相同）（见图a）。缠完后，取下钢丝圈，并将它套在上、下半圆梁（或拱梁）上（见图b），然后撑开（见图c），放入立柱和垫片（见图d） a）绕制钢丝圈　b）钢丝圈套在半圆梁上 c）撑开（超张）　d）放入立柱和垫片	具有制造、运输以及装拆简单易行等优点，大吨位的机架多采用，如大型模锻和多向模锻液压机的机架

2.2　半圆梁机架的强度和刚度计算

已知条件：有关工艺条件及材料的有关参数，如 F、w、l、σ_{s1}、σ_{s2} 和 σ_{s3}，以及工作台面尺寸等。

要求：确定机架的预紧系数 η；立柱截面尺寸 a、b 及半圆梁的半径 R、厚度，在此基础上对立柱及半圆梁进行强度和刚度校核。对照图 18.3-11，具体计算见表 18.3-12。

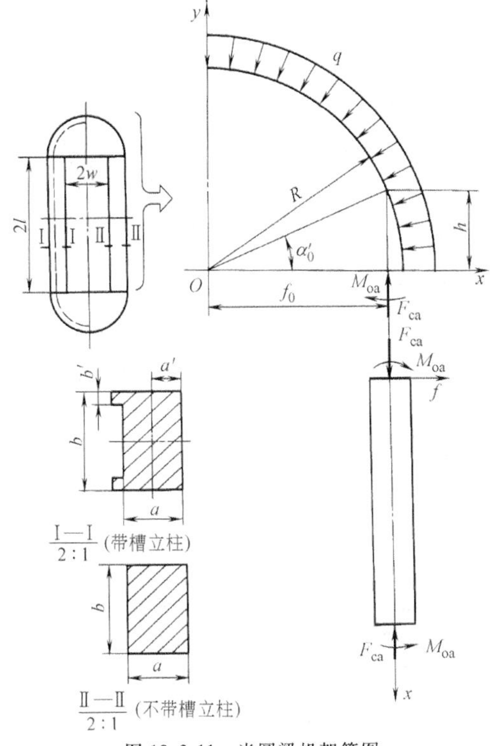

图 18.3-11　半圆梁机架简图

我国自行开发的预应力缠绕板式换热器成型液压机，采用跨度较大的重载机架，为减轻半圆梁的重量和减小梁底部的拉应力，研究出一种新型组合型线梁，如图 18.3-12 所示。将半圆梁的圆柱面分成 5 段，1、3 段为曲面，2 段为平面。其优点是钢丝层对梁的预紧载荷主要作用在梁的第一段上，并直接传递给立柱，因而不造成梁的弯曲，从而减少了梁的挠度。组合型线梁还可使梁的底面的高拉应力区（图 18.3-12 中 L 处）的拉应力下降近 30%。

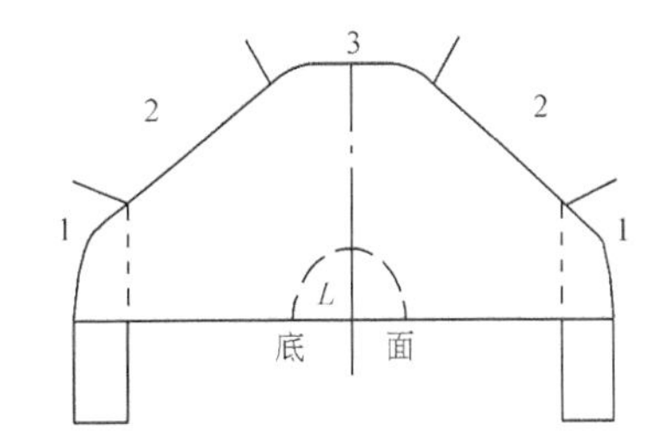

图 18.3-12　组合型线梁

2.3　拱梁机架的强度计算

拱梁机架与半圆梁机架相比，拱梁机架具有疲劳抗力高、立柱挠度变化小，预紧状态下应力分布较均匀等优点，其缺点是当半圆形垫块与拱接触不良时，会引起拱梁上较大的扭转切应力和弯曲应力。预紧状态是拱梁机架的危险状态，故其强度校核以此状态为准，具体计算见表 18.3-14。有关机架的刚度，可参考半圆梁机架的算法进行计算。

表 18.3-12　半圆梁机架的强度和刚度计算

<table>
<tr><th colspan="2">计算项目</th><th>计算公式及参数选择</th></tr>
<tr><td colspan="2">预紧系数 η</td><td>
<table>
<tr><td rowspan="2">载荷情况</td><td colspan="2">中心载荷</td><td rowspan="2">偏心载荷</td></tr>
<tr><td>单牌坊</td><td>双牌坊</td></tr>
<tr><td>预紧系数 η</td><td>1.05~1.2</td><td>1.5</td><td>1.5~2.4</td></tr>
</table>
说明：对于中心载荷、非严格中心载荷且过载可能性大的机架，如冷锻、冲压用机架，η 值应取大值；对等静压、静液挤压、超硬材料合成工艺用机架，η 应取小值</td></tr>
<tr><td colspan="2">立柱截面面积 A_c</td><td>$$A_c=\frac{1.3\eta F}{i[\sigma]_1}$$
式中　$[\sigma]_1$—立柱的许用应力，$[\sigma]_1=\frac{\sigma_{s1}}{n_1}$，推荐立柱静载安全系数 $n_1=1.3\sim1.6$
i—立柱根数
1.3—弯曲应力的估计值系数</td></tr>
<tr><td rowspan="2">立柱截面尺寸 a、b</td><td>a</td><td>$$a=\lambda w$$
λ 值根据 $\gamma=l/w$，按以下关系选择：
当 $4<\gamma\leqslant8$ 时，$\lambda=1.0\sim1.3$（必要时检查立柱纵向失稳）
当 $2<\gamma\leqslant4$ 时，$\lambda=0.6\sim0.7$（根据结构确定）
当 $\gamma\leqslant2$ 时，$\lambda=0.2\sim0.3$（必要时检查立柱横向失稳）</td></tr>
<tr><td>b</td><td>$$b=\frac{A_c}{a}=\frac{A_c}{\lambda w}$$</td></tr>
</table>

（续）

计算项目			计算公式及参数选择
半圆梁半径 R			$R=w+\lambda w$
立柱强度校核	作用于柱端的弯矩（M_{oa}）	不带槽立柱	$$M_{oa}=-F_{ca}\frac{\frac{1}{6}\frac{E_c}{G}\frac{R^2K}{h}+f_0u-Rv}{\frac{R^2}{a^3}\frac{\tan pl}{p}+u-\frac{E_cR^2}{4Gha}}$$ 式中　$f_0=w+\frac{a}{2}$，$F_{ca}=\frac{\eta F}{2}$ $K=\cos\alpha_0'-0.5=\frac{f_0}{R}-0.5$ $h=\sqrt{R^2-f_0^2}$ $u=-\frac{1}{4}[2.772-\cot\alpha_0'\sqrt{4+\cot^2\alpha_0'}-4\ln(4\cot\alpha_0'+\sqrt{4+\cot^2\alpha_0'})]$ $v=u+\frac{1}{8}\left[1.3863-\ln\left(\frac{2\sqrt{1+2\sin^2\alpha_0'-3\sin4\alpha_0'}}{\sin^2\alpha_0'}+\frac{2}{\sin^2\alpha_0'}+2\right)\right]-0.2165\times\left[1.5708+\arcsin\left(\frac{-6\sin^2\alpha_0'+2}{4}\right)\right]$ u、v 值也可根据 $\alpha_0'=\arccos\frac{f_0}{R}$ 查表 18.3-13 得到 $p=\sqrt{\frac{F_{ca}}{E_cI}}$
		带槽立柱	$$M_{oa}=-F_{ca}\frac{\frac{E_cbR^2K}{6GA_\tau}+f_0u-Rv}{\frac{bR^2}{12I}\frac{\tan(pl)}{p}+u-\frac{E_cR^2}{4Gha}}$$ 式中　$f_0=w+a'$，a' 为立柱形心到其内侧的距离 A_τ—半圆梁上实际抗剪面积 $A_\tau=2(\sqrt{R'^2-f_0^2}-\sqrt{R^2-f_0^2})b'+hb$ 其余符号意义同前
	立柱上的最大弯矩 M_{max}		立柱的中点的最大弯矩 M_{max}　　$M_{max}=M_{oa}\frac{1}{\cos pl}$
	强度校核		立柱受压、弯联合作用时，其最大压应力 σ_{1max} $$\sigma_{1max}=\frac{F_{ca}}{A_c}+\frac{a'M_{max}}{I}\leqslant[\sigma]_1$$ 式中　$[\sigma]_1=\frac{\sigma_{s1}}{n_1}$，$n_1=1.3\sim1.6$
立柱刚度计算	立柱的最大挠度（预紧状态）f_{max}		立柱的中部挠度的最大值 $$f_{max}=\frac{M_{oa}}{F_{ca}}\left(\frac{1}{\cos pl}-1\right)=e(\sec pl-1)$$ 式中　$e=M_{oa}/F_{ca}$

（续）

<table>
<tr><th colspan="2">计算项目</th><th>计算公式及参数选择</th></tr>
<tr><td rowspan="2">立柱刚度计算</td><td>工作状态下立柱（中部）最大挠度 f'_{max}</td><td>

$$f'_{max}=-e'[\sec(p'l)-1]$$

式中　$e'=M_{ce}/F_{ce}$

M_{ce}—作用在立柱端部的弯矩（工作状态下）

$p'=\sqrt{\dfrac{F_{ce}}{E_c I}}$，工作状态下，当各层钢丝应力相等时，作用在立柱上的载荷 F_{ce}，可按下式计算

$$F_{ce}=\frac{F_c}{2}-\frac{1}{2}\cdot\frac{F}{1+\dfrac{F_W}{A_c[\sigma]_3}}$$

式中　$F_c=\eta F$，η 为预紧系数

$$F_W=\frac{-(2A_c[\sigma]_3-F_c-F)\pm\sqrt{(2A_c[\sigma]_3-F_c-F)^2+8A_c[\sigma]_3F_c}}{4}$$

</td></tr>
<tr><td>立柱挠度变动量 Δf</td><td>

$$\Delta f=f_{max}-f'_{max}\approx-e[\sec(pl)-\sec(p'l)]$$

</td></tr>
<tr><td colspan="2">立柱稳定性校核</td><td>

稳定性校核条件为

$$F_{ca}\leqslant\frac{P_K}{n_4}$$

式中　P_K—临界载荷，$P_K=\dfrac{\pi^2E_cI}{4n_4l^2}$。当 a 过小时，立柱可能在横向失稳（机架的左右方向），此时 $I=\dfrac{ba^3}{12}$；当立柱的 b 过小时，立柱可能在纵向失稳（即机架的前后方向），此时 $I=\dfrac{ab^3}{12}$

n_4—不失稳安全系数，在 1.5~3 范围内选取

</td></tr>
<tr><td colspan="2">半圆梁强度校核</td><td>

1）半圆梁应力概况（见图 a）

通过密栅云纹应力分析和有限元计算得知，半圆梁上四处应力值较大，它们是 A 点（立柱内侧与半圆梁底平面的接触点）、B 区（立柱中心线与半圆梁圆弧的交点附近的区域）、C 点和 D 点（半圆梁中央截面的顶点和最低点）。D'点与 D 点的应力性质基本相同。B 区和 A 点的应力比 C 点大 10%~30%，而 D 点处于交变应力区 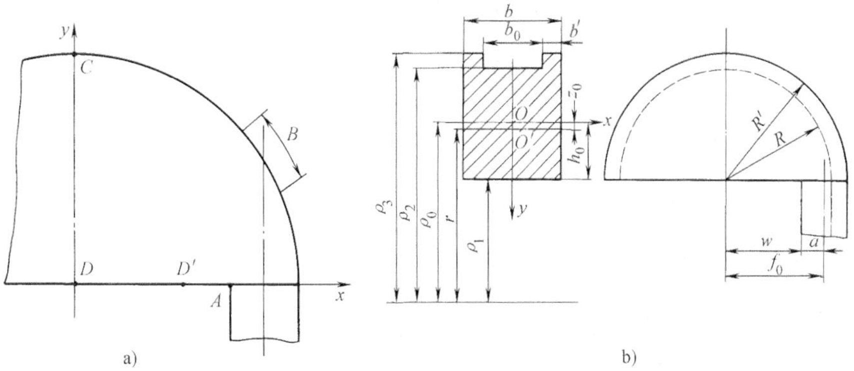

a)　　b)

2）强度计算（见图 b）

在实测及有限元计算的基础上得知，半圆梁中央截面的应力分布接近曲梁中间截面的应力分布，故可近似地按曲梁进行强度计算。计算时，假设沿半圆梁圆周的 q 是均匀分布的，并以预紧状态下为计算依据

半圆梁中央截面应力 σ_x 的计算式

$$\sigma_x=-\frac{F_c}{2A_0}+\frac{My}{S_0(r-y)}$$

式中　M—预紧力作用下引起的中央截面的弯矩

$$M=\frac{1}{2}F_c(f_0-h_0)$$

h_0—中央截面形心与底面的距离

</td></tr>
</table>

（续）

<table>
<tr><th colspan="4">计 算 项 目</th><th>计算公式及参数选择</th></tr>
<tr><td colspan="4">半圆梁强度校核</td><td>$h_0=\frac{1}{2}\left(\frac{2b'R'^2+b_0R^2}{2b'R'+b_0R}\right)$
$f_0=w+a'$
A_0—中央截面的截面积
$A_0=bR'-b_0(R'-R)$
r—中心层 O' 到曲率中心的距离
$r=\frac{A_0}{b\ln\frac{\rho_2}{\rho_1}+2b'\ln\frac{\rho_3}{\rho_2}}$
其中 $\rho_1=\rho_0-h_0,\rho_2=\rho_1+R,\rho_3=\rho_1+R'$
ρ_0—形心 O 的曲率半径
$\rho_0=\frac{2(2b'R'+b_0R)^2}{(2b'R'^2+b_0R^2)\left(\frac{2b'}{R'}+\frac{b_0}{R}\right)-2(2b'+b_0)(2b'R'+b_0R)}$
S_0—中央截面的面静矩
$S_0=z_0A_0$
y—校核点的坐标值（中性层 O' 为其原点）
当校核 C 点的 σ_{xC}（半圆梁顶点）时，则 $y=-(R'-h_0+z_0)$
当校核 D 点的 σ_{xD}（半圆梁中央截面最低点）时，则 $y=h_0-z_0$
3）校核公式
$1.3\sigma_x\leqslant\frac{\sigma_{s2}}{n_2}$
推荐 $n_2=1.5\sim2$</td></tr>
<tr><td rowspan="3">半圆梁刚度计算</td><td rowspan="3">预紧状态下半圆梁底面最大挠度</td><td rowspan="3">弯矩引起的变形</td><td>弯矩计算</td><td>预紧状态下，与半圆梁底面垂直的各截面上的弯矩计算式
$M=\frac{\eta F}{2}\left\{f_0-\sqrt{x^2+y^2}\cos\left[\arctan\left(\frac{\sqrt{R^2-x^2}}{x}\right)-\arctan\left(\frac{y}{x}\right)\right]\right\}$
式中 y—相应截面形心与底面的距离 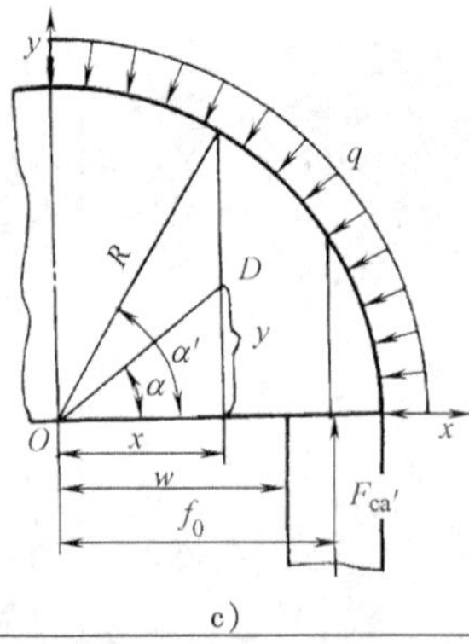
c）</td></tr>
<tr><td>弯矩引起半圆梁底面最大挠度 f_M</td><td>$f_M=\frac{4h^2}{E}\left\{\frac{n}{2}\frac{M_1}{I_1}+\left(\frac{n}{2}-1\right)\frac{M_3}{I_3}+\left(\frac{n}{2}-2\right)\frac{M_5}{I_5}+\cdots+\left[\frac{n}{2}-\left(\frac{n}{2}-1\right)\right]\frac{M_{n-1}}{I_{n-1}}\right\}$
式中 h—相邻截面之间的间距
$h=f_0/n$
n—垂直于半圆梁底面长度为 f_0 上的几个截面剖分，n 取 20 即可保证精度
$M_1,M_3,M_5,\cdots,M_{n-1}$ 及 $I_1,I_3,I_5,\cdots,I_{n-1}$—序号为 1，3，5，…，$n-1$ 截面上的弯矩和截面二次矩
E—半圆梁的弹性模量 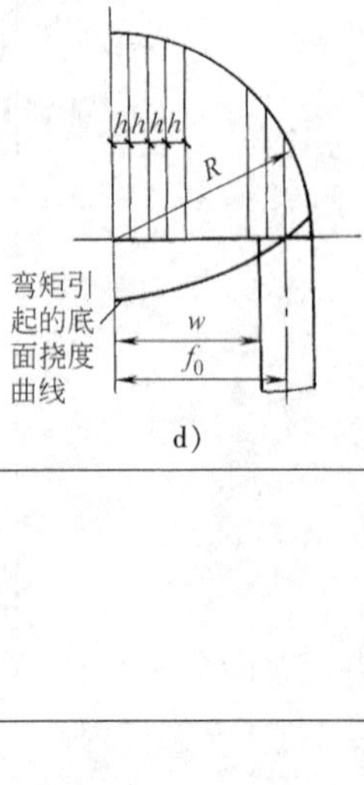
弯矩引起的底面挠度曲线
d）</td></tr>
<tr><td>剪力计算</td><td>各截面的剪力计算式（见图 c）
$x\leqslant w,Q=\frac{\eta F}{2R}x$
$x\geqslant w,Q=\frac{\eta F}{2}\left[\left(\frac{R-x}{R-w}\right)-\left(1-\frac{x}{w}\right)\right]$</td></tr>
</table>

（续）

计 算 项 目				计算公式及参数选择
半圆梁刚度计算	预紧状态下半圆梁底面最大挠度	剪力引起的变形	剪力引起半圆梁底面最大挠度	$$f_Q=\frac{2kh}{G}\left(\frac{Q_1}{A_1}+\frac{Q_3}{A_3}+\frac{Q_s}{A_s}+\cdots+\frac{Q_{n-1}}{A_{n-1}}\right)$$ 式中　k—剪切系数。将各截面 k 的平均值近似取作半圆梁共同的 k 值。根据有限元计算可知，除图中 n 截面 k 较大（可取 2）外，其余均在 1.4 左右 $Q_1,Q_3,Q_5,\cdots,Q_{n-1}$—对应下标的截面上的剪力（该截面垂直于半圆梁底面） $A_1,A_3,A_5,\cdots,A_{n-1}$—对应下标的截面面积 G—半圆梁的切变模量 h—相邻截面之间的距离 图 e 中，用相距 dx、垂直底面的两截面 $i-1$ 和 $i+1$ 从半圆梁上切出一条带。受载前为虚线所示，受载后为实线所示 e)
		半圆梁底面的最大挠度		$$f=f_M+f_Q$$
	仅工作载荷作用下半圆梁底面的最大挠度	弯矩引起的变形	弯矩计算	工作载荷 F（不包括预紧载荷）引起的弯矩： $$M'=\overline{OD}(F'_{ca}+Rq')\cos\alpha-Rq'\overline{OD}\cos(\alpha'-\alpha)-F'_{ca}f_0+\frac{(w-x)^2}{2}q''$$ 式中　$F'_{ca}=\frac{F}{2}\frac{1}{1+C}$，$C=\frac{E_WA_W}{E_cA_c}$ A_W 及 E_W—钢丝层的截面面积和弹性模量 A_c 及 E_c—立柱的截面面积和弹性模量 $$q'=\frac{F}{2R}\frac{C}{1+C}$$ $$q''=\frac{F}{2w}$$ $\overline{OD}$—各截面形心 D 至原点 O 的距离 f)
			弯矩引起的半圆梁底面最大挠度	$$f_M'=\frac{4h^2}{E}\left\{\frac{n}{2}\frac{M_1'}{I_1}+\left(\frac{n}{2}-1\right)\frac{M_3'}{I_3}+\left(\frac{n}{2}-2\right)\frac{M_5'}{I_5}+\cdots+\left[\frac{n}{2}-\left(\frac{n}{2}-1\right)\right]\frac{M'_{n-1}}{I_{n-1}}\right\}$$ 式中　$M_1',M_3',M_5',\cdots,M'_{n-1}$—序号为 1,3,5,…,$n$-1 截面上的弯矩 其余符号意义同前
		剪力引起的变形	剪力计算	各截面的剪力计算式（见图 g） $$x\leqslant w,Q'=\left(\frac{1}{w}-\frac{C}{(1+C)R}\right)\frac{F}{2}x$$ $$x\geqslant w,Q'=\left[1-\frac{1}{1+C}\left(\frac{x-w}{R-w}+\frac{Cy}{R}\right)\right]\frac{F}{2}$$
			剪力引起的半圆梁底面最大挠度	$$f_Q'=\frac{2kh}{G}\left(\frac{Q_1'}{A_1}+\frac{Q_3'}{A_3}+\frac{Q_5'}{A_5}+\cdots+\frac{Q_{n-1}'}{A_{n-1}}\right)$$ 式中　$Q_1',Q_3',Q_5',\cdots,Q_{n-1}'$—对应下标的截面上的剪力 其余符号意义同前
		半圆梁底面的最大挠度		$$f'=f_M'+f_Q'$$
	变形计算举例			示例：万吨预应力钢丝缠绕钛板压力机半圆梁刚度计算。压力机的结构及有关参数：该压力机为单牌坊结构，其半圆梁前、后和左、右开档均为 160cm；上、下半圆梁为铸钢件，并在半圆梁低应力区开有两个 ϕ35cm 的孔，以减轻重量，立柱为锻钢件。有关参数为：η=1.1（由于该机属于中心载荷压力机，故预紧系数 η 取较小值），$F=10^5$kN，f_0=95.54cm，w=80cm，R=110cm，n=20，$h=f_0/n$=(95.54/20)cm=4.777cm。机架其他有关尺寸见图 g 所示。 解： 第一步，计算预紧状态下半圆梁底面最大挠度

（续）

计算项目		计算公式及参数选择
半圆梁刚度计算	变形计算举例	（见下）

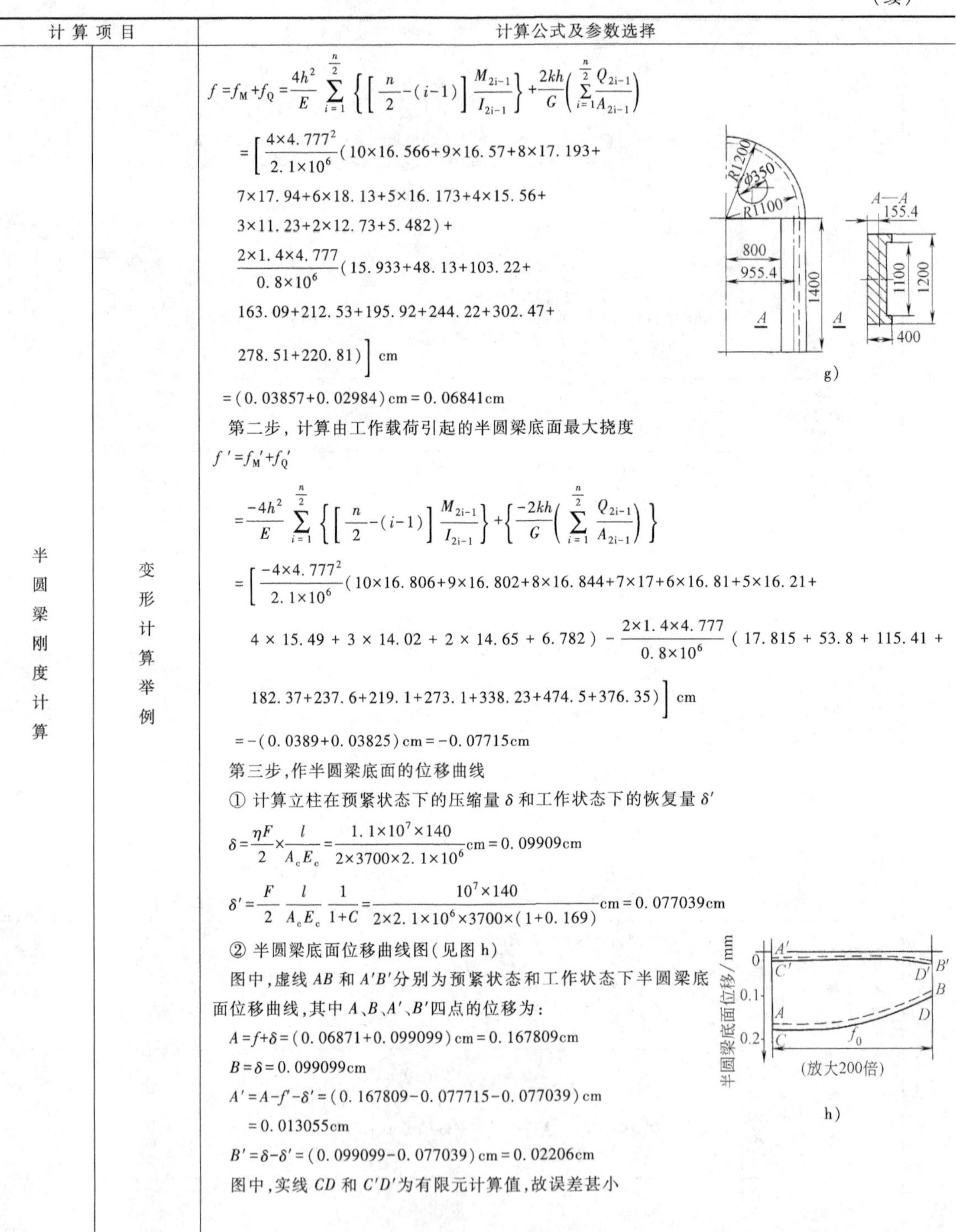

$$f=f_M+f_Q=\frac{4h^2}{E}\sum_{i=1}^{\frac{n}{2}}\left\{\left[\frac{n}{2}-(i-1)\right]\frac{M_{2i-1}}{I_{2i-1}}\right\}+\frac{2kh}{G}\left(\sum_{i=1}^{\frac{n}{2}}\frac{Q_{2i-1}}{A_{2i-1}}\right)$$

$$=\left[\frac{4\times4.777^2}{2.1\times10^6}(10\times16.566+9\times16.57+8\times17.193+7\times17.94+6\times18.13+5\times16.173+4\times15.56+3\times11.23+2\times12.73+5.482)+\frac{2\times1.4\times4.777}{0.8\times10^6}(15.933+48.13+103.22+163.09+212.53+195.92+244.22+302.47+278.51+220.81)\right]\text{cm}$$

$=(0.03857+0.02984)\text{cm}=0.06841\text{cm}$

g)

第二步，计算由工作载荷引起的半圆梁底面最大挠度

$f'=f_M'+f_Q'$

$$=\frac{-4h^2}{E}\sum_{i=1}^{\frac{n}{2}}\left\{\left[\frac{n}{2}-(i-1)\right]\frac{M_{2i-1}}{I_{2i-1}}\right\}+\left\{\frac{-2kh}{G}\left(\sum_{i=1}^{\frac{n}{2}}\frac{Q_{2i-1}}{A_{2i-1}}\right)\right\}$$

$$=\left[\frac{-4\times4.777^2}{2.1\times10^6}(10\times16.806+9\times16.802+8\times16.844+7\times17+6\times16.81+5\times16.21+4\times15.49+3\times14.02+2\times14.65+6.782)-\frac{2\times1.4\times4.777}{0.8\times10^6}(17.815+53.8+115.41+182.37+237.6+219.1+273.1+338.23+474.5+376.35)\right]\text{cm}$$

$=-(0.0389+0.03825)\text{cm}=-0.07715\text{cm}$

第三步，作半圆梁底面的位移曲线

① 计算立柱在预紧状态下的压缩量 δ 和工作状态下的恢复量 δ'

$$\delta=\frac{\eta F}{2}\times\frac{l}{A_cE_c}=\frac{1.1\times10^7\times140}{2\times3700\times2.1\times10^6}\text{cm}=0.09909\text{cm}$$

$$\delta'=\frac{F}{2}\frac{l}{A_cE_c}\frac{1}{1+C}=\frac{10^7\times140}{2\times2.1\times10^6\times3700\times(1+0.169)}\text{cm}=0.077039\text{cm}$$

② 半圆梁底面位移曲线图（见图 h）

图中，虚线 AB 和 $A'B'$ 分别为预紧状态和工作状态下半圆梁底面位移曲线，其中 A、B、A'、B' 四点的位移为：

$A=f+\delta=(0.06871+0.099099)\text{cm}=0.167809\text{cm}$

$B=\delta=0.099099\text{cm}$

$A'=A-f'-\delta'=(0.167809-0.077715-0.077039)\text{cm}$

$=0.013055\text{cm}$

$B'=\delta-\delta'=(0.099099-0.077039)\text{cm}=0.02206\text{cm}$

图中，实线 CD 和 $C'D'$ 为有限元计算值，故误差甚小

h)

注：1. 立柱不做导向时，刚度要求可低些。而当立柱作为运动部件导向时，则刚度要求严格，如静液挤压机中的立柱要求十分平直，挠度很小。为提高立柱的导向精度，可将立柱的端面内侧的一小部分面积去掉，使之作用在立柱上的轴向力，重新由偏内侧移到立柱的截面形心上。这样，可以使立柱在预紧状态向外的挠度大约等于工作状态向内的挠度。

2. 计算时假定：半圆梁简化为简支梁；忽略立柱对梁的弯矩 M_{ca} 的作用；钢丝层与半圆梁间的摩擦因数假定为零；作用力 q 是均匀的。

表 18. 3-13　u、v 值

α_0'	0.05	0.075	0.10	0.125	0.15	0.175	0.20	0.225	0.25	0.275
u	103.33	47.3692	27.6379	18.4157	13.3457	10.2451	8.1999	6.7721	5.7304	4.9428
v	102.127	46.2693	26.6103	17.4456	12.4226	9.3622	7.3523	5.9560	4.9431	4.1819
α_0'	0.3	0.325	0.35	0.375	0.40	0.425	0.45	0.475	0.50	0.525
u	4.3299	3.84127	3.4434	3.1138	2.8365	2.5999	2.3958	2.2177	2.0610	1.9217
v	3.5926	3.1279	2.7519	2.4430	2.1855	1.9678	1.7820	1.6217	1.4821	1.3596
α_0'	0.55	0.575	0.60	0.625	0.65	0.675	0.70	0.725	0.75	0.775
u	1.7972	1.6849	1.5831	1.4902	1.4051	1.3265	1.2538	1.1862	1.1230	1.0639
v	1.2514	1.1550	1.0689	0.9913	0.9213	0.8575	0.7995	0.7531	0.6975	0.6772

表 18. 3-14　拱梁机架的强度计算

计算项目		计算公式
拱梁的强度校核	拱梁端部弯矩 M_{oa}	$M_{oa}=\dfrac{-\pi^2\mu(R_1-R_0)R_0F_{ca}}{8r_0S'\left(\dfrac{\tan pl}{Ip}+\dfrac{R_0\pi}{2r_0s'}\right)}$ 式中　R_0—平均半径，$R_0=\dfrac{R_1+R_2}{2}$ R_1—拱梁外径 R_2—拱梁内径 F_{ca}——一根立柱上的预紧力 I—立柱截面二次矩 r_0—拱梁中性层曲率半径 S'—拱梁截面积 A' 对中性轴的静面矩，$S'=A'e$ μ—钢丝层与拱梁间的摩擦因数，$\mu=0.2$(无润滑层时) $e=R_0-r_0$ $A'=ab=(R_1-R_2)b$ b—拱梁厚度 $p=\sqrt{\dfrac{F_{ca}}{E_cI}}$ $r_0=\dfrac{R_1-R_2}{\ln\dfrac{R_1}{R_2}}$
	拱梁任意截面的弯矩 M_α	$M_\alpha=-[\mu\alpha(R_1-R_0)F_{ca}+M_{oa}]$ 式中　α—截面对端面的夹角，当 $\alpha=\dfrac{\pi}{2}$时，M_α 有最大值
	拱梁任意截面上的轴力 N_α	$N_\alpha=F_{ca}(\mu\alpha-1)$ 当 $\alpha=0$ 时，N_α 有最大值
	拱梁的强度校核	拱梁按曲梁计算 $\sigma=\dfrac{N_\alpha}{A'}+\dfrac{M_\alpha Z}{A'e(r_0-Z)}\leqslant\dfrac{\sigma_s}{n}=[\sigma]$ 式中　Z—计算点的坐标，其坐标原点在中性层上，指向曲梁内为正 e—形心曲率半径 R_0 与拱梁中性层曲率半径 r_0 之差 M_α 以其最大值代入上式 其余符号意义同前
立柱的强度		$\sigma=\dfrac{N_\alpha}{A_c}\pm\dfrac{M_{max}y}{I}$ 式中　$M_{max}=M_{oa}\dfrac{1}{\cos pl}$ y—计算点到立柱形心的距离 其余符号意义同前

2.4　机架的缠绕设计

当机架结构尺寸确定后，便可进行缠绕设计。

已知条件：钢丝的截面尺寸（厚度×宽度）及钢丝的力学性能。钢丝截面形状有圆形、矩形和鼓形，矩形截面钢丝的规格一般为 0.1cm×0.4cm 或 0.15cm×0.6cm，材料为 65Mn，其 $R_m = 18\times10^8 \sim 2\times10^9$Pa，$R_{el} = 16\times10^8 \sim 18\times10^8$Pa，$A\geqslant3\%$。

要求：确定缠绕方式、每层缠绕的圈数、每层缠绕的张力以及缠绕层数。

图 18.3-13 及表 18.3-15 分别示出了计算图、机架的缠绕设计方法及计算项目。

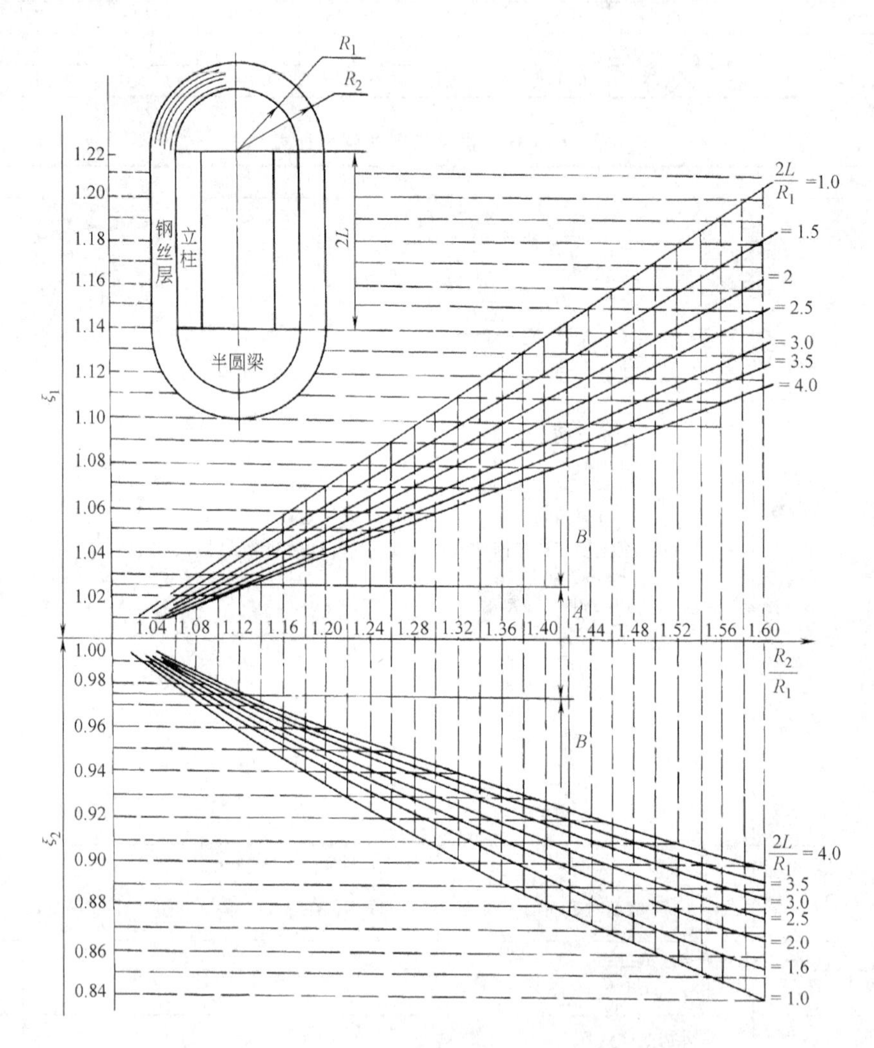

图 18.3-13　$\mu=0.2$ 时 ξ_1、ξ_2 的计算图

表 18.3-15　机架的缠绕设计方法

缠绕方法 / 计算项目	等张力缠绕	变张力缠绕	
		A 型 缠 绕	B 型 缠 绕
每层缠绕圈数 m	$m=\frac{b_0}{d}-(1\sim2)$ 式中　b_0—槽宽 d—一根钢丝的直径 m 应取整数	$m=\frac{b_0}{d}-(1\sim2)$ 式中　b_0—槽宽 d—一根钢丝的直径 m 应取整数	$m=\frac{b_0}{d}-(1\sim2)$ 式中　b_0—槽宽 d—一根钢丝的直径 m 应取整数

（续）

缠绕方法 / 计算项目	等张力缠绕	变张力缠绕	
		A 型缠绕	B 型缠绕
缠绕层数 z	$z=\dfrac{e\left(\dfrac{F_{ca}C}{T}\right)-1}{mc}$ 式中　$T=[\sigma]_3S_w$ $[\sigma]_3=\dfrac{\sigma_{s3}}{n_3}$ 推荐：$n_3=1.6\sim2.0$ （质优的钢丝取小值，否则取大值） $C=\dfrac{E_wS_w}{E_cA_c}$ C——一根钢丝与立柱的刚性比 E_w、E_c—钢丝和立柱的弹性模量 S_w、A_c——一根钢丝的截面面积及立柱的截面面积 F_{ca}——一根立柱上的预紧力	$z=\dfrac{2iF_c}{m(-B\pm\sqrt{B^2-4AC_1})}$ 式中　$A=iS_w$ $B=icF_{ca}-i[\sigma]_3S_w+cF$ $C_1=-i[\sigma]_3F_{ca}c$ F—工作载荷 F_c—预紧力	z 的计算步骤如下： 1）首先按 A 型缠绕求出 z 值 2）$R_2=\Delta\cdot z+R_1$ 3）根据 R_2 及机架其他尺寸，利用图 18.3-13 判断压力机是否进入 A 区。若进入 A 区，则所求得的 z 为所要求的钢丝层数，并采用 A 型缠绕。若进入 B 区，则按 B 型缠绕，并继续按以下步骤计算 ①重新假定 z 值 ②计算 R_2、ζ_1 及 ζ_2 $\zeta_1=\dfrac{\alpha_0(R_2/R_1-1)}{(l/R_1+\alpha_0)\ln[(l/R_1+\overline{R_2/R_1\alpha_0)/(l/R_1+\alpha_0)]}}$ $\zeta_2=\dfrac{\alpha_0(R_2/R_1-1)}{(l/R_1+\alpha_0R_2/R_1)\ln[(l/\overline{R_1+R_2/R_1\alpha_0)/(l/R_1+\alpha_0)]}}$ $R_2=\Delta\cdot z+R_1$ 式中　$\alpha_0=\dfrac{1}{\mu_1}\left(1-e-\mu_1\dfrac{\pi}{2}\right)$ μ_1—钢丝间的摩擦因数（对于油回火钢丝，$\mu_1=0.2$） R_1—钢丝层最内层半径（$R_1=R$） R_2—钢丝层最外层半径 Δ—一根钢丝的直径 ζ_1 及 ζ_2 值也可由图 18.3-13 求得 ③求 z 值 $F_{ca}=0.5[2[\sigma]_3-\sigma_{pcp}(\zeta_1+\zeta_2)]\times zmS_w$ 式中　σ_{pcp}—钢丝平均工作应力 $\sigma_{pcp}=\dfrac{cF}{(i+2mzc)iS_w}$ 将假定的 z 值代入 σ_{pcp} 计算式，求得 σ_{pcp} 值；而后将 σ_{pcp}、ζ_1 和 ζ_2 等参数代入 F_{ca} 的计算式，若左、右相等，则假设成立，否则改变 z 值，直至等式成立为止

（续）

缠绕方法 计算项目	等张力缠绕	变张力缠绕	
		A 型 缠 绕	B 型 缠 绕
钢丝缠绕初张力	钢丝缠绕初张力 T 为 $T=[\sigma]_3 S_w$	第 $\tilde{z}$ 层钢丝缠绕初张力 $T_{\tilde{z}}$ 为 $T_{\tilde{z}}=T_g \dfrac{1+mzc}{1+m\tilde{z}c}$ 式中　$T_g=\sigma_g S_w$ 其中　$\sigma_g=\dfrac{-B\pm\sqrt{B^2-4AC_1}}{2A}$ T_g 及 σ_g—缠绕完毕后钢丝的张力及预紧状态钢丝应力	第 $\tilde{z}$ 层钢丝缠绕初张力 $T'_{\tilde{z}}$ $T'_{\tilde{z}}=\dfrac{[2D+a'(2e'\tilde{z}+\tilde{z}^2)]}{2(e'+\tilde{z})}S_w$ 式中　$D=\sigma_{go}e'+\sigma_{go}z+0.5a'z^2$ $e'=\dfrac{1}{mc}$ $a'=\dfrac{\sigma_{gz}-\sigma_{go}}{z}$ 式中　σ_{go}、σ_{gz}—最内层和最外层钢丝预应力 $\sigma_{gz}=[\sigma]_3-\zeta_2\sigma_{pcp}$ $\sigma_{go}=[\sigma]_3-\zeta_1\sigma_{pcp}$
钢丝静强度校核	最外层钢丝最危险，其应力为 $\sigma_{3max}=\dfrac{T}{S_w}+\zeta_2\dfrac{cF}{i(1+mzc)S_w}$ 式中　ζ_2—最外层钢丝工作应力系数 ζ_2 的计算式见 B 型缠绕 钢丝的实际静载安全系数为 $n_3'=\dfrac{\sigma_{s3}}{\sigma_{3max}}$	最内层钢丝最危险，其应力为 $\sigma_{3max}=[\sigma]_3+(\zeta_1-1)\times\dfrac{cF}{i(1+mzc)S_w}$ 式中　ζ_1—最内层钢丝工作应力系数 ζ_1 的计算式见 B 型缠绕 钢丝的实际静载安全系数为 $n_3'=\dfrac{\sigma_{s3}}{\sigma_{3max}}$	最内层钢丝最危险，其应力为 $\sigma_{3max}=[\sigma]_3$ 此时，最大应力与许用应力相等
钢丝疲劳强度校核	为保证钢丝的疲劳寿命，一般控制钢丝的应力变动满足下式： $\dfrac{\sigma_{3max}-\sigma_{cp}}{\sigma_{cp}}\leqslant 10\%$ 式中　$\sigma_{cp}=\dfrac{\sigma_{3max}+\sigma_{3min}}{2}$		

采用后张法计算钢丝层数时，可按以下步骤进行：

1）当钢丝合成应力内、外层差别较小时（即属于图 18.3-13 中的 A 区），可用 A 型缠绕的公式计算所需的钢丝层数。

2）当钢丝合成应力内、外层差别较大时，则根据图 18.3-13，用试算法求 z。先假定 z 值，$R_2=z\cdot\Delta+R_1$，从图 18.3-13 查得 ζ_1 和 ζ_2 代入下面计算式，如果满足，则所假定的 z 即为所求的钢丝层数。

$$F_c=\frac{1}{2}mzS_w(\zeta_1+\zeta_2)\left(\frac{[\sigma]_3}{\zeta_1}-\frac{cF}{i(1+mzc)S_w}\right)$$

3　曲柄压力机闭式机身的计算

曲柄压力机闭式机身属于闭框式机架。

（1）计算假定

1）机身是封闭的超静定框架，框架宽度等于立柱轴线之间的距离，其计算高度或长度与结构上的尺寸相等。

2）横梁、工作台和立柱长度方向上的截面二次矩与横截面面积的大小关系不大，可以用相应长度上的当量值进行计算。当量值的计算公式如下：

当量截面面积：$A=\dfrac{l}{\sum\limits_{i=1}^{n}(l_i/A_i)}$

当量截面二次矩：$I=\dfrac{\sum\limits_{i=1}^{n}I_il_i}{\sum\limits_{i=1}^{n}l_i}$

式中　l——横梁（工作台或立柱）长度；

A——横梁（工作台或立柱）横截面面积；

I——横梁（工作台或立柱）惯性矩；

l_i、A_i、I_i——第 i 个截面的长度、面积和截面二次矩。

（2）对称载荷作用下的闭式机身特性截面上的力和变形（见表 18.3-16）。

表 18.3-16　对称载荷作用下的闭式机身特性截面上的力和变形计算

<table>
<tr><td rowspan="5">曲轴横放的单点压力机机身</td><td colspan="2"></td><td>结构简图</td><td>计算简图</td><td>弯矩图</td><td>剪力图</td><td>法向力图</td></tr>
<tr><td colspan="2">简图或内力图</td><td> 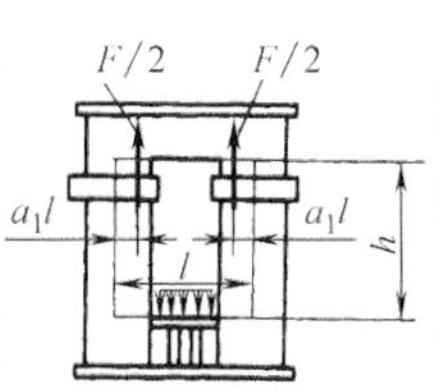</td><td> 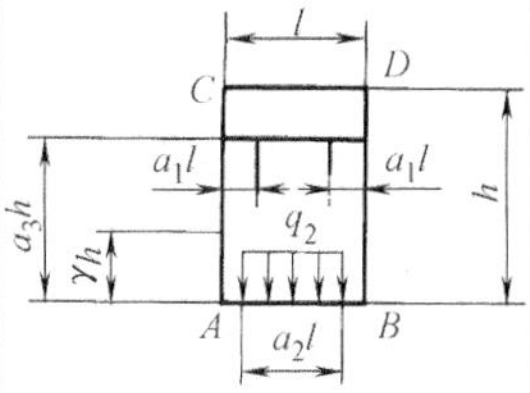</td><td> 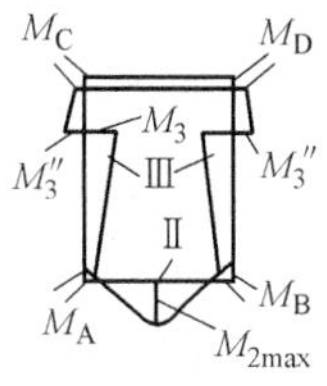</td><td> 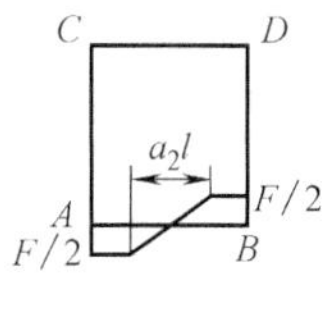</td><td> 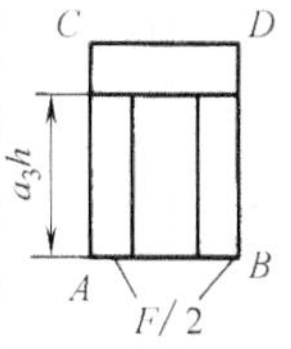</td></tr>
<tr><td colspan="2">特性截面中的弯矩、剪力和法向力</td><td colspan="3">$M_A=M_B=\dfrac{Fl}{24}\dfrac{12a_1[2K_1+1-(3K_1+2)2a_3+(K_1+1)3a_3^2]+(3-a_2^2)(3K_1K_2+2K_2)\nu_2}{3K_1K_2+2K_1+2K_2+1}$
$M_C=M_D=\dfrac{Fl}{24}\dfrac{12a_1[K_2+2a_3-(K_2+1)3a_3^2]-(3-a_2^2)K_2\nu_2}{3K_1K_2+2K_1+2K_2+1}$
$M_3'=M_A+a_3(M+M_C-M_A)$
$M_{2\max}=M_A-\dfrac{Fl}{4}\left(1-\dfrac{a_2}{2}\right)$
$M_3''=M_A-M+a_3(M+M_C-M_A)$
$M=\dfrac{F}{2}a_1l$</td><td>$-Q_{A2}=Q_{B2}=\dfrac{F}{2}$
$Q_3=\dfrac{M+M_C-M_A}{h}$</td><td>$N_{A3}=N_{B3}=\dfrac{F}{2}$</td></tr>
<tr><td rowspan="2">机身变形计算</td><td>截面的纵向位移</td><td colspan="5">$\Delta_{\text{Ⅱ-Ⅲ}}=\Delta M_{\text{Ⅱ}A}+\Delta Q_{\text{Ⅱ}A}+\Delta N_{\text{Ⅲ}A}$</td></tr>
<tr><td>截面的横向位移</td><td colspan="5">δ_{3A}'（从 A 点算起）$=\theta_0\gamma h-\dfrac{M_A\gamma^2h^2}{2EI_3}-\dfrac{M+M_C-M_A}{6EI_3}\gamma^3h^2$
式中　$\theta_0=\dfrac{h}{6EI_3}[2M_A+M(6a_3-3a_3^2-2)+M_C]$</td></tr>
<tr><td rowspan="2">曲轴纵放的单点压力机机身</td><td colspan="2"></td><td>结构简图</td><td>计算简图</td><td>弯矩图</td><td>剪力图</td><td>法向力图</td></tr>
<tr><td colspan="2">简图或内力图</td><td> 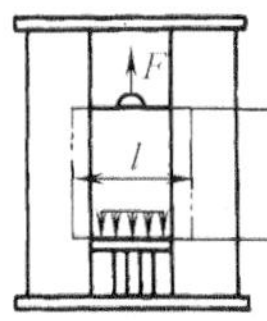</td><td> 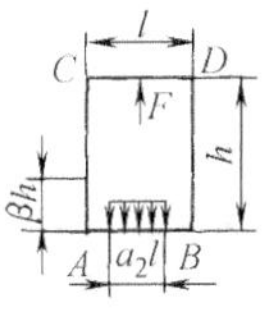</td><td> 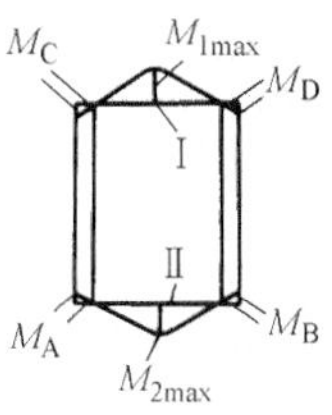</td><td> 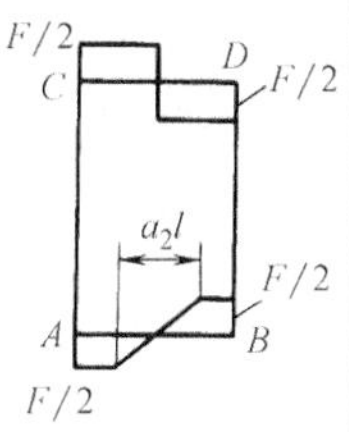</td><td> 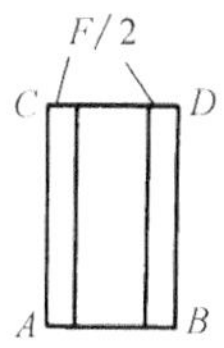</td></tr>
</table>

（续）

<table>
<tr><td rowspan="3">曲轴纵放的单点压力机机身</td><td colspan="2">特性截面上的弯矩、剪力和法向力</td><td colspan="3">$M_A=M_B=\frac{Fl}{24}\frac{(3-a_2^2)(3K_1K_2+2K_2)\nu_2-3K_1\nu_1}{3K_1K_2+2K_1+2K_2+1}$
$M_C=M_D=\frac{Fl}{24}\frac{(9K_1K_2+6K_1)\nu_1-(3-a_2^2)K_2\nu_2}{3K_1K_2+2K_1+2K_2+1}$
$M_{1\max}=M_C-\frac{Fl}{4}$
$M_{2\max}=M_A-\frac{Fl}{4}\left(1-\frac{a_2}{2}\right)$</td><td>$-Q_{A2}=Q_{B2}=\frac{F}{2}$
$-Q_{C1}=Q_{D1}=\frac{F}{2}$</td><td>$N_{A3}=N_{B3}=\frac{F}{2}$
$N_{C3}=N_{D3}=\frac{F}{2}$</td></tr>
<tr><td rowspan="2">机身变形计算</td><td>截面的纵向位移</td><td colspan="5">$\Delta_{\text{I}-\text{II}}=\Delta M_{\text{II}A}+\Delta Q_{\text{II}A}+\Delta N_{AC}+\Delta M_{\text{I}C}+\Delta Q_{\text{I}C}$</td></tr>
<tr><td>截面的横向位移</td><td colspan="5">横向位移 δ_{3A} 从 A 点算起，则
$\delta_{3A}=\frac{h^2}{6EI_3}[\beta^3(M_{A3}-M_C)-3\beta^2M_{A3}+\beta(2M_{A3}+M_C)]$</td></tr>
<tr><td rowspan="5">曲轴纵放的双点四点压力机机身</td><td colspan="2"></td><td>结构简图</td><td>计算简图</td><td>弯矩图</td><td>剪力图</td><td>法向力图</td></tr>
<tr><td colspan="2">简图或内力图</td><td>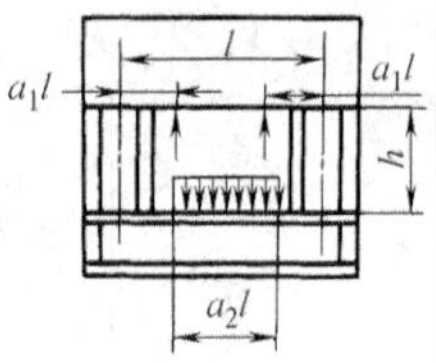</td><td>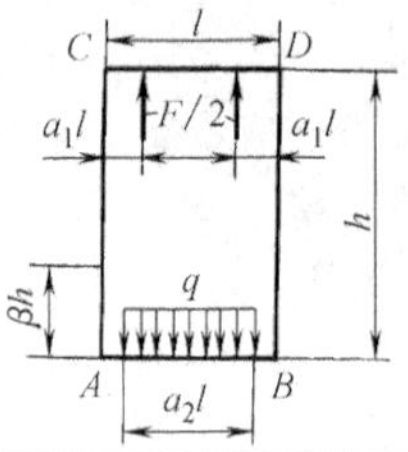</td><td>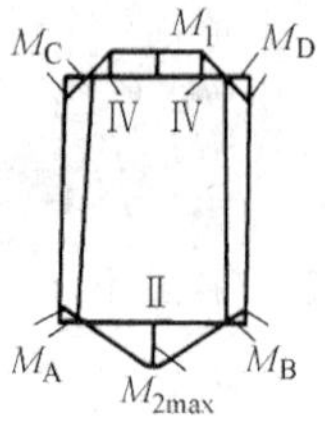</td><td>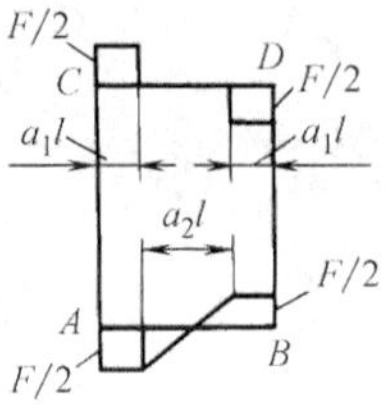</td><td>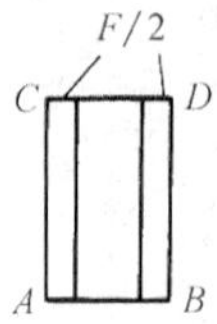</td></tr>
<tr><td colspan="2">特性截面上的弯矩、剪力和法向力</td><td colspan="3">$M_A=M_B=\frac{Fl}{24}\frac{(3-a_2^2)(3K_1+2)K_2\nu_2+12a_1(a_1-1)K_1\nu_1}{3K_1K_2+2K_1+2K_2+1}$
$M_C=M_D=\frac{Fl}{24}\frac{(a_2^2-3)K_2\nu_2+12K_1(1-a_1)a_1(3K_2+2)\nu_1}{3K_1K_2+2K_1+2K_2+1}$
$M_1=M_C-\frac{Fl}{2}a_1$
$M_{2\max}=M_A-\frac{Fl}{4}\left(1-\frac{a_2}{4}\right)$</td><td>$-Q_{A2}=Q_{B2}=\frac{F}{2}$
$-Q_{C1}=Q_{D1}=\frac{F}{2}$</td><td>$N_{A3}=N_{B3}=\frac{F}{2}$
$N_{C3}=N_{D3}=\frac{F}{2}$</td></tr>
<tr><td rowspan="2">机身变形计算</td><td>截面的纵向位移</td><td colspan="5">$\Delta_{\text{II}-\text{IV}}=\Delta M_{\text{IV}C}+\Delta Q_{\text{IV}C}+\Delta N_{AC}+\Delta M_{\text{II}A}+\Delta Q_{\text{II}A}$</td></tr>
<tr><td>截面的横向位移</td><td colspan="5">δ_{3A}（横向位移）$=\frac{h^2}{6EI_3}[\beta^3(M_{A3}-M_C)-3\beta^2M_{A3}+\beta(2M_{A3}+M_C)]$</td></tr>
</table>

（续）

说明

$$\Delta M_{\text{Ⅱ} A}=\Delta M_{\text{Ⅱ} B}=\frac{Fl^3}{48EI_2}\left(1-0.5a_2^2+0.125a_2^3-\frac{6M_{A2}}{Fl}\right)$$

$$\Delta M_{\text{Ⅰ} C}=\Delta M_{\text{Ⅰ} D}=\frac{Fl^3}{48EI_1}\left(1-0.5a_1^2+0.125a_1^3-\frac{6M_{C3}}{Fl}\right)$$

$$\Delta M_{\text{Ⅳ} C}=\Delta M_{\text{Ⅳ} D}=\frac{Fl^3a_1^2}{6EI_1}\left[1.5-2a_1-\frac{3M_C(1-a_1)}{a_1Fl}\right]$$

$$\Delta Q_{\text{Ⅱ} A}=\Delta Q_{\text{Ⅱ} B}=\frac{\lambda_2 Fl}{8GA_2}(2-a_2)$$

$$\Delta Q_{\text{Ⅰ} C}=\Delta Q_{\text{Ⅰ} D}=\frac{\lambda_1 Fl}{8GA_1}(2-a_1)$$

$$\Delta Q_{\text{Ⅳ} C}=\Delta Q_{\text{Ⅳ} D}=\frac{\lambda_1 Fla_1}{2GA_1}$$

$$\Delta N_{AC}=\Delta N_{BD}=\frac{Fh}{2GA_3}$$

$$\Delta N_{\text{Ⅲ} A}=\Delta N_{\text{Ⅲ} B}=\frac{Fa_3h}{2EA_3}$$

$$\gamma=\frac{\sqrt{3}M_A\pm\sqrt{3M_A^2-(M_A-M-M_C)[2M_A+M(6\alpha_3-3a_3^2-2)+M_C]}}{\sqrt{3}(M_A-M-M_C)}$$

$$\beta=\frac{M_{A3}}{M_{A3}-M_C}\pm\frac{\sqrt{M_{A3}^2+M_{A3}M_C+M_C^2}}{\sqrt{3}(M_{A3}-M_C)}$$

$$\theta_0=\frac{h}{6EI_3}[2M_A+M(6a_3-3a_3^2-2)+M_C]$$

$$K_1=\frac{I_2l}{I_1h}\qquad K_2=\frac{I_3l}{I_2h}$$

$$\lambda_1=\lambda_{CDmax}=\frac{A_1S_1}{I_1b_1}\qquad \lambda_2=\lambda_{ABmax}=\frac{A_2S_2}{I_2b_2}$$

$$\nu_1=\frac{\lambda_1F}{2GA_1}\qquad \nu_2=\frac{\lambda_2F}{2GA_2}$$

$$q=\frac{F}{a_2l}$$

式中　$F=F_g$（压力机公称压力）

I_1、I_2—CD 及 AB 杆截面二次矩

I_3—AC 及 BD 杆截面二次矩

λ_{CDmax}、λ_{ABmax}—最大截面系数

A_1、A_2—CD 及 AB 杆的截面面积

A_3—AC 及 BD 杆的截面面积

b_1、b_2—中性层截面宽度

S_1、S_2—截面部分面积中性轴的静力矩

G—切变模量

a_1、a_2、a_3—长度系数

注：1. 对于铸铁机身，许用应力$[\sigma]\approx 0.1R_m$；对于钢板焊接机身　$[\sigma]\approx(0.15\sim0.2)R_m$。

2. 对于闭式组合机身，当螺栓正确拉紧时，和整体一样工作，则可按闭式机身计算公式进行计算。此时，应根据预紧状态及工作状态来确定变形和危险截面的应力，并对拉紧螺栓及螺母进行有关计算。

4　开式曲柄压力机机身的设计与计算

开式曲柄压力机机身属于 C 形机架。C 形机架的刚度要比 O 形机架低得多，但 C 形机架三面敞开，便于操作和调整，因而它广泛用作小型曲柄压力机、液压机、折板机及锻锤等机器的机身。

开式压力机工作中主要产生两种变形，即垂直变形和角变形（见图 18.3-14）。垂直变形指装模高产生的变形 Δh，角变形指压力机的滑块相对工作台面产生的倾角 $\Delta\alpha$。这两种变形中危害最大的是角变形。角变形的存在使上、下冲模互相歪斜（见图 18.3-15），影响工件的质量、模具的寿命，加速滑块导向部分的磨损和增加能量消耗。

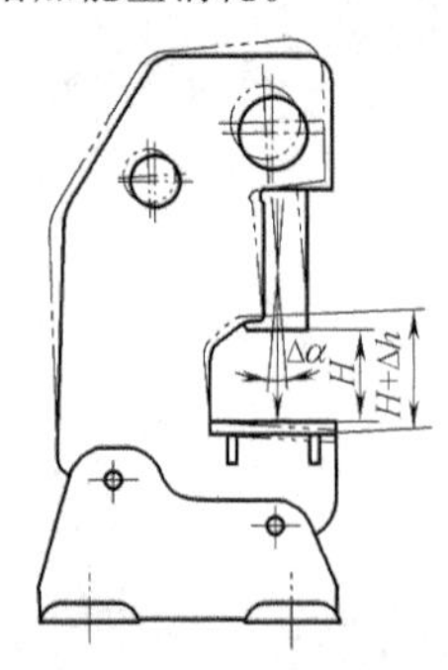

图 18.3-14　开式压力机的弹性变形

压力机机身在工作中承受工艺过程中的全部变形力（某些下传动压力机除外），机身的角变形在压力机总角变形占有较大的比例，因此保证机架有足够的角刚度是机架设计的出发点。

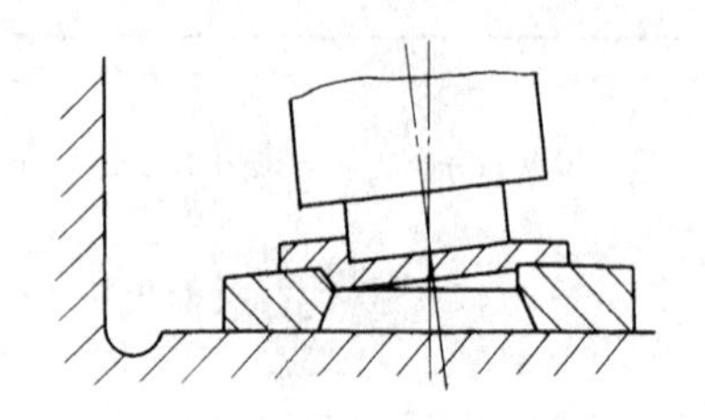
图 18.3-15　压力机的角变形对冲模等的影响

开式压力机机身的立柱有双柱式和单柱式两种（见图 18.3-16）。立柱呈封闭的外形或一面敞开属于单柱式（见图 d~h、j、k）。双柱式前、后敞开，形成贯穿的通道（见图 a、b、c、i、l）。双柱机身的刚度比封闭外形的单柱机身小 23%~28.5%，特别是在偏心载荷作用下，还将使立柱断面强烈扭转。为此，在结构上加拉杆以提高刚性（见图 c、l），一般可提高机身刚度 50%。

（1）开式机身的设计与计算

机身的设计一般是从机身的基本截面开始的（它位于工作台工作平面的同一平面上）。在求得基本截面后，以此为依据，考虑工艺方面的要求，按经验数据初步确定机身的结构尺寸，而后进行强度、刚度校核，并进行修改，直至满足要求为止。开式压力机机身的设计与计算见表 18.3-17。该表中的内容是对开式压力机机身进行静强度、刚度校核。对于高速压力机（冲程次数有的每分钟达上千次），还应进行机身的动态性能设计，如进行频率校核、机身在稳态受迫振动下的变形以及危险截面的应力计算等。

（2）机身的许用应力（见表 18.3-18）

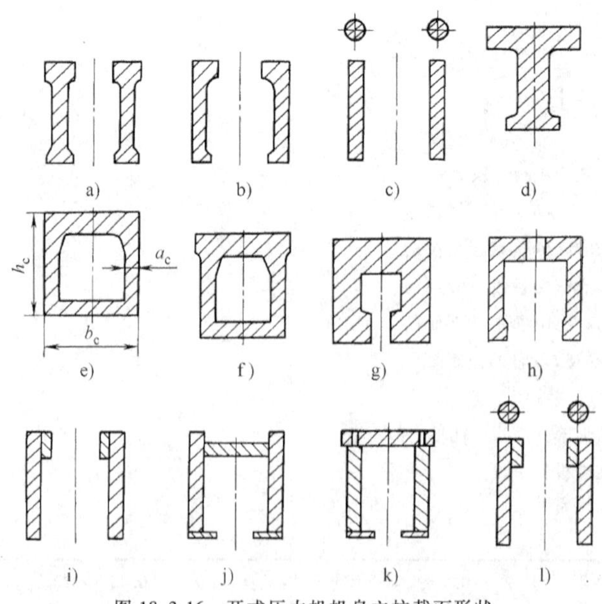

图 18.3-16　开式压力机机身立柱截面形状

a)~h）铸造　i)~l）焊接

表 18.3-17　开式压力机机身的设计与计算

机架形式	双(直)柱式	双(曲)柱式	单(直)柱式
简图	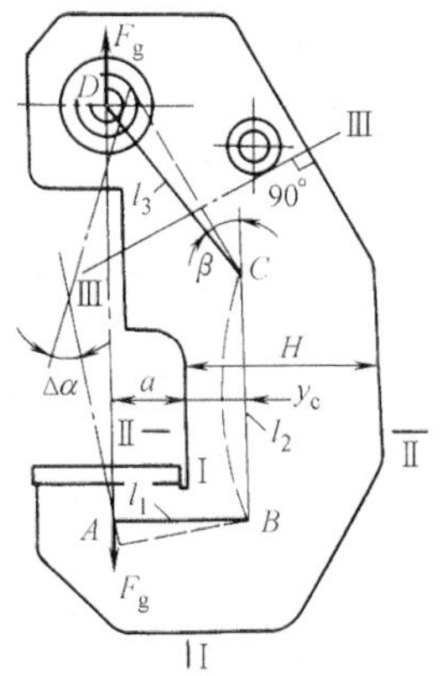	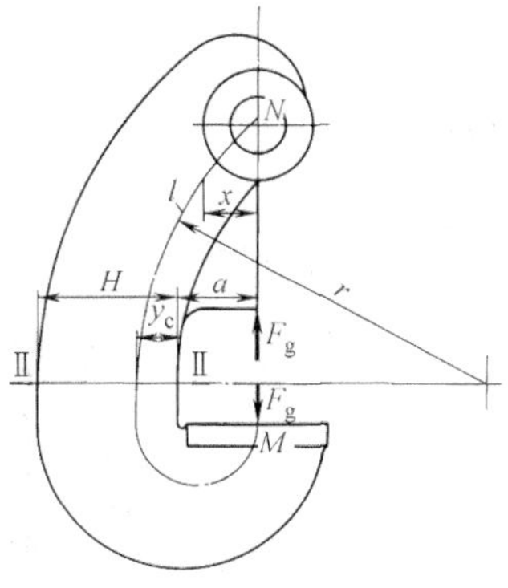	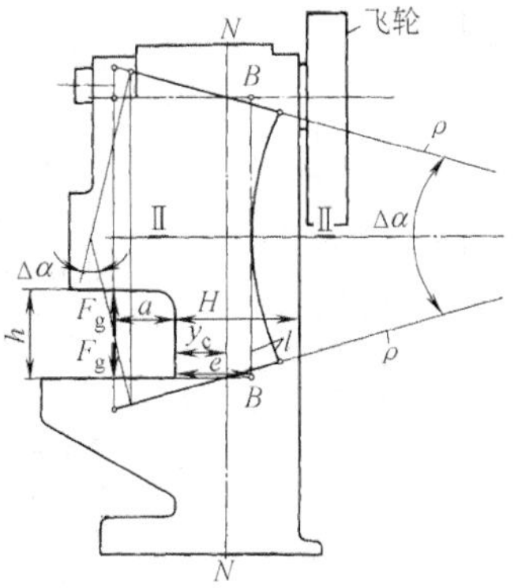 e—喉口至中性层 $B—B$ 的距离 $e=\dfrac{H\sigma_{max}}{\sigma_{xmax}+\sigma_{ymax}}$
计算假定	机身为开放式机架,框架各杆的轴线通过机身各截面的形心 机身各段(横梁、立柱、工作台)的截面面积 A 和截面二次矩 I 在各段全长上不变	机身为开放式曲形机架。机架中心曲线上的各点即为相应的机身截面形心	机身为开放式机架

基本尺寸的初步拟定

机身基本截面的最小截面面积 S

1)基本截面最小截面面积 S(铸铁机身)

$$S=KF_g$$

式中　S—基本截面的最小截面面积(cm^2)

F_g—压力机的公称压力(kN)

K—系数,按下表选取

系数 K 与机身结构特征、参数 a 及 F_g 的关系如下

$\dfrac{a}{10\sqrt{F_g}}$		0.8	0.9	1	1.12	1.25	1.4	1.6
K	单柱	1.12	1.18	1.25	1.32	1.4	1.5	1.69
	双柱	1	1.06	1.12	1.18	1.25	1.32	1.4
说　明		a—力作用线到机身正面板壁的距离(即喉口深度)(mm)						

2)钢板焊接机身的基本截面最小面积比铸铁小 33%~50%

为提高刚度,现代开式机身的基本截面的实际面积要比从变形计算得的大 50%~100%

基本截面的高度 H,或高、宽比 H/B

双柱式机身:$H=(2.3\sim4)a$
单柱式机身:$H=(2\sim3.5)a$　} 大型压力机取大值

式中　a—力作用线到机身正面板壁的距离

箱形截面机身　$H/B=1\sim1.7$　式中,B 为截面宽度

机身壁厚

铸造机身:单双柱侧壁厚:$\delta=8\sim40$mm
对于单柱:后面的壁厚 $h_2=\delta$,正面的壁厚 $b_1>(2\sim3)\delta$

焊接机身:焊接机身侧壁厚:$\delta\approx0.9\sqrt{F_g}$,通常 $\delta\geqslant8$mm
式中　F_g—压力机公称压力(kN)

机身的静强度校核

危险截面 Ⅱ-Ⅱ 上的弯矩 M

$$M=F_g(a+y_c)$$

式中　F_g—压力机的公称压力(N)

a—喉口深度(m)

y_c—喉口内缘到截面形心的距离(m)

（续）

<table>
<tr><th colspan="2">机架形式</th><th>双(直)柱式</th><th>双(曲)柱式</th><th>单(直)柱式</th></tr>
<tr><td>机身的静强度校核</td><td>危险截面 Ⅱ-Ⅱ 的应力校核</td><td>$\sigma_{\mathrm{lmax}}=\dfrac{F_{\mathrm{g}}}{A}+\dfrac{My_{\mathrm{c}}}{I}\leqslant[\sigma_{\mathrm{l}}]$
$\sigma_{\mathrm{ymax}}=\dfrac{F_{\mathrm{g}}}{A}-\dfrac{M(H-y_{\mathrm{c}})}{I}\leqslant[\sigma_{\mathrm{y}}]$
式中　σ_{lmax}—最大拉应力(Pa)
σ_{ymax}—最大压应力(Pa)
M—危险截面上的弯矩(N·m)
H—危险截面 Ⅱ-Ⅱ 的截面高度(m)
A—危险截面 Ⅱ-Ⅱ 的截面积(m^2)
I—危险截面 Ⅱ-Ⅱ 的惯性矩(m^4)
$[\sigma_{\mathrm{l}}]$、$[\sigma_{\mathrm{y}}]$—许用拉、压应力(Pa)，见表 18.3-18</td><td>$\sigma_{\mathrm{lmax}}=\dfrac{F_{\mathrm{g}}}{A}+\dfrac{M}{rA}+\dfrac{My_{\mathrm{c}}}{I}\cdot\dfrac{1}{1-\dfrac{y_{\mathrm{c}}}{r}}\leqslant[\sigma_{\mathrm{l}}]$
$\sigma_{\mathrm{ymax}}=\dfrac{F_{\mathrm{g}}}{A}+\dfrac{M}{rA}-\dfrac{M(H-y_{\mathrm{c}})}{I}\times\dfrac{1}{1+\dfrac{(H-y_{\mathrm{c}})}{r}}\leqslant[\sigma_{\mathrm{y}}]$
式中　r—截面形心的曲率半径(m)
其余符号的意义同左</td><td>$\sigma_{\mathrm{lmax}}=\dfrac{F_{\mathrm{g}}}{A}+\dfrac{My_{\mathrm{c}}}{I}\leqslant[\sigma_{\mathrm{l}}]$
$\sigma_{\mathrm{ymax}}=\dfrac{F_{\mathrm{g}}}{A}-\dfrac{M(H-y_{\mathrm{c}})}{I}\leqslant[\sigma_{\mathrm{y}}]$
式中符号的意义同左</td></tr>
<tr><td rowspan="2">机身角刚度计算</td><td>机身角变形 $\Delta\alpha$</td><td>$\Delta\alpha=\dfrac{F_{\mathrm{g}}}{2E}\left(\dfrac{a^2}{I_1}+\dfrac{2l_1l_2}{I_2}+\dfrac{l_3^2\sin\beta}{I_3}\right)$
式中　β—BC 和 CD 杆夹角(见上图)(°)
I_1、I_2、I_3—截面 Ⅰ-Ⅰ、Ⅱ-Ⅱ、Ⅲ-Ⅲ 的惯性矩(m^4)
E—弹性模量，钢板为 2.1×10^{11} Pa；铸铁为 0.9×10^{11} Pa
F_{g}—压力机的公称压力(N)
l_1、l_2、l_3—AB、BC、CD 杆的长度(m)</td><td>根据莫尔定理求得
$\Delta\alpha=\int_{(l)}\dfrac{F_{\mathrm{g}}x}{EI}\mathrm{d}l$
式中　l—曲线 MN 长(m)
I—惯性矩(m^4)
E—弹性模量(Pa)
F_{g}—压力机的公称压力(N)</td><td>$\Delta\alpha=\dfrac{l}{\rho}$
式中　l—立柱长度(m)
ρ—弯曲线 B-B 在弯矩 M 的作用下得到的曲率半径(m)
$\rho=\zeta\dfrac{EI}{M}$(m)
E—弹性模量(Pa)
ζ—机身的结构系数，$\zeta=1\sim1.2$。该系数考虑了立柱上部横截面增大的弯曲偏差
I—横截面二次矩(m^4)
$M=F_{\mathrm{g}}(a+y_{\mathrm{c}})$
式中　a—喉口深度(m)
y_{c}—喉口内边缘(背面)到横截面的形心轴线 N-N 的距离(m)
F_{g}—压力机的公称压力(N)</td></tr>
<tr><td>角刚度 C_{a} 校核</td><td colspan="3">机身的角刚度为
$C_{\mathrm{a}}=\dfrac{F_{\mathrm{g}}}{\Delta\alpha}\geqslant[C_{\mathrm{a}}]$
式中　F_{g}—公称压力(kN)
$\Delta\alpha$—喉口相对角变形(μrad)
C_{a}—机身角刚度(kN/μrad)
$[C_{\mathrm{a}}]$—机身许用角刚度(kN/μrad)，$[C_{\mathrm{a}}]=0.0012F_{\mathrm{a}}$，对于刚度要求较低的压力机，许用角刚度可取 $[C_{\mathrm{a}}]=0.001F_{\mathrm{a}}$</td></tr>
<tr><td colspan="2">说明</td><td colspan="3">1)机身有应力集中部位的实际应力可比表中的强度计算方法所得的应力大 1~3 倍
2)表中变形计算值和实测数据一般相差 20%~40%，而且计算值要小一些
3)机身的垂直刚度可不进行计算，其垂直变形平均值 $\Delta h=0.001F_{\mathrm{g}}$mm。式中，$F_{\mathrm{g}}$—压力机的公称压力(kN)
4)危险截面上的应力校核一般选择 3~4 个截面进行
5)机身基本截面指的是与压力机工作台的工作平面相吻合的截面
6)影响机身刚度的因素主要是机身截面形状及其尺寸。采用优化设计可使截面形状及其尺寸最优化，即在满足许用刚度的条件下，可使截面面积最小，并减轻机身重量</td></tr>
</table>

表 18.3-18　压力机机身材料及许用应力推荐值

机身材料		许用应力[σ]
铸造机身	HT200 或 QT450-10	$[\sigma]\approx 0.1R_m$ 当铸铁 $R_m \geqslant 2000\times10^5$Pa 时， 许用拉应力 $[\sigma_1]=(200\sim300)\times10^5$Pa 许用压应力 $[\sigma_y]=(300\sim400)\times10^5$Pa
	ZG 270-500	$[\sigma]=500\times10^5$Pa
焊接机身	20 ~ 150mm 厚钢板(Q235)或 Q345 钢板	$[\sigma]\approx(0.15\sim0.2)R_m$ 当钢板 $R_m\geqslant 4000\times10^5$Pa 时，许用拉应力 $[\sigma_1]=(400\sim600)\times10^5$Pa

（3）开式机身的有限元计算

以 J23-10 压力机为例。

1）计算假定。连接左、右机身的肋板应力很小，可忽略不计。机身处于两向应力状态，故可作为平面问题来研究。

2）机身的应力和变形。图 18.3-17 所示为机身的变形。在图 18.3-17 中，机身原来的形状用实线表示，变形后形状用双点画线表示。每个节点上部数字表示水平位移，下部数字表示垂直位移，单位均为 mm。从图 18.3-17 中可得，喉口的角变形是导轨处的角变形及工作台的角变形之和，即为 975μrad（实测为 831μrad），因而压力机的角刚度为 0.103kN/μrad。图 18.3-18 所示为计算所得到的Ⅱ-Ⅱ截面上的应力分布。其内侧边缘垂直方向的应力为 396×10^5Pa（实测为 280×10^5Pa），外侧边缘处为 -170.5×10^5Pa（实测为 -179×10^5Pa）。故工作台转弯处应力较大。

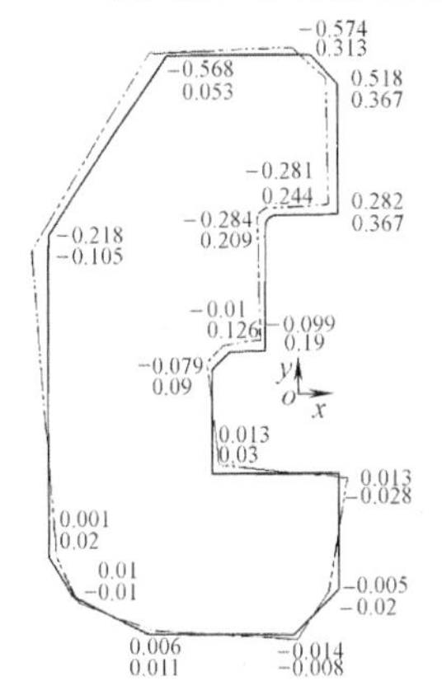

图 18.3-17　J23-10 压力机机身的变形

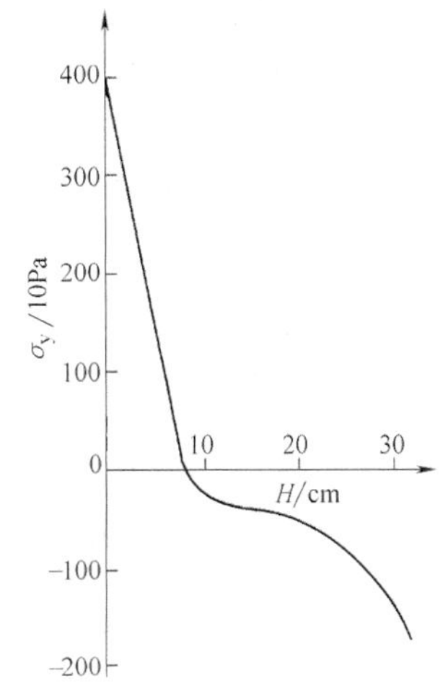

图 18.3-18　有限元计算 J23-10 压力机上Ⅱ-Ⅱ截面处的应力分布

5　桥式起重机箱形双梁桥架的设计

桥架是桥式起重机的主要承载构件，它支承着起重小车、轨道、大车运行机构和电气设备等，承受这些构件的重力和工作中的各种载荷。因此，桥架是起重机的重要构件之一。

（1）箱形双梁桥架的结构

箱形双梁桥架主要由两根主梁和两根端梁构成（见图 18.3-19）。桥架的主梁上铺设有供小车行驶的轨道，两主梁外侧均设有走台，一侧走台用于安装运行机构和电气设备，另一侧走台安装起重小车的导电架等。在一侧走台的下方设有操纵室，桥架的外侧四周还设置有安全栏杆。

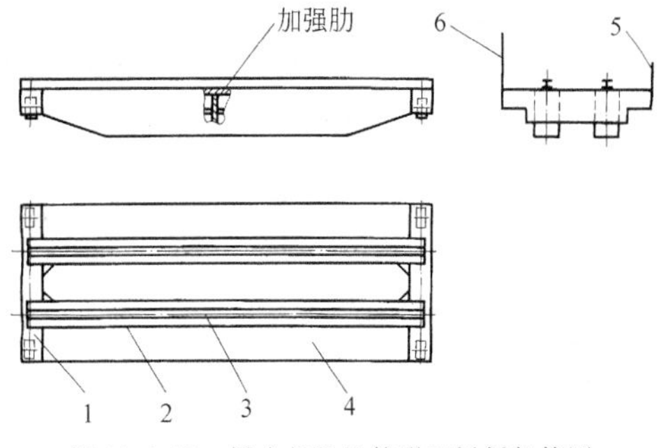

图 18.3-19　桥式起重机箱形双梁桥架简图
1—端梁　2—主梁　3—小车轨道
4—走台　5—安全栏杆　6—小车导电架

1）主梁。

① 主梁的组成。主梁是由上、下两块翼缘板和与翼缘板相垂直的两块腹板所组成的焊接板梁结构（其截面为空心矩形）。这种结构具有强度高、综合刚性好，制作和维修方便，外形美观等一系列优点，因而得到广泛和持久的采用。为减轻主梁重量，按等强设计主梁，其纵向应做成抛物线形，但制造困难。故用折线代替抛物线，这样一来，主梁纵向中间部位成长方形，两端则做成梯形。根据强度和刚度方面的需要，在主梁上布置有一定数量的加强肋（见图 18.3-19）。

② 主梁的形式。按轨道在主梁上翼缘板铺设的位置不同，主梁可分为正轨箱形主梁、半偏轨箱形主梁及全偏轨箱形主梁。表18.3-19列出了这三种形式的主梁各自的特点。

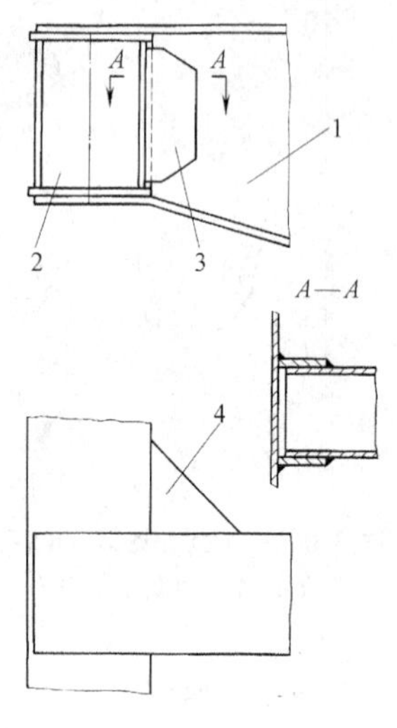

图18.3-20　连接板焊接式
1—主梁　2—端梁　3—连接板　4—三角板

2）端梁。端梁有拼接式和整体式两种，它们之间的特点比较及结构见表18.3-20。

3）主梁与端梁的连接。主梁与端梁的连接形式有焊接与螺栓连接两种。图18.3-20所示为焊接连接的形式，端梁被套装在主梁的翼缘板内，主梁的两侧腹板由连接板3焊在端梁腹板上，翼缘板则用三角板4焊接在一起，形成桥架水平面内的刚性连接。图18.3-21所示为螺栓连接的形式，它用承载凸缘和螺栓将主梁与端梁连接起来，由承载凸缘支承垂直剪力，连接处的弯矩由螺栓承担。

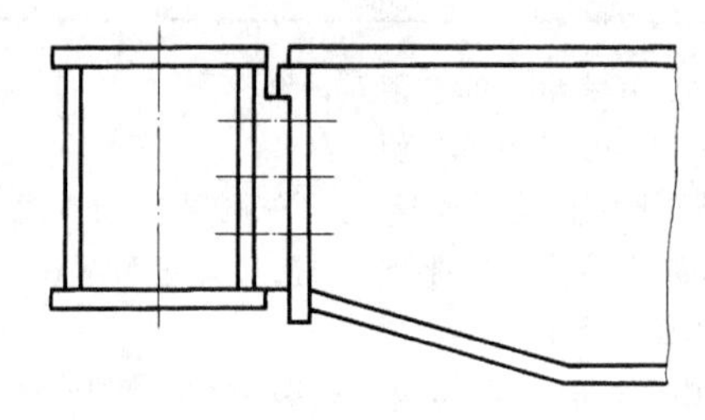

图18.3-21　凸缘法兰和螺栓连接式

表18.3-19　正轨箱形主梁、全偏轨箱形主梁及半偏轨箱形主梁特点比较

主梁形式	特　　点	图　　示
正轨箱形主梁	正轨箱形主梁的轨道铺设在上翼缘板的正中间(见图a),小车载荷依靠上翼缘板及加强肋来传递。当轮压作用在加强肋间距中央的轨道上时,轨道下挠迫使上翼缘板发生局部弯曲变形。为减少局部变形,必须加大上翼缘板的厚度,这样将导致上翼缘板过厚,使主梁自重增加。上翼缘板过厚也给上翼缘与薄腹板焊接时带来工艺上的困难 正轨箱形主梁焊缝较多,制造中变形较大。在大跨度、高速度运行时,桥架的水平刚性差 可采用自动焊接,生产率高	a)
全偏轨箱形主梁	全偏轨箱形主梁上的轨道安装在上翼缘板边缘、主腹板的顶点(见图b)。这种做法实际上是将支承小车轨道的形式改变了,即由连续梁支承改为弹性梁支承。由此带来了一系列好处:减少了桥架的辅助构件,随之而来的是焊缝数量少及焊接变形小,从而有利于提高主梁的制造质量和生产率 全偏轨箱形主梁分为窄箱型和宽箱型两种,窄箱型偏轨主梁高宽比与正轨箱形主梁接近,宽箱型主梁的高宽比约为1.2~1.6 宽箱型主梁可增加桥架的水平刚度,当加宽上翼缘板时还可兼作走台用,在起重量较大时($Q \geqslant 50t$),主梁内还可安装大车运行机构及电气设备	b)
	全偏轨箱形主梁的两腹板厚度不等,正对着上面轨道的腹板厚,称为主腹板;另一腹板比主腹板薄,并称为副腹板。考虑通风、散热、维修和减轻重量等因素,在副腹板上开设一系列的带镶边的矩形孔(称为空腹),无孔者称为实腹。空腹箱形梁桥架适用于大起重量的冶金起重机等。实际中,实腹箱形梁桥架用得较多(见图c)	c)

（续）

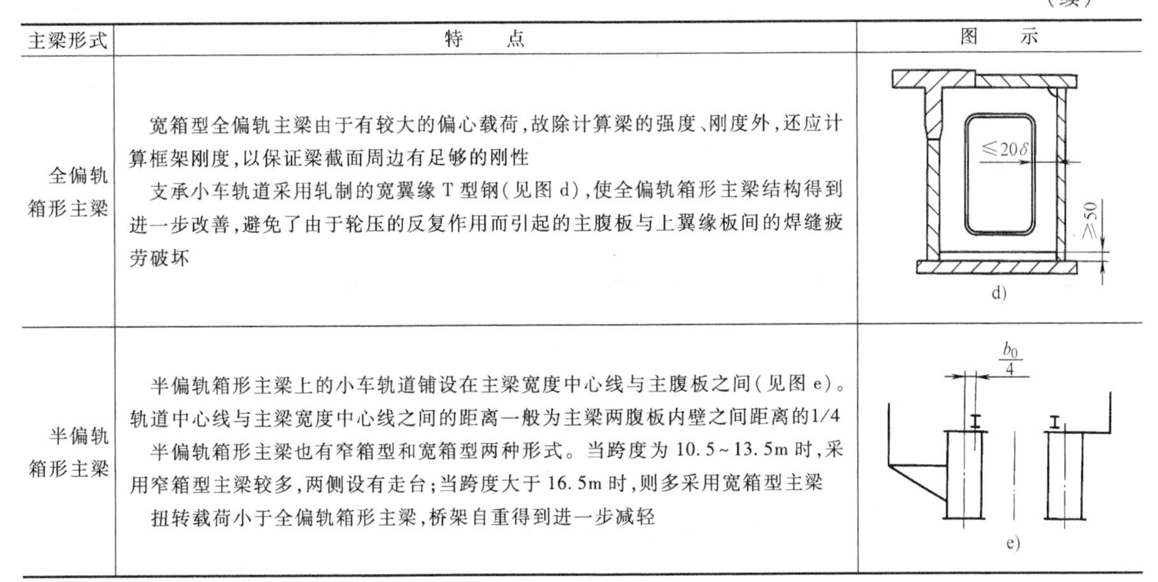

主梁形式	特点	图示
全偏轨箱形主梁	宽箱型全偏轨主梁由于有较大的偏心载荷，故除计算梁的强度、刚度外，还应计算框架刚度，以保证梁截面周边有足够的刚性 支承小车轨道采用轧制的宽翼缘 T 型钢（见图 d），使全偏轨箱形主梁结构得到进一步改善，避免了由于轮压的反复作用而引起的主腹板与上翼缘板间的焊缝疲劳破坏	≤20δ ≥50 d)
半偏轨箱形主梁	半偏轨箱形主梁上的小车轨道铺设在主梁宽度中心线与主腹板之间（见图 e）。轨道中心线与主梁宽度中心线之间的距离一般为主梁两腹板内壁之间距离的1/4 半偏轨箱形主梁也有窄箱型和宽箱型两种形式。当跨度为 10.5～13.5m 时，采用窄箱型主梁较多，两侧设有走台；当跨度大于 16.5m 时，则多采用宽箱型主梁 扭转载荷小于全偏轨箱形主梁，桥架自重得到进一步减轻	$\frac{b_0}{4}$ e)

表 18.3-20 拼接式端梁与整体式端梁结构特点比较

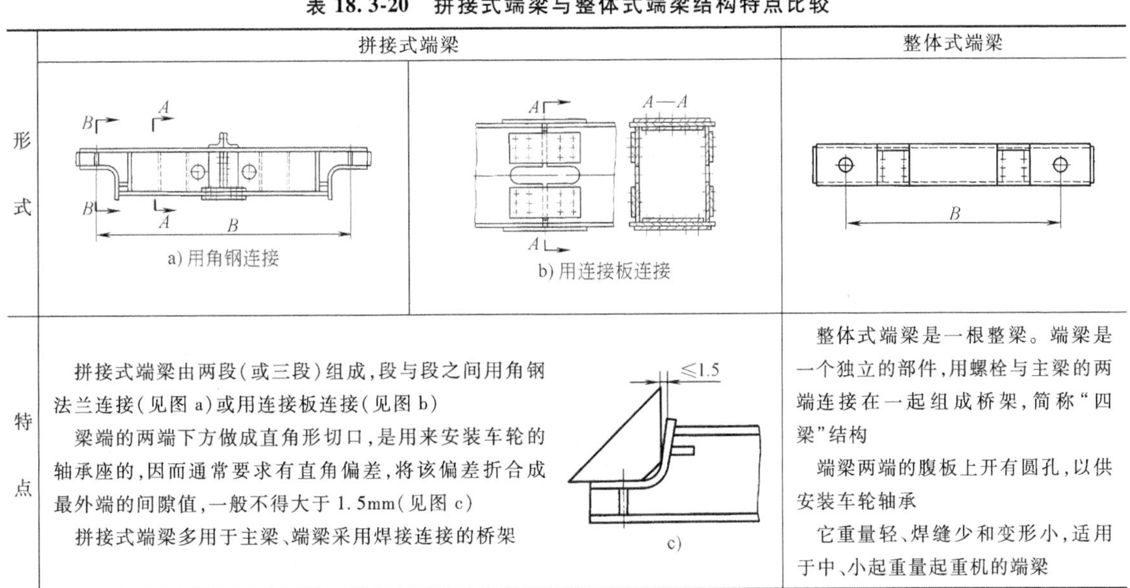

	拼接式端梁		整体式端梁
形式	B A B A B a) 用角钢连接	A A—A A b) 用连接板连接	B
特点	拼接式端梁由两段（或三段）组成，段与段之间用角钢法兰连接（见图 a）或用连接板连接（见图 b） 梁端的两端下方做成直角形切口，是用来安装车轮的轴承座的，因而通常要求有直角偏差，将该偏差折合成最外端的间隙值，一般不得大于 1.5mm（见图 c） 拼接式端梁多用于主梁、端梁采用焊接连接的桥架	≤1.5 c)	整体式端梁是一根整梁。端梁是一个独立的部件，用螺栓与主梁的两端连接在一起组成桥架，简称“四梁”结构 端梁两端的腹板上开有圆孔，以供安装车轮轴承 它重量轻、焊缝少和变形小，适用于中、小起重量起重机的端梁

（2）桥架结构尺寸

表 18.3-21 中列出了桥架的结构尺寸，可供初步拟定尺寸用，在此基础上进行梁的强度、刚度等方面的验算，并修改初拟的桥架结构尺寸，直至满足要求为止。

表 18.3-21 桥架的结构尺寸

桥架的总体尺寸	跨度 L	根据用户要求确定。桥架的两根端梁的距离取决于桥架的跨度大小	H_2 d d L K B
	大车轮距 B	$B=\left(\frac{1}{5}\sim\frac{1}{7}\right)L$	
	小车轨距 K	由起重小车决定。桥架的两根主梁的间距取决于起重小车的轨距及主梁形式	

（续）

<table>
<tr>
<td rowspan="8">主梁的结构尺寸</td>
<td>主梁在跨度中部的高度 h</td>
<td>$$h=\left(\frac{1}{14}\sim\frac{1}{17}\right)L$$
式中　L—主梁跨度
小跨度时取较大值，大跨度时应取较小值。当具有相同跨度的主梁时，起重量大的梁的高度应大于起重量小的梁的高度</td>
<td rowspan="8"> 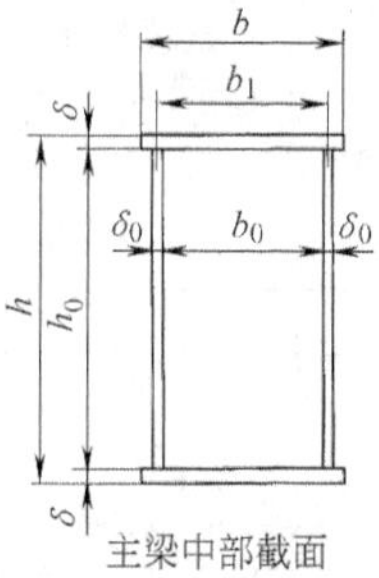主梁中部截面</td>
</tr>
<tr>
<td>主梁宽度（主梁两腹板内壁之间的距离）b_0</td>
<td>1）正轨箱形主梁
通常 $b_0\geqslant\frac{h}{3}$，且 $b_0\geqslant\left(\frac{1}{50}\sim\frac{1}{60}\right)L$
按工艺要求两腹板内壁之间的最小间距约为300mm，而且此时梁高不宜超过650mm
2）全偏轨箱形主梁
窄箱型时（适用于小起重量），$b_0=(0.4\sim0.5)h$
宽箱型时（适用于大起重量），$b_0=(0.6\sim0.8)h$</td>
</tr>
<tr>
<td>上下翼缘板总宽度 b</td>
<td>$$b=b_0+2\delta_0+20\text{mm}（焊条电弧焊）$$
$$b=b_0+2\delta_0+40\text{mm}（自动焊）$$
对于全偏轨箱形主梁，其上、下翼缘板的宽度应取不同值。由于要铺设轨道，上翼缘板应比下翼缘板宽70～80mm</td>
</tr>
<tr>
<td>主梁翼缘板厚度 δ</td>
<td>主梁上、下翼缘板的厚度 δ 常取相等，但也可取不等值。一般 $\delta=6\sim12\text{mm}$，当大起重量时，则可取 $\delta=16\sim40\text{mm}$
正轨箱形主梁翼缘板厚度的推荐值见下表：
正轨箱形主梁翼缘板厚度 δ 的推荐值
<table><tr><td>起重量 m_0/t</td><td>5、8</td><td>16、20</td><td>32</td><td>50</td></tr><tr><td>翼缘板厚度 δ/mm</td><td>8、10</td><td>10、12</td><td>12～14</td><td>16～22</td></tr></table>按局部稳定条件，正轨箱形主梁上翼缘板的厚度一般为
$$\delta\geqslant\frac{b_0}{50}\sqrt{\frac{\sigma_s}{240}}$$
翼缘板的厚度不宜小于6mm</td>
</tr>
<tr>
<td>主梁腹板厚度 δ_0</td>
<td>1）正轨箱形主梁的两腹板厚度一般取值相等。腹板厚度的推荐值见下表：
正轨箱形主梁腹板厚度 δ_0 推荐值
<table><tr><td>起重量 m_0/t</td><td>5～30</td><td>>30～75</td><td>>75～125</td></tr><tr><td>腹板厚度 δ_0/mm</td><td>6</td><td>7～8</td><td>8～10</td></tr></table>2）全偏轨箱形主梁的主腹板厚度应大于副腹板。如果局部稳定性许可，主腹板厚度可取6～12mm，副腹板厚度为主腹板的0.7～0.8倍，但不应小于6mm</td>
</tr>
<tr>
<td>主梁在端梁连接处的高度 H_1</td>
<td>$$H_1=(0.4\sim0.6)h$$
当跨度较大、起重量较小时，H_1 取较小值（对照图18.3-22）</td>
</tr>
<tr>
<td>主梁两端部变截面（即梯形部分）的长度 d</td>
<td>$$d=\left(\frac{1}{5}\sim\frac{1}{10}\right)L$$
一般 $d=2\sim3\text{m}$</td>
</tr>
<tr>
<td colspan="2"></td>
</tr>
<tr>
<td rowspan="5">端梁结构尺寸</td>
<td>端梁高度 H_2</td>
<td>$$H_2\approx\frac{1}{2}h$$</td>
<td rowspan="5"> 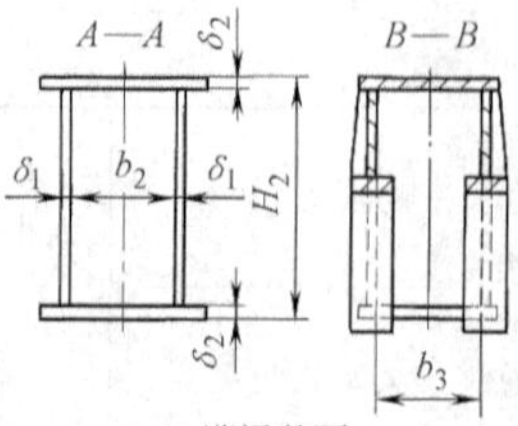端梁截面
（对照表18.3-20中拼接式端梁图）</td>
</tr>
<tr>
<td>端梁中段宽度 b_2</td>
<td>对于中小起重量：
$$b_2=b_3$$</td>
</tr>
<tr>
<td>端梁支承车轮处宽度 b_3</td>
<td>由所选用的大车车轮组尺寸确定</td>
</tr>
<tr>
<td>端梁翼缘板厚 δ_2</td>
<td>$$\delta_2=6\sim10\text{mm}（常用）$$</td>
</tr>
<tr>
<td>端梁腹板厚 δ_1</td>
<td>$$\delta_1=6\sim8\text{mm}（常用）$$</td>
</tr>
</table>

注：走台宽一般可取1～1.6m；栏杆高度1.05m；小车导电架高度1.5m以上。

（3）桥架钢材的选用

桥架钢材的选用应从结构的重要性、载荷特征、应力状态、工作条件、环境（如工作环境温度）、钢材厚度、材料的焊接性及价格等诸方面综合考虑。桥架常用材料主要是碳素结构钢及低合金结构钢，即宜采用力学性能不低于 GB/T 700 中的 Q235 钢和 GB/T 699 中的 20 钢。当桥架需用高强度钢材时，则可采用力学性能不低于 GB/T 1591 中的 Q345 钢。

以下情况不应采用沸腾钢：①直接承受动载荷且需要计算疲劳的焊接结构；②工作环境温度低于-20℃时的直接承受动载荷，以及受拉、受弯的重要承载焊接结构；③工作环境温度等于或低于-20℃的直接承受动载荷，且需要计算疲劳的非焊接结构；④工作环境温度等于或低于-30℃的所有承载焊接结构。

（4）加强肋

为减轻主梁重量、充分发挥材料的作用和获得较大的抗弯刚度，在主梁的设计中，使靠近截面中性轴的材料远离中性轴，其结果导致腹板被设计得很薄（一般腹板的高度为其厚度的 200 倍以上）、主梁则近似薄壁结构。为此，在主梁的设计与计算中，腹板及翼缘板的局部稳定性为主要考虑问题之一。

为防止腹板与翼缘板的局部失稳以及传递载荷实现力流平顺过渡，在主梁上设置了各种加强肋，图 18.3-22 所示为正轨箱形主梁的布肋简图。根据不同情况在梁端上也设置少量的加强肋（见表 18.3-20）。

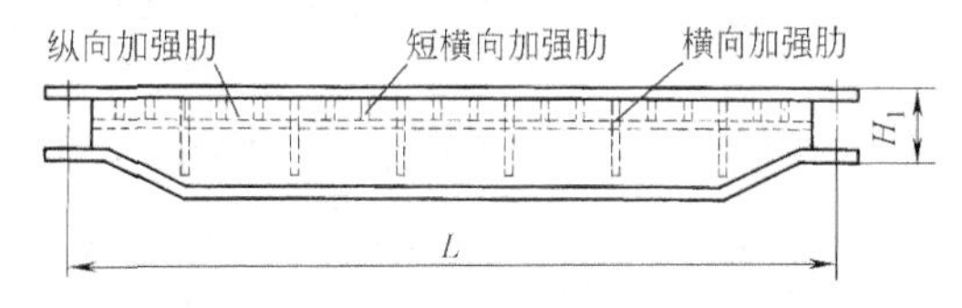

图 18.3-22　正轨箱形主梁的布肋简图

布肋的大体做法是：首先根据经验初步在翼缘板和腹板上布肋，然后再对翼缘板及腹板进行局部稳定性验算，最后确定加强肋的设置及布置尺寸。

表 18.3-22 中列出了为提高腹板及翼缘板的局部稳定性，布置加强肋的一般原则，供布肋时参考。

表 18.3-22　翼缘板及腹板上布置加强肋的一般原则

（1）翼缘板上布肋

$\frac{b_1}{\delta}\left(\frac{腹板中心距\ b_1}{受压翼缘板厚度\ \delta}\right)$	加强肋的设置
$\frac{b_1}{\delta}\leqslant 60(50)$ 括号外数字用于 Q235 钢，括号内的数字用于 Q345 钢，以下均同	不用设置任何加强肋 $b_c\leqslant(12\sim15)\delta$ $b_1\leqslant(50\sim60)\delta$ $\geqslant300$
$\frac{b_1}{\delta}>60(50)$	在两翼缘板内侧设置一条或多条纵向加强肋，使所划分出来的区格宽度 C 不大于 $60(50)\delta$，$C=\frac{b_1}{n}$， n—被分隔的区格数 $\frac{l}{k}\leqslant\frac{15(Q235)}{12(Q345)}$

（2）腹板上布肋

$\frac{h_0}{\delta_0}\left(\frac{腹板高}{腹板厚}\right)$	加强肋的设置
$\frac{h_0}{\delta_0}\leqslant 80(65)$	可不设置任何加强肋，便可保证腹板的局部稳定性，因此只需按构造配置横向加强肋 对于正轨箱形主梁，考虑支承小车轨道及上翼缘板的局部弯曲应力，通常沿全长设置短横向加强肋，其间距一般不大于 750mm，高度约为 $0.3h_0$
$80(65)<\frac{h_0}{\delta_0}\leqslant 160(130)$	在梁全长内需设置横向加强肋，其间距 a 一般为 $0.5h_0<a\leqslant 2h_0$。在靠近梁端处两块横向加强肋间的距离 $a\approx h_0$，在跨中取 $a=(1.5\sim2)h_0$，但 $a\ngtr 2\text{m}$。为便于制造，通常等间距配置，这时取 $a=(1\sim1.5)h_0$ 一般应进行区格稳定性验算 对于正轨箱形主梁，由小车轨道及翼缘板的局部弯曲应力条件决定，通常沿梁长设置短横向加强肋，其间距 $a_1\approx0.3h_0$ a_1　a_1　$0.3h_0$　δ_0　h_0　a　$\geqslant50$

（续）

(2)腹板上布肋			
$160(130)<\dfrac{h_0}{\delta_0}\leqslant 240(200)$	在腹板受压区设置一条纵向加强肋，其位置在距腹板受压边 $h_1=\left(\dfrac{1}{5}\sim\dfrac{1}{4}\right)h_0$ 处 同时还在梁全长内设置横向加强肋，其间距 $a\leqslant 2h_2$，$h_2=h_0-h_1$ 在设置横向及纵向加强肋后，腹板被分隔成上、下两个区格（Ⅰ和Ⅱ），应分别验算这两个区格的稳定性，通常只验算上区格的稳定性 对于全偏轨箱形主梁，当验算不合格时，可在上区格配置短横向加强肋，其间距 $a_1\leqslant 60\delta\sqrt{\dfrac{235}{\sigma_s}}$（$\sigma_s$ 为钢材的屈服极限） 对于正轨箱形主梁，沿梁全长设置短横向加强肋 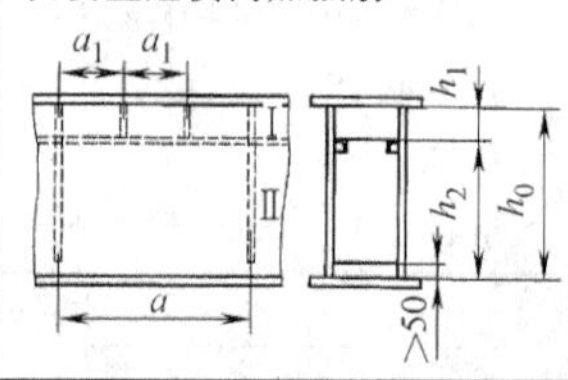	$240(200)<\dfrac{h_0}{\delta_0}\leqslant 320(260)$	在腹板受压区设置两条纵向加强肋，第一条设置在距腹板受压边缘 $(0.15\sim 0.2)h_0$ 处，第二条设置在距腹板压边缘为 $(0.3\sim 0.4)h_0$ 处；同时在梁的全长内设置横向加强肋，其间距 $a\leqslant 2h_3$，h_3 为第二条纵向加强肋与腹板受拉边缘的高度（见下图） 这时，腹板被分割成3个区格（Ⅰ、Ⅱ及Ⅲ），通常只验算腹板最上区格（Ⅰ区格）的稳定性。对于全偏轨箱形主梁，当稳定性验算不合格时，可在上区格两横向加强肋间设置短横向加强肋。这时形成的小区格不需再验算 对于正轨箱形主梁，沿全长还应设置短横向加强肋 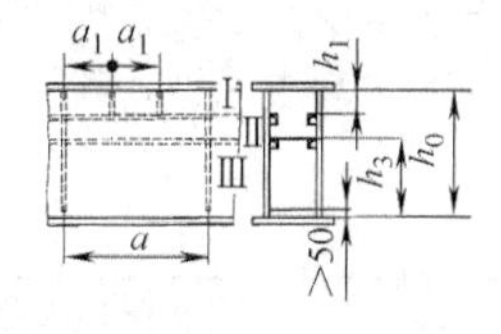

注：1. 对于全偏轨箱形主梁，为保证上翼缘板悬伸部分的局部稳定性，需沿梁全长设置横向三角加强肋，其间距常为400~600mm。

2. 横向加强肋多用钢板制成，也可采用扁钢或角钢拼焊而成；纵向加强肋多用角钢、板条或槽钢制成。下图是用槽钢作为加强肋的例子，其中图a用于起重量大于50t全偏轨宽箱形主梁；图b用于起重量小于50t全偏轨窄箱形主梁（图上尺寸仅供参考）

3. 横向加强肋的厚度常为5~10mm，其平面尺寸与截面的净空间尺寸相等，为减轻重量还常将其中间部分开孔。当全偏轨箱形主梁承受有很大的偏心载荷时，为保证截面周边有足够的刚性，可将横向加强肋做成中空的横向框架结构，即所谓刚周边假定。这时开孔周边须镶边（见表18.3-23）

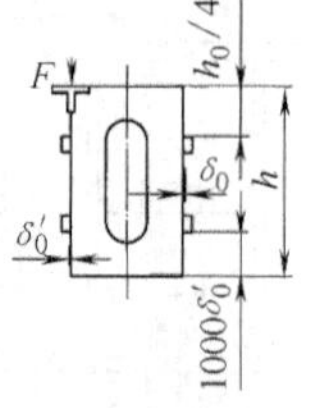

a) 全偏轨宽箱形主梁

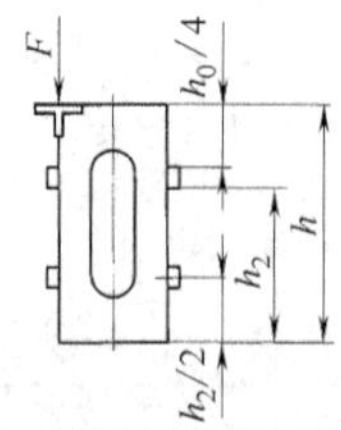

b) 全偏轨窄箱形主梁

4. 为保证有足够的抗弯刚度，纵向加强肋的截面二次矩应满足：

① 当同时设有横向加强肋和纵向加强肋时，腹板纵向加强肋所需的截面二次矩，按比值 h_1/h_0 确定

当 $h_1/h_0=0.2$ 时，$I_z=\left(2.5-0.5\dfrac{a}{h_0}\right)\dfrac{a^2\delta_0^3}{h_0}$；

当 $h_1/h_0=0.25$ 时，$I_z=\left(1.5-0.4\dfrac{a}{h_0}\right)\dfrac{a^2\delta_0^3}{h_0}$；

当 $h_1/h_0=0.3$ 时，$I_z=1.5h_0\delta^3$。

式中　a—横向加强肋间距；
h_0—腹板高度；
δ_0—腹板厚度。

② 宽翼缘板纵向加强肋的截面对翼缘板厚中心线的截面二次矩，应满足下两公式中的其中之一

$$I_z\geqslant m\left(0.64+0.09\frac{a}{b_0}\right)\frac{a^2}{b_0}\delta^3$$

$$I_z\geqslant 0.8m\frac{a^2}{b_0}\delta^3$$

式中　m—翼缘板宽度内纵向加强肋数目；
a—横向加强肋间距；
b_0—两腹板间净距；
δ—翼缘板厚度。

（5）主梁焊缝设计

1）主梁的翼缘焊缝设计及加强肋的焊接（梁的翼缘板与腹板的连接焊缝称为翼缘焊缝）。

① 正轨箱形主梁的焊接。正轨箱形主梁的翼缘焊缝采用连续角焊缝。主梁的横向加强肋和短加强肋起支承小车轨道的作用，故它们的上端应刨平并顶紧上翼板焊接，其轨道支承面下的传力焊缝长度不应小于轨道支承宽度的 1.4 倍，且应双面施焊。横向加强肋两侧与腹板的连接焊缝，在受压区为连续角焊缝，下部可采用双面交错或单面断续焊缝。近年来为减小腹板的焊接变形，下部较多采用小焊脚尺寸的连续焊缝。

横向加强肋与受拉翼缘板不焊，留有 50mm 间隙，如图 18.3-23 中所示。

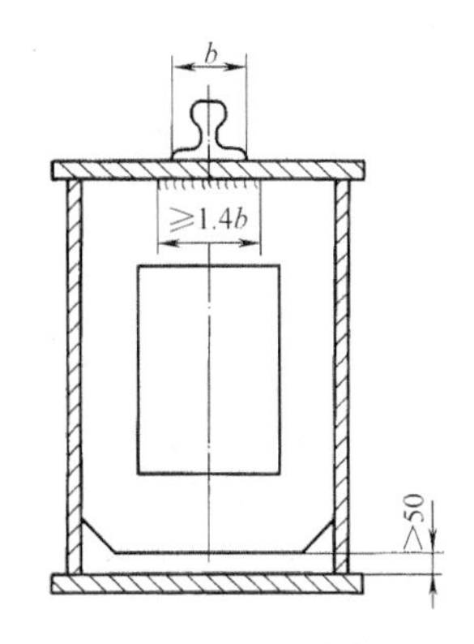

图 18.3-23　正轨箱形主梁横向加强肋的焊接

② 全偏轨箱形主梁的焊缝设计（见表 18.3-23）。

表 18.3-23　全偏轨箱形主梁的焊缝设计

（1）翼缘焊缝设计

焊缝位置及类型	起重机工作级别	坡口及焊缝要求
上翼缘板与主腹板间的承轨角焊缝	A1～A2 级	主腹板厚度 $\delta_0 \leqslant 10$mm，采用双面角焊缝，焊缝高 $\geqslant 0.7\delta_0$，允许外侧为 $0.8\delta_0$，内侧为 $0.6\delta_0$
	A3～A5 级	主腹板厚度 $\delta_0 \leqslant 10$mm，采用单坡口封底焊，为减小变形，坡口开在腹板内侧。$p=2$mm 当主腹板厚度 $\delta_0 \geqslant 12$mm 时，采用双面坡口焊缝，$p=2$mm
	A6～A8 级	当主腹板厚度 $\delta_0 \geqslant 12$mm 时，采用双面坡口熔透角焊缝，并用深熔焊或清根以保证根部熔透
主腹板与下翼缘板间的角焊缝	A1～A2 级	当主腹板厚度 $\delta_0 \leqslant 10$mm 时，采用双面角焊缝，焊缝高 $\geqslant 0.7\delta_0$
	A3～A8 级	当主腹板厚度 $\delta_0 \geqslant 10$mm 时，采用单面坡口封底焊缝坡口开在腹板外侧
副腹板与上、下翼缘板间的角焊缝	A1～A5 级	当副腹板厚度 $\delta_0 \leqslant 10$mm 时，采用双面角焊缝，焊缝高为 $0.7\delta_0$，外侧可以为 $0.8\delta_0$，内侧为 $0.6\delta_0$
	A6～A8 级	当副腹板厚度 $\delta_0 \geqslant 10$mm 时，采用外侧开坡口，内侧角焊缝

（2）带 T 型钢时的焊缝

1）翼缘焊缝（见图 a）
2）T 型钢腹板与主腹板间采用 K 形坡口对接焊缝，坡口开在 T 型钢上
3）T 型钢翼缘板与上翼缘板间采用对接焊缝，内侧采用单边 V 形坡口，外侧采用贴角焊

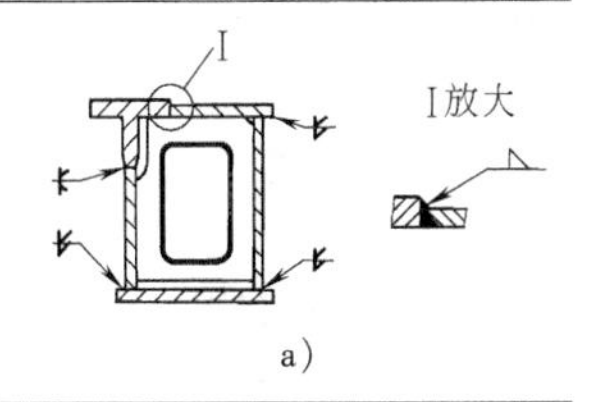

a)

（3）横向加强肋的焊接

焊缝位置	焊缝要求	图示
与受压翼缘板（上翼缘板）间的焊接	采用双面连续角焊缝（见图 b）	b)
与受拉翼缘板（下翼缘板）间的焊接	横向加强肋的下端不应直接焊在受拉翼缘板上，一般应在距离受拉翼缘板内侧表面不小于 50mm 处断开。为增强梁的抗扭刚度，可把横向加强肋下端焊在加设的垫板上，再用纵向焊缝将垫板焊在受拉翼缘板上（见图 c）	
与主、副腹板的焊接	采用双面连续角焊缝	

（续）

（3）横向加强肋的焊接		
焊缝位置	焊缝要求	图示
中间孔镶边焊	采用周边双面连续贴角焊缝（见图b）	A A A—A c)
与T型钢的焊接	1）对于小尺寸T型钢，可采用熔透双面角焊缝（见图b） 2）对于厚度较大的T型钢腹板，为防止焊缝裂开，而将横向加强肋切去一部分，不焊接（见图a）	

2）拼接翼缘板与拼接腹板的焊接。对于大跨度和大吨位起重机主梁的翼缘板和腹板，由于受到板材的规格限制，需要进行拼接，拼接的方式如图18.3-24所示，图18.3-24a所示为拼接翼缘板及拼接腹板的排列方式；图18.3-24b所示为具有T型钢主梁拼接腹板的排列方式。

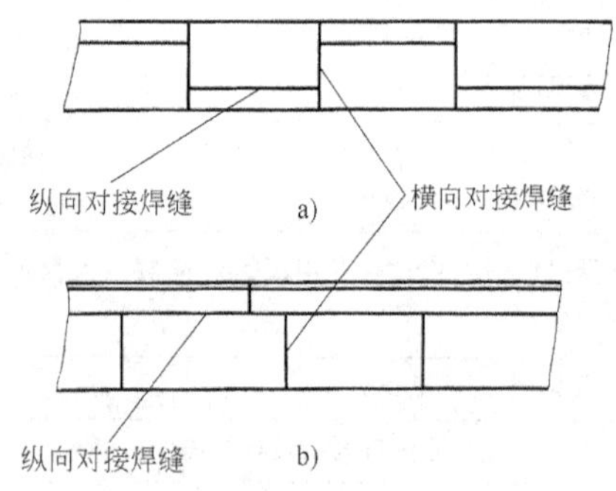

图18.3-24 拼接翼缘板及拼接腹板的排列方式
a）拼接翼缘板及拼接腹板的排列方式
b）具有T型钢主梁的拼接腹板的排列方式

拼接焊缝均采用无盖板的对接焊缝。当板厚>14mm时，接头坡口采用双面坡口；当板厚≤14mm时，可不用开坡口，采用双面深熔埋弧焊即可。

对焊缝位置的要求：

① 焊缝位置尽可能放置在内弯矩和剪力较小之处。

② 翼缘板和腹板的对接焊缝不允许位于同一截面上，其间距不小于200mm。

③ 翼缘板和腹板的横向焊缝还应与横向加强肋及短横向加强肋的焊缝错开，相对于横向加强肋的焊缝错开距离应大于200mm，相对于短横向加强肋的焊缝应大于50mm。

3）焊缝的许用应力。焊缝应具有与母材同等的综合力学性能。焊缝的许用应力由焊接条件、焊接方法和焊缝质量分级等因素确定，见表18.3-24。

（6）通用桥式起重机桥架的技术要求（见表18.3-25）

表18.3-24 焊缝的许用应力（摘自GB/T 3811—2008）

（N/mm^2）

焊缝形式			纵向拉、压许用应力[σ_h]	剪切许用应力[τ_h]
对接焊缝	质量分级	B级	[σ]	[σ]/$\sqrt{2}$
		C级		
		D级	0.8[σ]	0.8[σ]/$\sqrt{2}$
角焊缝	自动焊、焊条电弧焊			[σ]/$\sqrt{2}$

注：1. 焊缝质量分级按GB/T 19418的规定。
2. 表中［σ］为母材的基本许用应力：当为载荷组合A时，［σ］$=R_{eL}/1.48$；当为载荷组合B时，［σ］$=R_{eL}/1.34$；当为载荷组合C时，［σ］$=R_{eL}/1.22$。R_{eL}应根据钢材厚度选取，见GB/T 700及GB/T 1591。
3. 施工条件较差的焊缝或受横向载荷的焊缝，表中焊缝许用应力宜适当降低。

表18.3-25 通用桥式起重机桥架的技术要求

项目	技术要求	项目	技术要求
起重机跨度L的极限偏差ΔL	1）对分离式端梁并镗孔直接安装车轮的结构： 当L≤10m时，$\Delta L=\pm 2$mm 当L>10m时， $\Delta L=\pm[2+0.1(L-10)]$ 对单侧装有水平导向轮的起重机，ΔL可以为上述值的5倍。 2）对采用焊接连接的端梁及角形轴承箱装车轮的结构： $\Delta L=\pm 5$mm，且每对车轮跨度相对差不大于5mm	主梁和端梁焊接连接的桥架对角线差Δs	$\Delta s=\lvert s_1-s_2\rvert\leq 5$mm s_1 s_2 a）桥架对角线

（续）

项　　目	技 术 要 求
起重机轮距（B）偏差 ΔB	$\Delta B=\pm(3\sim5)$ mm
小车轮距（b）偏差	$\Delta b=\pm(2\sim3)$ mm
桥架组装后正轨箱形主梁及半偏轨箱形主梁中心线水平弯曲 f	$f\leqslant s_1/2000$ 式中　s_1—两端始于第一块横向加强肋的实测长度。在离上翼缘板约 100mm 的横向加强肋处测量 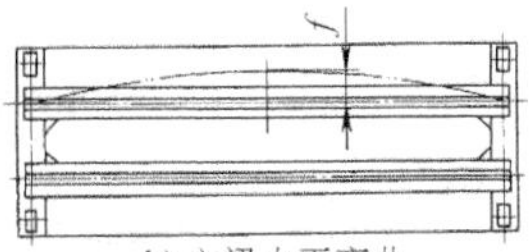 b) 主梁水平弯曲
全偏轨箱形主梁的小车轨道中心线对承轨腹板中心线位置偏移 g	当 $\delta\geqslant 12$mm 时，$g\leqslant\delta/2$ 当 $\delta<12$mm 时，$g\leqslant 6$mm δ—主腹板的厚度 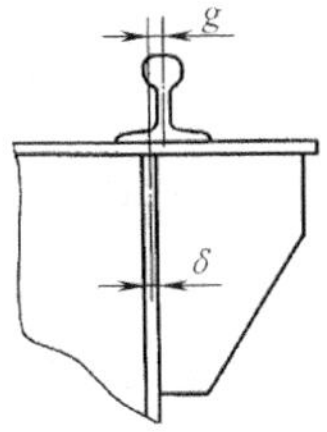 c) 小车轨道中心线对腹板中心线偏移
小车轨距（K）的极限偏差 ΔK	对起重量 $m_0\leqslant 50$t 的对称正轨箱形主梁及半偏轨箱形主梁： 在跨端处，$\Delta K\leqslant\pm 2$mm 在跨中处，当 $L\leqslant 19.5$m 时， $\Delta K\leqslant{}^{+5}_{+1}$mm； 当 $L>19.5$m 时，$\Delta K\leqslant{}^{+7}_{+1}$mm
同一截面上小车轨道高低差 Δh	当轨距 $K\leqslant 2$m 时，$\Delta h\leqslant 3$mm 当 $2\text{m}<K<6.6$m 时，$\Delta h\leqslant 0.0015K$ 当 $K\geqslant 6.6$m 时，$\Delta h\leqslant 10$mm 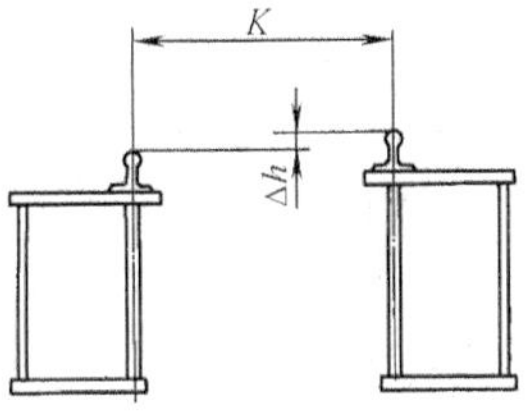 d) 同一截面小车轨道高低差
小车轨道接头处的安装偏差	1）接头处的偏差 接头处的高低差 d、头部间隙和侧向错位分别为 $d\leqslant 1$mm、$e\leqslant 2$mm 和 $f\leqslant 1$mm 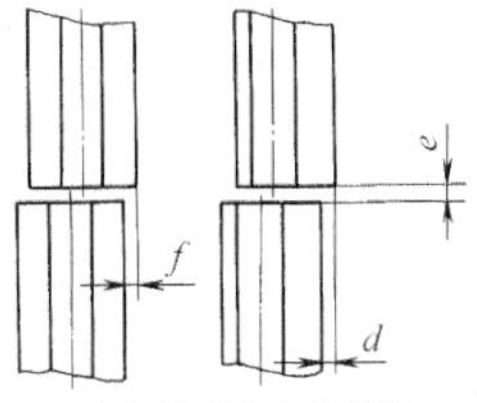 e) 小车轨道接头处偏差 2）对正轨箱形梁及半偏轨箱形梁，轨道接缝应放在横向加强肋上，公差不大于 15mm 3）两端最短一段轨道长应不小于 1.5m，并在端部加挡铁
大车轨道的安装偏差	1）大车轨道安装跨度偏差 ΔL 为 $\Delta L=\pm[3+0.25(L-10)]$ 式中　L—跨度（m） 2）大车轨道接头的高低差、侧向错位和接头间隙分别不应大于 1mm、2mm 和 4mm 3）轨道的纵向坡度应不大于 0.1%～0.2%
主梁腹板的局部平面度	以 1m 平尺检测，在离上翼缘板 $H/3$ 以内区域，局部平面度 $\leqslant 0.7\delta$；在其余区域，局部平面度 $\leqslant 1.2\delta$ δ—腹板厚度 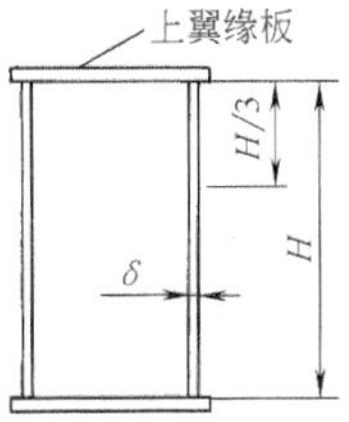 上翼缘板 f）主梁腹板局部平面度区域示意图
箱形主梁上翼缘板的水平偏斜 b	$b\leqslant B/200$ 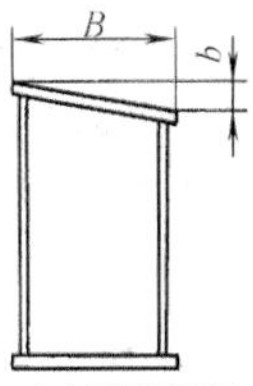 g) 上翼缘偏斜

（续）

项　目	技术要求	项　目	技术要求
箱形主梁腹板的垂直偏斜 h	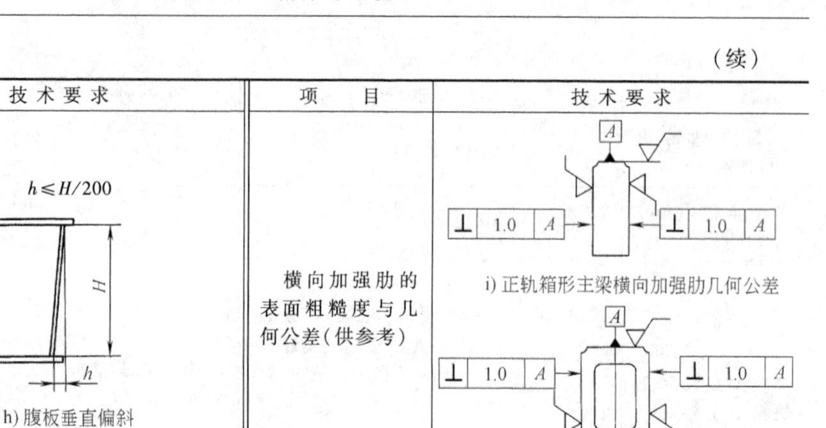 $h \leqslant H/200$ h）腹板垂直偏斜	横向加强肋的表面粗糙度与几何公差（供参考）	i）正轨箱形主梁横向加强肋几何公差 j）全偏轨箱形主梁横向加强肋几何公差

注：1. 小车轨道的侧向直线度应符合 GB/T 14405—2011 的规定要求。

2. 对焊缝质量的要求：a）焊缝外部检查，焊缝不允许有裂纹、烧穿、未熔合和未焊透和形状缺欠等；b）主梁的翼缘板和腹板的对接焊缝应进行无损探伤，并应符合 GB/T 3323—2005 中的Ⅱ级质量要求；c）焊缝坡口应符合 GB/T 985.1—2008 中的规定。

（7）箱形双梁桥架设计、计算主要内容及步骤

计算的原始数据：主要有起重量、跨度、工作级别、工作温度、起升高度、起升速度；小车的运行速度、质量和轮距；大车运行速度、运行机构的质量、工作条件（如在室内或在室外工作等）以及其他特殊要求。

设计、计算的主要内容及一般步骤：

① 确定主梁及端梁的形式。

② 初步拟定桥架的结构尺寸。主要包括大车轮距、主梁与端梁高度、主梁与端梁的截面尺寸以及其他结构尺寸。

③ 按布肋的一般原则布置加强肋。

④ 绘制桥架的结构简图（参照图 18.3-19 及表 18.3-21 中的简图及截面图）。

⑤ 载荷计算（应考虑冲击系数）。

⑥ 主梁及端梁的强度验算（对于正轨箱形主梁还应验算上翼缘板受轮压引起的双向弯曲作用时的折算应力）；拼接式端梁的拼接计算。

⑦ 对工作级别为 E 级及 E 级以上的桥架的主、端梁进行疲劳强度验算。

⑧ 主梁及端梁的稳定性验算。

⑨ 主、端梁的连接计算。

⑩ 刚度计算。

⑪ 主要焊缝的计算。

⑫ 拱度的确定。

有关桥架的计算方法详见 GB/T 3811—2008 起重机设计规范。

6　叉车门架的设计与计算

在装卸、搬运机械中，叉车得到了广泛的应用。叉车主要由动力装置、起重工作装置和底盘等三大部分所组成，起重工作装置是叉车进行装卸作业的执行机构（见图 18.3-25），其中的内、外门架是起重工作装置中的重要组成部分。

6.1　门架的结构

如图 18.3-25 所示，叉车门架由内、外门架所组成，内门架在起升液压缸的带动下，可在外门架内做升降运动，从而形成可伸缩的结构。内、外门架各有两根立柱，用横梁将立柱连接起来，形成框架式结构。门架一般用型钢焊接而成，如图18.3-26 所示。

（1）内、外门架立柱的截面形状及特性

门架立柱截面形状一般有工字形、槽形、L 形和 J 形等。由于门架立柱是门架的主要承载构件，因此选择合理的截面显得十分重要。表 18.3-26 列出了内、外门架立柱型钢截面特性对比，表 18.3-27 列出了槽形及 J 形截面的有关尺寸。

立柱型钢可采用热轧和热挤压工艺生产，大吨位叉车也可采用钢板焊接。

（2）内、外门架立柱截面组合形式及布置

内、外门架立柱截面组合形式有重叠式、并列式及综合式三种，组合形式的优缺点比较见表 18.3-28。

在门架的结构设计中，还要考虑叉车总体布局的需要，图 18.3-27 所示为三种三级门架截面布置方案，由于图 b 及图 c 中缩短了叉架至前桥的中心距离，从而减小了由货重引起的倾覆力矩，增加了叉车的稳定性，同时还可加强内、中门架的强度和刚度，因而优于图 a 中的布置方案。

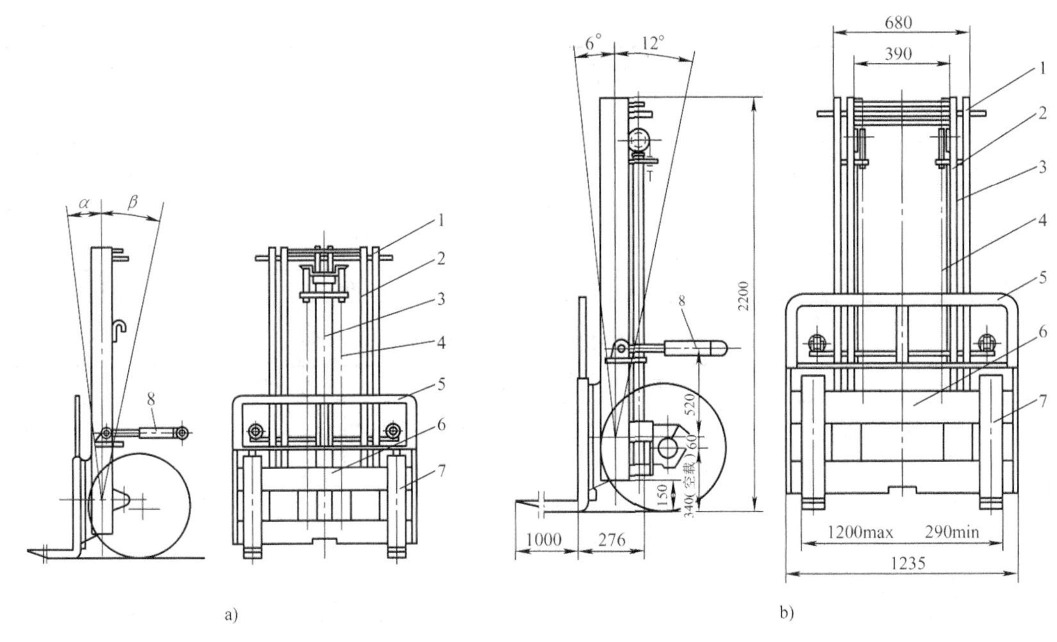

图 18.3-25 叉车的起重工作装置

a）普通型 b）宽视野型

1—外门架 2—内门架 3—起升液压缸 4—链条 5—挡货架 6—货叉架 7—货叉 8—倾斜液压缸

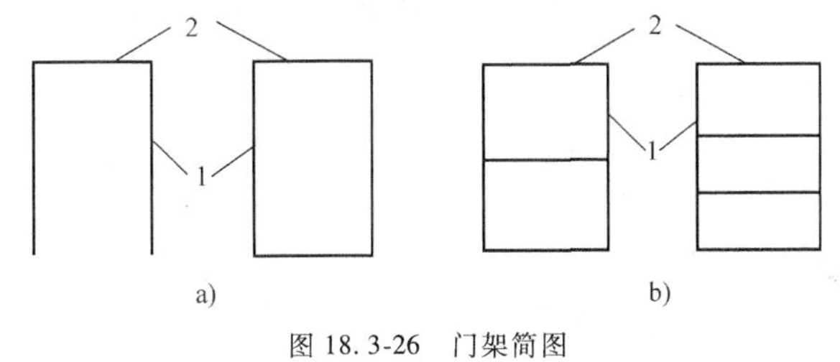

图 18.3-26 门架简图

a）内门架 b）外门架

1—立柱 2—横梁

表 18.3-26 内、外门架立柱型钢截面特性对比

立柱型钢截面	工字形	槽形	L形	J形
截面特性	抗弯、抗扭截面特性较好，工字形与 J 形相比，左下方多一条，因而质量较大	抗弯、抗扭截面特性较差，仅适用于叉车外门架立柱截面，可在外门架的上、中、下部位焊上加强横梁，使其整体强度、刚度得到提高	抗弯、抗扭截面特性比槽形截面好。滚轮压力作用点与槽形截面相比更接近截面弯曲中心 采用热挤压工艺成形	截面的抗弯、抗扭特性比槽形和 L 形都好。滚轮压力接近截面弯曲中心 采用热轧工艺成形，生产成本低

表 18.3-27 槽形及 J 形截面的有关尺寸

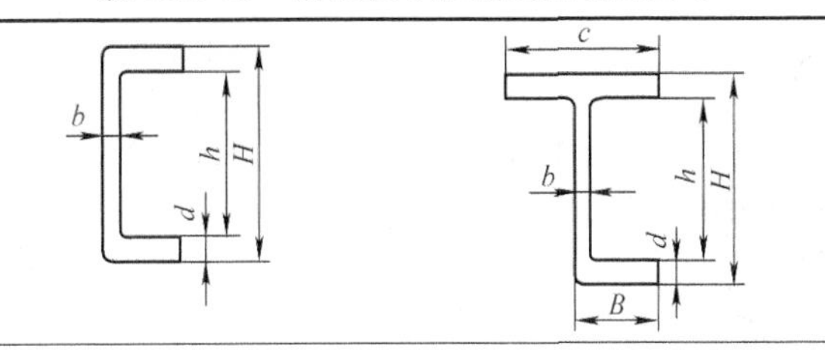

（续）

尺寸/mm	起重量/t					
	0.5~0.75	1~1.5	2~2.5	3~3.5	4~4.5	5~6
d	11	14	18	22	26	30
H	100	132	152	164	204	212
h	78	104	116	120	152	152
B	36	42	50	56	70	70
b	9	12	13	15	18	18
c	60	72	88	98	120	120

表 18.3-28　立柱的内、外门架截面组合形式

种类	重　叠　式	并　列　式	综　合　式			
组合形式			CI形	CJ形	CL形	Ⅱ形
特点	内、外门架叠合在一起，升降时内门架在外门架槽内滑动 视野好，刚性弱，不适用于起重量大的叉车	在内、外门架立柱间安装有滚轮，内门架相对外门架滚动，从而减少了升降时的阻力 内门架立柱截面增大不受外门架的限制。可用横梁来连接左右立柱，提高了刚性	立柱截面综合式组合是最为广泛采用的形式，尤其适合于多级门架 CJ形和CL形组合，其中槽钢为叉车专用厚翼缘薄腹板异型槽钢，而J形和L形截面具有较大的抗纵向和侧向弯曲及约束扭转的能力。另外，材料利用也合理			

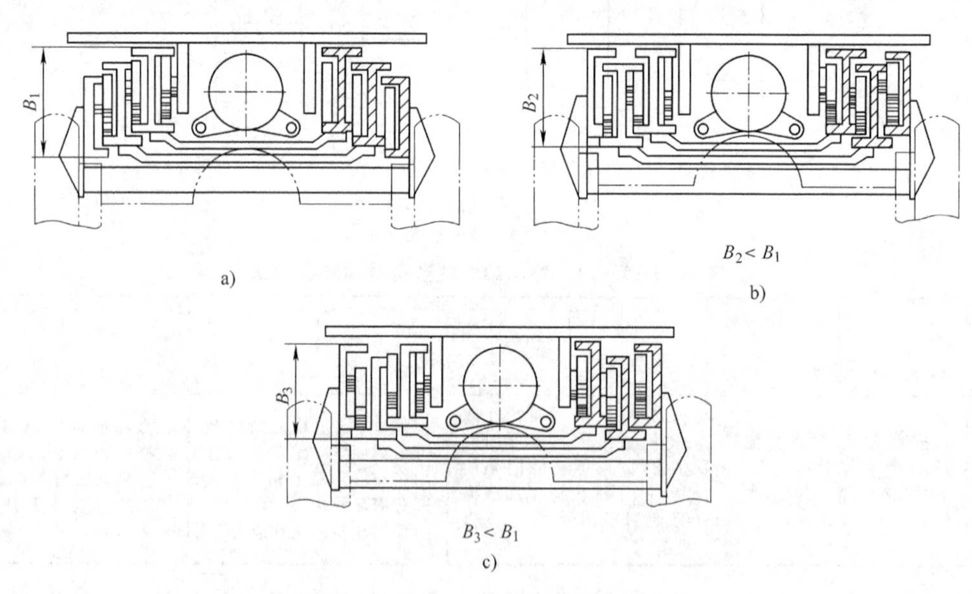

图 18.3-27　三种三级门架截面布置方案

6.2　叉车门架的强度计算

计算假定：不计横梁的影响，不考虑侧向力，左、右立柱在垂直于门架的平面内承受相同的整体弯曲作用。立柱按单根杆件计算。

门架的强度计算：将立柱看成独立的薄壁杆，在垂直门架平面内求其整体弯曲的正应力和翼缘局部弯曲产生的正应力，以及开口薄壁杆件约束扭转产生的正应力，而后验算应力合成的总应力。当滚轮压力较大时，还应计算接触应力。

叉车二级门架的强度计算见表 18.3-29。

表 18.3-29　叉车二级门架的强度计算

<table>
<tr><td colspan="2">(1)主滚轮压力计算</td></tr>
<tr><td>叉架主滚轮压力 F_1 及 F_2</td><td>

叉架主滚轮压力是叉架的支反力。参照图 a 及图 b,可求得货叉架主滚轮压力 F_1 及 F_2(在图 b 中对起重链条中心线上的 A 点取矩)

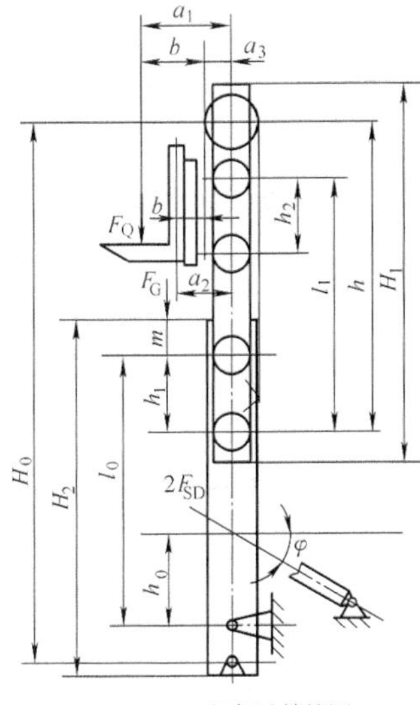

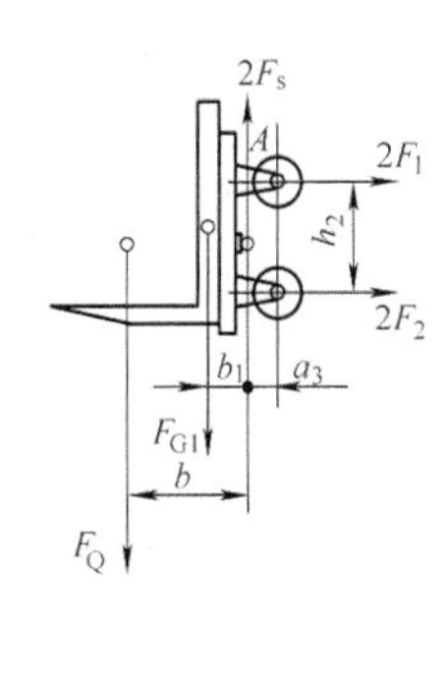

a) 门架计算简图　　b) 叉架主滚轮压力计算简图

$$F_1=F_2=\frac{k}{2h_2}(F_Q b+F_{G1}b_1)$$

式中　F_Q—额定起重量
F_{G1}—货叉及叉架自重
k—偏载系数;$k=1.1\sim1.3$,仅焊接叉架考虑偏载系数,铸造叉架可不考虑
b、b_1—货物重心和叉架重心至起重链条前分支中心线的水平距离
h_2—叉架的上、下主滚轮中心距

</td></tr>
<tr><td>门架主滚轮压力 F_3 及 F_4</td><td>

根据图 a 及图 c,并对图 c 中的 O 点取矩,可求得门架主滚轮压力 F_3

$$F_3=\frac{k}{2h_1}[F_Q a_1+F_{G1}a_2-2F_0(H_0-h)]$$

则 $$F_4=F_3-\frac{2F_0}{2}=\frac{k}{2h_1}[F_Q a_1+F_{G1}a_2-2F_0(H_0-h+h_1)]$$

式中　$2F_0$—当链条一端固定在起升液压缸筒上时产生的横向力。$2F_0$ 通过横梁的作用传到左、右立柱上(见图 d)。当链条改为固定在外门架横梁上时,则 $2F_0=0$

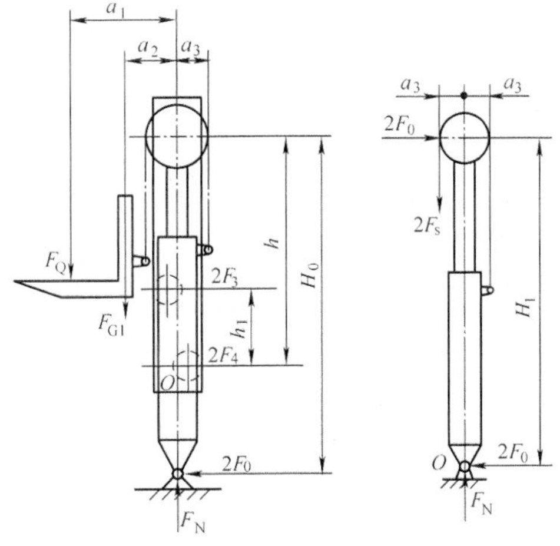

c) 门架主滚轮压力计算简图　　d) 水平反力 $2F_0$ 的计算简图

$$2F_0=\frac{2F_s a_3}{H_Q}$$

式中　F_s—链条拉力

</td></tr>
</table>

（续）

（2）门架内力及强度计算

内、外门架受载图分别如图e及图f所示。图g和图h所示分别为内、外门架主柱的计算简图和双力矩图（图中弯矩图被省略）

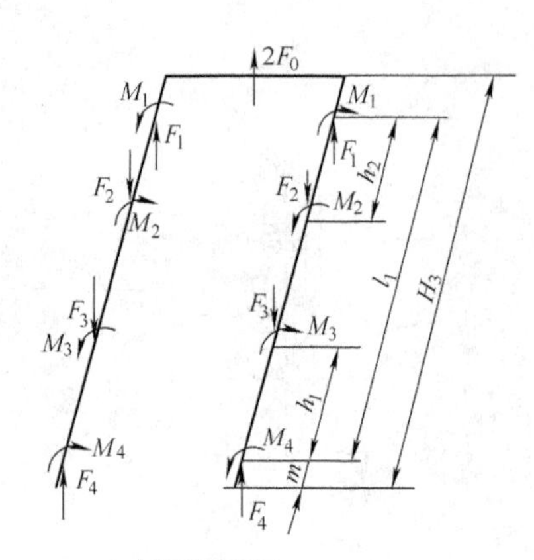

e）内门架受载图

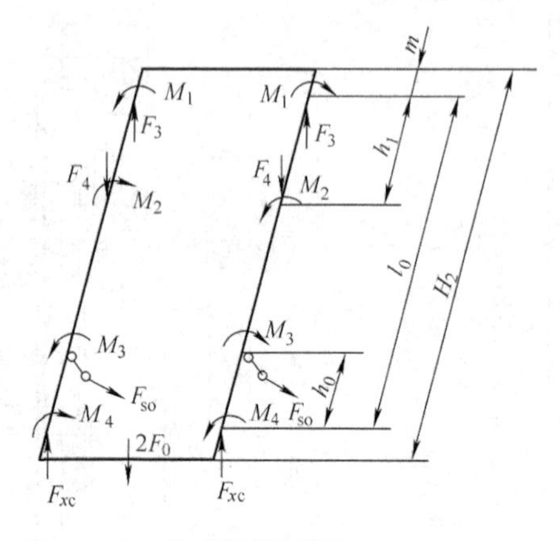

f）外门架受载图

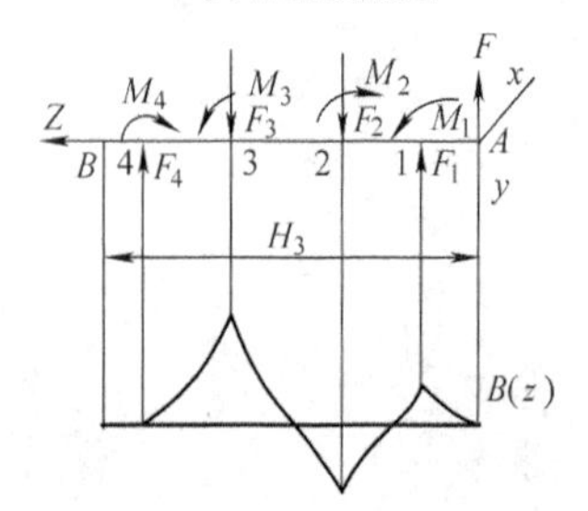

g）内门架立柱的计算简图及双力矩图

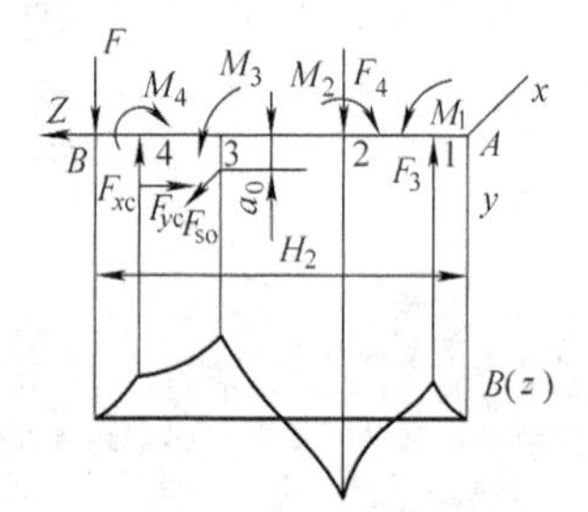

h）外门架立柱的计算简图及双力矩图

门架立柱截面上的整体弯矩 $M(z)$ 及双力矩 $B(z)$ 计算

1）垂直于门架平面内的立柱弯矩计算式

门架立柱上1、2、3、4各点在垂直于门架平面的弯矩为

① 内门架

$$M(z)=F_o z+\sum_{i=1}^{4}F_i(z-z_i)\delta_i$$

② 外门架

$$M(z)=\sum_{i=1}^{4}F_i(z-z_i)\delta_i+F_{so}\cos\varphi(z-z_3)\delta_3-F_{xc}(z-z_4)\delta_4$$

式中　$M(z)$—Z截面的弯矩

z—计算截面至坐标原点的距离

F_i、z_i—对应于每一计算截面的主滚轮压力及在z轴上的坐标

δ_i—系数，当$z>z_i$时，$\delta=1$；当$z<z_i$时，$\delta=0$

F_{so}—门架倾斜液压缸总轴力的1/2

F_{xc}—外门架下部支座水平总分力的1/2

F_o—由于链条固定在起升液压缸缸筒上而产生的横向力$2F$的1/2

2）立柱截面上的双力矩$B(z)$的计算式

$$B(z)=\frac{M_i l}{K}\left\{\frac{Sh\dfrac{Kz}{l}}{ShK}\left[\sum_{i=1}^{4}Sh\frac{K}{l}(l-Z_1)\delta_i\right]-\sum_{i=1}^{4}Sh\frac{K}{l}(Z-Z_i)\delta_i\right\}$$

式中　l—立柱长度

Sh—双曲线正弦值

M_i—主滚轮的压力作用线不通过立柱截面的弯曲中心而产生的扭矩

K—立柱截面的约束扭转特性

$$K=l\sqrt{\frac{GJ_{\mathrm{K}}}{E_1 J_{\omega}}}$$

（续）

(2)门架内力及强度计算	
门架立柱截面上的整体弯矩 $M(z)$ 及双力矩 $B(z)$ 计算	式中　G—材料的切变模量 E_1—换算弹性模量，$E_1 \approx E$ E—材料的弹性模量 J_K—纯抗扭截面二次矩① J_ω—扇性截面二次矩① $$M_i = F_i r$$ 位于内、门架立柱上 1、2、3、4 点处的扭矩分别是：$M_1 = F_1 r_1$、$M_2 = F_2 r_1$、$M_3 = F_3 r_2$、$M_4 = F_4 r_2$ 位于外、门架立柱上 1、2、3、4 点处的扭矩分别是：$M_1 = F_3 r_1'$、$M_2 = F_4 r_1'$、$M_3 = F_{so} \cos\varphi r_o$、$M_4 = F_{xc} r_c$ 式中　r_1、r_2、r_1'、r_o、r_c—各个作用力与立柱截面弯曲中心的距离 F_{xc}—外门架下部支座水平总分力的 1/2 F_{so}—门架倾斜液压缸总轴力的 1/2
计算整体弯曲应力 σ_w 及约束扭转正应力 σ_ω	① 内、外门架立柱整体弯曲应力 σ_w $$\sigma_w = \frac{M}{W_x}$$ 式中　M—危险截面的弯矩 W_x—对 x 轴的抗弯截面系数 ② 约束扭转正应力 σ_ω $$\sigma_\omega = \frac{B\omega}{J_\omega}$$ 式中　B—危险截面的双力矩 ω—扇性坐标① J_ω—扇性截面二次矩①
局部弯曲应力 σ_x 及 σ_z	局部弯曲应力指在滚轮压力下，立柱翼缘局部弯曲而产生的应力。其计算公式为 ① 翼缘根部的横向局部应力 σ_x（垂直于腹板方向） $$\sigma_x = \pm(1.8 \sim 2)\frac{F}{t^2}$$ 式中　F—滚轮正压力 t—翼缘厚度 ② 滚轮压力作用处翼缘纵向局部应力 σ_z（平行于立柱轴线） $$\sigma_z = \pm(1 \sim 1.3)\frac{F}{t^2}$$ 式中　F—滚轮正压力 t—翼缘厚度
计算当量应力及强度条件	按第四强度理论计算当量应力，有 $$\sigma_{当量} = \sqrt{(\sigma_w + \sigma_\omega + \sigma_z)^2 + \sigma_x^2 - \sigma_x(\sigma_w + \sigma_\omega + \sigma_z)} \leqslant \frac{\sigma_s}{n}$$ 式中　σ_s—立柱材料的屈服极限 n—安全系数，推荐 $n = 1.5$
校核滚轮与踏面的接触应力 σ	为防止过大的滚轮压力造成门架踏面严重磨损，对于滚轮压力较大的门架应校核其接触应力 $$\sigma = 0.418\sqrt{\frac{FE}{br}} \leqslant [\sigma] = (20 \sim 50)\text{HBW}②$$ 式中　F—滚轮正压力 r—滚轮半径 b—滚轮宽度 E—弹性模量

注：关于门架的强度计算，目前没有一个较为统一的计算方法。

① 常见型钢的截面扇性几何性质，可从材料力学手册等有关文献中查到。

② HBW 为布氏硬度值。

第4章　箱体的结构设计与计算

1　概述

箱体是支承和容纳机器内各种运动零件的重要零件，它使箱体内的零件不受外界环境的影响，保护机器操作者的人身安全，并有一定的隔振、隔热和隔声作用。通常，箱体多为矩形截面的六面体。

1.1　箱体的分类

按箱体的功能可分为：

1）传动箱体。如减速器、汽车变速器及机床主轴的箱体，主要功能是支承各传动件及其零件，这类箱体要求有密封性、强度和刚度。

2）泵体和阀体。如齿轮泵的泵体、各种液压阀的阀体，主要功能是改变液体流动方向、流量大小或改变液体压力。这类箱体除有对前一类箱体的要求外，还要求能承受箱体内液体的压力。

3）发动机缸体。如柴油机等的缸体，主要功能是保证内燃机的正常工作，除有前一类箱体的要求以外，还要求有一定的耐高温性能。

4）支架箱体。如机床的支座、立柱等箱体形零件，要求有一定的强度、刚度和精度，这类箱体设计时要特别注意刚度和处理造型。

按箱体的制造方法分类，主要有：

1）铸造箱体。常用材料是铸铁、有时也用铸钢、铸造铝合金和铸造铜合金等。铸铁箱体的特点是结构形状可以较复杂，有较好的吸振性和机加工性能，常用于成批生产的中小型箱体。

2）焊接箱体。由钢板、型钢或铸钢件焊接而成，结构要求较简单，生产周期较短。焊接箱体适用于单件小批量生产，尤其是大件箱体，采用焊接件可大大降低制造成本。

3）其他箱体。如冲压和注塑箱体，适用于大批量生产的小型、轻载和结构形状简单的箱体。

1.2　箱体的设计要求

设计箱体首先要考虑箱体内零件的布置及与箱体外部零件的关系。例如，车床主轴箱要按箱内传动轴与齿轮，以及所加工零件的最大设计尺寸来确定箱体的形状和尺寸。箱体的主要设计要求如下：

1）满足强度和刚度要求。对于受力很大的箱体，满足强度要求是一个基本条件，箱体强度应根据工作过程中的最大载荷验算其静强度，对承受变载荷的箱体还应验算其疲劳强度。但是，对于大多数的箱体，尤其是各类传动箱和变速器箱体，评定性能的主要指标还是箱体的刚度，如车床主轴箱箱体的刚度，不仅会影响箱体内齿轮、轴承等零件的正常工作，还会影响机床的加工精度。

2）有良好的抗振性能和阻尼性能，即对箱体的动刚度要求。机床主轴箱体的动刚度同样会影响箱体内零件的正常工作和机床的加工精度。

3）散热性能和热变形问题。箱体内零件摩擦发热使润滑油黏度变化，影响其润滑性能；温度升高使箱体产生热变形，尤其是温度不均匀分布产生的热变形和热应力，对箱体的精度和强度都有很大影响。

4）稳定性好。对于面积较大而壁又很薄的箱体，应考虑其失稳问题。

5）结构设计应合理。如支点安排、肋的布置、开孔位置和连接结构的设计等，均要有利于提高箱体的强度和刚度。

6）工艺性好。包括毛坯制造、机械加工及热处理、装配调整、安装固定、吊装运输和维护修理等各个方面的工艺性。

7）造型好。符合实用、经济和美观三项基本原则。

8）质量小。箱体质量在整机中常占较大比例，所以减小箱体质量对减小机器质量有相当大的作用。

不同的箱体对以上要求可能有所侧重。

2　齿轮传动箱体的设计与计算

2.1　概述

齿轮传动箱体，如减速器、汽车及拖拉机中的变速器、金属切削机床中的主轴箱、进给箱等，其功能是支承和包容各种传动机构，如齿轮、轴、轴承以及变速器中的操纵机构等。箱体还有密封、防尘、隔热和隔声，以及储油润滑各运动件和保护人身安全等作用。

箱体通常为矩形截面六面体。齿轮减速器箱体

（见图 18.4-1）采用剖分式，且一般只采用一个剖分面；对于大型减速器箱体，考虑到制造、安装和运输方便等因素，可采用两个剖分面。变速器箱体为整体式，不设剖分面，如机床主轴箱箱体（见图 18.4-2），在主轴箱内常设有内支承壁，以支承传动轴和主轴，同时也增加了整体刚度。

箱体是薄壁构件，为了提高箱壁支承处的局部刚度，在轴承座处加肋；箱体上的孔会使箱体刚度降低，在开孔处加凸台，可减少孔对刚度的影响。箱体可铸造或压铸，也可焊接而成。

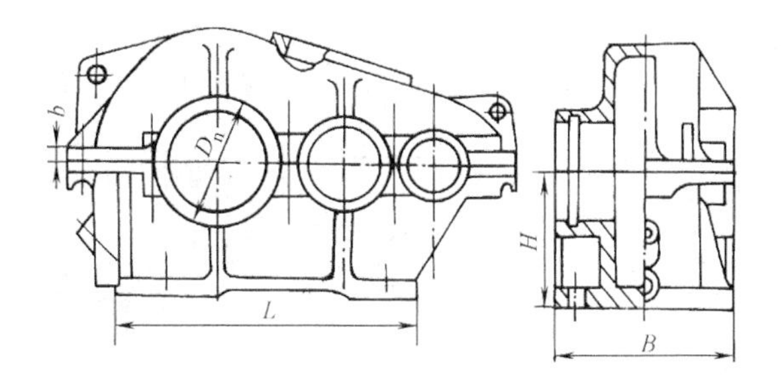

图 18.4-1 齿轮减速器箱体

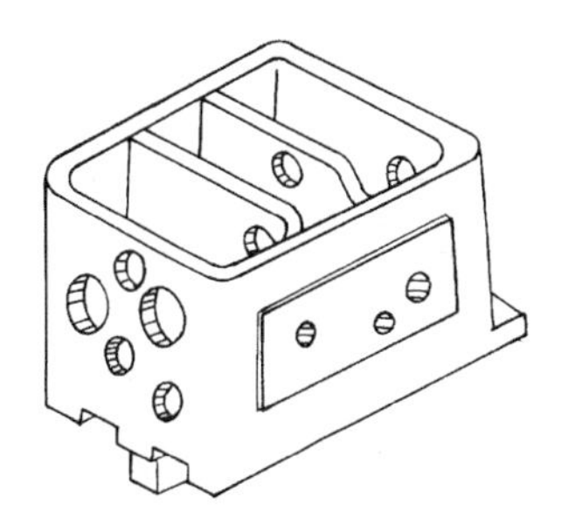

图 18.4-2 机床主轴箱箱体

箱体的载荷是通过轴和轴承传递给轴承座和箱壁的，运转时必须保持传动轴、轴承的相对位置精确，以保证传动件的正常啮合，故一般情况下箱体按刚度设计。

箱体主要由外墙、内支承墙（或内支承）、轴承座、凸台、法兰及肋等构件所组成。

2.2 焊接箱体设计

焊接箱体一般用低碳钢（如 Q235A）焊成，根据结构和承载的需要，轴承座的材料也可用铸钢，如 ZG 270-500 钢等。

箱体的角焊缝的焊脚尺寸可取壁板厚度的 1/3～1/2。焊缝要求密封，箱体应进行渗漏检查。焊后还须做消除内应力处理。

箱体设计中首先是确定箱壁厚度，其中关键是定出主要承载墙的厚度，以此作为箱体壁厚的参考值。用常规计算来确定壁厚时，通常需要将箱体简化，然后按工程力学的一般方法进行计算。当由铸造箱体改为焊接箱体时，则可用等价截面法求得焊接箱体的壁厚。

轴承座是焊接箱体的主要构件之一，其形式及使用条件见表 18.4-1。

齿轮传动箱体的焊接结构示例见表 18.4-2。

表 18.4-1 轴承座的形式及使用条件

形 式	简 图	使用条件及特点	形 式	简 图	使用条件及特点
一般形式的轴承座	a) b) c) d)	图 a 所示为箱壁厚度较大时采用，但开孔过大会降低箱体刚度 图 b 所示为在箱壁上焊一套环以增加轴承座的厚度，在受力不大、孔径较小时采用 图 c 所示为将轴承插入箱壁，形成轴承座，在其内、外侧均用角焊缝焊接，轴承座具有较大的强度和抗弯刚度 图 d 所示为采用台肩式，焊接时对中准确，但加工量较大	与侧壁表面平齐的整体轴承座	e) f)	图 e 及图 f 所示为在轴承座上开焊接坡口
				g) h)	图 g 及图 h 所示为在箱壁上开焊接坡口

（续）

形　式	简　图	使用条件及特点
双层壁箱体轴承座	i)　j)	刚性大，能承受较大的载荷，图 i 所示为两壁板的距离较小时用，图 j 所示为壁板间距较大时用
剖分式轴承座	k)　l)	图 k 所示为由半个钢管或用弯板制成，用于较小的轴承 图 l 所示为由实心矩形毛坯做成，用于大型轴承
剖分式轴承座	m)　n) o)　p)	图 m 及图 n 所示为由厚钢板气割而成，也可采用锻件，用于重型轴承。当轴承座内部结构复杂，则用铸钢件制成 为增加刚度，在轴承座处设置加强肋，加强肋可采用钢板条或槽钢等 图 o 及图 p 分别所示为若干轴承座连成一整体。图 o 中的各轴承座用一块厚钢板做成，适用于轴承座外伸短、各内径相差小和轴线距离近的箱体。质量较大，但制造工艺大为简化。图 p 中连成一体的轴承座为铸钢件，或是厚钢板气割制品，可减轻重量

表 18.4-2　齿轮传动箱体焊接结构示例

箱体形式		图例和说明
齿轮减速器箱体	单壁板剖分式箱体	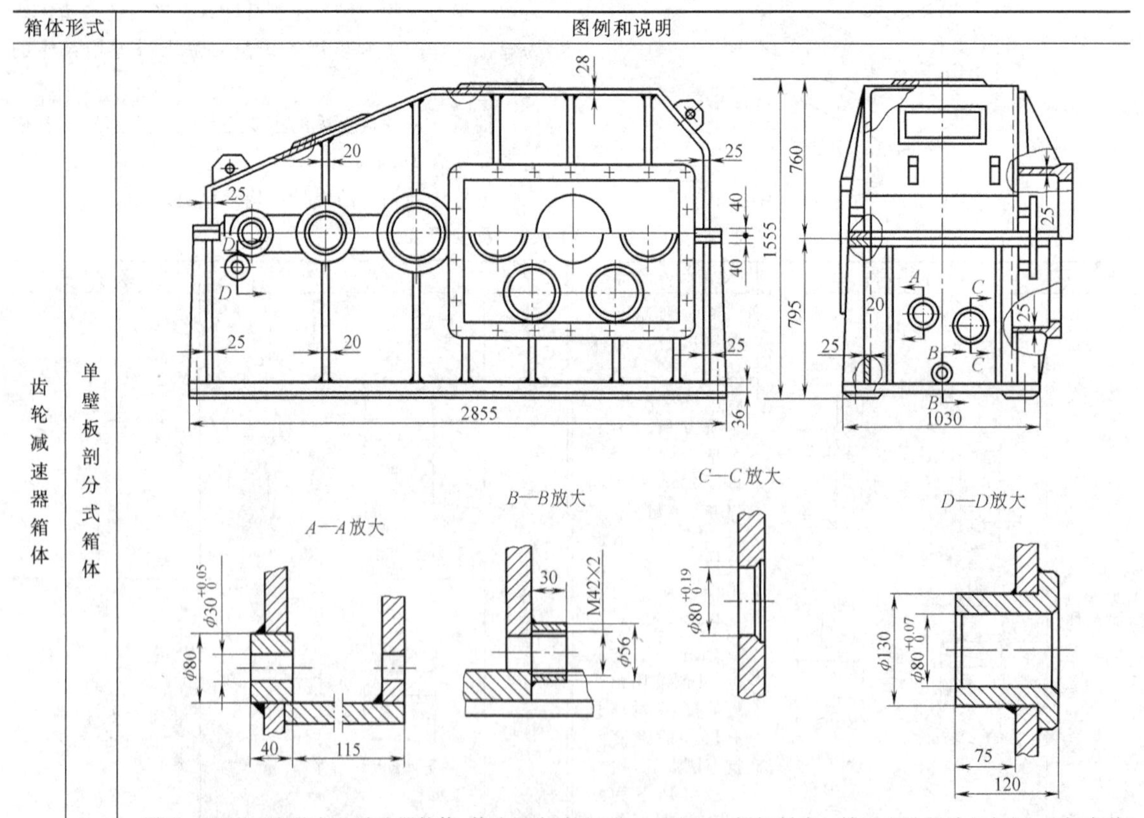 说明：上图为三辊卷板机减速器箱体，其壁板分别用 25mm 及 20mm 钢板制成。轴承座处用肋板加固，以提高其刚度。箱体壁上的孔，按其用途装焊不同的轴套及凸台等，如图中的 *A—A* 放大、*B—B* 放大及 *D—D* 放大图。*C—C* 放大图中的孔是观察用孔，故无须局部加厚

（续）

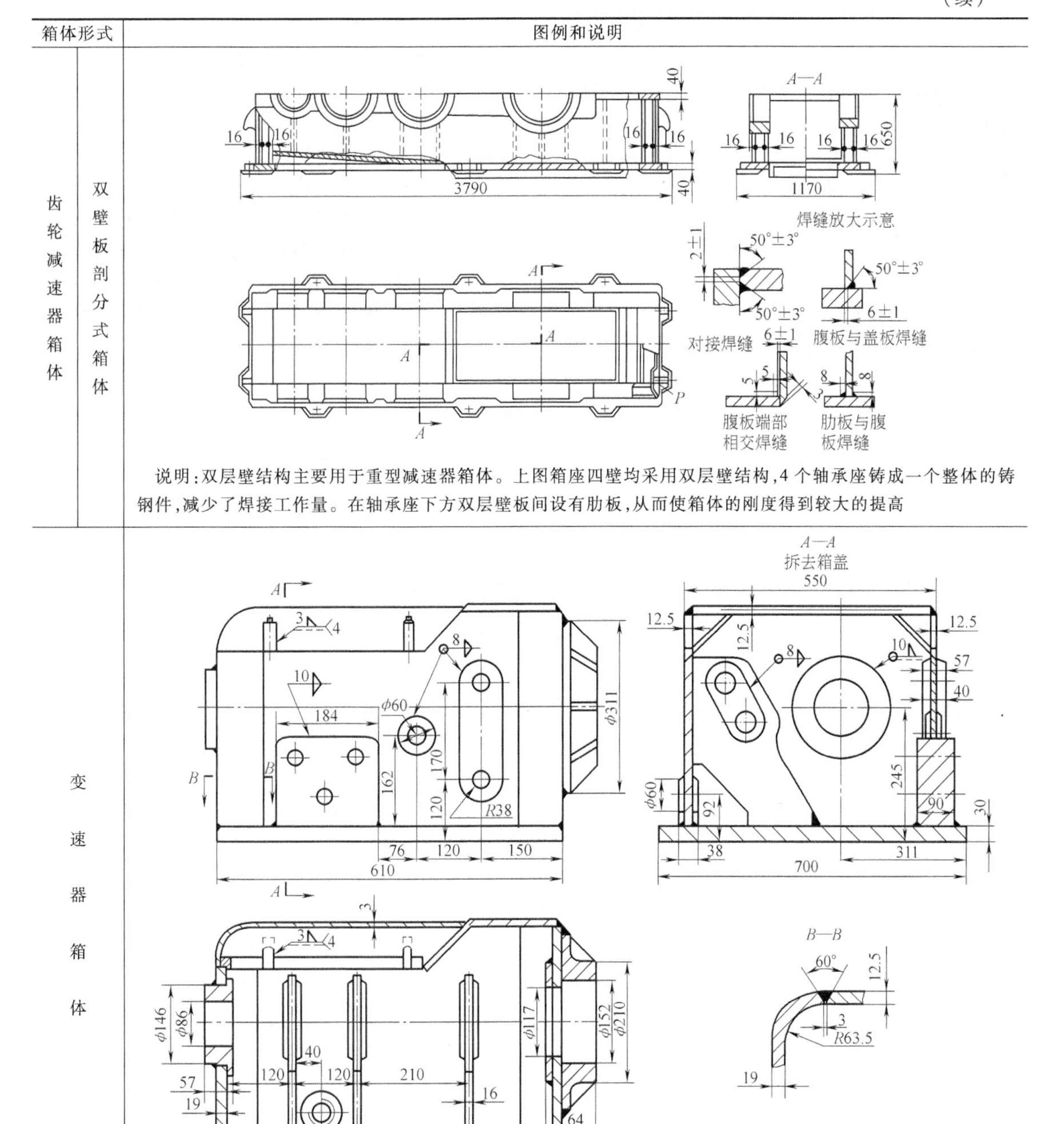

箱体形式		图例和说明
齿轮减速器箱体	双壁板剖分式箱体	说明：双层壁结构主要用于重型减速器箱体。上图箱座四壁均采用双层壁结构，4 个轴承座铸成一个整体的铸钢件，减少了焊接工作量。在轴承座下方双层壁板间设有肋板，从而使箱体的刚度得到较大的提高
变速器箱体		说明：上图为车床主轴箱焊接箱体，该箱体的前、后轴承座为铸钢件，并焊接在厚度为 19mm 的前、后壁板上。为支承各档齿轮轮轴，在主轴箱的底板上焊了 3 个内支承。箱盖用冲压成形板制成。箱体的 4 个拐角制成圆弧形（见 B—B 剖面），外表面焊缝少、造型美观

2.3　齿轮箱体噪声分析与控制

随着齿轮传动箱的功率加大及转速的提高，噪声问题日益突出，因此在设计中如何控制箱体噪声是值得注意的问题。

在齿轮传动箱中，箱体是与空气接触面积最大的振动体，因此它也是噪声的主要辐射体。

箱体的振动主要由传动件激发而引起。图 18.4-3 所示为齿轮传动箱的传声示意图。齿轮啮合区为噪声激励源，它产生的声能量一部分以固体声的形式经由

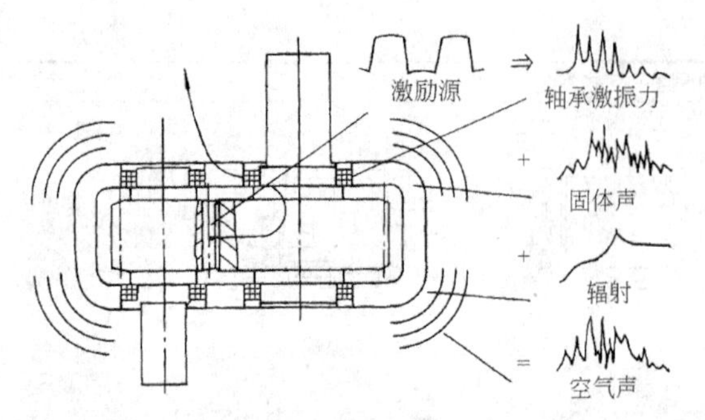

图 18.4-3 齿轮传动箱的传声示意图

齿轮体传到轴，由轴而传到轴承，并一起传到箱壁，最后通过箱壁的振动辐射到箱体外空气中，形成第一次空气声；另一部分声能量经由啮合区发射到箱内空气中传至箱体各壁，使箱壁振动，再辐射到箱体外空气中，形成第二次空气声。此外，还有一部分固体声传入底板和地基，使地基振动发出空气声。实测表明，第一次空气声占总声能量的95%左右。

根据以上分析，箱体噪声控制的方法为：

1）调整箱体的固有频率，控制箱体对激振的响应，即使其固有频率远离齿轮的啮合频率和轴的振动频率。

2）在箱壁上合理布肋，以增加箱体刚度，降低噪声。图 18.4-4 所示为在“理论箱体”上布肋时，对“理论箱体”的辐射声功率级的影响。从图18.4-4中可以看出，箱体的辐射声功率级取决于加强肋的排列方式和肋的高度。

3）增大阻尼、密封箱体以及增加壁厚均可降低噪声。

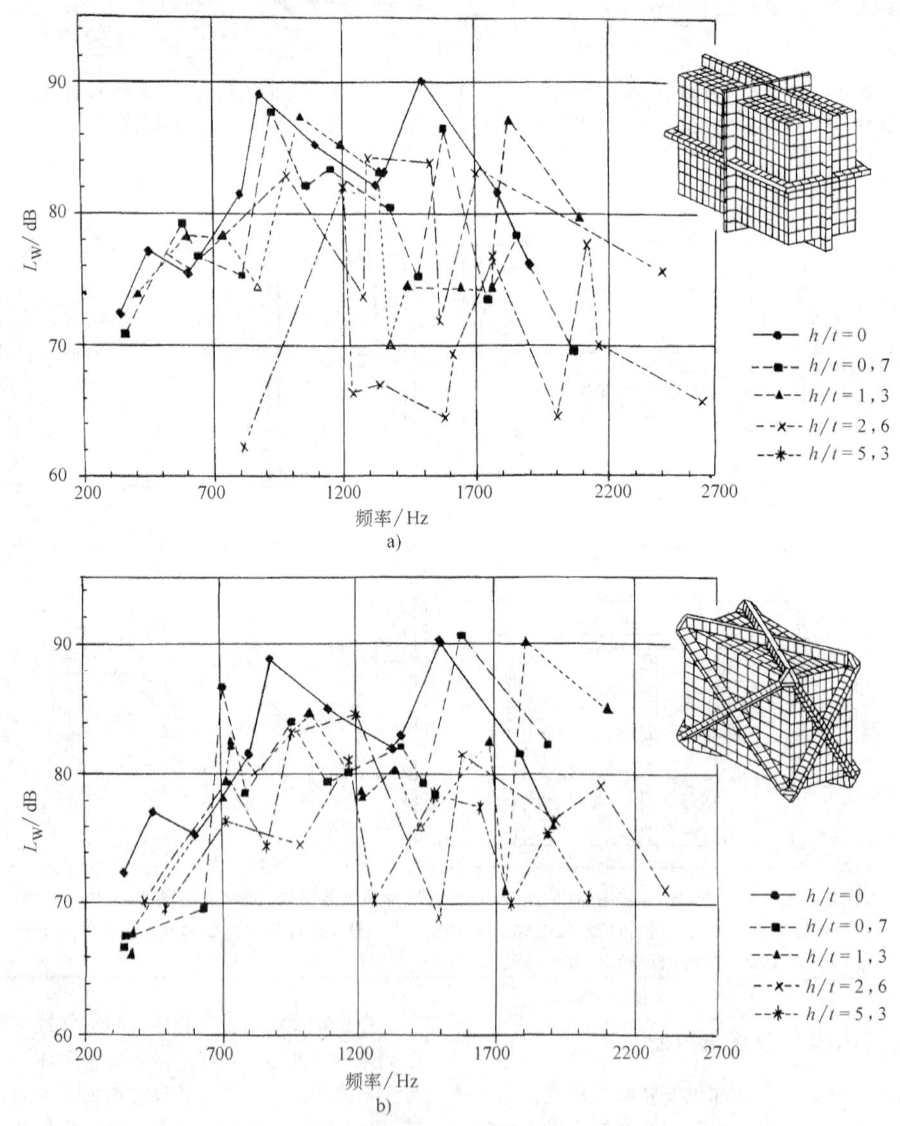

图 18.4-4 肋的排列方式及肋的相对高度对辐射声功率级（L_W）的影响

a）对角肋 b）交叉肋

2.4　按刚度设计圆柱齿轮减速器箱座

按刚度设计箱座，就是根据作用在箱体上的外力和给定的许用刚度值计算出所需的截面二次矩，而后进一步确定截面的几何形状和尺寸，并在此基础上设计出满足要求的箱座。

(1) 剖分式齿轮减速器箱座的计算方法及步骤（见表 18.4-3，并参照图 18.4-5）

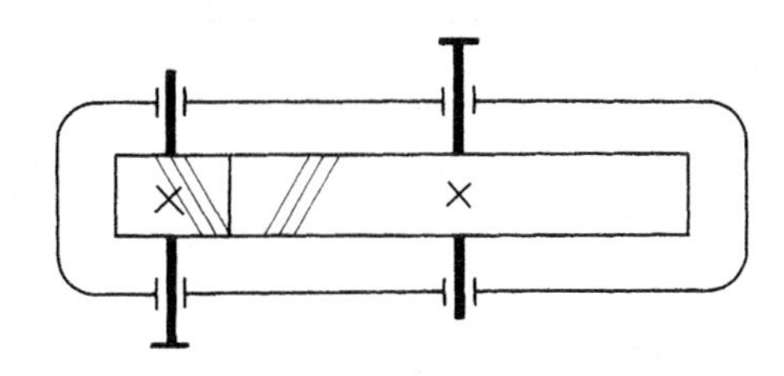

图 18.4-5　单级斜齿圆柱齿轮传动示意图

表 18.4-3　根据许用刚度设计箱座的方法及步骤

计算步骤	计算内容	计算公式
1	计算作用在箱壁上的外力	根据实际条件确定
2	按许用刚度求箱壁横截面二次矩 I_z	见表 18.4-4
3	按许用刚度求箱壁横截面二次矩 I_y	$$I_y=\sum_{i=1}^{n}\frac{F_{zi}L^2\lambda_1}{\left(\frac{f}{L}\right)}$$ 式中　F_{zi}—垂直于箱壁垂直面的作用力(N) I_y—所需箱壁横截面绕垂直中性轴的截面二次矩(m^4) n—垂直箱壁平面的作用力个数 L—箱壁长度(m) f—箱壁的许用挠度(m) λ_1—运算符($m^2 \cdot N^{-1}$) $$\lambda_1=\frac{3K-4K^3}{48E}$$ 式中　E—弹性模量(Pa) $$K=\frac{a}{L}$$ a—作用力到最近的端部距离(m) 当箱座材料为钢时，λ_1 值可按 K 值，查表 18.4-5 得到
4	按许用扭转变形求箱壁横截面的扭转惯性矩 I_k	$$I_k=\frac{T_{max}}{G\theta}$$ 式中　G—切变模量(Pa) θ—许用单位扭转角(rad/m) T_{max}—截面的最大扭矩(N·m)。从构件各部分扭矩(T_{l_1}、T_{l_2}、T_{l_3}、T_{l_4})中，取其中的最大值，即为 T_{max} 其中 $$T_{l_1}=\frac{T_1(l_2+l_3+l_4)+T_2(l_3+l_4)+T_3l_4}{L}$$ $$T_{l_2}=\frac{-T_1l_1+T_2(l_3+l_4)+T_3l_4}{L}$$ $$T_{l_3}=\frac{-T_1l_1-T_2(l_1+l_2)+T_3l_4}{L}$$ $$T_{l_4}=\frac{-T_1l_1-T_2(l_1+l_2)-T_3(l_1+l_2+l_3)}{L}$$ $T_1=F_{z1}y$　$T_2=F_{z2}y$　$T_3=F_{z3}y$ 式中　F_{z1}、F_{z2}、F_{z3}—垂直于箱壁垂直面的作用力(N) y—F_{z1}、F_{z2}、F_{z3}与箱壁横截面的水平中性轴的距离(m)
5	按所求得的 I_z, I_y 及 I_k 确定箱壁横截面的尺寸	1)当横截面为矩形时(见图 a) $$I_z=\frac{bh^3}{12}$$ $$I_y=\frac{hb^3}{12}$$ $$I_k=\beta hb^3$$ a)

（续）

<table>
<tr><th>计算步骤</th><th>计算内容</th><th>计算公式</th></tr>
<tr><td>5</td><td>按所求得的 I_z、I_y 及 I_k 确定箱壁横截面的尺寸</td><td>
<table>
<tr><td>$\frac{h}{b}$</td><td>1.00</td><td>1.50</td><td>1.75</td><td>2.00</td><td>2.50</td><td>3.00</td><td>4.00</td><td>6</td><td>8</td><td>10</td><td>>10</td></tr>
<tr><td>β</td><td>0.141</td><td>0.196</td><td>0.214</td><td>0.229</td><td>0.249</td><td>0.263</td><td>0.281</td><td>0.299</td><td>0.301</td><td>0.313</td><td>0.333</td></tr>
</table>
2）当横截面为空心矩形时（见图 b）
$$I_z=\frac{1}{12}(bh^3-b_1h_1^3)$$
$$I_y=\frac{1}{2}(hb^3-h_1b_1^3)$$
$$I_k=\frac{2tt_1(h-t)^2(b-t_1)^2}{ht+bt_1-t^2-t_1^2}$$
b)</td></tr>
<tr><td>6</td><td>校核箱座的承压面积</td><td>轴承下面箱壁截面作为柱杆处理所需支承面积
$$A=\frac{F_y}{\frac{f}{L}E}$$
式中　A—所需支承面积（m^2）
E—弹性模量（Pa）
F_y—载荷（Pa），$F_y=F_w$（齿轮与轴的重力）$+F_t$（圆周力）</td></tr>
</table>

表 18.4-4　位于箱壁垂直平面内的力与力偶作用下所需横截面矩 I_z

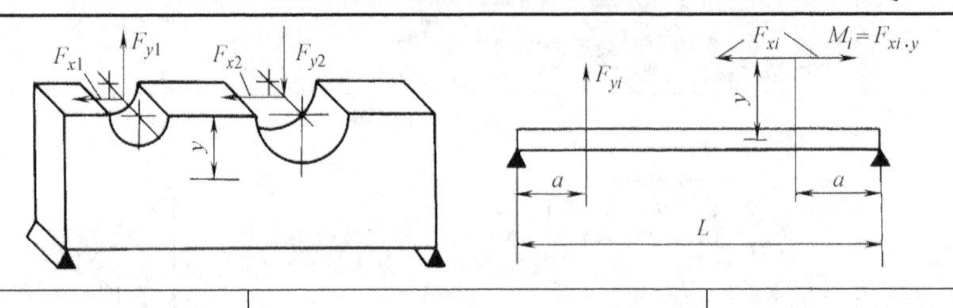

在 F_y 作用下箱壁横截面所需绕水平轴的惯性矩 I_{zi} 为	在 M 力偶作用下箱壁横截面所需绕水平轴的惯性矩 I'_{zi} 为	支承全部力和力偶所需绕水平轴的惯性矩总和 I_z 为
$I_{zi}=\dfrac{F_{yi}L^2\lambda_1}{\dfrac{f}{L}}$	$I'_{zi}=\dfrac{M_iL\lambda_2}{\dfrac{f}{L}}$	$I_z=\sum\limits_{i=1}^{n}I_{zi}+\sum\limits_{i=1}^{n}I'_{zi}$

式中，F_{yi}—作用力（N）；L—箱壁长度（m）；f—箱壁许用挠度（m）；n—作用力的个数，或力偶个数；λ_1—运算符，$\lambda_1=\frac{3K-4K^3}{48E}$，当箱壁材料为钢时，$\lambda_1$ 按 K 值从表 18.4-5 查得；λ_2—运算符，$\lambda_2=\frac{4K^2-1}{16E}$，当箱壁材料为钢时，$\lambda_2$ 按 K 值从表18.4-5 查得；E—弹性模量（Pa）；$K=\frac{a}{L}$，a—载荷（力或力偶）到最近的箱壁端部距离（m）；M_i—力偶（N·m）；$M=F_{xi}y$（N·m）；F_{xi}—位于箱壁水平面内的水平作用力（N）；y—F_x 到箱壁横截面中性轴的距离（m）

注：1. 使构件向下挠曲变形的力或力偶取正值，正力和正力偶用正截面二次矩，否则取负值。

2. 计算中未计及剪切变形，对于重载短件应考虑。

（2）示例（见图 18.4-5、图 18.4-6）

例 18.4-1　已知斜齿轮圆柱齿轮减速器的传递功率 $P=37.29$kW，小齿轮转速 $n_1=1800$r/min（旋转方向见图 18.4-6a），小齿轮节圆直径 $d_1=152.4$mm，小齿轮重 14.5kg，轴的质量为 23.5kg，大齿轮转速 $n_2=450$r/min（旋转方向见图 18.4-6b），大齿轮节圆直径 $d_2=609.6$mm，大齿轮的质量为 232.2kg，轴的质量为 51.7kg，齿轮的压力角 $\alpha=20°$，螺旋角 $\beta=30°$，箱壁的许用单位挠度为 0.00001m/m，许用单位转角为 0.00008rad/m。要求设计该传动用的减速器箱座。

解：设计过程如下：

（1）求作用在箱壁上的外力

1）求齿轮轴的支点反力（见图 18.4-6 及表 18.4-6）。由于后支点的反力较小，故只求前支点反力。

表 18.4-5　λ_1 及 λ_2 值

K	$\lambda_1/10^{-14}m^2 \cdot N^{-1}$	$\lambda_2/10^{-13}m^2 \cdot N^{-1}$	K	$\lambda_1/10^{-14}m^2 \cdot N^{-1}$	$\lambda_2/10^{-13}m^2 \cdot N^{-1}$
0	0	2.975	0.26	7.039	2.171
0.01	0.2975	2.975	0.27	7.255	2.108
0.02	0.5951	2.971	0.28	7.462	2.042
0.03	0.8918	2.965	0.29	7.662	1.972
0.04	1.1874	2.951	0.30	7.875	1.904
0.05	1.482	2.947	0.31	8.044	1.831
0.06	1.777	2.932	0.32	8.222	1.727
0.07	2.069	2.918	0.33	8.394	1.679
0.08	2.361	2.899	0.34	7.145	1.599
0.09	2.649	2.879	0.35	8.715	1.518
0.10	2.937	2.857	0.36	8.862	1.432
0.11	3.364	2.832	0.37	9.001	1.3464
0.12	3.502	2.804	0.38	9.131	1.2714
0.13	3.781	2.774	0.39	9.252	1.1654
0.14	4.067	2.742	0.40	9.365	1.0714
0.15	4.329	2.708	0.41	9.461	0.9149
0.16	4.598	2.671	0.42	9.559	0.8761
0.17	4.349	2.589	0.43	9.642	0.7749
0.18	4.349	2.589	0.44	9.715	0.6714
0.19	5.382	2.547	0.45	9.777	0.5654
0.20	5.634	2.499	0.46	9.828	0.4601
0.21	5.882	2.449	0.47	9.854	0.3464
0.22	6.097	2.399	0.48	9.897	0.2332
0.23	6.361	2.345	0.49	9.914	0.1178
0.24	6.594	2.289	0.50	9.920	0
0.25	6.819	2.232			

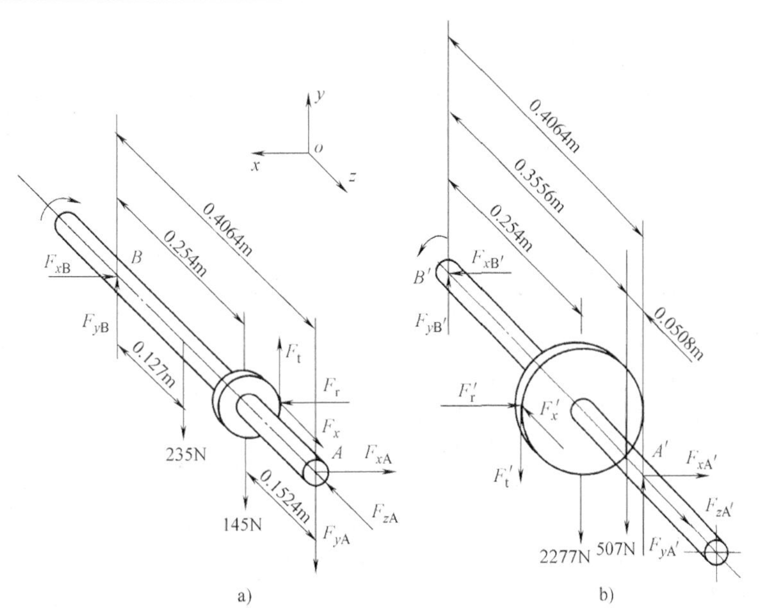

图 18.4-6　大、小齿轮轴上的作用力及支点反力

a）小齿轮轴　b）大齿轮轴

F_t、F_t'；F_r、F_r'；F_x、F_x'—作用在小、大齿轮上的圆周力、径向力和轴向力，A、A'；B、B'—小、大齿轮轴的前、后支点

表 18.4-6 大、小齿轮轴的前支点反力计算

支点反力	小齿轮轴	大齿轮轴
齿轮和轴的重力的垂直反力 F_{yw}、F'_{yw}	$F_{yw}=\dfrac{0.127\times235+0.254\times145}{0.4064}\text{N}=164\text{N}$	$F'_{yw}=\dfrac{0.3556\times507+0.254\times2277}{0.4064}\text{N}=1867\text{N}$
圆周力的垂直反力:F_{yt}、F'_{yt}	$F_t=\dfrac{P}{\dfrac{\pi n_1}{30}\times\dfrac{d_1}{2}}$ 式中 P—传递功率,$P=37.29\text{kW}$ n_1—小齿轮转速,$n_1=1800\text{r/min}$ d_1—小齿轮节圆直径,$d_1=152.4\text{mm}$ F_t—圆周力(N) $F_t=\dfrac{37.29\times10^3}{\dfrac{3.14\times1800}{30}\times\dfrac{0.1524}{2}}\text{N}\approx2600\text{N}$ $F_{yt}=-\dfrac{0.254}{0.4064}\times F_t=-\dfrac{0.254}{0.4064}\times2600\text{N}$ $=-1625\text{N}$	$F'_t=2600\text{N}$ $F'_{yt}=\dfrac{0.254}{0.4064}\times F'_t$ $=\dfrac{0.254}{0.4064}\times2600\text{N}$ $=1625\text{N}$
径向力的水平反力 F_{xr}、F'_{xr}	$F_{xr}=F_{yt}\tan20°$ $=-1625\times0.364\text{N}$ $=-592\text{N}$	$F'_{xr}=592\text{N}$
轴向力的反推力 F_{zx}、F'_{zx}	$F_x=F_t\tan\beta$ 式中 F_x—齿轮上的轴向力(N) F_t—齿轮上的圆周力(N) β—齿轮螺旋角(°) $F_x=2600\times\tan30°\text{N}=2600\times0.577\text{N}$ $\approx1500\text{N}$ $F_{zx}=-F_x=-1500\text{N}$	$F'_{zx}=1500\text{N}$
轴向力的水平反力 F_{xx}、F'_{xx}	$F_{xx}=\dfrac{-F_x\times d_1}{2\times l}$ 式中 F_x—齿轮上的轴向力(N) d_1—小齿轮节圆直径(m) l—小齿轮轴两支点间的距离(m) $F_{xx}=\dfrac{-1500\times0.1524}{2\times0.4064}\text{N}$ $=-281\text{N}$	$F'_{xx}=-\dfrac{F_x'\times d_2}{2\times l}$ 式中 d_2—大齿轮节圆直径(m) F_x'—大齿轮上的轴向力(N) l—大齿轮轴的两支点间的距离(m) $F'_{xx}=-\dfrac{1500\times0.6096}{2\times0.4064}\text{N}$ $=-1125\text{N}$
前支点反力 F_{yA}、F_{xA}、F_{zA} 及 $F_{yA'}$、$F_{xA'}$、$F_{zA'}$	$F_{yA}=F_{yW}+F_{yt}=(164-1625)\text{N}=-1461\text{N}$ $F_{xA}=F_{xr}+F_{xx}=(-592-281)\text{N}=-873\text{N}$ $F_{zA}=F_{zx}=-1500\text{N}$	$F'_{yA}=F'_{yW}+F'_{yt}=(1867+1625)\text{N}=3492\text{N}$ $F'_{xA}=F'_{xr}+F'_{xx}=(592-1125)\text{N}=-533\text{N}$ $F'_{zA}=F'_{zx}=1500\text{N}$

2）作用在箱壁上的外力。由于前箱壁上的外力大于后箱壁，因此只需对前箱壁进行计算。前箱壁的外力与齿轮轴的前支点反力数值相等、方向相反（见图 18.4-7）。它们是：小齿轮轴系作用在前箱壁上的力，即 $F_{yA}=1461\text{N}$（向上）、$F_{xA}=873\text{N}$（向左）、$F_{zA}=1500\text{N}$（向前）；大齿轮轴系作用在前箱壁上的力，即 $F'_{yA'}=-3492\text{N}$（向下）、$F'_{xA'}=533\text{N}$（向左）、$F'_{zA'}=-1500\text{N}$（向后）。

（2）求前箱壁所需截面二次矩 I_z

已知：作用外力，前箱壁的长度 L、许用单位挠度 f/L 及作用力至最近的支点的距离（见图 18.4-8）。

首先根据 K 值（$K=a/L$），从表 18.4-5 查得 λ_1 及 λ_2 值，然后利用表 18.4-4 中的公式计算 I_z 值（见表 18.4-7）。

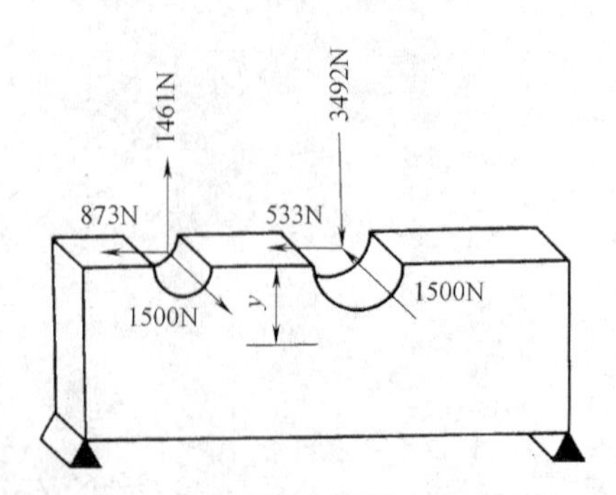

图 18.4-7 作用在前箱壁上的外力

表 18.4-7　前箱壁所需截面二次矩 I_z

作用力 F 或 M	外力至端部距离 a/m	箱壁长度 L/m	系　数 $K=a/L$	运　算　符 $\lambda_1/m^2\cdot N^{-1}$	运　算　符 $\lambda_2/m^2\cdot N^{-1}$	单位许用挠度 $\frac{f}{L}$/(m/m)
1461N	0.254	1.016	0.25	6.820×10^{-14}	—	0.00001
-3492N	0.381	1.016	0.375	9.068×10^{-14}	—	0.00001
873×0.2032N·m =177.4N·m	0.254	1.016	0.25	—	2.232×10^{-13}	0.00001
533×0.2032N·m =108.3N·m	0.381	1.016	0.375	—	1.309×10^{-13}	0.00001

作用力 F 或 M	$I_{zi}=\dfrac{F_{yi}L^2\lambda_1}{\frac{f}{L}}$	$I'_{zi}=\dfrac{M_iL\lambda_2}{\frac{f}{L}}$	$I_z=\sum_{i=1}^{n}I_{zi}+\sum_{i=1}^{n}I'_{zi}$
1461N	$I_{z1}=\dfrac{1461\times1.016^2\times6.82\times10^{-14}}{0.00001}m^4=10285\times10^{-9}m^4$	—	-16939×10^{-9}
-3492N	$I_{z2}=\dfrac{-3492\times1.016^2\times9.068\times10^{-14}}{0.00001}m^4=-32687\times10^{-9}m^4$	—	
873×0.2032N·m =177.4N·m	—	$I'_{z1}=\dfrac{177.4\times1.016\times2.232\times10^{-13}}{0.00001}m^4=4023\times10^{-9}m^4$	
533×0.2032N·m =108.3N·m	—	$I'_{z2}=\dfrac{108.3\times1.016\times1.309\times10^{-13}}{0.00001}m^4=1440\times10^{-9}m^4$	

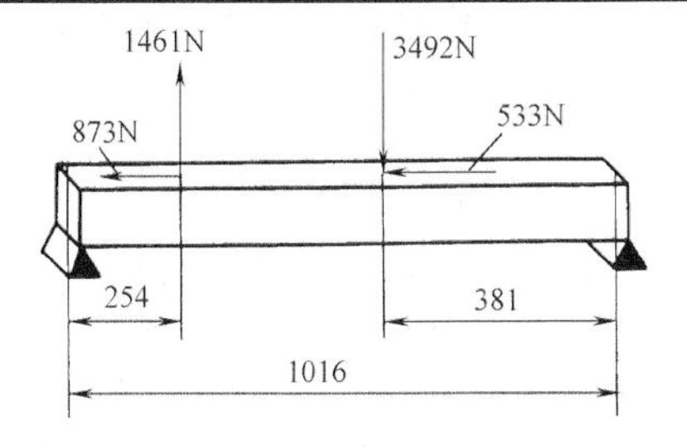

图 18.4-8　前箱壁上的垂直作用力及水平作用力

(3) 求前箱壁的横截面二次矩 I_y（见表 18.4-8 及图 18.4-9）

由于最差条件是一根轴引起的轴向推力，因此根据表 18.4-8，取 $I_y=14041\times10^{-9}m^4$。

(4) 求前箱壁横截面的扭转惯性矩 I_k

已知：扭矩 $T_1=-T_2=304.8N\cdot m$；切变模量 $G=8.1\times10^{10}Pa$；许用单位转角 $\theta=0.00008rad/m$；$L=1016mm$；$l_1=254mm$；$l_2=381mm$；$l_3=381mm$；（见图 18.4-10）。

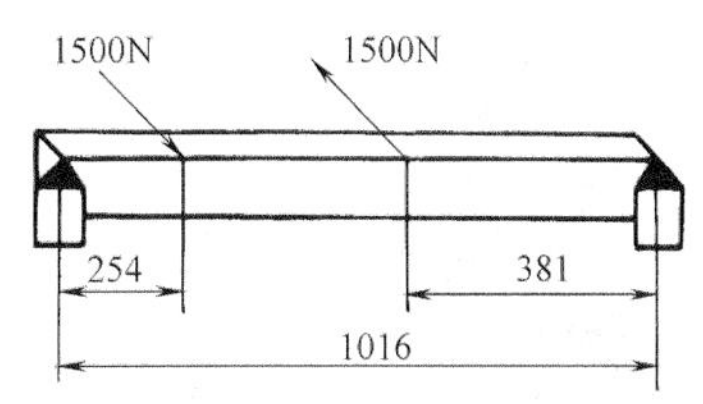

图 18.4-9　与前壁面垂直的作用力（力的作用线与传动轴的轴线相重合）

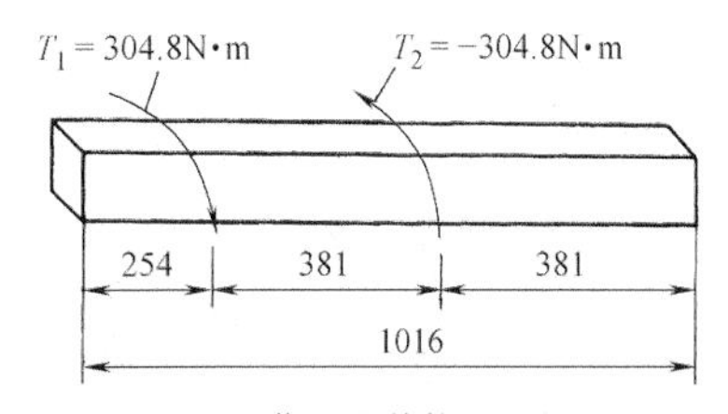

图 18.4-10　作用在前箱壁上的扭矩

表 18.4-8　前箱壁所需截面二次矩 I_y

作用力 F_{zi}/N	外力至端部距离 a/m	箱壁长度 L/m	系　数 $K=a/L$	运算符 λ_1 /$m^2\cdot N^{-1}$	单位许用挠度 $\frac{f}{L}$(m/m)	$I_{yi}=\dfrac{F_{zi}L^2\lambda_1}{\frac{f}{L}}$	I_y
1500	0.254	1.016	0.25	6.820×10^{-14}	0.00001	$\dfrac{1500\times1.016^2\times6.82\times10^{-14}}{0.00001}=10559.98\times10^{-9}$	-14041×10^{-9}
-1500	0.381	1.016	0.375	9.068×10^{-14}	0.00001	$\dfrac{-1500\times1.016^2\times9.068\times10^{-14}}{0.00001}=-14041\times10^{-9}$	

y——箱壁面的垂直力与箱壁横截面的水平中性轴的距离（m）；

T_1、T_2——作用在箱壁上的扭矩（N·m）；

$T_1=-T_2=1500\times0.2032\text{N}\cdot\text{m}=304.8\text{N}\cdot\text{m}$；

由于

$$T_{l_1}=\frac{T_1(l_2+l_3)+T_2l_3}{L}$$

$$=\frac{304.8(0.381+0.381)-304.8\times0.381}{1.016}\text{N}\cdot\text{m}$$

$$=114.3\text{N}\cdot\text{m}$$

$$T_{l_2}=\frac{-T_1l_1+T_2l_3}{L}$$

$$=\frac{-304.8\times0.254-304.8\times0.381}{1.016}\text{N}\cdot\text{m}$$

$$=-190.5\text{N}\cdot\text{m}$$

$$T_{l_3}=\frac{-T_1l_1-T_2(l_1+l_2)}{L}$$

$$=\frac{-304.8\times0.254+304.8(0.254+0.381)}{1.016}\text{N}\cdot\text{m}$$

$$=114.3\text{N}\cdot\text{m}$$

故最大扭矩 $T_{\max}=190.5\text{N}\cdot\text{m}$。将 $T_{\max}$、G 及 θ 值代入下式，得

$$I_k=\frac{T_{\max}}{G\theta}=\frac{190.5}{8.1\times10^{10}\times0.00008}\text{m}^4$$

$$=29398\times10^{-9}\text{m}^4$$

（5）确定前箱壁的横截面形状及尺寸

根据所求得的 $I_y=14041\times10^{-9}\text{m}^4$、$I_x=-16939\times10^{-9}\text{m}^4$ 和 $I_k=29398\times10^{-9}\text{m}^4$，再考虑结构等方面的要求，确定如图 18.4-11 所示的双层壁焊接结构。该截面的二次矩为：$I_x=246825\times10^{-9}\text{m}^4$、$I_y=13736\times10^{-9}\text{m}^4$ 及 $I_k=37045\times10^{-9}\text{m}^4$，故截面尺寸满足要求。

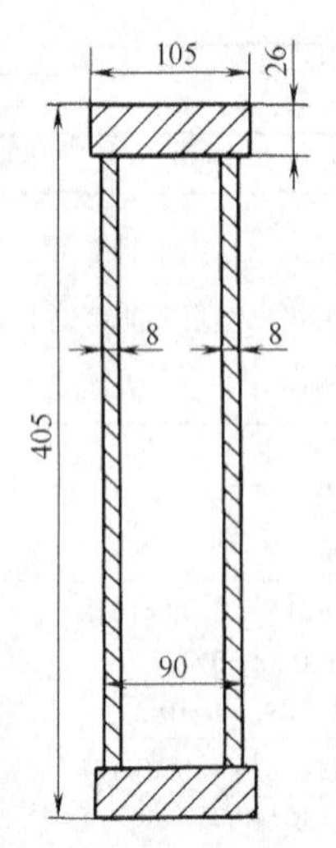

图 18.4-11　前箱壁横截面的形状及尺寸

（6）校核压缩刚度

根据表 18.4-3，所需箱座承压面积为

$$A=\frac{F_y}{\frac{f}{L}\times E}$$

$$=\frac{3492}{0.00001\times21\times10^{10}}\text{m}^2$$

$$=0.001663\text{m}^2$$

由于轴承座下面由两个厚 8mm 的板支承，故轴承座下部所需长度为

$$\frac{0.001663}{2\times0.008}\text{m}=0.104\text{m}$$

即只需 0.104m 壁长便可满足要求。

最终箱座的结构形状如图 18.4-12 所示。

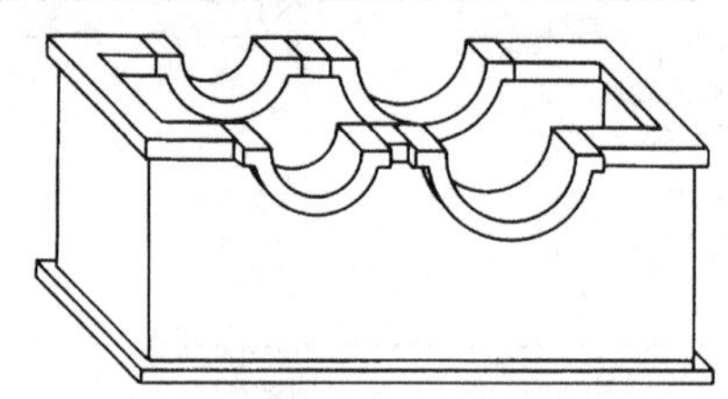
图 18.4-12　箱座的结构形状

2.5　机床主轴箱的刚度计算

机床主轴箱箱体一般为一面敞开的六面体，其箱壁上有许多大小不一的孔，还有凸台及加强肋等。箱体的刚度影响着零件的加工精度和机床的噪声等。

计算刚度时假定：计算主轴箱箱壁变形时，只考虑与箱壁相垂直力的作用，而位于同一平面上的外力以及力偶等均忽略不计，故箱体刚度指箱壁所承受的垂直方向的力与箱壁上着力点处同方向变形之比。

（1）箱体的刚度计算（见图 18.4-13）

1）箱体的变形计算：对于壁厚为 t 的无孔箱板，变形量 δ_0 的计算式为

$$\delta_0=k_0\frac{Fa^2\ (1-\mu^2)}{Et^3}$$

式中　F——垂直于箱壁上的作用力（N）；

a——受力箱壁长边的一半（m）；

t——受力箱壁的厚度（m）；

E——箱体材料的弹性模量（Pa）；

μ——泊松比；

k_0——着力点的位置系数，见表 18.4-9。

考虑到壁箱上孔、凸台、肋以及外力的着力点对变形的影响，上式再乘以不同的修正系数，这时箱壁的变形量 δ 的计算式为

$$\delta=\delta_0 k_1 k_2 k_3$$

式中　k_1——孔和凸台的影响系数，分别见表 18.4-10 和表 18.4-11；

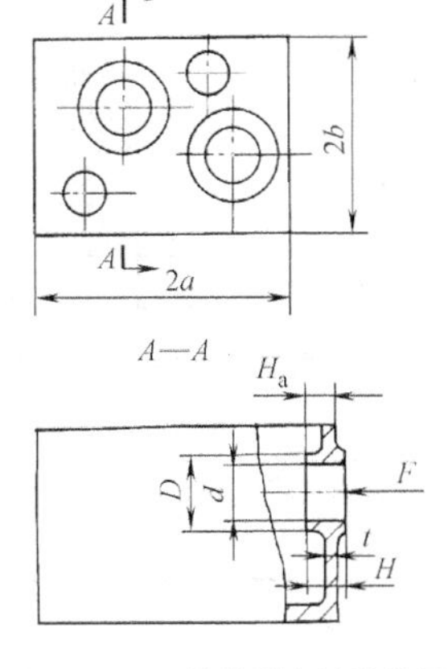

图 18.4-13　箱体刚度计算简图

k_2——其他孔的影响系数，$k_2=1+\sum\Delta\delta/\delta$，$\Delta\delta/\delta$ 的值见表 18.4-12；

k_3——肋条影响系数。对于加强受力孔的凸台肋条，$k_3=0.8\sim0.9$；对于加强整个箱体壁面的肋条，互相交叉的取 $k_3=0.8\sim0.85$，非交叉的取 $k_3=0.75\sim0.8$。

2）箱体刚度 K 的计算：

$$K=\frac{F}{\delta}$$

式中　F——垂直于箱壁的作用力（N）；

δ——箱壁变形量（μm）。

（2）车床主轴箱刚度计算

图 18.4-14 所示为车床主轴箱的结构简图。已知主轴孔 I 的最大轴向力为 $F=3000$N，箱体尺寸：$2a:2b:2c=500:360:560$，材料：铸铁，$E=1\times10^{11}$Pa。试求箱体刚度。

表 18.4-9　着力点位置对箱壁变形的影响系数 k_0

（1）受力面的边长为 $2a\times2b$，四边均与其他面交接															
受力面的边长比 $a:b$	1∶1									1∶0.75					
箱体的尺寸比 $a:b:c$	1∶1∶1			1∶1∶0.75			1∶1∶0.5			1∶0.75∶0.75			1∶0.75∶0.5		
着力点的坐标	1	2	3	1	2	3	1	2	3	1	2	3	1	2	3
1′	0.18	0.24	0.18	0.20	0.28	0.20	0.21	0.31	0.21	0.13	0.18	0.13	0.13	0.20	0.13
2′	0.24	0.35	0.24	0.28	0.44	0.28	0.31	0.50	0.31	0.21	0.30	0.21	0.22	0.33	0.22
3′	0.18	0.24	0.18	0.20	0.28	0.20	0.21	0.31	0.21	0.13	0.18	0.13	0.13	0.20	0.13
（2）受力面的边长为 $2a\times2b$，三边与其他面交接，一边为开口															
受力面的边长比 $a:b$	1∶1			1∶0.75						1∶0.5					
箱体的尺寸比 $a:b:c$	1∶1∶1			1∶0.75∶1			1∶0.75∶0.75			1∶0.5∶1			1∶0.5∶0.75		
着力点的坐标	1	2	3	1	2	3	1	2	3	1	2	3	1	2	3
1′	0.16	0.25	0.16	0.15	0.20	0.15	0.15	—	0.15	0.08	0.09	0.08	0.08	—	0.08
2′	0.30	0.48	0.30	0.29	0.45	0.29	0.28	0.42	0.28	0.19	0.28	0.19	0.18	0.27	0.18
3′	0.43	0.70	0.43	0.39	0.62	0.39	—	0.62	—	0.34	0.51	0.34	—	0.48	—
4′	0.95	1.40	0.95	0.77	1.16	0.77	—	0.16	—	0.62	0.92	0.62	—	0.69	—

注：表中的图为箱体 5 个壁的展开图，图中的直粗实线为两个面的交线，弧线为开口边。

表 18.4-10　孔和凸台对箱体刚度的影响系数 k_1

D/d	H_a/t	$\frac{D^2}{2a\times2b}$							
		0.01	0.02	0.03	0.05	0.07	0.10	0.13	0.16
1.2	1.1	1.0							
	1.5	0.98	0.97	0.95	0.93	0.91	0.88	0.86	0.83
	1.6	0.95	0.93	0.91	0.88	0.85	0.81	0.77	0.75
	1.8	0.91	0.86	0.83	0.78	0.74	0.69	0.65	0.62
	2.0	0.86	0.80	0.77	0.71	0.67	0.61	0.57	0.53
	3.0	0.79	0.71	0.65	0.56	0.50	0.43	0.37	0.33

（续）

D/d	H_a/t	$\frac{D^2}{2a\times 2b}$							
		0.01	0.02	0.03	0.05	0.07	0.10	0.13	0.16
1.6	1.1	1.0							
	1.2	0.98	0.97	0.95	0.93	0.91	0.88	0.86	0.83
	1.4	0.91	0.88	0.85	0.80	0.76	0.72	0.66	0.65
	1.6	0.87	0.82	0.77	0.71	0.66	0.60	0.55	0.51
	2.0	0.82	0.75	0.70	0.62	0.56	0.49	0.43	0.38
	3.2	0.78	0.70	0.63	0.54	0.47	0.38	0.32	0.27

对无凸台的孔			
$d^2/(2a\times 2b)$	0.05	0.01	≥0.015
k_1	1.1	1.15	1.2
说明	D—凸台直径；d—孔径；$2a$—箱体受力面的长边长度；$2b$—受力面的短边长度；H_a/t—凸台有效高度与箱壁厚度之比，见表 18.4-11		

注：系数 k_1 虽随受力孔中心线至板边（近侧）距离 r 与边长的一半 a 的比（r/a）的减少而增大，但一般变化较小，可略去不计。表中列出的是在 $r/a=1$（受力点在板中）条件下的数据。

表 18.4-11 凸台有效高度（H_a）与壁厚（t）比值（H_a/t）的确定

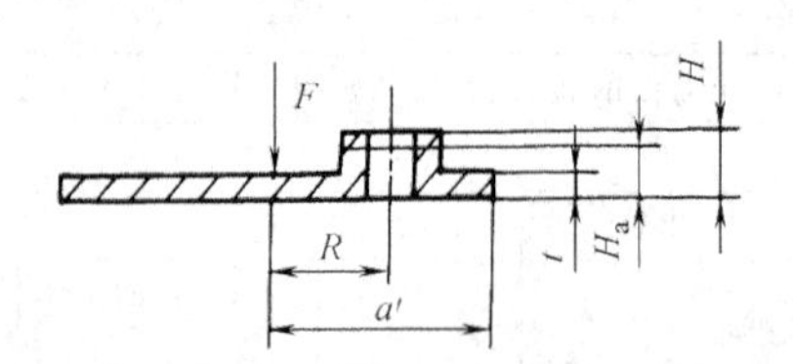

凸台的实际高度与壁厚之比 H/t	受力点至凸台孔中心线与受力点至箱板边缘距离之比 R/a'		
	0	0.3	0.5
	H_a/t		
1.2	1.19	1.16	1.14
1.4	1.37	1.29	1.25
1.6	1.53	1.41	1.35
1.8	1.67	1.52	1.44
2.0	1.78	1.62	1.50
2.2	1.88	1.69	1.55
2.4	1.96	1.76	1.60
4.0	2.15	1.90	1.70
10.0	2.25	2.00	1.75
说明	R—凸台孔中心线至受力点（或受力孔中心线）的距离 a'—受力点（或受力孔的中心线）与箱板边缘（指靠近凸台孔的一侧）的距离		

表 18.4-12 确定系数 k_2 用的 $\Delta\delta/\delta$ 的值

(1)当 H_a/t 较大时，$\Delta\delta/\delta$ 取负值						
D/d	H_a/t	$D^2/(2a\times 2b)$				
		0.01	0.02	0.04	0.07	0.10
1.2	1.4	0				
	1.6	0.02~0.01	0.03~0.02	0.05~0.03	0.07~0.04	0.09~0.05
	1.8	0.06~0.03	0.08~0.04	0.11~0.06	0.16~0.08	0.19~0.10
	2.0	0.08~0.04	0.11~0.06	0.16~0.09	0.21~0.13	0.26~0.17
	3.0	0.12~0.07	0.18~0.10	0.25~0.15	0.34~0.20	0.41~0.24
1.6	1.2	0				
	1.4	0.06~0.04	0.08~0.05	0.11~0.07	0.14~0.10	0.16~0.12
	1.6	0.09~0.05	0.12~0.07	0.17~0.10	0.22~0.13	0.27~0.16
	2.0	0.12~0.07	0.17~0.09	0.23~0.13	0.31~0.18	0.37~0.21
	3.0	0.14~0.08	0.20~0.12	0.29~0.17	0.38~0.23	0.35~0.28

（续）

(2) 当 H_a/t 较小时，$\Delta\delta/\delta$ 取正值						
D/d	H_a/t	$d^2/(2a\times2b)$				
		0.01	0.02	0.03	0.04	0.05
1.2	1.1	0.06～0.03	0.11～0.05	0.14～0.08	0.18～0.11	0.21～0.13
1.6	1.2	0.07～0.03	0.11～0.05	0.13～0.07	0.13～0.08	0.14～0.09
	1.0	0.08～0.03	0.14～0.06	0.22～0.10	0.30～0.13	0.37～0.17
说明	R—所计算的凸台孔中心到受力孔中心的距离；d—受力孔中心到靠近所计算凸台孔一侧的板边距离。当 $R/a'=0.3$ 时，表中数据取大值；当 $R/a'=0.5$ 时，取小值；当 $R/a'=0.7$、$H_a/t=3$ 时，$\Delta\delta/\delta=\pm0.1$；$k_2=1+\sum\Delta\delta/\delta$；$H_a/t$—凸台有效高度与箱壁厚度之比，见表 18.4-11					

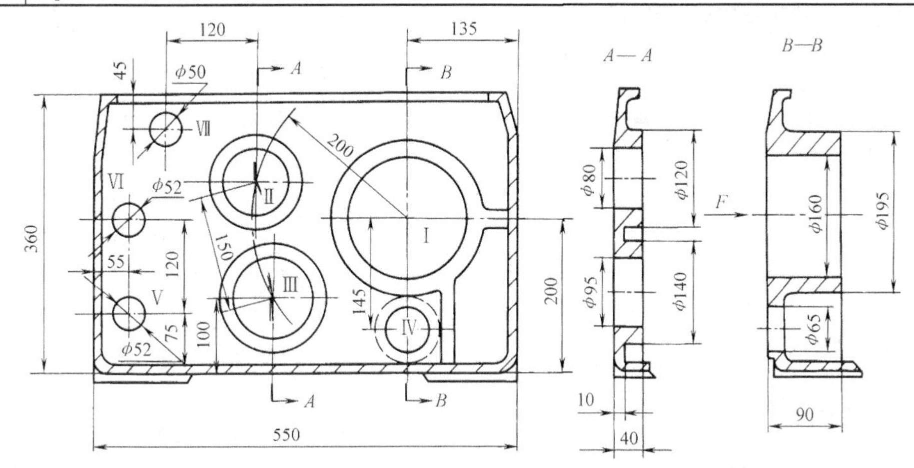

图 18.4-14　车床主轴箱的结构简图

刚度计算过程如下：

（1）确定无孔箱壁的变形量 δ

根据已知条件可得：$F=3000$N、$a=0.275$m、$t=0.01$m、$E=1\times10^{11}$Pa、$\mu=0.3$，箱体尺寸比：$2a:2b:2c\approx1:0.6:1$，箱体受力面的边长比：$2a:2b\approx1:0.6$，着力点的坐标：$x=0.5a$，$y=1.1b$。

由表 18.4-9 确定系数 k_0 的值。用内插法可得，当尺寸比为 1∶0.5∶1 时，$k_0=0.26$，故

$$\delta_0=k_0\times\frac{Fa^2(1-\mu^2)}{Et^3}$$

$$=0.26\times\frac{3000\times0.275^2\times(1-0.09)}{1\times10^{11}\times0.01^3}\text{m}$$

$$=0.00054\text{m}$$

（2）确定修正系数 k_1、k_2 及 k_3

1）求 k_1。

孔Ⅰ：已知 $H/t=0.09/0.01=9$，$R/a'=0$，由表 18.4-11 查得 $H_a/t=2.2$。

根据 $D^2/(2a\times2b)=195^2/(550\times360)=0.19$；$D/d=195/160=1.2$，用外插法从表 18.4-10 查得 $k_1=0.45$。

2）求 k_2。

孔Ⅱ：已知 $H/t=0.09/0.01=9$；$R/a'=200/415=0.48$，其中 a'为孔Ⅰ中心至靠近孔Ⅱ的左箱壁距离，得 $H_a/t\approx1.7$。又 $D^2/(2a\times2b)=120^2/(550\times360)=0.073$ 及 $D/d=120/80=1.5$。再用上面的数值，查表 18.4-12 得：$\Delta\delta/\delta=-0.15$。

孔Ⅲ：计算过程与孔Ⅱ相同，查得 $\Delta\delta/\delta=-0.18$。

孔Ⅳ：$\Delta\delta/\delta=0.02$。

孔Ⅴ、孔Ⅵ：根据 $d^2/(2a\times2b)=52^2/(550\times360)=0.0137$及 $R/a'=360/415=0.87$，得 $\Delta\delta/\delta=0.01$。

孔Ⅶ：因距开口边缘较近，故不计其影响。

因此，修正系数 k_2 值为

$$k_2=1+\sum\Delta\delta/\delta$$

$$=1-0.15-0.18+0.02+2\times0.01$$

$$=0.71$$

3）确定 k_3。

取 $k_3=0.9$。

（3）计算有孔箱壁的变形量 δ

$$\delta=\delta_0k_1k_2k_3$$

$$=0.00054\times0.45\times0.71\times0.9\text{m}=0.000155\text{m}$$

（4）箱体刚度 K

$$K=\frac{F}{\delta}=\frac{3000}{0.000155}\text{kN/m}=1.935\times10^4\ \text{kN/m}$$

3　压力铸造箱体的结构设计

压力铸造以其高效益、重量轻、精度高、少切削和表面质量高，以及可铸造结构复杂的零件等一系列优点，应用范围日益扩大。据有关资料表明，汽车零件用压铸件部分地代替铸铁及铸钢件，汽车重量平均

下降1/3左右。

3.1 传动箱体的肋的设计

压力铸件一般采用均匀薄壁设计，而采取加肋的方法来提高其强度和刚度，防止大面积铸件变形。

（1）变形系数（n_V）及应力系数（n_σ）

在载荷作用下，墙上布肋可使结构的变形及应力状态均发生变化，变形得到减小。产生这种变化，除肋的合理排列外，起决定性的因素是肋的截面形状。为评估加肋后刚度提高的效果及应力状态的变化，引进变形系数 n_V 及应力系数 n_σ。

变形系数 n_V 是带肋结构产生的最大变形与无肋基础平板的最大变形之比，即

$$n_V=\frac{V_{max}\text{（带肋结构）}}{V_{max}\text{（无肋结构）}}$$

一般情况下，n_V 小于1。

作为材料的抗拉强度的度量，对于脆性（铸造）材料取决于其法向应力。表示应力特性的参数由最大正主应力构成。应力系数定义为：带肋结构的最大主应力与无肋基础平板最大主应力之比，即

$$n_\sigma=\frac{\sigma_{1max}\text{（带肋结构）}}{\sigma_{1max}\text{（无肋结构）}}$$

（2）用算图求解 n_V 值（见图18.4-15）

图18.4-15中加强肋的截面由肋的厚度 t_R 和倒圆半径 r_R 来确定。为适用不同厚度的墙（墙的厚度用 t_W 表示）而几何形状相似结构的运算，在算图中采用了比值：t_R/t_W、h_R/t_W 和 r_R/t_W。

在算图中给定的数值范围内，可求出任意尺寸组合的变形系数 n_V，但不能违反几何条件：$(t_R/2)+r_R\leqslant h_R$。$r_R/t_W=1.2$ 的曲线上部有一段虚线，因为在这种条件下，无几何意义。

拉伸载荷下，n_V 值为0.5~0.9（大约）。肋的高度和厚度对 n_V 值的影响比铸造圆角半径要大得多。简单地说，结构所包含的截面积越大，变形就越小，而其面积主要由肋的高度和厚度确定，铸造圆角半径所占比例甚微。

弯曲载荷下，具有肋的墙片变形明显减少。变形系数 n_V 的计算值为0.1~0.6，决定变形值大小的是肋的高度，而肋的厚度仅施以微小的影响，铸造圆角半径的影响可以忽略不计。这一趋势借助于梁是容易理解的，梁的横截面抗弯截面系数随其高度的平方而变化，而与宽度仅是一次方关系。可见箱体截面上弯曲载荷越大，肋的高度也应尽可能增加。

图18.4-15中给出了一组尺寸组合（$t_R/t_W=1.2$、$h_R/t_W=2$ 和 $r_R/t_W=0.8$），并求得在拉伸载荷作用下的变形系数 $n_V=0.72$ 和在弯曲载荷作用下的 $n_V=0.16$。

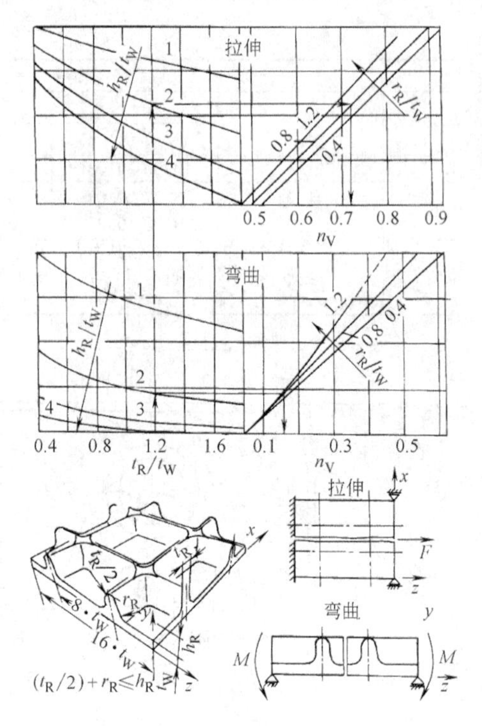

图18.4-15 在拉伸和弯曲载荷（V_{max}最大变形）作用下，箱体墙片的变形系数 n_V 的算图

设计时，可采用不同的尺寸组合来筛选 n_V 值，反之亦然。

（3）用算图求解应力系数 n_σ（见图18.4-16、图18.4-17）

应力系数 n_σ 与肋的几何参数不是简单的函数关系，每个算图中均有3个图表，每一个图表针对一个固定的 r_R/t_W 值。图18.4-16所示为在拉伸载荷作用下，箱体墙片的应力系数 n_σ 与肋的几何尺寸的关系。图18.4-17所示为在弯曲载荷下，箱体墙片的应力系数 n_σ 与肋的几何尺寸的关系。图中画有阴影的曲线，表示可实施的肋截面的界线，超出则违反了几何条件。这条界限曲线与其他曲线相交。

拉伸载荷下，应力系数在0.66~1.1之间变化。一般情况下，它与肋的高度、厚度及半径的相关性是相似的，故在拉伸载荷作用下，与无肋墙相比，加大肋的截面除可提高刚度外，还可减低最大主应力。

弯曲载荷下，值得注意的是：当铸造圆角半径（$r_R/t_W=0.4$）较小时，对于 $t_R/t_W\geqslant1.0$ 的曲线部分趋于反向，这时，高度较高的肋比高度低的肋的应力系数要大。图18.4-17中还表明，当肋的厚度（大约）等于墙厚度时，肋的加强没有造成应力系数的降低。为了获得低的应力系数，弯曲载荷下肋的高度应尽可能高，可以等于3~4倍墙的厚度，但肋不能太厚（$t_R/t_W\leqslant1.0$），并采用中等圆弧半径（$r_R/t_W=$

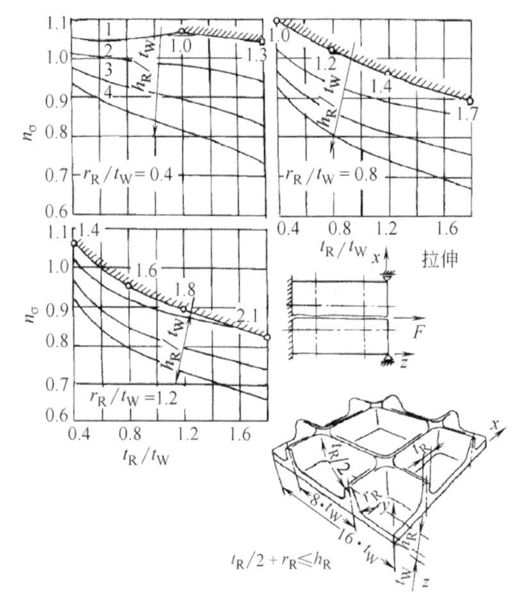

图 18.4-16　拉伸载荷时，箱体墙片的应力系数 n_σ 与肋的几何尺寸的关系（σ_{1max}最大正主应力）

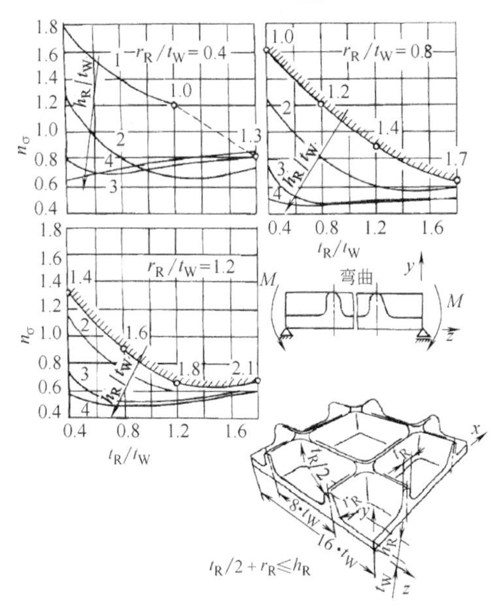

图 18.4-17　弯曲载荷时，箱体墙片的应力系数 n_σ 与肋的几何尺寸的关系

0.8)，此时与无肋墙相比最大主应力减少一半。

综上所述，根据载荷的不同，变形系数与应力系数对肋的几何形状尺寸存在着不同的依赖性。剪切和扭转等也同属此类。因此，最适宜的肋的几何形状没有单一的结论，应根据箱体不同区域的不同形式载荷，设置不同几何形状大小的肋和不同排列方式的肋。

(4) 压铸传动箱体上肋的设计要点

布肋的总的原则是应使肋通过主应力方向，并通过增大承载截面来降低拉应力。

1) 拉应力和弯曲应力占主导地位的轴承墙的布肋，应从轴承孔出发呈射线状布置大尺寸的肋，肋的高度等于（3~4）t_W，肋的宽度为（1~2）t_W。

2) 倒车-支承区（推力状态下的高弯曲应力）用高肋，肋的高度为（3~5）t_W，并在0°或90°布肋。

3) 支承墙（切应力占主导地位）。在此区域内应采用具有大的铸造圆角半径（半径等于 $1.2t_W$）的宽肋（肋的宽度等于 1~2 倍的 t_W），并在与联动装置的纵向轴线偏 45°以下布肋。

3.2　箱体上的通孔及紧固孔的设计

(1) 通孔及紧固孔的缺口系数

在传动箱体上，常常存在有固定各种装置的紧固孔。孔的缺口效应可用缺口系数（α）描述，该系数取决于几何形状和载荷类型。对于基本载荷（拉伸、剪切、弯曲和扭转），缺口系数取决于不同的几何参数，如 d_a/d_i 和 R/t_W（d_a、d_i 分别为紧固孔的外、内径；R 为孔的倒圆半径；t_W 为平板墙的厚度）。缺口系数（α）可用下式表示

$$\alpha=\frac{\sigma_{max}\text{（最大缺口应力）}}{\sigma_N\text{（公称应力）}}$$

式中，拉伸及剪切时，$\sigma_N=\dfrac{F\text{（作用力）}}{A\text{（未受损的截面面积）}}$；

弯曲时，$\sigma_N=\dfrac{M\text{（弯矩）}}{W\text{（抗弯截面系数）}}$。

此外，对加肋结构引入系数 α^*，α^* 为有肋带孔平板的最大应力与无缺陷（带肋的）板最大应力之比。

箱体墙上的典型孔的缺口系数见表 18.4-13。从表 18.4-13 中可以看出，具有孔和螺栓孔的肋板，当孔位于板中间时，在弯曲载荷作用下无缺口效应。因为在这种情况下，长肋起着弯曲梁的作用，并排除了孔周围的高应力。同样，在扭转载荷作用下的具有孔的带肋板也无缺口效应，因为这时加固肋和十字肋的载荷高于相同位置孔的载荷。

带孔的无肋板（见表 18.4-13 中图 a），参数 d_a/d_i 和 d_i/t_b（t_b 为基础板的侧面长度）主要影响最大应力。在拉伸和剪切时的应力峰值与理论求得的结果相同（无限大的板，在拉伸和剪切时的缺口系数分别为 $\alpha=3$ 和 $\alpha=6$）。

带肋平板中的紧固孔的位置（如紧固孔在肋旁或在肋节上）是影响应力分布的重要因素之一。下面对表 18.4-13 中的图 c、图 d、图 e 和图 f 四种形式做一比较：在拉伸载荷下，由于形式 e 中的孔位于两肋之间，力线流通过肋的长度方向没受损伤，故 $\alpha=1.98$，成为最小值；剪切时，由于横肋及孔的内径周边应力将会增加，而形式 d 和形式 e 中没有横肋，故具有最低的缺口系

数；在弯曲载荷时，横肋又具有共同承担载荷的作用，因此孔的位置布置在肋的节点上是有利的。

表 18.4-13　不同形式平板上孔的缺口系数一览表

形　式	缺口系数 α 和 α^*				参　　数	说　　明
	拉　伸	剪　切	弯　曲	扭　转		
a)	$\alpha=2.77$	$\alpha=4.52$	$\alpha=1.47$	$\alpha=2.42$	$d_a/d_i=2.0$ $R/t_W=0.4$ $d_i/t_b=0.1$	紧固孔位于板中间
b)	$\alpha=3.18$ $\alpha^*=2.51$	$\alpha=7.12$ $\alpha^*=5.69$	无缺口效应	无缺口效应	$r_R=4mm$ $t_R=6mm$ $d=8mm$	通孔及紧固孔位于平板上的 4 条相交肋的中间
c)	$\alpha=2.47$ $\alpha^*=2.04$	$\alpha=4.43$ $\alpha^*=1.47$	无缺口效应		$d_a/d_i=2.0$ $R/t_W=0.4$ $r_R=4mm$ $t_R=6mm$	
d)	$\alpha=2.67$ $\alpha^*=2.67$	$\alpha=3.62$ $\alpha^*=1.37$	$\alpha=1.60$ $\alpha^*=1.60$		$d_a/d_i=2.0$ $r_R=2mm$ $t_R=4mm$	紧固孔位于板上的两条长肋中的一条肋上
e	$\alpha=1.98$ $\alpha^*=1.98$	$\alpha=3.32$ $\alpha^*=1.42$	无缺口效应		$d_a/d_i=2.0$ $r_R=4mm$ $t_R=6mm$	紧固孔位于板上的两条长肋中间
f)	$\alpha=2.62$ $\alpha^*=2.04$	$\alpha=4.20$ $\alpha^*=1.38$	$\alpha=1.37$ $\alpha^*=1.37$		$d_a/d_i=2.0$ $r_R=4mm$ $t_R=6mm$	紧固孔位于板上的 4 条相交肋的节点上
g)	$\alpha=2.80$ $\alpha^*=2.15$	$\alpha=3.80$ $\alpha^*=1.25$	$\alpha=2.12$ $\alpha^*=2.12$		$d_a/d_i=2.0$ $r_R=2mm$ $t_R=4mm$	紧固孔位于板上的 4 条相交肋的长肋及横肋上
h)	$\alpha=2.41$ $\alpha^*=1.85$	$\alpha=3.60$ $\alpha^*=1.18$	无缺口效应		$d_a/d_i=2.5$ $r_R=2mm$ $t_R=4mm$	

表 18.4-13 是在几何参数不变的前提下所得的结果，而图 18.4-18 所示为不同的几何参数对缺口系数的影响。图 18.4-18 表明，在拉伸和剪切载荷下，表 18.4-13 中的形式 a 及形式 c 的缺口系数 α 与孔径比（d_a/d_i）的关系。如同取决于载荷一样，增大紧固孔的外径和圆角半径 R 可减少缺口效应。

（2）传动箱体加肋墙上的紧固孔设计要点

1）一般情况下，尽可能增大外、内径的比值，并给予紧固孔大的凹圆角半径，以此来减小缺口应力效应。

2）高载荷螺栓孔（如扭转支承、辅助机组的螺栓孔）应该用肋支撑，即螺栓孔应设置在肋的交叉点上。

3）低载荷孔（如辅助设备的螺栓孔）不应设置在肋上，而应安置在两肋之间的空处，借此来减弱缺口应力效应（弯曲载荷时，$\alpha=1$）。

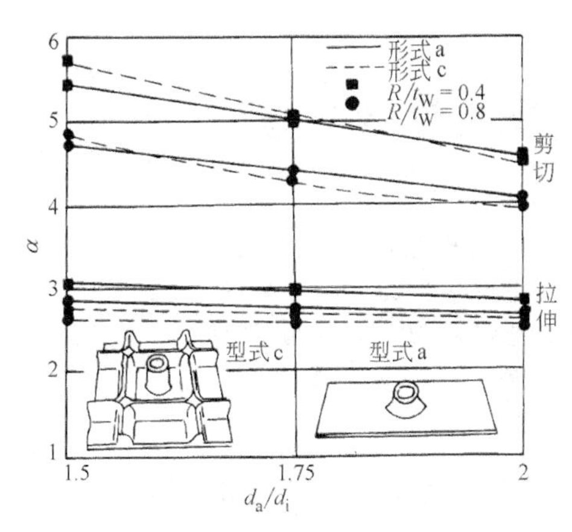

图 18.4-18　a 型和 c 型板在拉伸和剪切下的缺口系数
$\alpha=\sigma_{max}/\sigma_N$；$d_a/d_i$——直径比；
R/t_W——相对倒圆半径

3.3　压铸孔最小孔径

铸件上的孔（或槽）应尽可能铸出，这样可以使壁厚保持均匀，而且还可节省金属。可铸出的最小孔径及深度见表 18.4-14。

3.4　箱体壁厚

一般情况下，压铸件的强度随壁厚的增加而降低。薄壁铸件的致密性好，故相对地提高了强度和耐磨性，但也不应太薄，太薄不仅给工艺带来困难，而且易产生缺陷。压铸件壁厚一般为 1～5mm。铝合金铸件的合理壁厚见表 18.4-15。由于铸造圆角有助于金属的流动和成型，为了避免因尖角产生应力集中以及镀涂时连接处可获得均匀镀层，在两壁的连接处应设计成圆角，圆角的尺寸一般可按表 18.4-16 中选取。

表 18.4-14　铸孔最小孔径及深度

合金	最小孔径 d/mm		深　　度			
	经济上合理的	技术上可能的	不通孔		通孔	
			$d>5$	$d<5$	$d>5$	$d<5$
锌合金	1.5	0.8	$6d$	$4d$	$12d$	$8d$
铝合金	2.5	2.0	$4d$	$3d$	$8d$	$6d$
镁合金	2.0	1.5	$5d$	$4d$	$10d$	$8d$
铜合金	4.0	2.5	$3d$	$2d$	$5d$	$3d$

注：1. 表内深度指固定型芯而言，对于活动的单个型芯其深度还可以适当增加。
2. 对于较大的孔径，当精度要求不高时，孔的深度也可超出上述范围。

表 18.4-15　铝合金压铸件的合理壁厚

压铸件表面积/cm²	≤25	>25～100	>100～400	>400
壁厚/mm	1.0～4.5	1.5～4.5	2.5～4.5(6)	2.5～4.5(6)

注：1. 在较优越的条件下，合理壁厚范围可取括号内数据。
2. 根据不同使用要求，压铸件壁厚可以增厚到 12mm。

表 18.4-16　两壁连接处的铸造圆角

直角连接		T形壁连接		交叉连接
壁厚相等	壁厚不等	壁厚相等	壁厚不等	壁厚相等
$r_1=b_1=b_2$ $r_2=r_1+b_1$(或 b_2) 当不允许有外圆角($r_2=0$)时，$r_1=(1\sim1.25)b_1$	当 $b_2>b_1$ 则 $r_1=\dfrac{2}{3}(b_1+b_2)$ $r_2<b_1+b_2$； 当不允许有外圆角时($r_2=0$)，$r_1=\dfrac{2}{3}(b_1+b_2)$	$b_1=b_2=b_3$ $r_1=(1\sim1.25)b_1$	第一种情况： $b_1=b_2$ 和 $b_3>b_1$ 第二种情况： $b_3>b_2>b_1$ 上述两种情况均选用 $r_1=(1\sim1.25)b_1$	90°时，$r_1=b_1$ 45°时，$r_1=0.7b_1$ $r_2=1.5b_1$ 30°时，$r_1=0.5b_1$ $r_2=2.5b_1$

注：1. 壁厚不等的交叉连接，计算铸造圆角半径时的 b_1 采用其中最薄的壁厚。
2. 当根据结构要求，当圆角半径小于表中的值时，可取 $r_1 \nless 0.5b_1$；在特殊情况下，可取 $r_1=0.3\sim0.5$mm。

第5章　机架与箱体的现代设计方法

1　概述

传统的设计方法通常是在调查分析的基础上，参照同类或类似的产品设计信息，通过估算、经验类比或试验来确定初始的设计方案；然后根据初始设计方案的设计参数进行强度、刚度、稳定性等方面的分析计算，检查并确定是否满足设计指标要求；如果不满足要求，需要设计人员对其进行修改，直到满足要求为止。常规设计过程就是人工试凑和定性比较的过程，主要的步骤一般需要反复进行。用于机架刚度、强度分析的常规工程法，是把机架简化成形状简单的框架，应用工程力学方法进行计算。由于机架箱体在几何形状、载荷及其约束条件等诸多方面的复杂性，采用常规算法通常难以确定复杂形状机架的真实薄弱部位。近年来，随着计算机及其相关技术的发展和应用，机械设计也逐渐由静态、线性分析向动态、非线性分析，由可行性设计向最优化设计的方向发展，如应用有限元法可对箱体、机架结构进行准确、直观的设计计算，对准确确定机架及各种机械设备结构尺寸和优化设计均有很好的指导意义。

有限元分析法将实际结构通过离散化形成单元网格，每个单元具有简单形态并通过节点相连，每个单元上的未知量就是节点的位移，将这些单个单元的刚度矩阵相互组合起来形成整个模型的总体刚度矩阵，并给予已知力和边界条件求解该刚度矩阵，从而得出未知位移；通过节点上位移的变化计算出每个单元的应力。

优化设计是20世纪60年代初发展起来的一门学科，它将最优化原理和计算机技术应用于设计领域，为工程设计提供重要的设计方法。优化设计方法在机械设计中的应用，既可以使方案在规定的设计要求下达到某些优化的结果，又不必耗费过多的计算工作量。机械优化设计在机构综合、机械零件的设计、专用机械设计和工艺设计等方面得到了应用并取得了一定的成果。机械优化设计的范围越来越广，仍有很多关键技术问题需要解决。

拓扑优化指通过寻求结构的最优拓扑布局，从而使得结构能够在满足一切有关平衡、应力和位移等约束条件的情形下，使某种性能指标达到最优。目前，最常用的连续体拓扑优化方法有均匀化法、变厚度法、变密度法、渐进结构优化法（ESO）、水平集法（Level set）及独立连续映射法（ICM）等。M lejnek等人根据均匀化法提出了变密度法，其基本思想是定义取值范围为［0,1］的相对密度μ，将优化目标用相对密度μ的显性函数表示，然后运用数学规划法或优化准则法求解。

2　机架和箱体的有限元分析

2.1　轧机闭式机架的有限元分析

轧机机架是轧机中的重要零件，其尺寸和重量最大，在轧制过程中要承受较大的轧制压力；同时要求机架的变形要小，以满足产品的质量要求。近年来，对机架的分析广泛采用弹塑性有限元方法。通过有限元法的分析研究，能够了解机架中最危险的位置和应力的分布规律。

在轧制过程中，机架受力复杂，包括轧制力、摩擦力、附加力和冲击力等，以轧制力为最大，忽略其他力影响，只取轧制力为外载荷。

（1）模型的建立

用结构的1/4建立三维有限元模型，最大应力出现在压下螺母孔过渡圆角与机架对称平面相交的位置。在建模时，圆角采用平挖圆弧，如图18.5-1和图18.5-2所示。采用8节点的SOLID45六面体单元和20节点的SOLID95六面体单元，在两种单元过渡处采用10节点的SOLID92四面体金字塔单元。

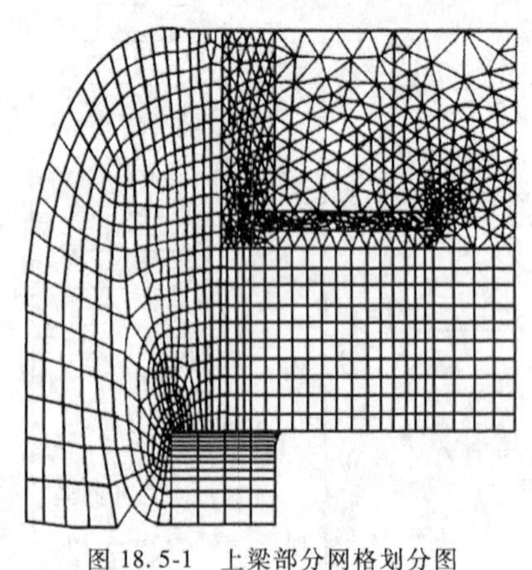

图18.5-1　上梁部分网格划分图

（2）施加载荷

正常轧制时，通过计算获得机架的轧制力为15400kN，每片机架承受一半，即7700kN。按均布载

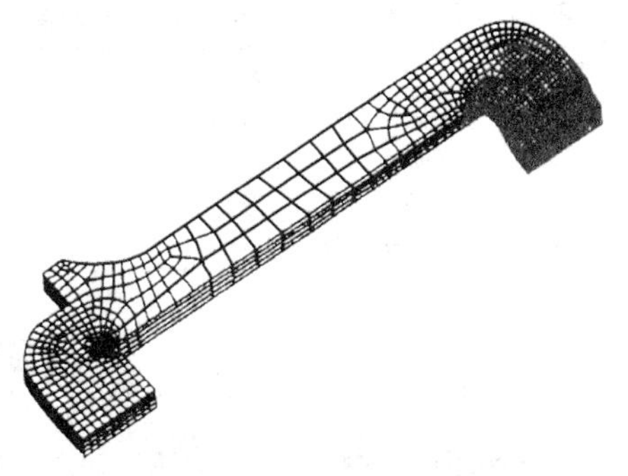

图 18.5-2　机架总体模型

荷方式作用于上横梁压下螺母孔台阶面及下横梁轴承座承压面上。

（3）施加约束

在机架剖开位置处施加对称约束；在前面对称面处施加 Z 方向的零位移约束，在沿厚度方向对称面处施加 X 方向的零位移约束，在地脚支承面处施加 X、Y、Z 三个方向的零位移约束。

（4）分析结果

图 18.5-3 和图 18.5-4 所示分别为上横梁和机架的等效应力图。得到最大应力出现在压下螺母孔边上，最大应力为 93.287MPa。

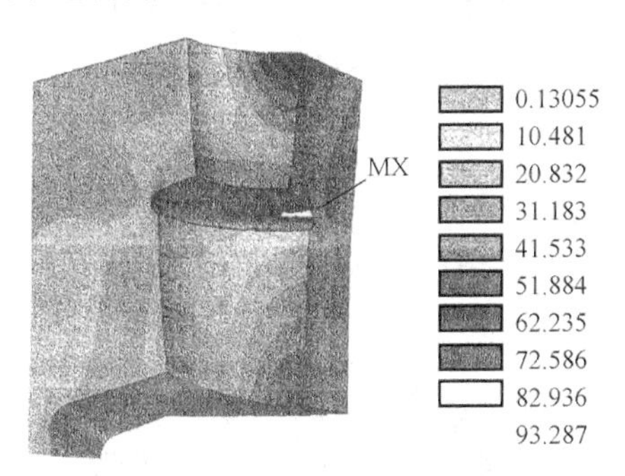

图 18.5-3　上横梁等效应力图

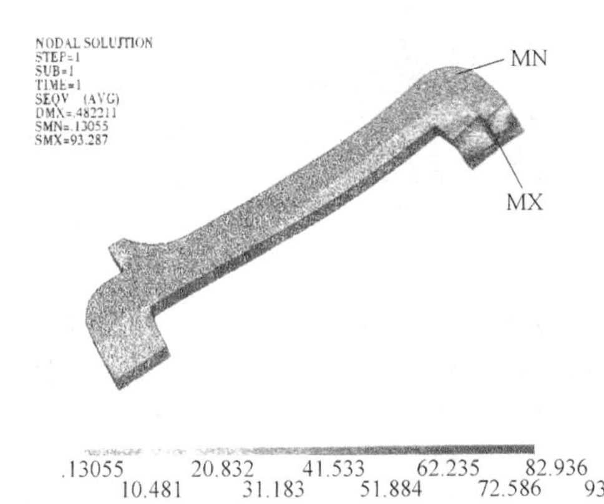

图 18.5-4　机架等效应力图

2.2　主减速器壳体有限元分析

（1）主减速器壳体有限元模型的建立

利用 HyperMesh 软件，选用四面体单元对壳体（材料：ZL111）进行网格划分，其中单元尺寸为 5mm，共计 332167 个单元。同时，用 rigid 单元近似模拟壳体螺栓连接部分。在壳体输出轴两侧施加六个方向的全约束。其有限元模型如图 18.5-5 所示。

图 18.5-5　主减速壳体的有限元模型

（2）主减速器壳体静强度分析

通过对此越野车整个传动系统的分析可知，在低速爬坡工况下发动机输出功率最大，此时对应转矩也最大。由于行驶速度很低，因此对壳体采用静力学分析。

壳体所受载荷主要是通过轴承作用于壳体轴承座孔处。在中心轴向力作用下，轴承上的载荷可认为是由各滚动体平均分担，均布于轴承座孔端面圆周上。轴承座孔处受力按集中作用点处左右 60° 的余弦函数分布处理，轴承孔受力：

$$q(\theta)=\frac{5P}{6RL}\cos\frac{3\theta}{2}$$

式中　P——径向力；

R——轴承座孔半径；

L——轴承座孔宽度。

通过计算，壳体轴承孔承受载荷如图 18.5-6 和表 18.5-1 所示。

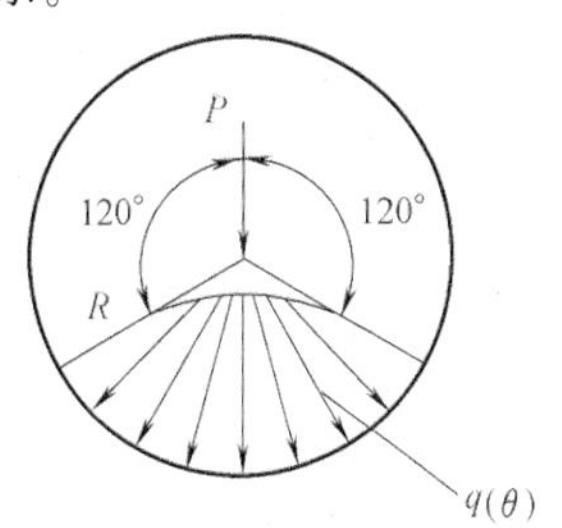

图 18.5-6　壳体轴承孔载荷分布图

表 18.5-1　壳体轴承载荷

轴承孔位置		R_x/N	R_y/N	R_z/N
爬坡	1	-10440.1	4759.77	-45971.33
	2	-1584.58	4759.77	-13035.61
	3	-2288.41	0	-18217.04
	4	7020.93	0	-14059.96
	5	0	11821.68	0

将各轴承所受径向力以余弦函数方式加载到箱体轴承座孔处，轴向力以集中力方式加载，在恶劣工况低速爬坡情况下，壳体应力-位移云图如图 18.5-7 所示。

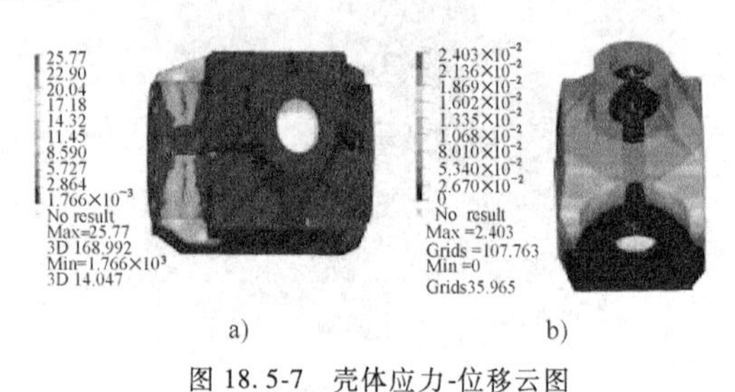

图 18.5-7　壳体应力-位移云图
a）低速爬坡应力云图　b）低速爬坡位移云图

由图 18.5-7 可知，这种工况下最大应力出现在输出轴承座孔处，但最大应力 25.77MPa 远小于材料强度极限 255MPa，壳体有足够的轻量化空间。爬坡工况下静强度分析结果见表 18.5-2。

表 18.5-2　壳体静强度分析结果

最大位移/mm	最大应力/MPa
0.024	25.77

（3）主减速器壳体模态分析

应用 Lanczos 法对主减速器壳体进行约束模态分析，考虑到低阶频率较容易与外界产生耦合，过高阶的频率对零件的动态性能影响不大，故提取频率 0～2000Hz 下的前四阶模态。壳体前四阶振型图见图 18.5-8 所示，壳体前四阶固有频率及振型见表 18.5-3。

通常壳体激励可分为内部激励和外部激励，其中内部激励是指齿轮啮合频率，也是壳体主要研究的激励。该主减速器输入转速为 208～3311r/min，由啮合频率公式 $f_n=nz/60$（其中，n 为转速；z 为齿数）可得，主减速器齿轮传动的啮合频率为 66～1048Hz。

由表 18.5-3 可知，壳体前四阶固有频率为 1273～1877Hz，均避开了可预知的内部齿轮啮合频率，故壳体不会产生共振。由图 18.5-8 知，壳体整体呈现张合振动趋势，壳体输入轴端因承受较大转矩，振动较明显，壳体两侧有明显张合振动。

表 18.5-3　壳体前四阶固有频率及振型

阶次	频率	振　型
1	1273	输入端沿 y 轴上下振动
2	1338	整体张合振动，底部振动较明显
3	1568	整体张合振动，两侧振动较明显
4	1877	壳体整体张合振动

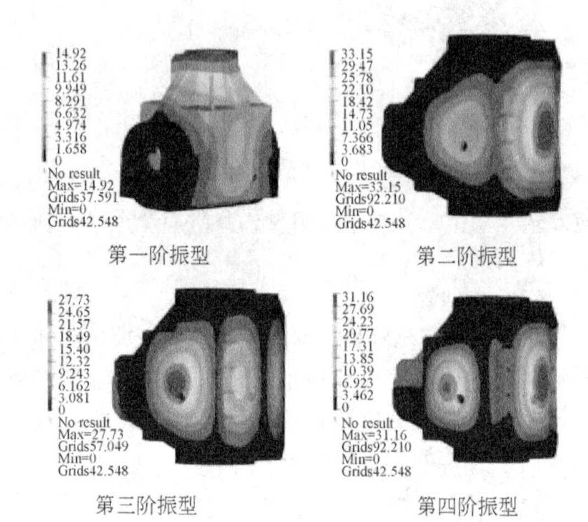

图 18.5-8　壳体前四阶振型图

2.3　多工况变速器箱体静动态特性有限元分析

（1）箱体有限元模型建立

变速器箱体由上箱体、下箱体、左端盖、右端盖和前盖五部分组装而成，几何结构比较复杂，用 Hypermesh 进行网格划分，采用六面体单元，最终该有限元模型共有 111916 个实体单元，箱体有限元模型如图 18.5-9 所示。

图 18.5-9　箱体有限元模型

为方便在轴承座上施加约束和边界载荷，模型中添加刚性单元（rigid bar element）rbe2 来定义位移约束位置，添加刚性单元 rbe3 来定义载荷作用位置。该箱体模型共添加 3 个用于固定约束的 rbe2 单元，分别在左、右端盖和前盖处；17 个用于载荷施加的 rbe3 单元，分别位于箱体的各轴承座孔处。

对载荷边界条件，根据发动机转矩特性曲线，选择最大转矩工况时对应各轴承座处的动态力最大值为该载荷工况的载荷边界条件。图 18.5-10 所示为 1 档载荷工况下发动机最大节气门开度，转速为 1800r/min 时各轴承座处各方向的动态力最大值。

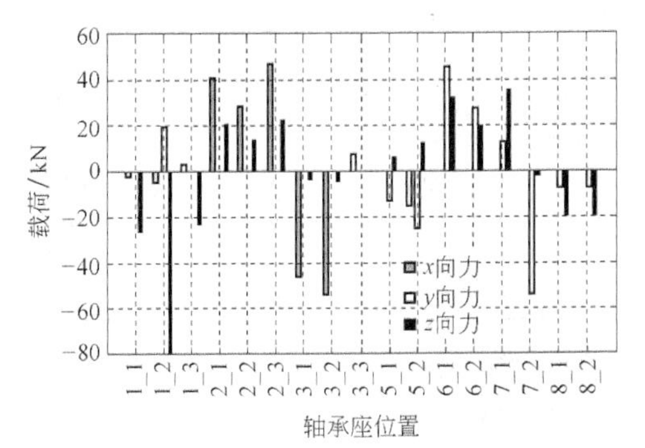

图 18.5-10　1 档工况下各轴承座处动态力最大值

图中 1_1 表示变速传动部分 Ⅰ 轴第一个轴承座位置。该箱体变速传动部分包含 Ⅰ 轴、Ⅱ 轴、Ⅲ 轴轴承孔，每根轴都有三个轴承座支承；5_1~8_2 分别为前传动四根传动轴的轴承座位置，每根轴都有两个轴承座支承。

由图 18.5-10 可见，各轴承座处受力大小不一，最大力发生在Ⅰ轴中间轴承座处，最大值为 79.541kN。同理可获得其他六种载荷工况下各轴承座处的最大支反力。通过对所有载荷工况轴承座动态力最大值进行分析，最大轴承支反力出现在倒档工况，位置也位于Ⅰ轴中间轴承座处，最大值达 116.028kN。

（2）箱体模态与静力分析

在约束状态下，对箱体的模态进行研究。利用 Nastran 软件提供的 Lanczos 法对箱体进行模态分析，频率范围为 0~2000Hz，共有 99 阶模态，各阶模态频率分布比较密集，这里仅列举前 10 阶模态结果，见表 18.5-4。

表 18.5-4　箱体前 10 阶模态频率

模态阶数	1	2	3	4	5
模态频率 f/Hz	310	336	376	437	460
模态阶数	6	7	8	9	10
模态频率 f/Hz	472	519	545	568	601

由表 18.5-4 可知，箱体约束后第 1 阶模态频率为 310Hz，振型主要表现为整体扭转变形。进一步分析箱体的前 6 阶模态振型，其主要表现为结构的整体变形，因此对箱体来说，前 6 阶模态对结构动态响应特性有重要影响。

针对箱体的七种载荷工况分别对其进行有限元静力分析和模态分析，得到箱体的变形、应力和模态信息。经分析可知，倒档（R 位）工况下静态位移和应力最大，箱体最大应力为 70.92MPa，位于后传动惰轮轴承座周围箱体顶部节点 136907 位置；箱体最大变形为 0.64mm，位于后传动惰轮轴承座周围箱体顶部节点 136887 位置。另外，位移大于 0.2mm 的位置主要位于后传动惰轮轴周围。分别对七个载荷工况进行分析，各工况的最大变形量和应力见表 18.5-5。

表 18.5-5　箱体各工况的最大变形和应力

档位	R	1	2	3	4	5	6
最大应力 σ_{max}/MPa	70.92	29.51	27.84	34.16	18.60	19.31	18.66
节点 ID	136907	14061058	14026090	14061058	88428	14061058	88428
位置	箱体顶部惰轮凸起处	Ⅰ 轴中间轴承座下方	前传动惰轮轴承座处	箱体顶部惰轮凸起处	前盖内板轴承座处	Ⅰ 轴中间轴承座下方	前盖内板轴承座处
最大变形量 d_{max}/mm	0.64	0.18	0.18	0.17	0.11	0.11	0.11
节点 ID	136887	177374	177374	177374	177374	14231834	14231834
位置	箱体顶部惰轮凸起处	Ⅰ 轴中间轴承座处	Ⅰ 轴中间轴承座处	Ⅰ 轴中间轴承座处	Ⅰ 轴中间轴承座处	前盖内板	前盖内板

3　机架和箱体的优化设计

3.1　轧机闭式机架的优化设计

此处选择前面 2.1 书中轧机闭式机架为研究对象，优化设计过程具体如下。

（1）约束变量的选取

机架的设计是在辊系初步设计之后，机架的内框尺寸已经确定的条件下进行的，这些尺寸作为给定的设计参数。这样，设计变量可取为

$$\boldsymbol{X}=(H_1,H_2,H_3,T,B,R)^{\mathrm{T}}$$

式中　H_1——上横梁高；

H_2——下横梁高；

H_3——地脚板与下横梁上表面的距离；

T——机架的厚度；

B——机架立柱的宽度；

R——机架上横梁的圆弧半径。

（2）目标函数

目标函数采用两种方案：第一种方案是以机架质量最小为目标函数，因为质量与体积成正比，故取机架体积最小为目标函数；第二种方案取机架内框最大垂直位移最小为目标函数，即

$$f(x_1) = \sum_{i=1}^{n} V_i$$

式中　V_i——第 i 个单元体积；

n——单元总数。

$$f(x_2) = u_{\max} = u_{y\max}^{(+)} - u_{y\max}^{(-)}$$

式中　$u_{y\max}^{(+)}$——机架内框垂直向上的节点位移；

$u_{y\max}^{(-)}$——机架内框垂直向下的节点位移。

（3）约束函数

对第一种方案，以机架内框最大垂直位移和最大节点应力作为约束条件，以求得在满足使用功能条件下的材料最省。对第二种方案，以最大节点应力和机架体积为约束条件，以求得在一定体积下材料的合理分布。

$$\sigma_{\max} = \max(\sigma_{ri}) \leqslant [\sigma], i = 1、2、\cdots、N$$

式中　σ_{ri}——第 i 个节点的等效应力；

N——节点总数；

$[\sigma]$——许用应力。

（4）优化方法选择及优化过程

可用两种优化方法：零阶方法和一阶方法。零阶方法使用所有因变量（约束函数和目标函数）的逼近，它只用到因变量而不用它的偏导数，搜索非约束目标函数是在每次迭代中用 SUMT 实现的。一阶方法使用因变量对设计变量的偏导数，在每次迭代中，用梯度计算方法确定搜索方向，并用线性搜索法对非约束问题进行最小化，该方法的计算量很大，且容易收敛于局部极小值点。

本例采用零阶方法。优化分两步进行：第一步，以机架体积最小作为目标函数；第二步，以最大垂直位移最小作为目标函数，把第一步已经优化出的体积作为约束函数，进行进一步的优化。在两次优化过程中，节点最大应力都作为约束函数。

（5）优化前后结果比较

通过两步顺序执行的优化过程，一系列的迭代，得出最优的设计结果值见表 18.5-6。优化后的等效应力等值线和最大垂直位移等值线图与优化前形状相似，只是数值不同。

表 18.5-6　优化前、后值对比

	初始值	体积为目标函数	变形为目标函数
B/mm	750.00	750.34	750.21
H_1/mm	1000.0	1008.6	1024.1
H_2/mm	1000.0	1020.5	1006.2
H_3/mm	100.00	16.172	12629
T/mm	630.00	600.26	600.20
R/mm	600.00	683.51	679.15
$\sigma_{\max}$/MPa	93.287	86.261	84.178
$u_{\max}$/mm	0.714822	0.674771	0.670877
VTOT/10^{10}mm^3	0.22073	0.21642	0.21630

图 18.5-11 所示为第一次以体积为目标函数的优化过程中，机架内框最大垂直位移的变化图。

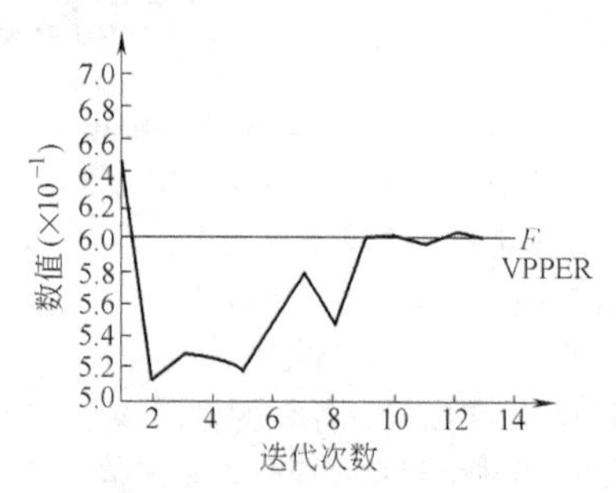

图 18.5-11　以体积为目标函数优化过程中的最大垂直位移变化图

图 18.5-12 所示为在两次优化过程中，最大纵向变形量的变化图。其中起伏较大的前 14 次迭代是在第一次优化过程中，以机架体积最小作为目标函数时的最大纵向变形量变化过程。

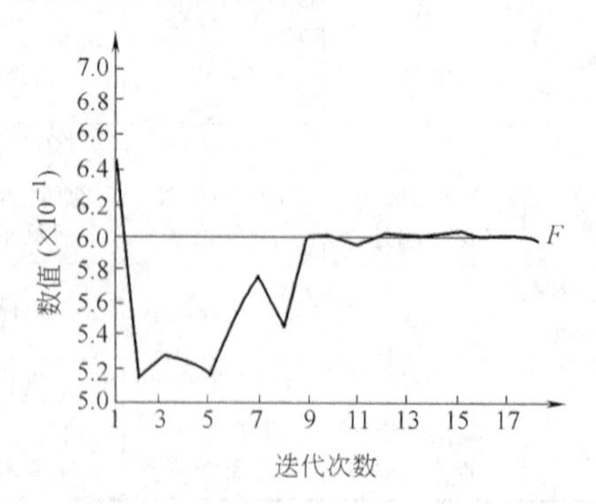

图 18.5-12　最大变形量的变化图

图 18.5-13 所示为在两次优化过程中体积变化图。由于在第二次优化时，作为约束函数的体积不大于第一次优化后得出的体积值，从图 18.5-13 中可以看出，在本次优化过程中，体积是起作用的约束，体积围绕着上限波动。

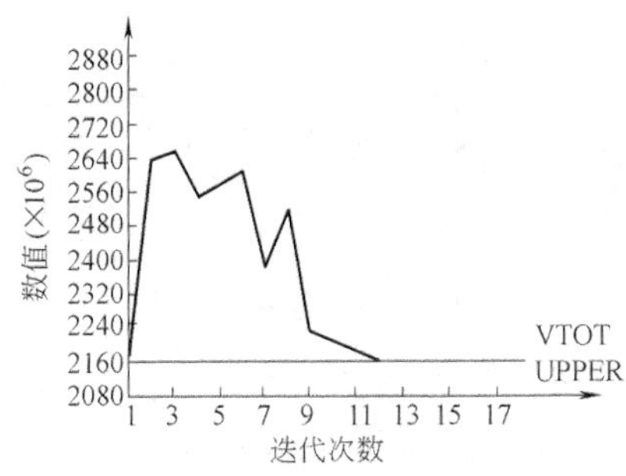

图 18.5-13　两次优化过程的机架体积变化图

3.2　矿用减速器箱体的优化设计

减速器箱体是减速器的重要组成部分，作为基座，它必须具有足够的强度。在传统的设计中，矿用减速器箱体的设计主要靠设计经验和经验公式来进行，安全系数的选择往往偏大，造成制造材料的浪费。本例以某煤矿机械有限公司 1000kW 型矿用减速器箱体为研究对象，以箱体质量最小为目标函数，利用 ANSYS 的优化设计模块和参数化程序语言 APDL 对箱体进行了优化设计。

（1）减速器箱体优化数学模型

ANSYS 软件的优化模块集成于 ANSYS 软件包之中，采用三大优化变量来描述优化过程，分别是：①设计变量为自变量，优化结果的取得是通过改变设计变量的数值来实现的，每个设计变量都有上下限，它定义了设计变量的变化范围；②状态变量是约束设计的数值，它们可以是设计变量的函数，也可独立于设计变量，状态变量可能会有上下限，也可能只有上限或下限；③目标函数。

对本减速器箱体的优化，可确定三大优化变量为：

1）设计变量。根据生产实际要求，确定箱体的设计变量及其初始值如下：A = 30mm、D = 40mm、E = 80mm、F = 40mm、G = 50mm，如图 18.5-14 所示。

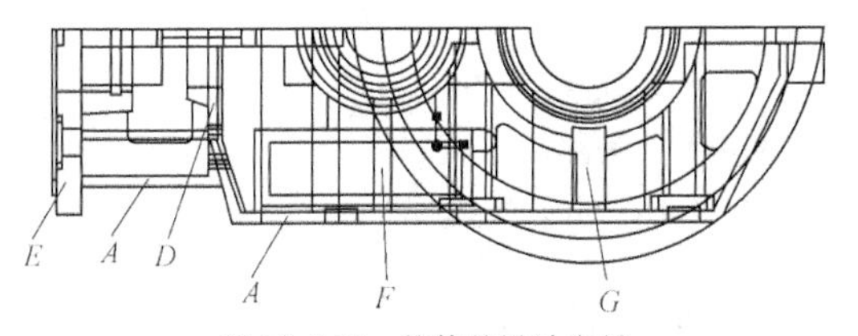

图 18.5-14　箱体的设计变量

2）状态变量。箱体的最大变形 D_{max} 小于有限元分析得到的箱体的最大变形 D_{max}，根据箱体材料 QT400-15，箱体的最大应力 $S_{max} \leqslant [\sigma_{0.2}] = 250\text{MPa}$；

3）目标函数。箱体的质量最小，即 $f(x) = M_{min}$。

（2）优化设计的步骤与方法

一个典型的 ANSYS 优化过程通常需要经过以下步骤来完成：生成分析文件、构建优化控制文件、根据已完成的优化循环和当前优化变量的状态修正设计变量，重新投入循环、查看设计序列结果及后处理设计结果。本减速器箱体的 ANSYS 分析流程如图 18.5-15 所示。

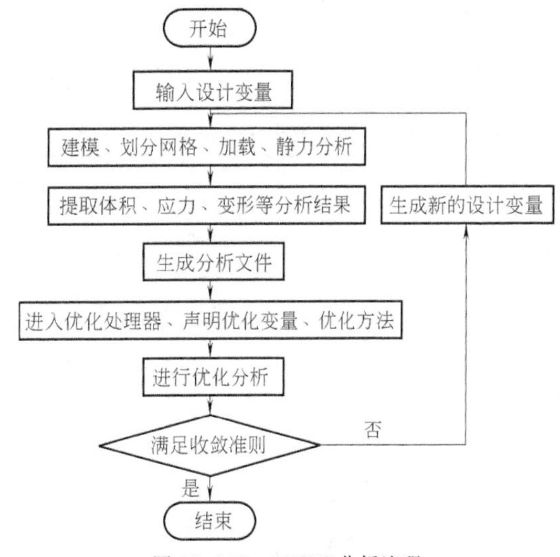

图 18.5-15　ANSYS 分析流程

（3）箱体的优化设计过程

1）参数化有限元模型的建立。在 ANSYS 中建立箱体的参数化模型。箱体的材料为球墨铸铁 QT400-15，弹性模量 $E = 1.6 \times 10^5 \text{MPa}$，泊松比 = 0.28。根据箱体的结构和性能要求，在“MeshTool”对话框中选择 6 级精度自由网格划分，在箱体的每个轴承座处选择细化，得到了参数化的有限元模型，划分结果比较理想，如图 18.5-16 所示。

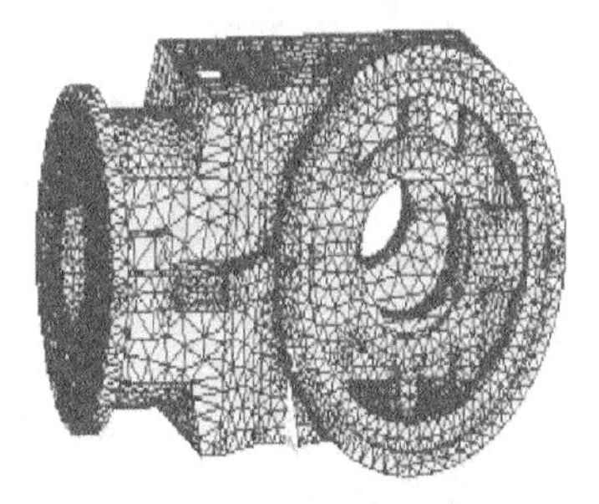

图 18.5-16　参数化箱体有限元模型

2）载荷与约束的处理。根据箱体的安装形式，箱体与电动机相连的输入部分、与行星架相连的输出部分为全约束。此减速器是第一级为一对弧齿锥齿轮传动，第二级为一对斜齿圆柱齿轮传动的二级减速器。当电动机顺时针转动时，建立载荷工况Ⅰ，计算出各个载荷工况的切向力、径向力和轴向力的大小，见表 18.5-7。当电动机逆时针转动时，建立载荷工况

Ⅱ，计算出各个载荷工况的切向力、径向力和轴力的大小，见表 18.5-8。

表 18.5-7　工况Ⅰ时各个齿轮的受力情况

	F_t/N	F_i/N	F_z/N
小锥齿轮	49254.25	33798.3	-24197.85
大锥齿轮	-49254.25	-24197.85	33798.3
小圆柱齿轮	-110428.8	40812.8	19471.6
大圆柱齿轮	110428.8	-40812.8	-19471.6

表 18.5-8　工况Ⅱ时各个齿轮的受力情况

	F_t/N	F_i/N	F_z/N
小锥齿轮	-49254.25	6965.8	-40975
大锥齿轮	49254.25	-40975	6965.8
小圆柱齿轮	110428.8	40812.8	-19471.6
大圆柱齿轮	-110428.8	-40812.8	19471.6

3）施加完载荷和约束后进行求解。在通用后处理器里查看结果，如图 18.5-17～图 18.5-20 所示。

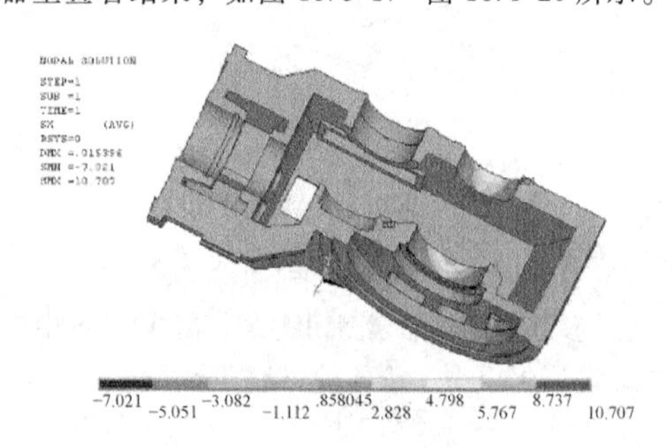

图 18.5-17　工况Ⅰ时上箱体 X 方向的应力分布云图

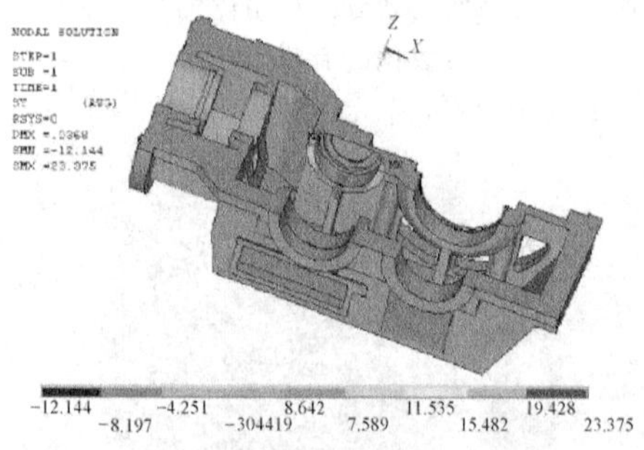

图 18.5-18　工况Ⅰ时下箱体 Y 方向应力分布云图

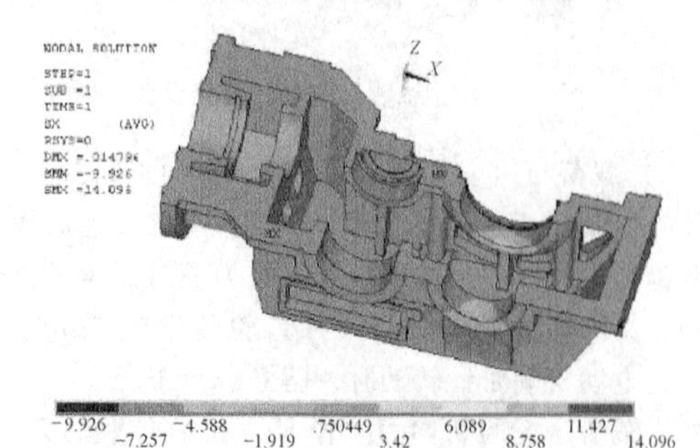

图 18.5-19　工况Ⅱ时下箱体 X 方向应力分布云图

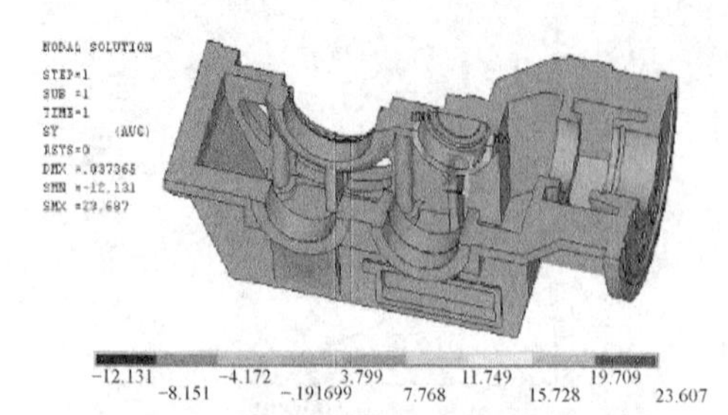

图 18.5-20　工况Ⅱ时上箱体 Y 方向应力分布云图

4）结果分析。从图 18.5-17～图 18.5-20 可以看出，上、下箱体的受力比较均匀，都没有出现应力集中的现象。由图 18.5-17 得出上箱体在 X 方向所受的最大应力为 10.707MPa，第 1、2、3、4、6 轴承座受力都不大于 6.767MPa。由图 18.5-18 得出下箱体在 Y 方向所受的最大应力为 23.375MPa，第 1、2、4、5、6 轴承座受力都不大于 15.482MPa。由图 18.5-20 得出上箱体在 Y 方向所受的最大应力为 23.687MPa，第 1、2、4、5、6 轴承座受力都不大于 15.728MPa。由图 18.5-19 得出下箱体在 X 方向所受的最大应力为 14.096MPa，第 1、2、3、4、6 轴承座受力都不大于 11.427MPa。因此，箱体所受的最大应力出现在工况Ⅱ时上箱体的第 3 轴承座处，为 23.687MPa，小于材料的许用应力 50MPa。

5）构建优化控制文件。状态变量和目标函数的定义及提取在优化设计中很重要。进入 ANSYS 的后处理模块，利用 APDL 提取有限元分析结果并赋值给状态变量和目标函数。

```
/POST1
AVPRIN,0, ,
ETABLE,ev,VOLU,
! *
SSUM
! *
*GET,v,SSUM, ,ITEM,EV
*SET,m,7.3*v/1000000
AVPRIN,0, ,
ETABLE,nminc,NMISC,10
! *
ESORT,ETAB,NMINC,0,1, ,
! *
*GET,nminc,SORT, ,MAX
AVPRIN,0, ,
ETABLE, ,U,X
! *
! *
ESORT,ETAB,UX,0,1, ,
```

```
! *
* GET,df,SORT, ,MAX
```

6）优化设计。ANSYS提供的优化设计方法有两种：零价方法和一价方法。零价方法的本质是采用最小二乘法逼近，求一个函数面来拟合解空间，然后再对函数面求极值，优化精度不是很高；一价方法通过计算因变量对自变量的偏导数，在每次迭代中，用最大斜度法或共轭梯度法确定搜索方向。它的精度更高，但计算量大，本例采用一阶优化方法。

7）优化结果分析。箱体优化后，得到了箱体的优化序列，将最优值与初始值进行比较，见表18.5-9。由表18.5-9中数据可以看出，优化后整个箱体的体积比优化前有所减小，质量减轻了427kg，比原来的减少了13.32%。优化后箱体的最大等效应力（S_{max}）比优化前箱体的最大等效应力有所增加，但仍在材料的许用应力范围内。

表18.5-9　最优值与初始值的比较

	设计变量(DV)/mm					状态变量(SV)		目标函数
	A	D	E	F	G	DF /mm	S_{max} /MPa	M/kg
原始值	30	40	80	40	50	0.102E-01	24.74	3205
最优值	15	34	40	45	49	0.104E-01	30.30	2778

优化后上箱体Y方向的应力分布云图如图18.5-21所示。从图18.5-21可以看出，上箱体所受的最大应力出现在第3轴承座，为26.231MPa，其余轴承座的应力不大于20.488MPa，最大应力虽比优化前有所增加，但仍在材料的许用应力范围内。

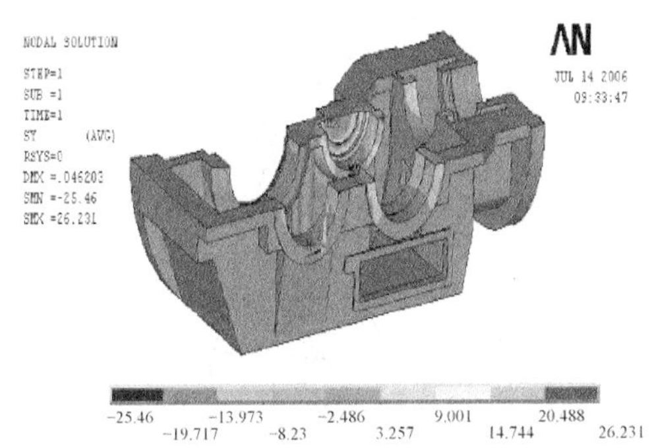

图18.5-21　一阶方法优化后上箱体Y方向的应力分布云图

3.3　热压机机架结构的优化设计

在箱体、机架优化设计中，由于其结构的复杂性，无论是静态优化，还是动态优化，在大多数情况下必须使用有限元法。每选择一种设计方案都要进行有限元分析，才能准确地计算最大应力值、最大变形量，使每一个设计方案均满足约束条件来保证最优解的正确性。以机架刚度作为目标函数时，也必须使用有限元法对每一种设计方案进行分析，求得精确的变形值，使目标函数达到最优值。

本节以某重型机器厂生产的6450t热压机为例，说明其机架结构优化设计过程。该机的主体由八架16片框板平行组装而成，每片框板的结构尺寸及受力状况如图18.5-22所示。

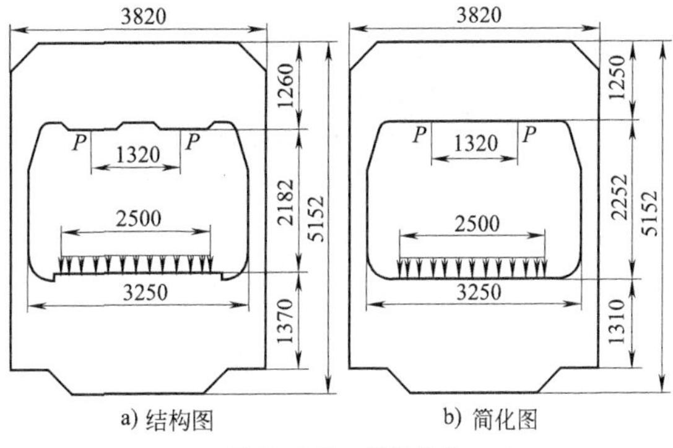

a) 结构图　　b) 简化图

图18.5-22　框架结构

对该机进行结构优化设计时，分成两步：第一步是以大尺寸为设计变量，以重量最轻为目标；第二步是以框板上角应力集中区的过渡曲线尺寸为设计变量，以该区的应力最小为目标。

（1）以重量最轻为目标的优化设计

1）设计变量。取四个设计变量来描述框板的外形尺寸和厚度，如图18.5-23所示。其中，x_1的变化决定L_1L_2线段的上下移动；x_2的变化决定L_2L_3线段的左右移动；x_3的变化决定L_3L_6折线段的上下移动；x_4为框板的厚度。即

$$\boldsymbol{x}=(x_1,x_2,x_3,x_4)^{\mathrm{T}}$$

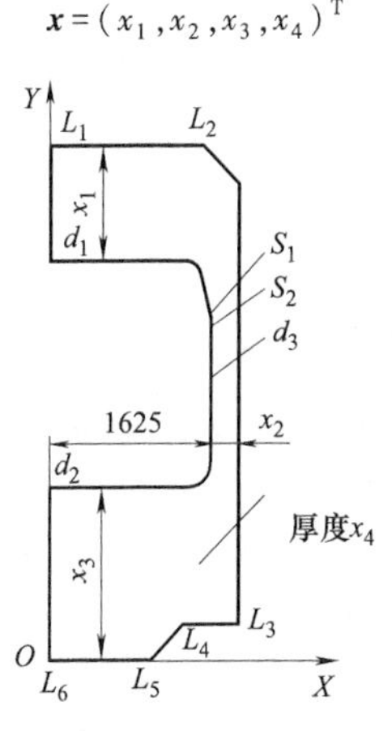

图18.5-23　框板的结构

2）目标函数。取单片框板的重量。

3）约束函数。

① 位移约束。取上横梁中的点 d_1、下横梁中的点 d_2 及侧板上的 d_3 为位移控制点，即要求各控制点的位移不超过如下许用值：

d_1 点的许用变形量，$[\delta]_{d1}=0.5\text{mm}$

d_2 点的许用变形量，$[\delta]_{d2}=3\text{mm}$

d_3 点的许用变形量，$[\delta]_{d3}=2.5\text{mm}$

② 应力约束。取侧板上的 S_1 和 S_2 两点为应力控制点。即要求各控制点的应力不超过如下许用值：

$$[\sigma]=150\text{MPa}$$

③ 几何约束。取各设计变量的取值范围。

该问题的数学模型为

$$\min F(x)=1.56\times10^{-5}[(x_1+x_3+2192)(x_2+1625)-340x_2-3675900]x_4$$

$$\text{s.t.}\quad \sigma_{di}-[\sigma]\leqslant0\quad i=S_1,S_2$$

$$\delta_i(x)-[\delta]_i\leqslant0\quad(i=d_1,d_2,d_3)$$

$$80-x_4\leqslant0$$

$$x_4-85\leqslant0$$

$$1000-x_1\leqslant0$$

$$100-x_2\leqslant0$$

$$1000-x_3\leqslant0$$

该问题用复合形法求解，位移和应力用平面有限元法计算。当用有限元法作为结构件的分析工具时，它们表现为设计变量的隐函数，因而在进行优化设计方法的程序设计时，应将有限元法的程序嵌入到复合形法程序中去。在计算过程中，随着设计变量的改变，结构件的尺寸发生变化。结构件的有限元网格及节点坐标也发生变化。因此，有限元计算程序必须具备自动划分网格的功能。由于框板结构是对称的，可以取一半作为计算对象，采用三节点线形单元，网格划分如图 18.5-24 所示。

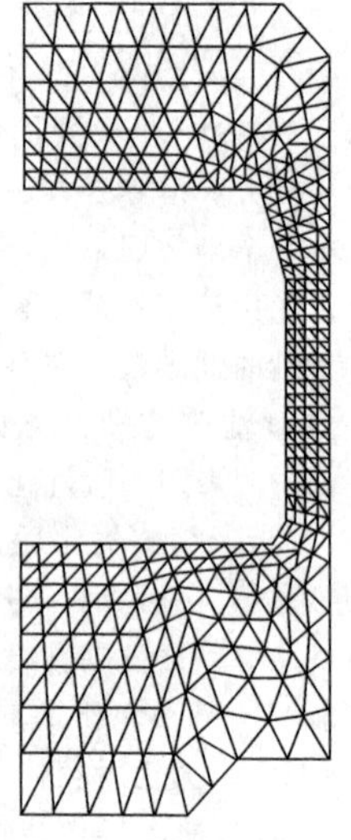

图 18.5-24 网格划分

利用复合形法计算，收敛精度取为 0.0001，得到的最优设计方案为

$$\boldsymbol{x}^*=(1242.28,343.78,1705.47,80.0)^{\mathrm{T}}$$

$$f(\boldsymbol{x}^*)=7897.83$$

圆整后

$$\boldsymbol{x}^*=(1242.0,343.0,1717.0,80.0)^{\mathrm{T}}$$

$$f(\boldsymbol{x}^*)=7878.03$$

单片框板的质量由原来设计的 8357.89kg 下降到 7878.03kg，减少质量 5.74%。

（2）以应力最小为目标的优化设计

当对上述最优方案进行一次更为精确的有限元计算时，发现框板上角处有明显的应力集中现象，其峰值达 142.3MPa。为尽可能降低应力峰值，使应力分布更加合理，可以应力集中区的最大应力最小为目标，取构成边界曲线的一组参数为设计变量，以设计变量的尺寸界限为约束函数进行优化设计。考虑到“圆弧-直线-圆弧”容易加工，而“三次样条曲线”则非常光滑（即具有连续的一阶和二阶导数），且变化灵活，可以覆盖多种类型的曲线，拟分别采用这两种型线作为边界曲线，并进行优化设计。

1）“圆弧-直线-圆弧”型边界曲线的描述。如图 18.5-25 所示，在应力集中区建立新坐标系 uOv，图中 t_1、t_2、t_3、t_4 分别是两段圆弧与直线的切点。边界形状由切点 t_3 至切点 t_4 间的“圆弧-直线-圆弧”组成，显然，该形状完全由两个圆弧的圆心 O_1（u_1，v_1）与 O_2（u_2，v_2）所确定。根据圆弧 O_1 必须与直线 at_3 相切，圆弧 O_2 必须与直线 bt_4 相切的要求可知，半径 R_1、R_2 可以用 u_2、v_1 表示

$$R_1=a-v_1,\ R_2=b-u_2$$

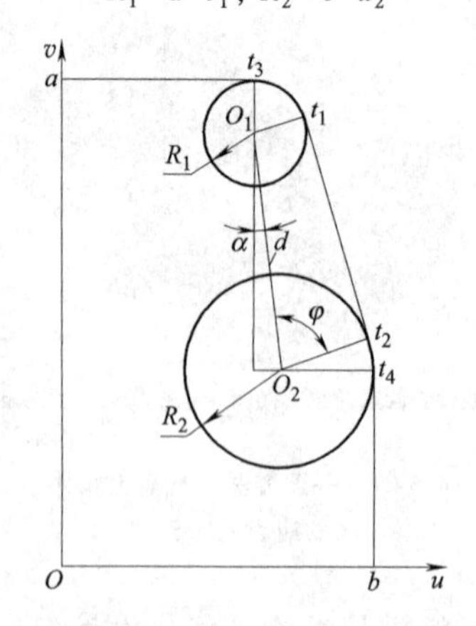

图 18.5-25 “圆弧-直线-圆弧”型边界曲线

于是可取两圆弧圆心坐标为设计变量，即

$$\boldsymbol{x}=(x_1,x_2,x_3,x_4)^{\mathrm{T}}=(u_1,v_1,u_2,v_2)^{\mathrm{T}}$$

边界曲线与设计变量间的函数关系为

$$v=\begin{cases} a & 0\leqslant u\leqslant x_1 \\ \sqrt{(a-x_2)^2-(u-x_1)^2}+x_2 & x_1\leqslant u\leqslant u_{t1} \\ \dfrac{v_{t2}-v_{t1}}{u_{t2}-u_{t1}}(u-u_{t1})+v_{t1} & u_{t1}\leqslant u\leqslant u_{t2} \\ \sqrt{(b-x_3)^2-(u-x_3)^2}+x_4 & u_{t2}\leqslant u\leqslant b \\ u=b & 0\leqslant v\leqslant v_{t4} \end{cases}$$

式中　u_{t1}、v_{t1}、u_{t2}、v_{t2}——切点坐标；

$u_{t1}=x_1-R_1\cos\varphi\cos\alpha+R_1\sin\varphi\sin\alpha$；

$v_{t1}=x_2-R_1\cos\varphi\sin\alpha+R_1\sin\varphi\cos\alpha$；

$u_{t2}=x_1+(d-R_2\cos\varphi)\cos\alpha-R_2\sin\varphi\sin\alpha$；

$v_{t2}=x_2+(d-R_2\cos\varphi)\sin\alpha-R_2\sin\varphi\cos\alpha$；

$\sin\varphi=\sqrt{1-[(R_2-R_1)/d]^2}$；

$\cos\varphi=(R_2-R_1)/d$；

$\alpha=\arctan(x_1-x_3)/(x_2-x_4)$；

$d=\sqrt{(x_1-x_3)^2+(x_2-x_4)^2}$；

$R_1=a-x_2$；

$R_2=b-x_3$。

2）“三次样条曲线”型边界曲线的描述。这种边界曲线的描述采用第一类边界条件的三次样条插值方法。为了减少描述三次样条曲线的设计变量数，插值在极坐标系下进行，然后再转换到直角坐标系中。插值区间为［α，β］，插值节点为一系列的幅角

$$\alpha=\varphi_1<\varphi_2<\cdots<\varphi_j<\cdots<\varphi_n=\beta$$

插值函数为相应的极径长度，即

$$r_1,r_2,\cdots r_j,\cdots,r_n$$

显然｛φ_j，r_j｝｛j=1，2，…，n｝的值决定了三次样条曲线的形状。

如图 18.5-26 所示，用｛φ_j,r_j｝｛$j=1,2,\cdots,5$｝来描述边界形状，并取 φ_1，φ_5，r_2，r_3，r_4 为设计变量，即

$$\boldsymbol{x}=(x_1,\ x_2,\ x_3,\ x_4,\ x_5)^{\mathrm{T}}=(\varphi_1,\ \varphi_5,\ r_2,\ r_3,\ r_4)^{\mathrm{T}}$$

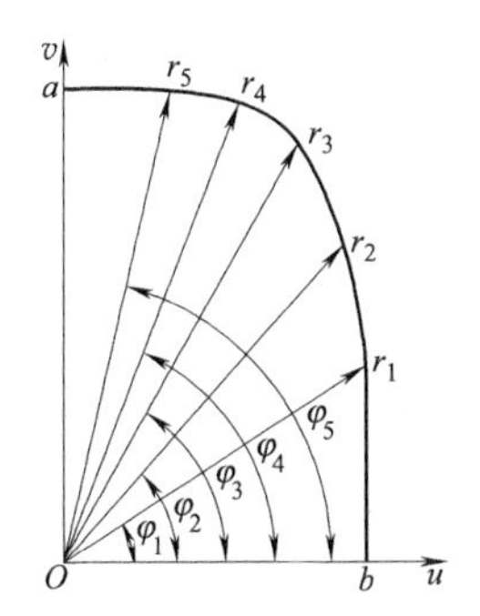

图 18.5-26　“三次样条曲线”型边界曲线

节点 φ_2、φ_3、φ_4 在区间［φ_1，φ_5］中按等间隔布置。因此设计变量 x_1 和 x_2 决定了曲线的分布范围，而 x_3、x_4、x_5 决定了曲线的形状。三次样条曲线的两端应分别与两条直线相切，可知 r_1 和 r_2 不是独立变量，可用下式表示

$$r_1=b/\cos\varphi_1,r_5=a/\sin\varphi_5$$

插值的边界条件为

$$r'(\varphi_1)=b\sin\varphi_1/\cos^2\varphi_1,r'(\varphi_5)=-a\cos\varphi_5/\sin^2\varphi_5$$

根据以上的分析，就可以建立应力优化设计的数学模型了。

“圆弧-直线-圆弧”型边界曲线的数学模型为

$$\min f(x)=\max\{\sigma_j\}$$

σ_j——边界曲线上各节点的计算应力

$$\text{s.t.}\quad a_i\leqslant x_i\leqslant b_i\quad(i=1,2,3,4)$$

“三次样条曲线”型边界曲线的数学模型为

$$\min f(x)=\max\{\sigma_j\}$$

σ_j——边界曲线上各节点的计算应力

$$\text{s.t.}\quad a_i\leqslant x_i\leqslant b_i\quad(i=1,2,3,4)$$

$$\overline{r_i}-r_i\leqslant 0\qquad(i=2,3,4)$$

式中　$\overline{r_i}$——极径，r_{i-1} 和 r_i 的端点连线与极径 r_i 交点的极径，即

$$\overline{r_i}=\frac{r_{i-1}\sin\varphi_{i-1}-k_i r_{i-1}\cos\varphi_{i-1}}{\sin\kappa-k_i\cos\varphi_i}$$

式中　$k_i=\dfrac{r_{i+1}\sin\varphi_{i+1}-r_{i-1}\cos\varphi_{i-1}}{r_{i+1}\cos\varphi_{i+1}-r_{i-1}\cos\varphi_{i-1}}$　（i=2、3、4、5）

优化设计计算仍采用复合形法。为了使计算更加精确，当利用有限元法计算应力时，采用了四边形八节点的等参单元。

“圆弧-直线-圆弧”型边界曲线计算的最优解为

$$\boldsymbol{x}^*=(580.0,1140.0,460.0,667.2)^{\mathrm{T}}$$

$$f(\boldsymbol{x}^*)=124.5\mathrm{MPa}$$

“三次样条曲线”型边界曲线计算的最优解为

$$\boldsymbol{x}^*=(0.751,1.258,1190.0,1300.0,1364.7)^{\mathrm{T}}$$

$$f(\boldsymbol{x}^*)=120.6\mathrm{MPa}$$

最大应力由原来的 142.3MPa 分别降至 124.5MPa 和 120.6MPa，有效地缓和了应力集中现象。两种型线优化后的应力分布情况见图 18.5-27。

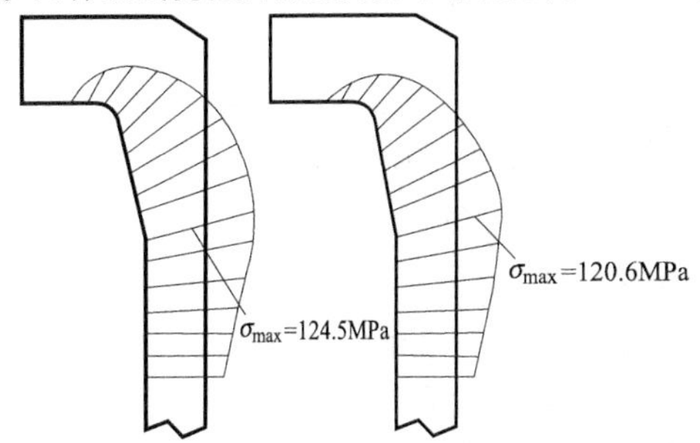

图 18.5-27　两种型线优化后的应力分布情况

与未优化结果相比，优化后的边界曲线上的应力不但峰值下降，而且变化也趋于平缓。“三次样条曲线”优化方案的最大应力比“圆弧-直线-圆弧”优化方案的更小，应力分布更合理。边界曲线在其上部向上弯曲，切入框板的上横梁，把原来分布在侧板狭窄区域的高应力分流到上横梁的应力富裕区，从而有效地缓解了应力集中现象。

3.4 基于拓扑优化方法主减速器壳的轻量化

此处选择2.2节的轧机闭式机架为研究对象，优化设计过程具体如下：

主减速器壳体拓扑优化模型采用变密度法，以单元相对密度作为设计变量，以成员尺寸（15～30mm）、最大应力（255MPa）、最大位移（0.024mm）和体积分数（0.3）为约束，以加权应变能最小为目标函数，对主减速器壳体进行优化。

壳体拓扑优化结果如图18.5-28所示。

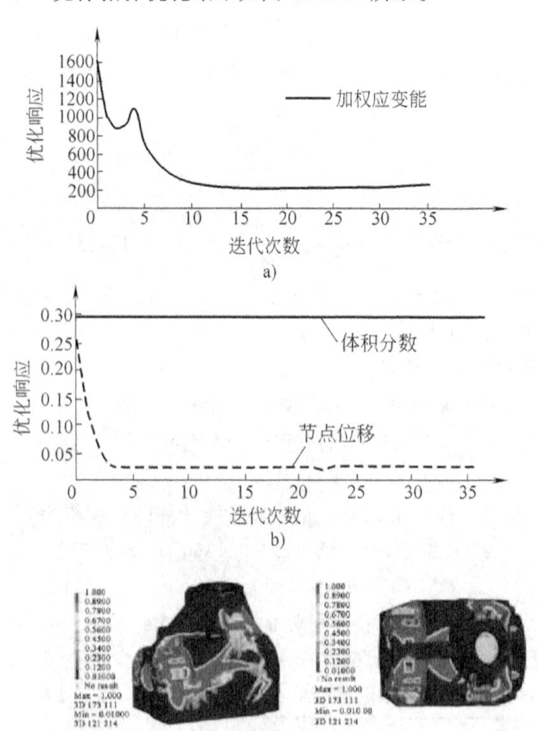

图18.5-28 壳体拓扑优化结果
a）目标函数迭代曲线 b）约束函数迭代曲线
c）壳体拓扑优化密度云图

由拓扑优化迭代曲线可知，经过36次迭代后，爬坡工况下的加权应变能明显下降，体积分数、最大位移迭代后均满足设定约束，拓扑优化完成。

根据拓扑优化密度云图结果，对主减速器壳体进行结构改进，在保证壳体整体结构强度的前提下实现轻量化设计。主减速器壳体结构主要从以下几处进行修改：①壳体与壳体盖螺栓连接处挖直径为12mm、深20mm的孔；②左右输出端支撑肋板两侧均匀打薄5mm；③壳体部分内壁减薄2mm的厚度；④对应力集中部位进行倒圆处理。

检验优化结果。检验优化后的主减速器壳体是否满足要求，对其进行强度分析和模态分析。优化前后壳体性能分析结果见表18.5-10。

表18.5-10 优化前后壳体性能分析结果

(1)优化前后静强度分析对比		
	优化前	优化后
最大位移/mm	0.024	0.019
最大应力/MPa	25.77	15.32
(2)优化前后模态分析对比		
阶次	优化前频率 f/Hz	优化后频率 f/Hz
1	1273	1268
2	1338	1349
3	1568	1577
4	1877	1874
(3)优化前后总质量对比		
	总质量/kg	
优化前	34.1	
优化后	32.6	

由表18.5-10可知，优化前后最大应力和最大位移均有所减少，其中，最大应力由25.77MPa减小到15.32MPa，最大位移由0.024mm减小到0.019mm，壳体的整体强度得到很好的改善。优化前后的频率变化也非常微小，整体基本保持不变，整体刚度有所提升，而且，优化后的频率也均避开了齿轮啮合频率。壳体总质量由34.1kg减少到32.6kg，减轻约5%。

3.5 多工况变速器箱体静动态联合拓扑优化

此处以2.3节所研究的变速器箱体为研究对象，优化设计过程具体如下。

（1）结构静动态特性联合拓扑优化数学模型

结构静动态特性联合拓扑优化数学模型表示为

$$\text{find } \boldsymbol{x}=(x_1,x_2,\cdots,x_n)^{\mathrm{T}}$$

$$\min S = \sum_{l=1}^{m} w_l c_l + NORM\frac{\sum_{j=1}^{k} w_j/\lambda_j}{\sum_{j=1}^{k} w_j}$$

$$s.t.\ \boldsymbol{c} = \boldsymbol{u}^{\mathrm{T}}\boldsymbol{k}\boldsymbol{u} = \sum_{i=1}^{n}(x_i)^p \boldsymbol{u}_i^{\mathrm{T}}\boldsymbol{k}_0\boldsymbol{u}_i$$

$$\boldsymbol{k}\boldsymbol{u}=\boldsymbol{F}$$

$$V = fV_0 = \sum_{i=1}^{n} x_i v_i$$

$$0<x_{\min}\leqslant x_i\leqslant 1,\ i=1,\ 2,\ \cdots,\ n$$

$$\lambda_{\min}\geqslant\lambda_0$$

$$f\leqslant 0.8$$

$$\sigma_{i1}\leqslant\overline{\sigma}$$

$$d_{i1}\leqslant\overline{d}$$

$$NORM=c_{\max}\lambda_{\min}$$

式中：$\boldsymbol{x}$ 为单元密度向量；x_i 为第 i 个单元密度；S 为组合应变能指标；w_l 为第1工况的加权系数；c 为结构总柔度矩阵；c_l 为第1工况的结构总柔度；w_j、λ_j 为第 j 个特征频率和对应的加权系数；$NORM$ 为校正系数，用于校正应变能和特征值的贡献；$\boldsymbol{k}$ 为结构总体刚度矩阵；$\boldsymbol{u}$ 为系统位移列阵；$\boldsymbol{u}_i$ 为第 i 个单元位移向量；$\boldsymbol{F}$ 为系统外力向量；p 为惩罚因子；V_0、V 为设计区域初始体积和优化后体积；f 为体积比；$\boldsymbol{v}_i$ 为优化后单元体积；$x_{\min}$ 为设计变量的下限；$\lambda_{\min}$ 为最小特征值，即第1阶特征值；λ_0 为特征值允许下限值；k_0 为结构初始总体刚度矩阵；d_{il}、σ_{il} 为第 l 工况下节点位移和应力；$\overline{d}$、$\overline{\sigma}$ 为节点位移和应力上限；$c_{\max}$ 为所有工况中最大柔度值。

（2）箱体的拓扑优化模型

结合箱体有限元模态分析和静力分析结果，将箱体有限元模型划分为设计区域和非设计区域。设计区域即为拓扑优化空间，包括第一设计区域（箱体内部主要肋板、隔板区域，如图18.5-29所示）和第二设计区域（箱体外壳结构区域）；非设计区域为模型中与约束和载荷作用刚性单元相关联的实体单元，以及箱体内部不受载荷作用的支撑板等区域，如图18.5-30所示。设计变量为这些设计空间内的单元相对密度值。

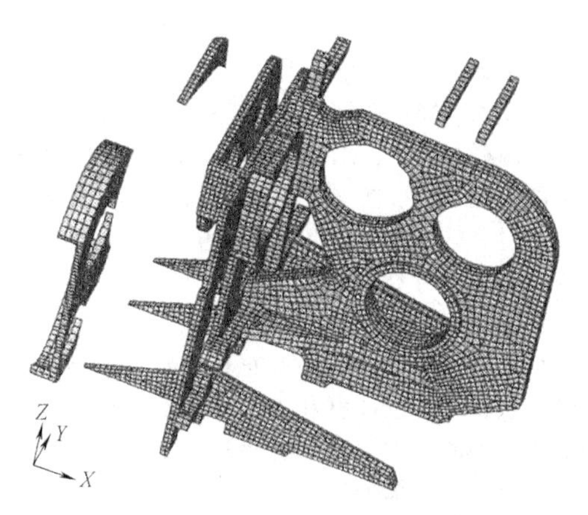

图18.5-29　主要肋板、隔板区域

该箱体拓扑优化主要综合考虑七种载荷工况下结构全局应力约束、某些关键节点的位移约束和体积比约束等，关键节点的位移约束见表18.5-11。模型全局应力约束上限值为150MPa，设定箱体的体积比上限为0.8，即最多只保留原始模型总体积的80%。另外，还必须保证优化后模型第1阶频率不低于原始结构，保证结构原有避开低频共振的能力。

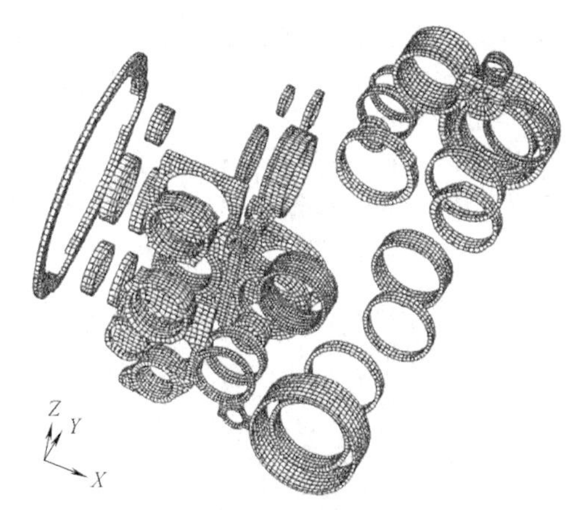

图18.5-30　箱体非设计区域

表18.5-11　拓扑优化关键节点的位移约束

节点ID	136887	177374	14231834
初始位移/mm	0.64	0.18	0.11
位移上限值/mm	0.65	0.20	0.20

箱体结构拓扑优化目标函数为可以综合表达结构全局响应的组合应变能指标，它包括加权应变能和加权特征值倒数两部分，可兼顾箱体静态多载荷工况和动态频率特性。但目标函数中包含加权因子，考虑到该变速器的设计寿命为800h，各载荷工况的应变能加权因子按照表18.5-12中变速器各档位工作时间百分比进行定义；另外，由于结构的前六阶模态振型主要表现为结构的整体变形，每阶模态同等重要，因此选择各阶模态特征值倒数的加权因子相同。

表18.5-12　变速器各档工作时间分配

档位	1	2	3	4	5	6	R
工作时间 t_i/h	16	40	120	200	240	144	40
分配百分比 w_i(%)	2	5	15	25	30	18	5

到此，箱体结构拓扑优化模型建立基本完成，可利用优化准则法对其进行拓扑优化求解。在优化求解过程中可能会出现迭代不够彻底，即优化后单元密度不是趋于0或1，而存在大量中间密度；或者出现优化后结果有材料单元和无材料单元交替的情况，即棋盘格式现象等。为此，通过设置优化控制参数来避免这些现象，其中，DISCRETE控制单元密度向0—1两端变化的离散参数，对应实体单元推荐值为3；CHECHER控制棋盘格式现象，这里设定为1，即全局棋盘格控制；OBJTOL控制相邻两次迭代之间优化

目标值的相对变化量，这里设定为 0.0001，保证优化迭代得到充分收敛。

（3）优化结果分析

利用 HyperWorks 提供的 optistruct 平台进行箱体结构的拓扑优化，共经过 38 次优化迭代后结果收敛，图 18.5-31 所示为组合应变能指标（目标函数）、体积比、前六阶模态频率、节点 177374 位移随迭代次数的变化曲线。由图 18.5-31 可见，整个结构件在满足静、动力学特性的前提下，约束变量和目标函数都趋于一致，最终体积比为 0.78。

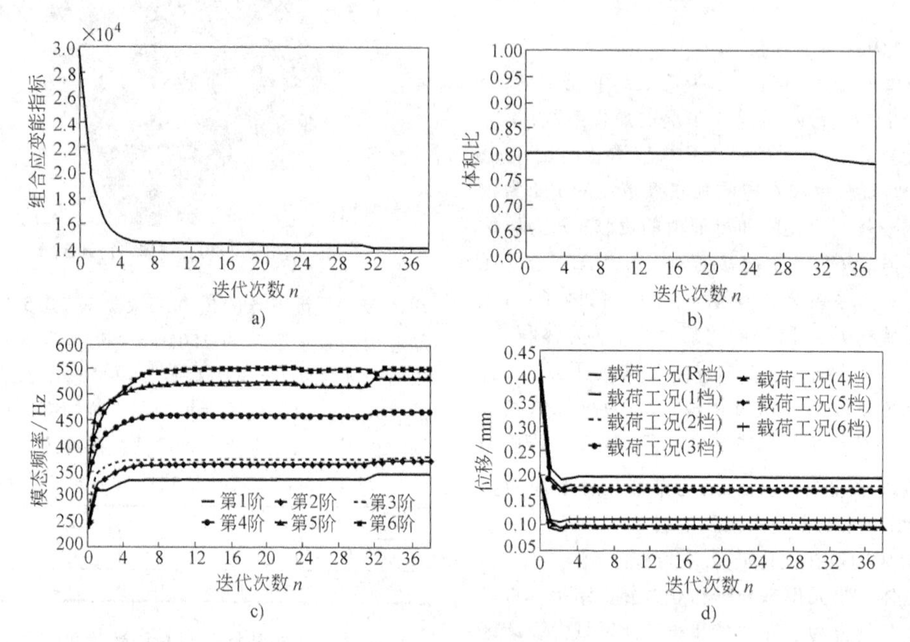

图 18.5-31　优化参数随迭代次数的变化曲线

a）组合应变能指标　b）体积比　c）前 6 阶模态频率　d）节点 177374 位移

经过对箱体结构的拓扑优化，理想状况下，经拓扑优化后，结构质量可减小 22%；由优化前后的模态频率（前六阶）对比可知，优化后每阶模态频率都有不同程度的提高。对第一阶模态频率来说，相比原始结构增加 10%，增加的量不大。

变密度法材料插值模型的拓扑优化结果是密度等值分布图，其中间密度对应的区域是假想人工材料，在实际工程中无法实现，但是可以利用拓扑优化结果对这些区域进行人为处理，以适应实际的工程需要。图 18.5-32 所示为箱体拓扑优化的第一和第二设计区域的材料密度分布云图。

图 18.5-32 中的深色区域为可去除大部分材料，材料密度值接近 0，浅色区域为结构需保留区域，密度值接近 1，白色区域为分界面；其他颜色区域为中间区域，这些区域可去除部分材料。由箱体的材料密度分布云图可知，在箱体第一设计区域，箱体内部肋板、隔板、支承板都有不同程度的材料去除；在箱体第二设计区域，箱体外壳结构在其棱角部分都有一定的材料去除，理想的外壳结构棱角处基本都是球面过渡。

（4）箱体的结构修改与分析

箱体拓扑优化结果为设计提供了一种材料分布依据，选取体积比为 0.78 时的拓扑优化结果为最终结果，根据材料密度分布情况，通过去除冗余材料来实现箱体重新设计。考虑到箱体为一密闭壳体，箱壁某些部位不允许出现孔洞结构，上、下箱体合箱连接处必须保留螺栓连接位置，以及实际铸造和加工工艺等方面的要求，即使在箱壁、箱底和隔板的某一小块区域会出现材料冗余，也能保持主要结构不变。在保证安装的前提下，根据拓扑优化结果，通过去除局部结构的材料，进行箱体结构修改。箱体结构主要部位修改前、后对比如图 18.5-33 所示。

图 18.5-33 中的①为前盖内板，去除部分材料；②为前传动顶部肋板，去除全部材料；③为前传动底部肋板，去除全部材料；④位于前、后传动右半部隔板上加肋处，去除部分材料；⑤位于后传动中间隔板上，选择部分区域掏空材料；⑥为后传动底部肋板，去除全部材料；⑦为变速器Ⅰ轴左、右轴承座，去除部分材料；⑧位于箱体右侧棱角处，去除全部材料。

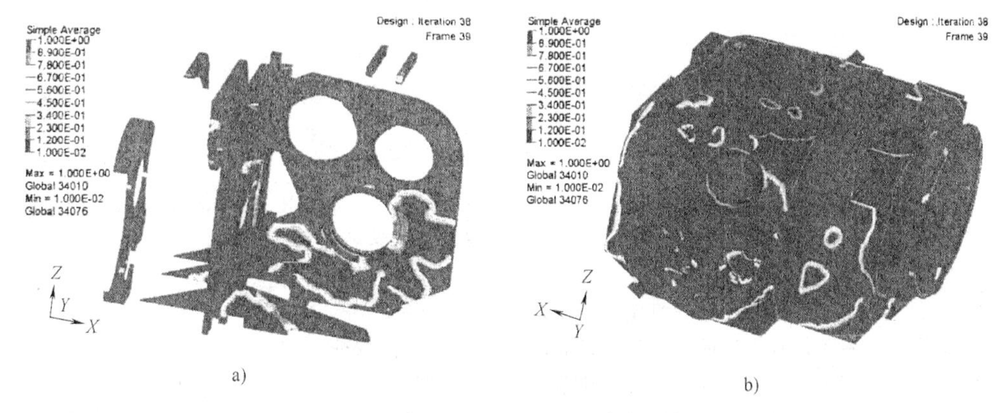

图 18.5-32　箱体的材料密度分布云图
a）第一设计区域　b）第二设计区域

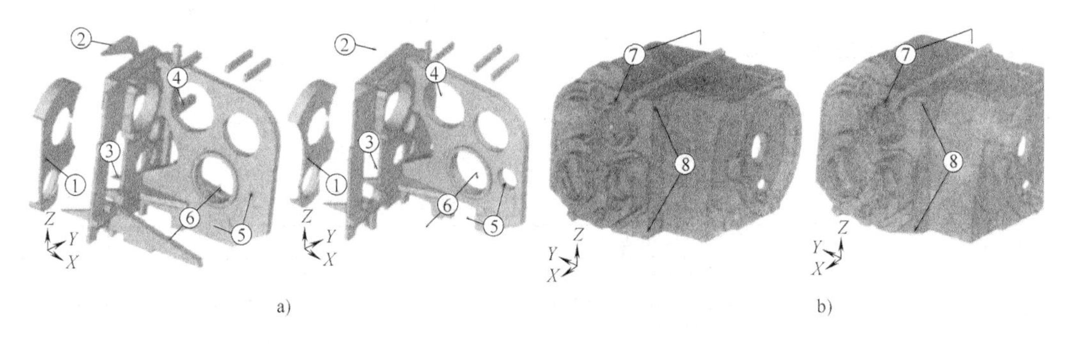

图 18.5-33　箱体修改前后对比图
a）第一设计区域　b）第二设计区域

由于对箱体结构进行修改时限制因素较多，主要是对材料相对密度很小且分布区域比较大的位置进行了结构修改，因此最终箱体修改后的结构并不能达到理想状态下的拓扑优化结果。修改后的箱体结构质量较原来减少 22.1kg，减少质量约 5.9%。

为验证改进后箱体结构的静力学性能，需对其进行各工况下的静力分析，见表 18.5-13。由表 18.5-13 可知，改进后结构的最大应力、变形节点位置大致不变，数值也基本不变，而且结构的第一阶固有频率为 319.04Hz，略高于初始设计，修改后箱体前六阶频率都有不同程度的提高。

表 18.5-13　箱体修改后结构静力分析结果

档位	R	1	2	3	4	5	6
最大应力 σ_{max}/MPa	70.73	29.70	28.20	34.81	19.92	19.91	19.74
节点 ID	136907	14061058	14026090	14061058	88428	14061058	88428
位置	箱体顶部惰轮凸起处	Ⅰ轴中间轴承座下方	前传动惰轮轴承座处	箱体顶部惰轮凸起处	前盖内板轴承座处	Ⅰ轴中间轴承座下方	前盖内板轴承座处
最大位移 d_{max}/mm	0.64	0.18	0.17	0.17	0.12	0.12	0.12
节点 ID	136887	177374	177374	177374	90079	90079	90079
位置	箱体顶部惰轮凸起处	Ⅰ轴中间轴承座处	Ⅰ轴中间轴承座处	Ⅰ轴中间轴承座处	Ⅰ轴中间轴承座处	前盖内板	前盖内板

第6章　导　　轨

1　概述

导轨是用于支承和引导运动部件沿确定的轨迹运动的装置，它由两个做相对运动的部件构成，也称为导轨副。导轨副中具有不动配合面的部件称为固定导轨或静导轨，而具有运动配合面的部件称为运动导轨或动导轨。导轨是将运动构件约束到只有一个自由度的装置，这个自由度可以是直线运动或者是回转运动。

导轨在机械中，特别是在机床中广泛采用。没有不使用导轨的金属切削机床；在测量机、绘图机上，导轨是它们的工作基准；在其他机械中，如轧机、压力机和纺织机等也都离不开导轨的导向。导轨的精度、承载能力和使用寿命等对机械设备的最终工作质量有着直接的影响。

1.1　导轨的类型及其特点

导轨按运动轨迹进行分类，可分为直线运动导轨和圆周（回转）运动导轨。按结构特点和摩擦特性分类，导轨分为滑动导轨、滚动导轨和其他导轨。滑动导轨包括普通滑动导轨［整体式、镶装式和贴（涂）塑式、静压导轨（液体静压导轨、气体静压导轨）］和动压导轨；滚动导轨包括普通滚动导轨和滚动体循环导轨；其他导轨包括滚动贴塑复合式、弹簧导轨和磁浮导轨。部分导轨的类型、主要特点和应用场合见表 18.6-1。

表 18.6-1　部分导轨的类型、主要特点和应用场合

导轨类型	主要特点	应　　用
普通滑动导轨 （滑动导轨）	1)结构简单,使用维修方便 2)当未形成完全液体摩擦时,低速易爬行 3)磨损大、寿命低、运动精度不稳定	普通机床、冶金设备上应用普遍
塑料导轨 （贴塑导轨）	1)动导轨表面贴塑料软带等与铸铁或钢导轨搭配,摩擦因数小,且动、静摩擦因数相近。不易爬行,抗磨损性能好 2)贴塑工艺简单 3)刚度较低、耐热性差,容易蠕变	主要用作中、大型机床压强不大的导轨,应用日趋广泛
镶钢、镶 金属导轨	1)在支承导轨上镶装有一定硬度的钢板或钢带,提高导轨耐磨性(比灰铸铁高 5~10 倍),改善摩擦或满足焊接床身结构需要 2)在动导轨上镶有青铜之类的金属,可防止咬合磨损,提高耐磨性,运动平稳、精度高	镶钢导轨工艺复杂,成本高。常用作重型机床的导轨,如立车、龙门铣床
滚动导轨	1)运动灵敏度高、低速运动平稳性好,定位精度高 2)精度保持性好,磨损小、寿命长 3)刚性和抗振性差,结构复杂,成本高,要求有良好的防护	广泛用作各类精密机床、数控机床、纺织机械等的导轨
动压导轨	1)速度高(90~600m/min),形成液体摩擦 2)阻尼大、抗振性好 3)结构简单,不需要复杂供油系统,使用维护方便 4)油膜厚度随载荷与速度而变化,影响加工精度,低速重载时易出现导轨面接触	主要用作速度高、精度要求一般的机床主运动导轨
静压导轨	1)摩擦因数很小,驱动力小 2)低速运动平稳性好 3)承载能力大,刚性、吸振性好 4)需要一套液压装置,结构复杂、调整困难	用作各种大型、重型机床,精密机床,数控机床的工作台

1.2　导轨的设计要求

（1）导向精度和精度保持性

导向精度指动导轨沿静导轨运动时其运动轨迹的准确性。影响导向精度的主要因素有导轨的几何精度、导轨副的接触精度、导轨和支承件的刚度，以及热变形、导轨的油膜厚度和油膜刚度等。导轨的精度保持性主要取决于导轨的耐磨性和导轨材料的稳定性。

（2）运动精度

运动精度包括两方面内容：一是运动的平稳性（如

低速不爬行)，二是定位精确（线定位和角定位)。

（3）刚度和承载能力

导轨受力后的变形将影响部件之间的位置和导向精度。

导轨应具有足够的承载能力和刚度，导轨的载荷分布要合理，以免导轨因不规则磨损而失去精度，影响使用寿命。

（4）抗振性和稳定性

抗振性和稳定性是导轨的振动稳定性指标，前者指抗受迫振动的能力，后者指抗自激振动的能力。

（5）结构工艺性

导轨应结构简单、工艺性好，在满足要求的前提下，尽量便于加工、装配、调整和维修。

（6）对温度变化的适应性

环境温度的变化和局部热源产生的不均匀温度场，都可能会引起导轨变形。精密设备的导轨应具备较好的温度适应性。

另外，在导轨的设计过程中，还要保持导轨具有良好的润滑和防护装置。

1.3　导轨的设计程序及内容

1）根据工作条件、载荷特点，确定导轨的类型、截面形状和结构尺寸。

2）进行导轨的力学计算，选择导轨材料、表面精加工和热处理方法，以及摩擦面硬度匹配。

3）设计（滑动）导轨的配合间隙和预加载荷调整机构。

4）设计导轨的润滑系统及防护装置。

5）制定导轨的精度和技术条件。

1.4　精密导轨的设计原则

对几何精度、运动精度和定位精度要求都较高的导轨（如数控机床、测量机的导轨)，在设计时还必须考虑以下一些原则。

（1）使导轨系统能达到误差相互补偿的效果，必须满足下列三个条件：

1）导轨间必须设计中间弹性环节，如使用滚动体、粘贴塑料及静压油膜等。

2）导轨间要有足够的预紧力，使接触的误差能进行补偿。预紧力应不大于使中间弹性体发生永久变形时的变形力。

3）导轨要有较高的制造精度，要求导轨的制造误差小于中间弹性体（元件）的变形量。

（2）导轨类型的选择原则

1）精度互不干涉原则。导轨的各项精度制造和使用时互不影响才能得到较高的精度。

2）静、动摩擦因数相接近的原则。如选用滚动导轨或塑料导轨，由于摩擦因数小，静、动摩擦因数相近，所以可获得很低的运动速度和很高的重复定位精度。

3）导轨能自动贴合的原则。要使导轨精度高，必须使相互结合的导轨有自动贴合的性能。如对水平位置工作的导轨，可以靠工作台的自重来贴合；其他导轨靠附加的弹簧力或者滚轮的压力使其贴合。

4）移动的导轨（如工作台）在移动过程中，始终全部接触的原则，即固定的导轨长，移动的导轨短。

5）对水平安置的导轨，以下导轨为基准，以上导轨为弹性体的原则。以长的固定不动的下导轨为刚性较强的刚体为基准，以移动部件的上导轨为具有一定变形的弹性体。

6）能补偿因受力变形和受热变形的原则。如龙门式机床的横梁导轨，可将中间部位制成凸形，用以补偿主轴箱（或刀架）移动到中间位置时的弯曲变形。

2　滑动导轨

2.1　滑动导轨截面形状、特点及应用

2.1.1　直线滑动导轨

直线滑动导轨一般由若干个平面构成，为了便于制造、装配和检验，其平面数量应尽量少。常见的单根直线滑动导轨的类型、截面形状、特点及应用见表18.6-2。

表18.6-2　单根直线滑动导轨的类型、截面形状、特点及应用

类型		截面形状		特点及应用
		凸　形	凹　形	
V形导轨（山形导轨、三角形导轨）	对称形	α		1)导向精度高，磨损后能自动补偿 2)凸形有利于排屑，不易保存润滑油，用于低速；凹形特点与凸形相反，高、低速均可采用 3)对称形截面制造方便，应用较广，两侧压力不均时采用非对称形 4)顶角 α 一般为90°，重型机床采用 $\alpha=110°\sim120°$，精密机床采用 $\alpha<90°$ 以提高导向精度

（续）

类型		截面形状		特点及应用
		凸　　形	凹　　形	
V 形导轨（山形导轨、三角形导轨）	非对称形	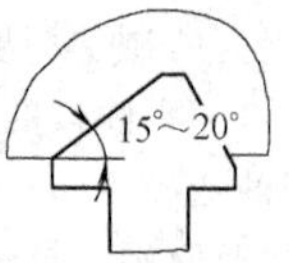	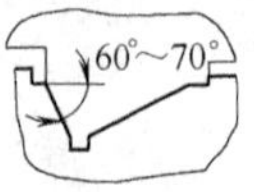	1）导向精度高，磨损后能自动补偿 2）凸形有利于排屑，不易保存润滑油，用于低速；凹形特点与凸形相反，高、低速均可采用 3）对称形截面制造方便，应用较广，两侧压力不均时采用非对称形 4）顶角 α 一般为 90°，重型机床采用 α = 110° ~ 120°，精密机床采用 α<90°以提高导向精度
矩形导轨（平导轨）		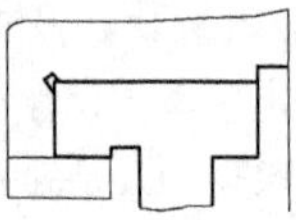	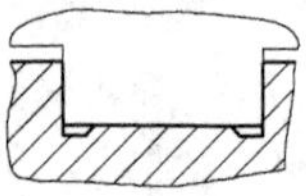	1）制造简单、承载能力大，不能自动补偿磨损，必须用镶条调整间隙；导向精度低，需良好的防护 2）主要用于载荷大的机床或组合导轨
燕尾形导轨		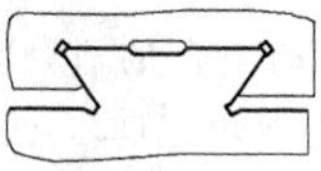	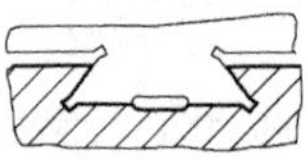	1）制造较复杂，磨损后不能自动补偿，用一根镶条可调整间隙，尺寸紧凑，调整方便 2）主要用于要求高度小的部件中，如车床刀架
圆柱形导轨		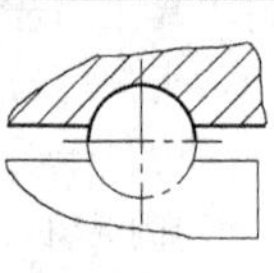	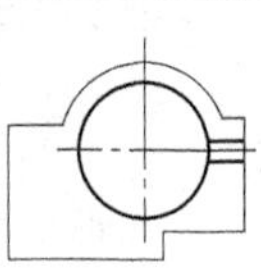	1）制造简单，内孔可珩磨，外圆采用磨削可满足配合精度要求，磨损后不能自动调整间隙 2）主要用于受轴向载荷的场合，如钻、镗床主轴套筒、车床尾架

导轨的截面组合形式多种多样，都有其适用的场合。几种常见导轨的组合形式、特点及应用见表 18.6-3。

表 18.6-3　常见导轨组合形式、特点及应用

序号	组合形式	示意图或截面形状	特点及应用
1	两根或四根平行的圆柱	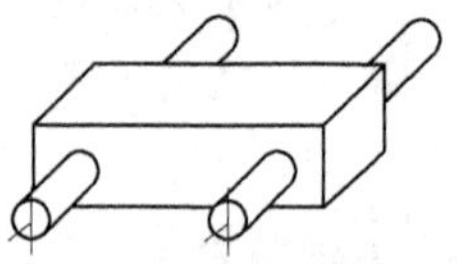	1）制造工艺性、导向性好，导向刚度较差 2）磨损后不易补偿，调整装置复杂；两圆柱平行度要求高 3）主要用于轻型机械，或者受轴向力的场合
2	一个 V 形和一个平面（构成 V 形的两个平面的交线与平面平行）	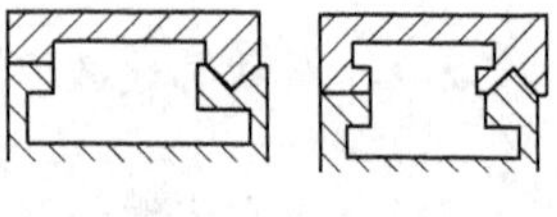	1）不需要镶条调整，导向性好，刚性较好，制造较方便 2）凹形导轨的动压浮升量比矩形导轨大，会引起移动件偏移 3）广泛用于如卧式车床、龙门刨床和磨床等
3	两个 V 形（构成 V 形的两个平面的交线平行）	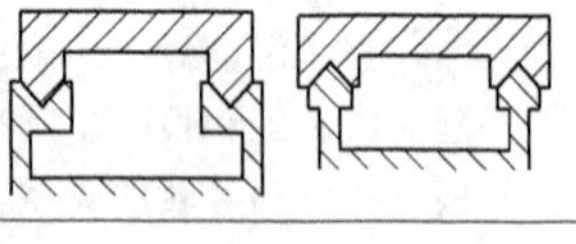	1）导向精度高，能自动补偿磨损，加工检修困难，要求四个面接触，工艺性差 2）主要用于精度要求高的机床，如坐标镗床、精密丝杠车床等
4	双矩形（相当于矩形截面的方柱）	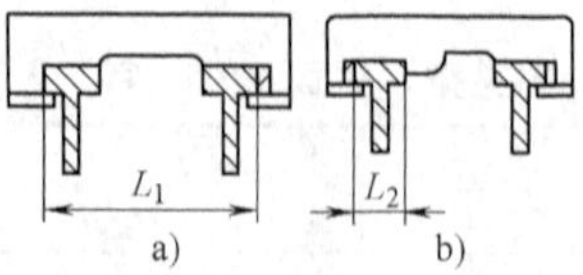 a)　b)	1）主要承受与主支承面相垂直的作用力，刚性好，承载能力大，加工维修容易 2）侧导向面用镶条调整间隙，使接触刚度降低，而且必须留有余量，使导向精度降低 3）用于普通精度机床或重型机床，如升降台铣床，龙门铣床 图 a 和图 b 两者仅侧导向面不同
5	矩形和燕尾形		1）用矩形导轨承受较大的颠覆力矩产生的压力，用燕尾形导轨作侧导向面，调整间隙简便，夹紧容易 2）常用于横梁、立柱和摇臂导轨，以及多刀车床刀架导轨等

注：除序号 2、3 的组合外，其余组合的偶件均可互为可动件。

2.1.2　圆运动滑动导轨

圆（回转）运动滑动导轨要求在径向切削力和离心力的作用下运动部件能保持较高的回转精度，这种导轨常常与主轴联合使用。圆运动滑动导轨的类型、截面形状、特点及应用见表18.6-4。

表18.6-4　圆运动滑动导轨的类型、截面形状、特点及应用

类　型	截面形状	特点及应用
平面环形导轨		承载能力大、工作精度高、结构简单、制造方便，但只能承受轴向载荷，必须与主轴联合使用，由主轴承受径向载荷 适用于主轴定心的回转运动导轨的机床，如立式车床、加工中心转台及齿轮加工机床等
锥面环形导轨	30°	可以承受一定的径向载荷，工艺性差。目前用于花盘直径小于3m的立式车床和其他机床
V形面环形导轨	90° 20° 90° 20° 90°	可承受较大的径向力和一定的倾覆力矩，但工艺性差，既要保证导轨的接触，又要保证导轨面与主轴同心是相当困难。目前应用于3m以上的立式车床

2.2　滑动导轨尺寸

2.2.1　三角形导轨尺寸

三角形导轨的尺寸见表18.6-5。

2.2.2　燕尾形导轨尺寸

燕尾形导轨的尺寸见表18.6-6。

2.2.3　矩形导轨尺寸

矩形导轨的尺寸见表18.6-7。

2.2.4　卧式车床导轨尺寸关系

卧式车床导轨的尺寸关系见表18.6-8。

表18.6-5　三角形导轨的尺寸　　(mm)

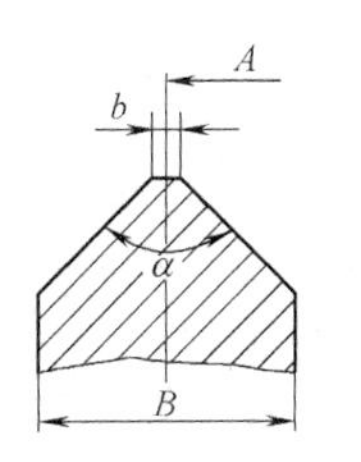

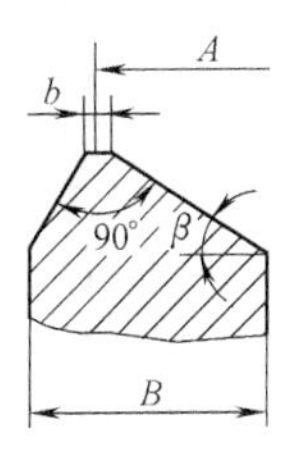

B	12	16	20	25	32	(35)	40	45	50	(55)	60
$b \leqslant$	1.2	1.6	2	2.5	3	3.5	4	4.5	5	5.5	6

B	65	70	80	90	100	110	(120)	125	(130)	140	150
$b \leqslant$	6.5	7	8	9	10	11	12	12	13	14	15

B	160	170	180	200	220	250	280	300	320	350	380	400
$b \leqslant$	16	17	18	20	22	25	28	30	32	35	38	40

（续）

A尺寸系列											
50	55	60	70	80	90	100	110	125	140	150	180
200	220	250	280	320	360	400	450	500	550	630	710
800	900	1000	1120	1250	1400	1600	1800	2000	2240	2500	—

角度系列								
α	60°	90°	100°	120°	β	20°	25°	30°

注：1. 括号内尺寸尽可能不用。

2. 表中尺寸也适用于凹形。

3. A 为导轨跨度。

表 18.6-6　燕尾形导轨的尺寸

（mm）

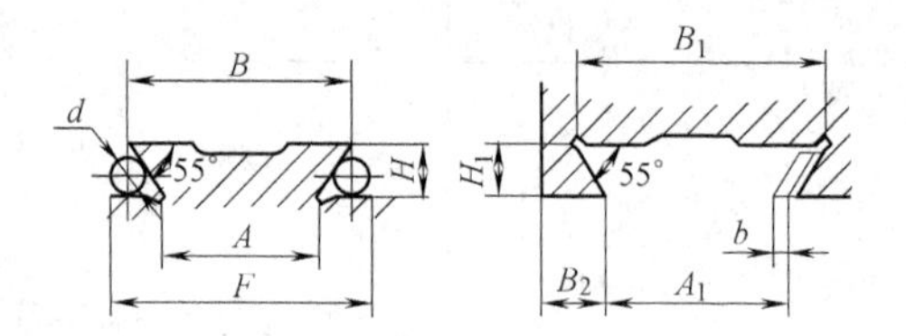

H	H_1	d	b	A	A_1	B	B_1	$B_2 \geqslant$	F
20	21	12	4	80	85	108	114.4	32	115.052
				90	95	118	124.4		125.052
				100	105	128	134.4		135.052
				110	115	138	144.4		145.052
				125	130	153	159.4		160.052
25	26	25	5	100	105	135	141.4	40	173.025
				110	115	145	151.4		183.025
				125	130	160	166.4		198.025
				140	145	175	181.4		213.025
				160	165	195	201.4		233.025
32	33	32	5	125	131	169.8	177.2	50	198.025
				140	146	184.8	192.2		213.025
				160	166	204.8	212.2		233.025
				180	186	224.8	232.2		253.025
				200	206	244.8	252.2		273.025
40	41	32	6	160	166	221.6	223.4	65	253.472
				180	186	241.6	243.4		273.472
				200	206	261.6	263.4		293.472
				225	231	286.6	288.4		318.472
				250	256	311.6	313.4		343.472
50	51.5	50	8	200	208	270	280.1	80	346.050
				225	233	295	305.1		370.050
				250	258	320	330.1		396.050
				280	288	350	360.1		426.050
				320	328	390	400.1		466.050
65	66.5	50	10	250	260	341	353.1	100	396.050
				280	290	271	383.1		426.050
				320	330	411	423.1		466.050
				360	370	451	463.1		506.050
				400	410	491	503.1		546.050

（续）

H	H_1	d	b	A	A_1	B	B_1	$B_2\geqslant$	F
80	81.5	80	10	320	330	432	444.1	125	563.680
				360	370	472	484.1		593.680
				400	410	512	524.1		633.680
				450	460	562	574.1		683.680
				500	510	612	624.1		733.680

注：1. b 为斜镶条小端厚度。滑座和镶条斜度 K 为 1：50 和 1：100；镶条法向斜度；垂直于 55°方向的斜度 K 为 0.82：50、0.82：100。

2. $A_1=A+b$，$B=A+1.4H$，$B_1=A_1+1.4H_1$，$F=A+2\times\frac{d}{2}\left(1+\cot\frac{55°}{2}\right)=A+2.921d$。

表 18.6-7　矩形导轨的尺寸　（mm）

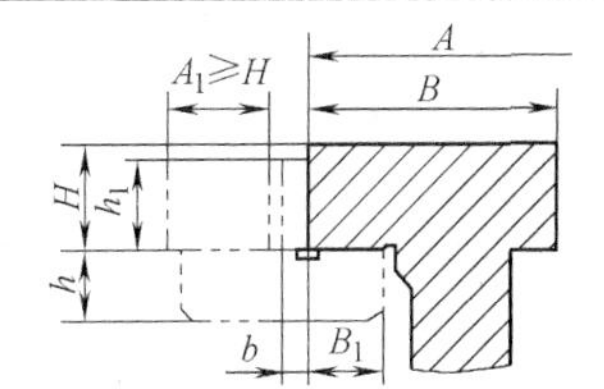

H	B	B_1	A	h	h_1	镶条 b	
						斜镶条	平镶条
16	25~40	10;12	100~320	10	H-0.5	4	5
20	32~80	12;16	140~400	12		5;6	6
25	40~100	16;20	180~500	16		6;8	8
(30);32	50~125	20;25	220~630	20			8;10
40;(45)	60~160	25;32	280~800	25	H-1	8;10	10;12
50;(55)	80~200	32;40	360~1000	32			12;15
60;(65)	100~250	40;50	450~1250	40		10;12	15;19
(70);80	125~320	50;65	560~1600	50		12;15	20;25
100	160~400	60;80	710~2000	60		15;18	—

A、B 尺寸系列

A	50	55	60	70	80	90	100	110	125	140	160	180	200	220	250	280	320
	360	400	450	500	560	630	710	810	900	1000	1120	1250	1400	1600	1800	2000	—
B	12	16	20	25	32	(35)	40	(45)	50	(55)	60	(65)	70	80	90	100	110
	(120)	125	(130)	140	150	160	170	180	200	220	250	280	300	320	350	380	400

注：1. 括号内的尺寸尽可能不用。

2. b 为斜镶条小端厚度。

表 18.6-8　卧式车床导轨的尺寸关系

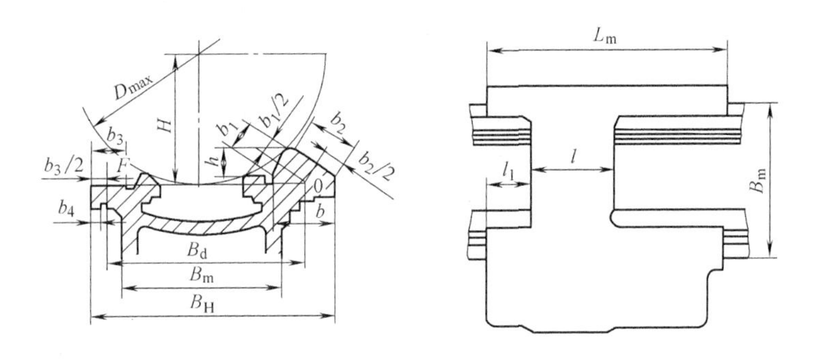

（续）

尺寸关系	跨距 $\frac{B_d}{D_{max}}\left(\frac{B_d}{2H}\right)$	$\frac{B_m}{D_{max}}$	$\frac{B_m}{B_H}$	$\frac{L_m}{B_m}$	$\frac{L_m}{D_{max}}$	$\frac{l}{L_m}$	$\frac{l}{D_{max}}$	$\frac{l_1}{l_m-l}$
平均值	0.78	0.85	1.3	1.4	1.2	0.42	0.5	0.33(1/3)

2.3　导轨间隙调整装置

2.3.1　导轨间隙调整装置设计要求

为保证导轨的正常运动，运动件和支承件之间应保持适当的间隙。除在装配过程中仔细调整导轨的间隙外，在使用一段时间后因磨损还需重调。导轨间隙调整装置广泛采用镶条和压板，结构型式很多，设计时一般要求如下：

1）调整方便，保证刚性，接触良好。

2）镶条一般应放在受力较小一侧，如要求调整后中心位置不变，可在导轨两侧各放一根镶条。

3）当导轨长度较长（>1200mm）时，可采用两根镶条在两端调节，使结合面接触良好。

4）当选择燕尾导轨的镶条时，应考虑部件装配的方式，要便于装配。

2.3.2　镶条、压板尺寸系列

（1）矩形导轨压板

矩形导轨的压板尺寸参照表 18.6-7 矩形导轨的尺寸中的参数设计。对压板螺钉直径 d，当压板厚度 $h>16$mm 时，$d=(0.7\sim0.8)h$；当 $h<16$mm 时，$d=h$。

对压板长度，当压板受力较大或导轨工作长度较短时，压板长度等于导轨长度；当压板受力不大，或导轨工作长度较长时，只需在运动部件的两端或中间（受力区）安装短压板，其长度可取为导轨工作长度的 1/3 或 1/4。

（2）燕尾导轨梯形镶条

燕尾导轨梯形镶条的结构型式及尺寸见表 18.6-9。

（3）平头斜镶条尺寸

平头斜镶条的尺寸及计算见表 18.6-10。镶条斜度 1∶X 指在 $A—A$ 截面内的斜度，但对于燕尾形导轨用的斜镶条，其斜度用法向截面内的斜度 1∶X_n 来标注。为加工方便，对于 55° 的燕尾形导轨，$X_n=X\csc55°=1.2077X$。

（4）弯头斜镶条

弯头斜镶条的尺寸及计算见表 18.6-11。

（5）镶条、压板材料

镶条、压板材料的选用见表 18.6-12。

（6）镶条、压板的技术要求

镶条、压板的技术要求见表 18.6-13。

表 18.6-9　燕尾导轨梯形镶条的结构型式及尺寸　（mm）

H	b	b_1	c	d_1	d_2	l				s
20	20	33	12	M10	12	14	16	18	20	1
25		36				18	20	22	25	
32	25	46	15	M12	14	22	25	28	32	
40	32	58	20	M16	18	28	32	36	40	
50		64				36	40	45	50	
65	40	82	25	M20	23	40	45	50	55	2
80	45	96	28	M24	27	50	55	60	70	

注：$b_1<b+0.7H$

表 18.6-10　平头斜镶条的尺寸及计算　（mm）

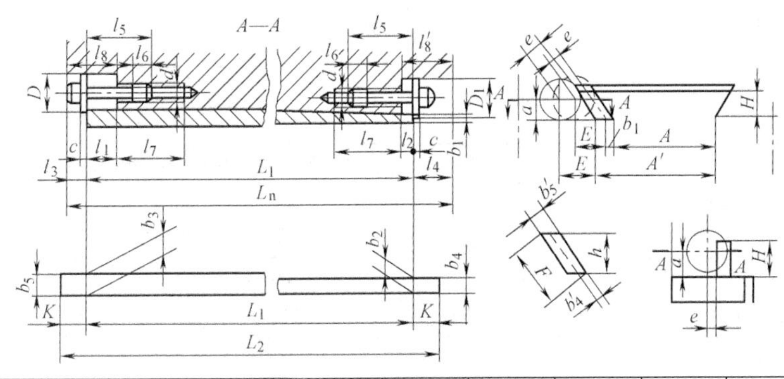

推荐尺寸	导轨高度 H			8	10	12	16	20	25	32	40	50
	移动部件上的尺寸	矩形导轨	b_1	2.5	3	3	4	5;6	6;8		8;10	
			a	9	10	12	13	15	16	18	20	25
			e	4	5		6	7		8		10
		燕尾导轨	b_1	3		4		5		6		8
			a	9	10	12	13	15	16	18	20	25
			e	2.5	3.5		6	7		8		10
	螺钉尺寸		d	M5	M6		M8	M10		M12		M16（M12）
			D	12	14		16	20		22		28
			c	1.5	2		3	4		5		5
			l_6	5	6		8	8		10		12
	间隙[1]		Δ_1	0.2~0.3			0.3~0.5			0.4~0.6		
			Δ_2	0.1			0.12			0.15		
	镶条预留切去量 K[2]			25~35			25~45			35~65		

计算尺寸	镶条移动量		往小头	$l_1=X\cdot\Delta_1$[3]
			往大头	$l_2=X\cdot\Delta_2$
	镶条端至部件端距离			$l_3=l_2+c;l_4=l_1+c$
	镶条	实用长度		$L_1=L_n-l_3-l_4$
		毛坯长度		$L_2=L_1+2K$
		矩形导轨镶条厚度		$b_4=b_2+(l_4-K)\dfrac{1}{X};b_5=b_4+L_2\dfrac{1}{X}$[3]
		燕尾导轨镶条	法向厚度	$b_4'=b_2\sin55°+(l_4-K)\dfrac{1}{X_n};b_5'=b_4'+L_2\dfrac{1}{X_n}$[3]
			备料宽度	$F=\dfrac{h}{\sin55°}+b_5'\cot55°=1.22h+0.7b_5'$
	螺钉长度 l_5			$l_5=l_1+l_2+l_6$[4]
	移动部件上尺寸		螺孔深 l_7	$l_7=l_5+(0.5\sim0.6)d$
			导向孔深 l_8	$l_8=l_2+l_4$
			导向孔径 D_1[5]	普通机床：$D_1=D+(0.5\sim2)$ 精密机床：$D_1=D+(0.1\sim0.3)$

（续）

计算尺寸	燕尾导轨上尺寸	E	$E=\dfrac{e}{\sin55°}+a\cot55°=1.22e+0.7a$
		A'	$A'=A+b_1+L_n\dfrac{1}{X}$

① Δ_1 为镶条向小头移动时间隙的减少量；Δ_2 为镶条向大头移动时间隙的增加量；镶条长、磨损大的导轨选用 Δ_1。

② 斜度较小的镶条选用大的 K。

③ X 为斜度 $1:X$ 中的分母，$1:X_n$ 为法向斜度。镶条长度按导轨长 L 选择（括号内的斜度尽量少用）。

L/mm	<500	>500~750	>750
$1/X$	(1:20)~(1:50)	(1:50)~(1:75)	(1:100)~(1:200)

④ l_6 为螺纹最小旋入长度。

⑤ 导向孔径 D_1 比 D 略大，用组合锪钻加工时取小值。

表 18.6-11　弯头斜镶条的尺寸及计算　（mm）

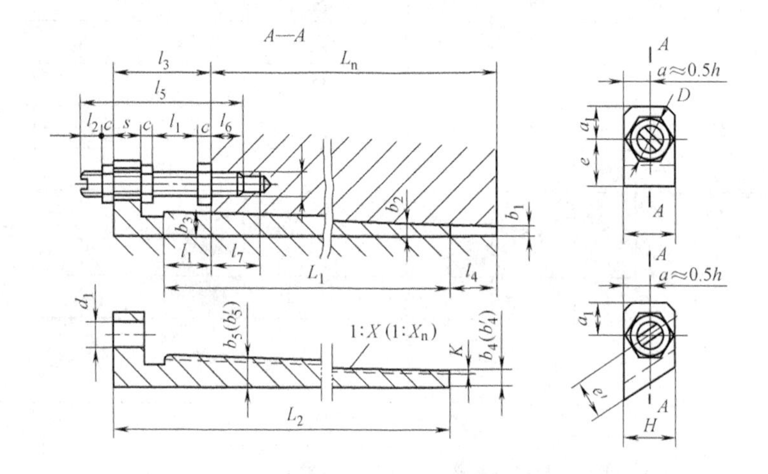

				20	25	32	40	50	60;65	80	100
推荐尺寸	导轨高度 H			20	25	32	40	50	60;65	80	100
	移动部件上尺寸	矩形导轨	b_1	5	6		5		10	12	15
				6	8		10		12	15	18
		燕尾导轨	b_1	5		6		8	10		—
		l_6		15		18		24		30	
		l_7		25		30		35		45	
	螺母		d	M10		M12		M16;M12		M16;M20	
			D	20		22		28;22		28;35	
			c	6		7		8;7		8;9	
	镶条上尺寸		d_1	11		13		17;13		17;22	
			s	12		14		16		20	
			α_1	18		20		25		32	
	间隙①		Δ_1	0.3~0.5		0.4~0.6					
			Δ_2	0.12		0.15					
	刮削留量 K			0.5		0.7					
计算尺寸	镶条移动量		往小头	$l_1=\Delta_1\cdot X$②							
			往大头	$l_2=\Delta_2\cdot X$							
	镶条与壳体距离			$l_3=l_1+s+2c\pm\delta;l_4\geqslant l_1$③							
	镶条	斜面长度		$L_1=L_n$							
		全长		$L_2=L_n+l_3-l_4$							

（续）

计算尺寸	镶条	矩形导轨	$b_4=b_2+K=\left(b_1+l_4\frac{1}{X}\right)+K;b_5=b_4+L_1\frac{1}{X}$ $e=b_1+L_n\frac{1}{X}+\frac{D}{2}+(1\sim2)$
		燕尾导轨	$b_4'=b_1\sin55°+l_4\frac{1}{X_n}+K;b_5=b_4+L_1\frac{1}{X_n}$ $e'=b_1\sin55°+L\frac{1}{X_n}+\frac{D}{2}+(1\sim2)$②
	螺栓长度		$l_5=l_1+l_2+s+3c+l_6+1.5d$

①②含义与表 18.6-10 注同。

③ $\pm\delta$ 为镶条端部至壳体距离允许偏差，当 $h\leqslant25$mm 时，$\delta=\pm(4\sim8)$mm；当 $h>25$mm 时，$\delta=\pm(5\sim10)$mm。斜度大时取大值。

表 18.6-12　镶条、压板材料的选用

材料与热处理	特　　点	应　　用
HT150 HT200	加工方便，磨损大，易折断	用于中等压力、尺寸较大的镶条、压板
45 钢正火	强度高，不易折断，磨损小	用于较长、较薄的斜镶条及燕尾形导轨镶条

表 18.6-13　镶条、压板的技术要求

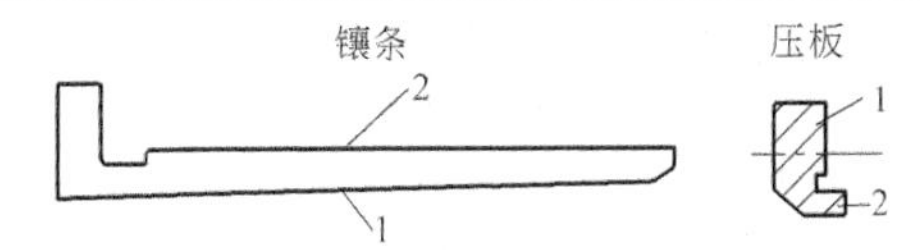

镶条			压板		
滑动接合面 1	平面度	由接触点保证	固定接合面 1	平面度	由接触点保证
	接触点	10~12 点/25mm×25mm		接触点	6~8 点/25mm×25mm
	装配后允许间隙	0.03mm，塞尺塞入深度不大于 20mm		装配后允许间隙	0.04mm，塞尺不能塞入
滑动接合面 2	接触点	6~8 点/25mm×25mm	滑动接合面 2	平面度	接触点保证
				接触点	10~12 点/25mm×25mm
	装配后允许间隙	0.04mm，塞尺不能塞入		对面 1 平行度	0.01mm
				装配后允许间隙	0.03mm，塞尺塞入深度不大于 20mm

镶条、压板上可开适当的油槽以保证有足够的润滑油，平头斜镶条应在装配调节好后再切去两端的调节留量，然后再开润滑油槽和螺钉槽。

2.3.3　导轨的夹紧装置和卸荷装置

有些导轨在移动到预订位置后，要求将它的位置固定，为此需要采用专用的夹紧装置。常用的夹紧装置的锁紧方式有机械锁紧和液压锁紧。

导轨锁紧装置如图 18.6-1 所示。当滑板上有一个长槽，在穿过长槽上端的锁紧杆上装有锁紧块，当没有液压时，由碟形弹簧产生的力使螺钉拉紧；当有液压时，锁紧装置松开。这种结构可防止液压系统失效时锁紧装置松脱。

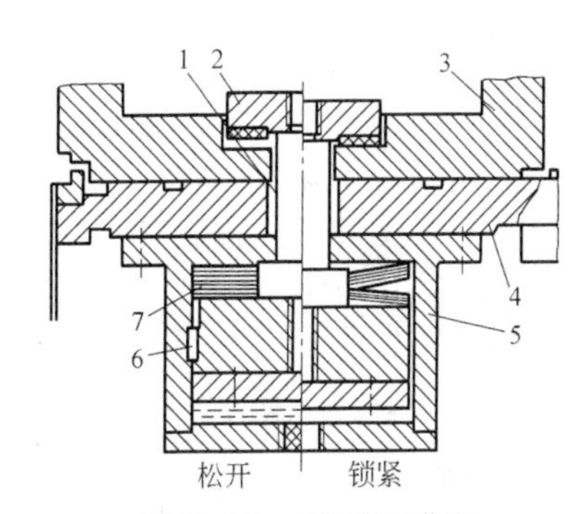

图 18.6-1　导轨锁紧装置

1—长槽　2—锁紧块　3—滑板　4—床身
5—锁紧装置　6—防活塞旋转键　7—碟形弹簧

滑动导轨有时还需要采用卸荷装置。对于大型机械或重型机床来说，减轻导轨载荷是主要的；对于高精度机床和仪器，应该优先考虑导向精度和运动灵敏性。常用的导轨卸荷方式及其特点见表 18.6-14。各种导轨卸荷机构的原理图等可以查阅有关导轨设计的其他资料。

表 18.6-14 常用的导轨卸荷方式及其特点

导轨类型	卸荷方式		优点	缺点
直线运动导轨	机械卸荷	通过弹簧、滚轮卸荷	结构比较简单,制造容易	卸荷力调整麻烦,所占空间大,所需夹紧力大
		通过液压缸、滚轮卸荷	调整卸荷力容易;部件不动时停止供油,便于夹紧	结构复杂,需要供液系统
	静压卸荷	用通入导轨面液压腔内的压力液卸荷	导轨面直接接触,接触刚度大,低速平稳性优于滑动导轨;摩擦阻力及起动时的阻力变化小于无载荷的普通导轨	结构较复杂,需要一套可靠的供液系统
	气压卸荷	用通入导轨面气腔内的压缩空气卸荷	同上,但比液压卸荷简单,夹紧容易	需要压缩气体源,卸荷量不大,效果不如静压导轨
回转运动导轨	中心卸荷(卸荷力作用于工作台中心位置)	用垫片调整	结构简单	卸荷量固定,调整不便
		用斜楔调整	结构简单,卸荷量可调	斜楔的移动不灵敏
		用螺旋调整	结构简单,调整容易;允许较大卸荷量	制造较复杂,卸荷量不便显示
		用液压缸卸荷	调整方便,显示准确	需要液压系统
	液压卸荷	环槽式是由通入导轨面环形槽内的压力液卸荷	结构简单,工作台变形小	需要供液系统;载荷不均匀时容易产生偏斜,不如液腔式的精度高
		油腔式(静压卸荷)是由通入油腔内的压力液卸荷	摩擦、磨损小,接触刚度好,工作台变形小	结构较复杂,制造麻烦,需要供液系统
	气压卸荷	导轨面上开环形槽,通入压缩空气卸荷	结构简单	需要压缩空气源,卸荷量不大

2.4 导轨材料与热处理

2.4.1 材料的要求和匹配

用于导轨的材料应具有良好的耐磨性、摩擦因数小、动静摩擦因数接近，以及加工和使用时产生的内应力小、尺寸稳定性好等性能。

导轨副应尽量由不同材料组成，如果选用相同材料，也应采用不同的热处理或不同的硬度。通常动导轨（短导轨）用较软、耐磨性低的材料，固定导轨（长导轨）用较硬和耐磨材料制造。导轨材料匹配及其相对寿命见表 18.6-15。

表 18.6-15 导轨材料匹配及其相对寿命

导轨材料	相对寿命
铸铁/铸铁	1
铸铁/淬火铸铁	2~3
铸铁/淬火钢	>2
淬火铸铁/淬火铸铁	4~5
铸铁/镀铬或喷涂钼铸铁	3~4
塑料/铸铁	8

2.4.2 材料及其热处理

（1）导轨材料

机床滑动导轨常用材料主要是灰铸铁和耐磨铸铁。灰铸铁通常以 HT200 或 HT300 做固定导轨，以 HT150 或 HT200 做动导轨。JB/T 3997—2011 对普通灰铸铁导轨的硬度要求见表 18.6-16。

表 18.6-16 灰铸铁导轨的硬度要求

导轨长度/mm	硬度要求 HBW			硬度公差 HBW	
	导轨铸件重量/t	不低于	不高于	导轨长度/mm	硬度公差不超过
≤2500	—	190	255	≤2500	25
>2500	>3~5	180	241	>2500	35
—	>5	175	241	由几件连接的导轨	45

常用耐磨铸铁与普通铸铁耐磨性比较见表 18.6-17。

（2）导轨热处理

对一般重要的导轨，铸件粗加工后需进行一次时效处理；对高精度导轨，铸件经半精加工后还需进行第二次时效处理。

表 18.6-17　常用耐磨铸铁与普通铸铁耐磨性比较

耐磨铸铁名称	耐磨性高于普通铸铁倍数
磷铜钛耐磨铸铁	1.5~2
高磷耐磨铸铁	1
钒钛耐磨铸铁	1~2
稀土铸铁	1
铬钼耐磨铸铁	1

常用导轨的淬火方法有：

1）高、中频淬火，淬硬层深度为1~2mm。硬度为45~50HRC。

2）电接触加热自冷表面淬火，淬硬层深度为0.2~0.25mm，显微硬度为600HV左右。这种淬火方法主要用于大型铸件导轨。

2.5　导轨的技术要求

2.5.1　表面粗糙度

（1）刮研导轨

刮研导轨具有接触好、变形小、可以存油及外形美观等优点，但劳动强度大、生产率低，主要用于高精度导轨。刮研导轨面每25mm×25mm面积内的接触点数不得少于表18.6-18的规定。

表 18.6-18　刮研导轨面每 25mm×25mm 内的接触点数

机床类别	滑动导轨		移置导轨		镶条、压板滑动面
	每条导轨宽度/mm				
	≤250	>250	≤100	>100	
Ⅲ级和Ⅲ级以上	20	16	16	12	12
Ⅳ级	16	12	12	10	10
Ⅴ级	10	8	8	6	6

（2）磨削导轨

磨削生产率高，是加工淬硬导轨的唯一方法。磨削导轨表面粗糙度应达到的要求，见表18.6-19。磨削导轨面的接触指标见表18.6-20。

表 18.6-19　磨削导轨表面粗糙度 *Ra*　（μm）

机床类型	动导轨			固定导轨		
	中小型	大型	重型	中小型	大型	重型
Ⅲ级和Ⅲ级以上	0.2~0.4 (0.1~0.2)	0.4~0.8 (0.2~0.4)	0.8 (0.4)	0.1~0.2 (0.05~0.1)	0.2~0.4 (0.1~0.2)	0.4 (0.2)
Ⅳ级	0.4 (0.2)	0.8 (0.4)	1.6 (0.8)	0.2 (0.1)	0.4 (0.2)	0.8 (0.4)
Ⅴ级	0.8 (0.4)	1.6 (0.8)	1.6 (0.8)	0.4 (0.2)	0.8 (0.4)	1.6 (0.8)

注：1. 滑动速度大于0.5m/s时，表面粗糙度应降低一级（括号内数值）。
2. 淬硬导轨的表面粗糙度应降低一级（括号内数值）。

表 18.6-20　磨削导轨面的接触指标　（%）

机床类型	滑(滚)动导轨		移置导轨	
	全长上	全宽上	全长上	全宽上
Ⅲ级和Ⅲ级以上	80	70	70	50
Ⅳ级	75	60	65	45
Ⅴ级	70	50	60	40

注：1. 宽度接触达到要求后，方能做长度的评定。
2. 镶条按相配导轨的接触指标检验。

2.5.2　几何精度

导轨的几何精度主要指导轨的直线度和导轨间的平行度、垂直度等。

在制定导轨几何精度时，请参阅有关机械的精度标准。对于金属切削机床，导轨的几何精度列于机床精度标准中。

2.6　滑动导轨压强的计算

2.6.1　导轨的许用压强

导轨的压强是影响导轨耐磨性和接触变形的主要因素之一。设计导轨时将压力取得过大，会加剧导轨的磨损；若取得过小，又会增大尺寸。因此，应根据具体情况，选择适当压力的许用值。重型机床和精密机床的压力可取得小些；中等尺寸的普通机床的压力可取得大些；通用机床铸铁-铸铁、铸铁-钢导轨副的许用压强可按表18.6-21选取。专用机床许用压强比表中的数值减少25%~30%。

2.6.2　压强的分布与假设条件

影响导轨压强分布的因素很多、情况复杂，为了便于进行工程设计，首先做如下假设：

表 18.6-21　铸铁导轨的许用压强　（MPa）

导轨种类			平均许用压强	最大许用压强
直线运动导轨	主运动导轨和滑动速度较大的进给运动导轨	中型机床	0.4~0.5	0.8~1.0
		重型机床	0.2~0.3	0.4~0.6
	滑动速度低的进给运动导轨	中型机床	1.2~1.5	2.5~3.0
		重型机床	0.5	1.0~1.5
		磨床	0.025~0.04	0.05~0.08
主运动和滑动速度较大的进给运动的圆导轨，D—导轨直径（mm）		$D\leqslant 300$	0.4	—
		$D>300$	0.2~0.3	—
		环状	0.15	—

（1）导轨本身刚度大于接触刚度

当导轨本身刚度大于接触刚度时，只考虑接触变形对压强的影响。沿导轨的接触变形和压强按线性分布，在宽度上视为均布。按压强线性分布规律计算的导轨很多，如车床溜板、铣床工作台和铣头，以及滚齿机刀架、各种机床的短工作台导轨等。

每个导轨面上所受的载荷都可以简化为一个集中力 F 和一个颠覆力矩 M 的作用，如图 18.6-2 所示。导轨压强的分布如图 18.6-3 所示。

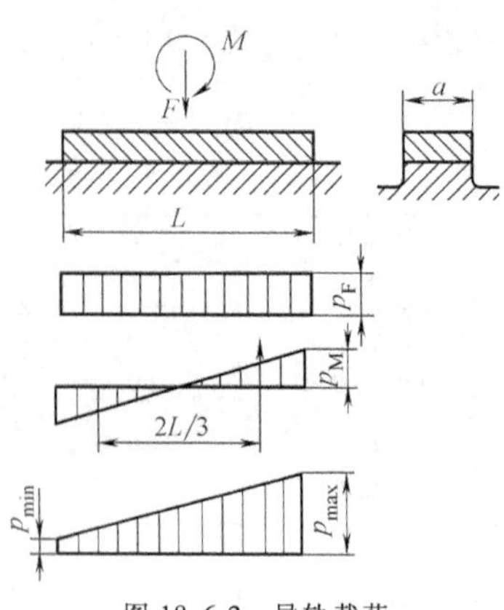

图 18.6-2　导轨载荷

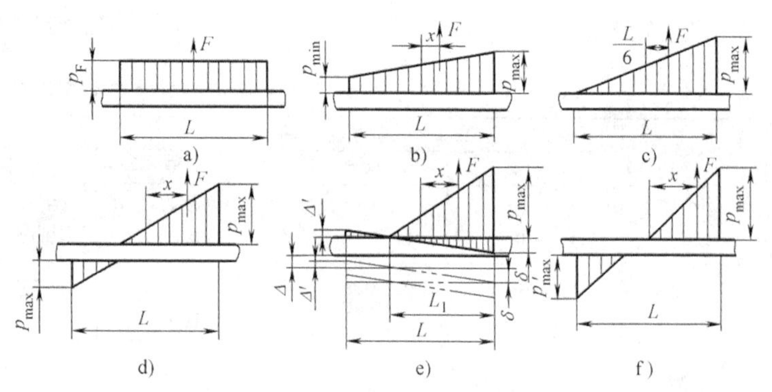

图 18.6-3　导轨压强的分布

导轨所受的最大、最小和平均压强分别为

$$\left\{\begin{aligned} p_{max}&=p_F+p_M=\frac{F}{aL}\left(1+\frac{6M}{FL}\right)\\ p_{min}&=p_F-p_M=\frac{F}{aL}\left(1-\frac{6M}{FL}\right)\\ p_{平均}&=\frac{1}{2}(p_{max}+p_{min})\end{aligned}\right. \tag{18.6-1}$$

式中　F——导轨所受集中力（N）；

M——导轨所受颠覆力矩（N·mm）；

p_F——由集中力引起的压强（MPa）；

p_M——由倾覆力矩引起的压强（MPa）；

a——导轨宽度（mm）；

L——动导轨长度（mm）。

由式（18.6-1）和图 18.6-3 中可以看出：

1）设计导轨时，尽可能使 $\frac{6M}{FL}<1$，$p_{min}>0$，$p_{max}<2p_{平均}$。压强按梯形分布，如图 18.6-3b 所示，即合力作用点距导轨中心的距离 $x=\frac{M}{F}<\frac{1}{6}$。

2）当 $\frac{6M}{FL}=1$、$p_{min}=0$、$p_{max}=2p_{平均}$ 时，即压强呈三角形分布，如图 18.6-3c 所示，导轨全长上都接触。当 $\frac{M}{FL}\leqslant\frac{1}{6}$，就可采用无压板开式导轨。

3）当 $\frac{6M}{FL}>1$，即 $\frac{M}{FL}>\frac{1}{6}$ 时，导轨面将出现一段长度不接触的情况，此时必须采用压板。与压板接触的导轨面称为辅助导轨面。当压板与辅助导轨面间隙 $\Delta=0$ 时，导轨压强按图 18.6-3d 所示分布；当间隙 $\Delta>0$ 时，主导轨上最大压强 p_{max} 处的接触变形为 δ，主导轨另一端出现间隙 Δ'。当 $\Delta>\Delta'$ 时，辅助导轨面与压板不接触，只是主导轨面受力，在部分长度上压强按三角形分布，$\frac{L}{6}<x<\frac{L}{2}$；当 $\Delta<\Delta'$ 时，主辅助导轨面的压强分布如图 18.6-3f 所示。

根据导轨的受力情况，可求出 Δ'，用以判断导轨压强的分布，如图18.6-3e所示。

$$p_{\max}=\frac{p_{平均}}{1.5\left(0.5-\dfrac{M}{FL}\right)} \tag{18.6-2}$$

（2）导轨刚度较低

如果导轨刚度较低，在确定导轨压强时就应同时考虑导轨本身的弹性变形和导轨面的接触变形。压强不是线性分布，最大压强和平均压强之比可达2~3或更多。属于这种类型的导轨有立车刀架、牛头刨床和插床的滑枕、龙门刨床的刀架，以及外圆磨床工作台、长工作台的导轨等。

通常在龙门铣床和龙门刨床等机床上的导轨的最大压强为0.6~0.7MPa。

2.6.3 导轨的受力分析

导轨上所受的外力包括切削力、工件和夹具重量，以及动导轨部件的重量和牵引力，这些外力使各支承导轨面产生支反力和支反力矩。牵引力、支反力和支反力矩都是未知的，一般可用静力平衡方程式求出。当未知数多且不定时，可根据接触变形的条件建立附加方程式求各力。

例18.6-1 分析普通卧式车床导轨受力情况，如图18.6-4所示。图中，F_y、F_z、F_x为切削分力(N)；G为动导轨部件重量(N)；Q_x、Q_z为牵引力(N)；x_F、y_F、z_F、x_G、y_G为分别为切削力、动导轨部件重量等坐标尺寸(mm)。

（1）外力矩

$$\begin{cases}M_x=F_yz_F-F_zy_F-Gy_G+Q_zy_Q\\ M_y=F_xz_F-F_zx_F-Gx_G-Q_zx_Q+Q_xz_Q\\ M_z=F_xy_F-F_yx_F+Q_xy_Q\end{cases} \tag{18.6-3}$$

（2）支反力

各导轨面上R_A、R_B、R_C和$R_{C'}$（见图18.6-4）支反力。当$M_x>0$时

$$\begin{cases}R_C=\dfrac{M_x}{e}\\ R_A=(F_z+G+Q_z-R_C)\sin\beta-F_y\cos\beta\\ R_B=(F_z+G+Q_z-R_C)\sin\alpha+F_y\cos\alpha\end{cases} \tag{18.6-4}$$

当$M_x<0$时

$$\begin{cases}R_{C'}=\dfrac{|M_x|}{e'}\\ R_A=(F_z+G+Q_z-R_{C'})\sin\beta-F_y\cos\beta\\ R_B=(F_z+G+Q_z-R_{C'})\sin\alpha+F_y\cos\alpha\end{cases} \tag{18.6-5}$$

（3）牵引力

$$Q_x=F_x+(R_A+R_B+R_C)\mu \tag{18.6-6}$$

当$M_x>0$时，将式（18.6-4）中的R_A、R_B、R_C及$\alpha=\beta=45°$代入式（18.6-6）得

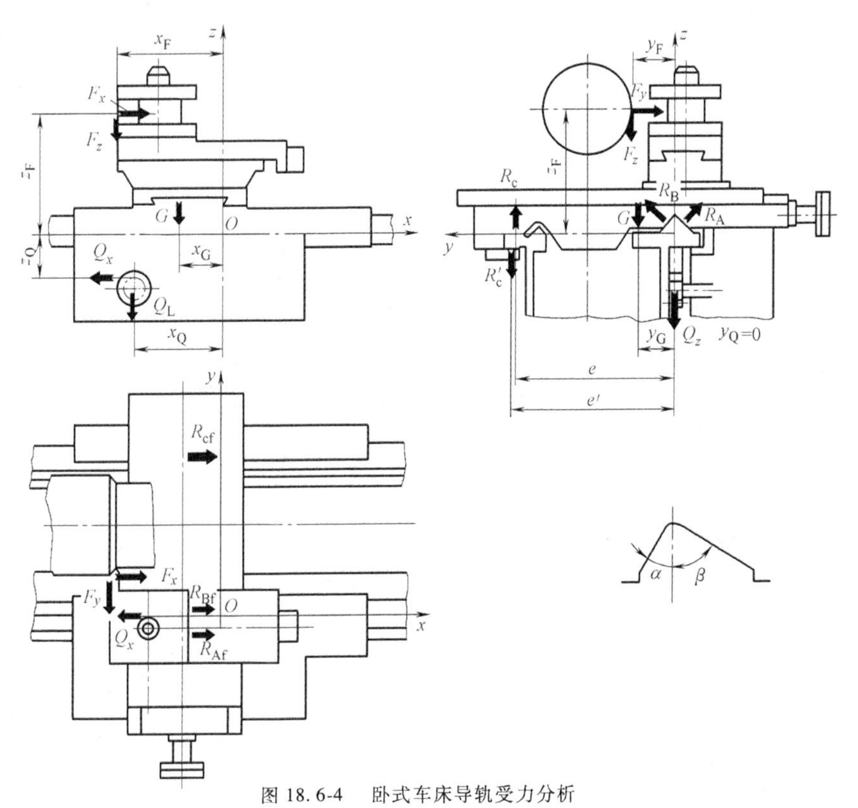

图18.6-4 卧式车床导轨受力分析

$$Q_x=\frac{F_x+\left(1.41F_z+1.41G-0.41\frac{M_x}{e}\right)\mu}{1-1.41\mu\tan(\alpha_0+\varphi_0)}\tag{18.6-7}$$

式中　μ——导轨的摩擦因数；

α_0——齿轮刀具角度，$\alpha_0=20°$；

φ_0——轮齿的摩擦角，$\varphi_0=5°\sim8°$；

e——导轨跨距（mm），如图18.6-4所示。

由于在 M_x 中含 Q_z，而 $Q_z=Q_x\tan(\alpha_0+\varphi_0)$；在 Q_x 中又含有 M_x，因此应先将式（18.6-6）和式（18.6-3）中的 M_x 和 Q_z 联立解出 M_x、Q_z 和 Q_x，然后按式（18.6-3）计算外力矩和支反力。

在此基础上可以求出各导轨面上支反力矩。

2.6.4　导轨压强的计算

（1）平均压强的计算

各种形式导轨的平均压强分别为

$$\begin{cases}p_A=\dfrac{R_A}{aL}\\ p_B=\dfrac{R_B}{bL}\\ p_C=\dfrac{R_C}{cL}\\ p_{C'}=\dfrac{R_{C'}}{c'L}\end{cases}\tag{18.6-8}$$

式中　R_A、R_B、R_C、$R_{C'}$——各导轨面上的支反力（N）；

a、b、c、c'——各导轨面的宽度（mm）；

L——动导轨的长度（mm）。

（2）压强按线性分布时最大压强的计算

当 $\frac{M}{FL}\leqslant\frac{1}{6}$（$M$ 为某导轨面的支反力矩，F 为支反力）时，主导轨面上的最大压强 $p_{max}=p_{平均}+p_M$；当 $\frac{1}{6}<\frac{M}{FL}\leqslant\frac{1}{2}$ 时，不采用压板，主导轨面上的最大压强按式（18.6-2）计算；当 $\frac{M}{FL}>\frac{1}{6}$ 采用压板时，则分别计算主导轨面和辅助导轨（压板）面的最大压强。

主导轨面上的最大压强按式（18.6-9）计算，即

$$p_{max}=p_{平均}(k_m+k_\Delta)\leqslant[p]_{max}\tag{18.6-9}$$

式中　$[p]_{max}$——许用最大压强（MPa），见表18.6-21；

k_Δ——考虑间隙影响的系数，如图18.6-5所示；

k_m——考虑压板和辅助导轨面参加工作时的系数，与 $m=\frac{b'}{\xi b}$ 或者 $m=\frac{a'}{\xi a}$ 和 $\frac{M}{FL}$ 有关，如图18.6-5所示；

a、b——主导轨面的宽度（mm）；

a'、b'——压板与辅助导轨面的接触宽度（mm）；

ξ——考虑压板弯曲的系数，大多数情况下取 $\xi=1.5\sim2.0$。当压板较长、压板上的压力 $p\leqslant0.3$MPa 时，取小值；当压板较短、压力较大、p 为 0.5~1MPa 时，取大值；

M——导轨面的支反力矩（N·mm）；

F——导轨面的支反力（N）。

压板面上的最大压力按式（18.6-10）计算，即

$$p'_{max}=p_{max}k'\leqslant[p]_{max}\tag{18.6-10}$$

式中　p_{max}——主导轨面上的最大压力（MPa）；

k'——系数，如图18.6-5所示。

图18.6-5中的 Δ 为压板与导轨的间隙，对于中型机床，通常取 $\Delta=20\sim30\mu m$。C 为接触柔度（μm/MPa），对于直线运动的铸铁导轨，C 值见表18.6-22。

表18.6-22　直线运动铸铁导轨接触柔度 C

（μm/MPa）

平均压强/MPa	导轨宽度/mm		
	≤50	≤100	≤200
≤0.3	8~10	15	20
>0.3~0.4	4~6	7~9	10~12

当导轨上只有颠覆力矩作用时，即支反力 $F=0$ 时，主导轨面上的最大压力按式（18.6-11）计算，即

$$p_{max}=p_M(k'_m+k'_\Delta)\leqslant[p]_{max}\tag{18.6-11}$$

式中　$p_M=\frac{6M}{aL^2}$ 或 $\frac{6M}{bL^2}$

压板面上的最大压力按式（18.6-12）计算，即

$$p'_{max}=p_{max}k''\leqslant[p]_{max}\tag{18.6-12}$$

式（18.6-11）中的系数 k'_Δ 可从图18.6-5d中的曲线中查出。式（18.6-11）和式（18.6-12）中的系数 k'_m 和 k'' 见表18.6-23。

表18.6-23　系数 k'_m、k'

m	0.05	0.1	0.2	0.4	0.6	0.8	1.0	2	5	10
k'_m	3.7	2.1	1.6	1.3	1.15	1.06	1	0.86	0.72	0.66
k''	4.5	3.25	2.25	1.6	1.3	1.12	1	0.7	0.45	0.32

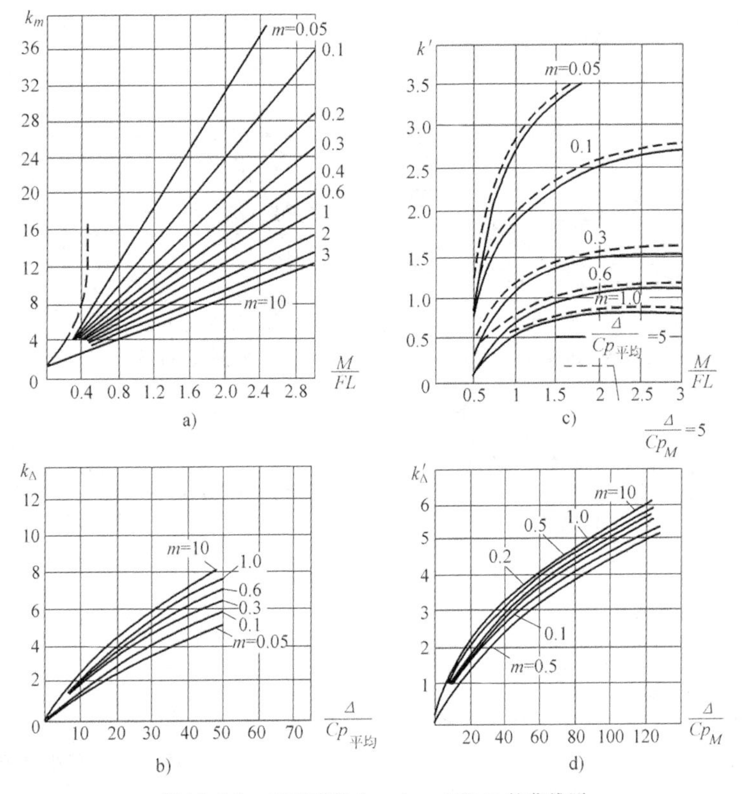

图 18.6-5　确定系数 k_m、k_Δ、k'和 k'_Δ的曲线图

3　塑料导轨

所谓塑料导轨就是在普通的金属滑动导轨副中的一件（一般在移动件）的导轨面上，用钉接、黏结或刷（喷）涂上一层通用的塑料板、纤塑层压板，或者专用的导轨软带和耐磨涂层。目前新型的塑料导轨采用塑料基复合材料制成，主要有涂层、软带和金属塑料复合板等几种形式。

3.1　塑料导轨的特点

（1）塑料导轨的优点

1）有优良的自润滑性和耐磨性。

2）对金属的摩擦因数小，因而能降低滑动件驱动力，提高传动效率。

3）静、动摩擦因数接近（变化小），可实现极低的不爬行的移动速度，同时还能提高移动部件的定位精度。

4）由于自润滑性好，可使润滑装置简化，而且不会因润滑油偶尔中断而损伤导轨。

5）加工简单，表面可用通用机械加工方法加工。

6）由于塑料较软，偶尔落入导轨中的尘屑、磨粒等能嵌入其中，故不构成对金属导轨面的划伤。

7）可修复性好，需修复时只需拆除旧的塑料层，更换新的即可。

8）具有结构简单、运行费用低、抗振性好、工作噪声低和承载能力高的特点。

（2）塑料导轨的缺点

1）耐热性差，导热率低。

2）强度低，刚性较差，易蠕变。

3.2　塑料导轨的材料

（1）对塑料导轨材料的基本要求

1）摩擦因数小，而且静、动摩擦因数接近。

2）自润滑性、耐磨性好。

3）抗压强度高、抗蠕变性好。

4）耐油、耐水、耐酸碱和抗老化。

5）吸水率低，保持尺寸稳定。

6）成本低，易黏结，适合机械加工。

（2）对黏结剂主要要求

1）黏结工艺简单，黏结强度高。

2）在常温下能够施工和固化，固化时间适当。

3）耐水、耐油、耐酸碱和抗老化。

4）要有一定的韧性。

3.3 常见塑料导轨材料

（1）塑料导轨常用材料的类型（见表18.6-24）

表18.6-24 塑料导轨常用材料的类型

类别		材料举例	用法	备注
普通材料	纤维层压板	酚醛层压板、环氧树脂层压板	厚度大者用螺钉连接，薄者黏结	—
	通用工程塑料	聚酰胺（尼龙即PA）板	黏结	
	特种工程塑料	氟塑料板-聚四氟乙烯板	用萘钠溶液进行表面活化处理后，可用环氧聚氨酯、酚醛等粘合剂黏结	
专用材料	专用导轨软带	填充聚四氟乙烯软带、填充聚甲醛（在聚甲醛中加入聚四氟乙烯、二硫化钼、机油、硅油等）	用与之配套的专用胶黏结	大都以聚四氟乙烯（PTFE）为基体，填充一些如石墨、二硫化钼、氧化铝、氧化镉、铁、青铜、铅和锌等无机填充剂，以及聚酰亚胺（PI）等有机填充剂
	复合材料	改性聚四氟乙烯-青铜-钢背三层自润滑板	黏结	—
	导轨耐磨涂层	HNT、FT、JKC三系列机床导轨耐磨涂层	刷涂	—

（2）带改性聚四氟乙烯（PTFE）减摩层的板材

塑材-青铜-钢背三层复合自润滑板材技术条件见GB/T 27553.1—2011的规定。板材由表面层塑料、中间烧结层和钢背层三层复合而成，表面塑料层是聚四氟乙烯和填充材料的混合物，其厚度为0.01～0.05mm；中间烧结层为青铜球粉CuSn10或QFQSn8-3，其化学成分见表18.6-25，其厚度为0.2～0.4mm；钢背层为优质碳素结构钢，碳的含量通常小于0.25%（质量分数），钢背层硬度为80～140HBW。表面塑料层与中间烧结层之间的结合强度要求大于$2N/mm^2$。表面塑料层目视应无起皱、缺料、龟裂、起泡和夹杂等缺陷；钢背层表面无氧化黑斑、锈斑等缺陷，不允许有影响使用的划伤。带改性聚四氟乙烯减摩层板材的其他一些特性参数见表18.6-26～表18.6-28。

表18.6-25 中间烧结层的化学成分

牌号	化学成分（质量分数，%）			
	Cu	Sn	Zn	P
CuSn10	余量	9～11	—	≤0.3
QFQSn8-3	余量	7～9	2～4	—

表18.6-26 压缩永久变形量

	试样尺寸（长×宽×高）/mm	压缩应力/MPa	永久变形量/mm
压缩永久变形	10×10×2.0	280	≤0.03

表18.6-27 摩擦磨损性能

试验形式	润滑条件	摩擦因数	磨损量/mm	磨痕宽度/mm
端面试验	干摩擦	≤0.20	≤0.03	—
	油润滑	≤0.08	≤0.02	—
圆环试验	干摩擦	≤0.20	—	≤5.0
	油润滑（初始润滑）	≤0.08	—	≤4.0

注：由于两种试验方法不一样，所以板材摩擦磨损性能可从表中选一种。

表18.6-28 厚度尺寸T和极限偏差

（mm）

厚度范围	$0.75 \leq T \leq 1.5$	$1.5 < T \leq 2.5$
极限偏差	±0.012	±0.015

（3）填充聚四氟乙烯导轨软带

JB/T 7898—2013规定了填充聚四氟乙烯导轨软带（简称软带）的技术要求、检验规则、包装、标志和贮存。该软带厚度为0.3～4.0mm，适用于需要减磨、防爬的金属切削机床、仪器和其他机械导轨。

1）软带的尺寸和极限偏差见表18.6-29和表18.6-30。

2）软带的力学、物理性能及试验方法见表18.6-31～表18.6-33。

表 18.6-29　软带的厚度和极限偏差

（mm）

厚度	0.3~0.5	0.6~1.0	1.1~1.5	1.6~2.5	>2.5
极限偏差	±0.03	±0.04	±0.05	±0.08	±0.10

表 18.6-30　软带的宽度和极限偏差

（mm）

宽度	<50	50~100	101~200	201~300	>300
极限偏差	+1 0	+2 0	+3 0	+4 0	+5 0

表 18.6-31　软带材料的力学性能

项　　目	指标/MPa	试验方法
球压痕硬度	>35	GB/T 3398.1
拉伸强度	>16	GB/T 1040.2
25%定应变压缩应力	>25	GB/T 1041

表 18.6-32　软带的摩擦因数和磨痕宽度

项目	指标	试验方法
摩擦因数(采用滴油,30 号机油润滑)	<0.05	GB/T 3960
磨痕宽度	<4.0mm	—

表 18.6-33　软带铸铁黏结性能

项　　目	指　　标	试验方法
软带与铸铁黏结抗剪强度	>10MPa	GB/T 12830
软带与铸铁 180°剥离强度	>24N/cm	GB/T 15254

3）软带外观。软带应表面平整，色泽均匀，无明显划痕、白点及其他缺陷。软带边缘应平直，1m 长度的弓弦高不大于 3mm；长度每增加 1m，其全长弓弦高增量最大不应大于 2mm。

3.4　软带导轨技术条件

JB/T 7899—2013 规定了黏结填充聚四氟乙烯软带导轨的（简称软带导轨）的材料、设计、黏结与加工装配的技术要求。

3.4.1　软带导轨设计及材料要求

1）软带的质量与性能必须符合 JB/T 7898—2013 的规定。

2）黏结软带的导轨材料应符合设计图样的规定。

3）相配的导轨材料性能与硬度要求应符合相关技术条件的规定。

4）软带导轨的压强一般不大于 1.0MPa，局部压强不大于 1.2MPa。

5）软带应黏结在导轨副短导轨上，黏结前导轨的表面粗糙度 *Ra* 为 1.6~6.3μm。

6）相配导轨宽度不小于软带导轨宽度，其表面粗糙度 *Ra* 为 0.4~0.8μm。

7）软带导轨上的油槽与软带边缘的距离不小于 5mm，当采用压力润滑时，油槽深度必须小于软带的厚度。

3.4.2　黏结要求

软带黏结时允许拼接或对接，但接缝必须严密，边缘应平直；黏结前应将黏结表面清洗干净，不得留有锈斑、油渍和其他污物；胶黏剂的性能应能满足黏结工艺和使用要求；涂胶黏结的表面必须干燥，胶层应涂布均匀，固化后的胶层厚度建议为 0.08~0.20mm；黏结后应均匀加压，压强为 0.05~0.10MPa，固化条件按使用的胶黏剂的要求进行确定；固化后应清除外溢涂胶，切去软带工艺余量并倒角；黏结面间不应有脱胶、明显气泡和移位等缺陷；必要时可按 JB/T 7898—2013 进行抗剪强度和剥离强度的检验。

3.4.3　加工与装配要求

1）软带导轨可用机械加工或手工刮研方法来满足尺寸精度要求，但切削量要小，磨削时必须充分冷却。

2）油孔周边不允许有翘边、划伤等缺陷。软带导轨面不允许有明显的拉伤或划伤等缺陷。

3）软带导轨（镶条）与相配导轨的接触应均匀，接触指标不得低于表 18.6-34 中的规定，接触指标按 JB/T 9876—1999 规定检验。

表 18.6-34　软带导轨接触指标

产品精度等级	接触指标(%)			
	滑动导轨		移置导轨	
	全长上	全宽上	全长上	全宽上
高精度级	80	70	70	60
精密级	75	60	65	45
普通级	70	50	60	40

注：只有当宽度上的接触指标达到要求时，才能做长度上的评定。

4）软带导轨与相配导轨的配合应严密，用 0.04mm 的塞尺在配合面间的插入深度不得大于表 18.6-35 中的规定。

表 18.6-35　塞尺在软带导轨配合面间的插入深度

产品的重量/t	插入深度/mm	
	高精度级	精密及普通级
<1	5	10
1~10	10	20
>10	15	25

5）软带导轨的工作可靠性在使用期内应符合产品设计要求。

3.4.4 检验要求

软带导轨必须逐件检验。

3.5 环氧涂层材料技术通则

JB/T 3578—2007规定了滑动导轨环氧涂层材料的摩擦磨损性能、力学物理性能等技术指标及检验方法，适用于在常温下油润滑的环氧涂层材料。

3.5.1 摩擦磨损性能

环氧涂层材料的摩擦磨损性能见表18.6-36。

表18.6-36 环氧涂层材料摩擦磨损性能指标

项目	指标	试验方法
摩擦因数	<0.06	GB/T 3960
磨痕宽度	<3mm	GB/T 3960
磨损率	$<5\times10^{-3}\ mm^3/(N\cdot m)$	

注：摩擦因数、磨痕宽度按GB/T 3960进行性能试验时，采用L-AN46全损耗系统用油滴油润滑。

3.5.2 机械物理性能

环氧涂层材料的机械物理性能见表18.6-37。

表18.6-37 环氧涂层材料的机械物理性能

项目	指标	试验方法
黏结抗剪强度/MPa	>12	见GB/T 7124
冲击强度/$(N\cdot cm/cm^2)$	>80	见GB/T 1043
硬度/MPa	>180	见GB/T 3398
压缩强度/MPa	>80	见GB/T 1041
压缩弹性模量/MPa	$>6\times10^3$	见GB/T 1041
线胀系数/℃$^{-1}$	$<12\times10^{-5}$	见GB/T 1036
热导率/[W/(m·K)]	$>1.42\times10^{-1}$	见GB/T 3399
抗低温性	在-40℃环境下放置48h后观察，涂层表面不得开裂，不得与基体表面相剥离	

3.6 环氧涂层导轨通用技术条件

JB/T 3579—2007规定了环氧涂层滑动导轨的设计和制造通用技术条件，适用于在常温下工作的环氧涂层滑动导轨。

3.6.1 环氧涂层滑动导轨的设计要求

1）环氧涂层材料应符合JB/T 3578—2007的要求。

2）环氧涂层滑动导轨的承载能力的平均压强不大于1.0MPa，局部最大压强不大于2.0MPa。

3）环氧涂层滑动导轨应用于导轨副中较短的导轨上。

4）环氧涂层滑动导轨的涂层厚度一般不大于3mm。

5）环氧涂层滑动导轨上的油槽与涂层边缘的距离一般不小于5mm，油槽深度应小于涂层厚度。

6）环氧涂层滑动导轨的两端应安装刮屑防护装置，以防止尘屑进入导轨面。

3.6.2 配对导轨的要求

1）与环氧涂层滑动导轨相配对的导轨可用铸铁导轨或钢导轨，其表面宜进行淬硬处理，表面硬度和加工质量应符合图样及有关标准规定。

2）配对导轨的表面切削纹路的走向一般应与导轨相对运动方向一致。

3）配对导轨的宽度和长度应不小于环氧涂层导轨的宽度和长度。

3.6.3 环氧涂层滑动导轨的要求

1）环氧涂层滑动导轨的制造应依照滑动导轨环氧涂层材料的使用说明书进行，涂层导轨在出厂前应进行跑合。

2）为提高涂层与导轨的金属基面的粘接强度，其金属基面一般加工成锯齿形。

3）环氧涂层滑动导轨的外观应平整光滑，不得有软点和明显的表面缺陷，如有气泡或表面缺陷，允许修补。

4）根据需要允许在环氧涂层滑动导轨表面人工刮研存油刀花，存油刀花一般以呈45°方向且相互交叉形式为宜。

5）涂层导轨必须按标准要求逐件检查。

3.6.4 环氧涂层滑动导轨与配套导轨的接触精度

（1）用涂色法检验面接触程度

检验方法按GB/T 9876规定进行，环氧涂层滑动导轨与配对导轨的接触应均匀，接触指标不小于表18.6-38的要求。

表18.6-38 环氧涂层滑动导轨与配对导轨的面接触指标 （%）

产品精度等级	滑动导轨		移置导轨	
	全长上	全宽上	全长上	全宽上
高精度级	80	70	70	50
精密级	75	60	65	45
普通级	70	50	60	40

注：只有在宽度上接触指标达到规定要求后，才能做长度上的评价。

（2）用涂色法检验点接触程度

对于采用刮研工艺后的环氧涂层滑动导轨，可采用涂色法检验点接触程度，涂层导轨面每 25mm×25mm 面积内的接触点数不得少于表 18.6-39 的规定。

表 18.6-39　环氧涂层滑动导轨与配对导轨的点接触指标

产品精度级别	导轨宽度/mm			
	滑动导轨		移置导轨	
	≤250	>250	≤100	>100
	接触点数			
高精度级	15	12	12	9
精 密 级	12	9	9	8
普 通 级	8	6	6	5

（3）用塞尺法检验接触程度

采用厚度为 0.04mm 的塞尺进行检验，塞尺在配合面间的插入深度不得大于表 18.6-40 的规定。

表 18.6-40　塞尺在环氧涂层滑动导轨配合面间的塞入深度

产品的质量/t	高精度级塞入深度/mm	精密级及普通级塞入深度/mm
≤10	10	20
>10	15	25

4　滚动导轨

在相配的两导轨面之间放置滚动体或滚动支承，使导轨面间的摩擦性质成为滚动摩擦，这种导轨就称为滚动导轨。

4.1　滚动导轨的特点、类型及应用

滚动导轨的最大优点是摩擦因数小，动、静摩擦因数相近，因此运动轻便灵活，运动所需功率小，摩擦发热少、磨损小，精度保持性好，低速运动平稳性好，移动精度和定位精度高。滚动导轨还具有润滑简单，高速运动时不会像滑动导轨那样因动压效应而使导轨浮起等优点。但滚动导轨结构比较复杂，制造比较困难，成本比较高，抗振性较差。另外，由于滚动导轨对脏物比较敏感，因此必须有良好的防护。滚动导轨广泛应用于各种类型机床和机械中，每一种机床和机械都利用了它的某些特点。

滚动导轨的类型很多，按运动轨迹分为直线运动导轨和圆运动导轨；按滚动体的形式分为滚珠、滚柱和滚针导轨；按滚动体是否循环分为滚动体不循环和滚动体循环导轨。滚动导轨的类型、特点及应用见表 18.6-41。

表 18.6-41　滚动导轨的类型、特点及应用

类　　型		简　　图	特点及应用
滚动体不循环的滚动导轨	滚珠导轨		V V/2 由于滑座与滚动体存在如上图所示的运动关系，所以这种导轨只能应用于行程较短的场合 滚珠导轨的摩擦阻力小，刚度低，承载能力差，不能承受大的颠覆力矩和水平力，这种导轨适用于载荷不超过 1000N 的机床 滚柱导轨的承载能力及刚度比滚珠导轨高，交叉滚柱导轨副四个方向均能受载 滚针导轨的承载能力及刚度最高 滚柱、滚针对导轨面的平行度误差要求比较敏感，且容易侧向偏移和滑动 滚柱、滚针导轨主要用于承载能力较大的机床上。如立式车床、磨床等
	滚柱导轨		
	滚针导轨		
滚动体循环的滚动导轨	滚动直线导轨副	如图 18.6-6 所示	由专业化生产商生产，品种规格比较齐全、技术质量有保证。设计制造机器采用这类导轨副，可缩短设计制造周期、提高质量、降低成本
	滚柱交叉导轨副	如图 18.6-19 所示	
	滚柱导轨块	如图 18.6-24 所示	
	套筒型直线球轴承	如图 18.6-35 和图 18.6-36 所示	
	滚动花键副	如图 18.6-37 所示	

（续）

类型		简图	特点及应用
滚动体循环的滚动导轨	滚动轴承滚动导轨	滚动轴承	任何能承受径向力的滚动轴承（或轴承组）都可以作为这种导轨的滚动元件 轴承的规格多，可设计成任意尺寸和承载能力的导轨，导轨行程可以很长 很适合大载荷、高刚度、行程长的导轨，如大型磨头移动式平面磨床、绘图机等导轨

4.2　滚动直线导轨副

4.2.1　结构与特点

（1）结构

滚动直线导轨副（Linear Rolling Guide）由直线导轨（Linear Guide Way）、滑块（Carriage）和滚动体组成，可用作直线运动导向和支承的部件。滑块是由滑块体（Carriage Body）、反向器（End Cup）和密封件（Sealed Element）组成的直线运动组件。整体式滚动直线导轨副的结构示意图如图18.6-6所示。当导轨与滑块做相对运动时，滚动体（Rolling Element）沿着导轨上的经过淬硬和精密磨削加工而成的四条滚道（Raceway）滚动，滑块端部的钢球又通过反向器进入反向孔后再进入滚道，钢球就这样周而复始地进行滚动。反向器两端装有密封件，可有效地防止灰尘、屑末进入滑块内部。

滚珠承载的形式与角接触球轴承相似，一个滑块就像是四个直线运动的角接触球轴承。直线导轨的安装形式可以水平，也可以竖直或倾斜；可以两条或多条直线导轨平行安装，也可一条导轨安装，还可以将导轨接长成为长导轨；一条导轨上可以安装一个滑块、两个滑块、三个滑块或四个滑块，以适应各种行程和用途的需要。

国外滚动直线导轨副的结构类型较多，国内已开发生产出多种结构类型的滚动直线导轨副，其主要类型见表18.6-42。

（2）特点

1）动、静摩擦力之差很小、摩擦阻力小，随动性极好，有利于提高数控系统的响应速度和灵敏度。驱动功率小，只相当于普通机械1/10。

2）承载能力大，刚度高。导轨副滚道截面采用合理比值［沟槽曲率半径 $r=(0.52\sim0.54)D$，D 为钢球直径］的圆弧沟槽，因而承载能力和刚度比平面与钢球接触大。

3）能实现高速直线运动，其瞬时速度比滑动导轨快10倍。

4）采用滚动直线导轨副可简化设计、制造和装配工作，保证质量，缩短时间和降低成本。导轨副具有“误差均化效应”，从而降低基础件（导轨安装面）的加工精度，精铣或精刨即可满足要求。

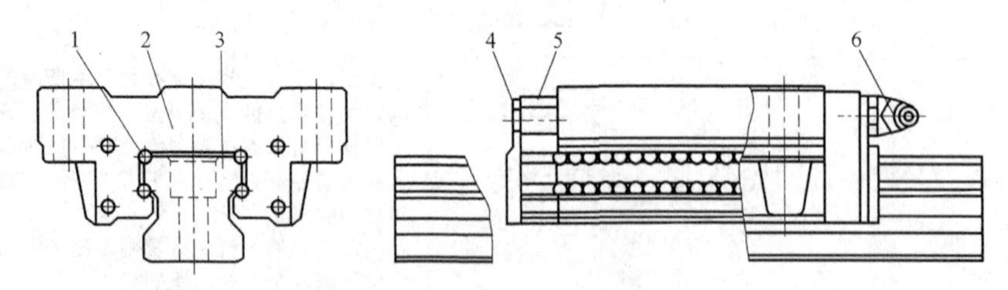

图18.6-6　整体式滚动直线导轨副的结构示意图

1—滚动体（滚珠）　2—滑块体　3—直线导轨　4—密封件　5—反向器　6—油杯

表18.6-42　滚动直线导轨副的主要类型

型号		名称	特性	应用举例
GGB	AA	四方向等载荷滚动直线导轨副	1）一体型 2）上、下、左、右四方向额定载荷相等，用途较广 3）额定载荷大、刚度高，适于重载	1）机械加工中心 2）NC车床、CNC车床 3）重型切削机床 4）磨床 5）机床等特殊要求装配精度时 6）要求高精度、大力矩等
	AAL			
GGB	AB			
	ABL			
GGB	BA	窄型四方向等载荷滚动直线导轨副		
	BAL			

（续）

型　号	名　　称	特　　性	应用举例
GGC	微型滚动直线导轨副	1）一体极薄型、尺寸小 2）钢球直径大、寿命长 3）可以取代滚柱交叉导轨	1）IC、LSI 制造机械 2）办公自动化机器 3）检查装置 4）医疗器械 5）线切割机床等
GGF	分离型滚动直线导轨副	1）高刚性极薄型，最适合于场所狭窄处，安装方便 2）可取代滚柱交叉导轨 3）可调整预加载荷 4）上、下、左、右等载荷	1）电火花加工机床等特种加工机床 2）精密平台 3）NC 车床 4）组合机械手 5）运送机械 6）印制线路板组装机械 7）各种自动装配机械等

注：1. 一体型是导轨与其上滑块在出厂时已配套安装为一体。
2. 表中导轨副型号为南京工艺装备制造有限公司的产品型号，国内外其他厂商类似产品的型号不同。

4.2.2　额定寿命计算

滚动直线导轨副额定寿命的计算与滚动轴承基本相同，即

$$L=\left(\frac{f_h f_t f_c f_a}{f_w}\times\frac{C_a}{P}\right)^{\varepsilon}\times K \quad (18.6\text{-}13)$$

式中　L——额定寿命（km）；

C_a——额定动载荷（kN）；

P——当量动载荷（kN）；

$P=F_{max}$

F_{max}——受力最大的滑块所受的载荷（kN）；

ε——指数，当滚动体为滚珠时，$\varepsilon=3$；当为滚柱时，$\varepsilon=10/3$；

K——额定寿命（km），当滚动体为滚珠时，$K=50$km；当为滚柱时，$K=100$km；

f_h——硬度系数

$$f_h=\left(\frac{\text{滚道实际硬度 HRC}}{58}\right)^{3.6}$$

由于产品技术要求规定，滚道硬度不得低于58HRC，故通常可取$f_h=1$。

f_t——温度系数，见表 18.6-43；

f_c——接触系数，见表 18.6-44；

f_a——精度系数，见表 18.6-45；

f_w——载荷系数，见表 18.6-46。

表 18.6-43　温度系数 f_t

工作温度/℃	≤100	>100～150	>150～200	>200～250
f_t	1	0.9	0.73	0.60

表 18.6-44　接触系数 f_c

每根导轨上的滑块数	1	2	3	4	5
f_c	1.00	0.81	0.72	0.66	0.61

表 18.6-45　精度系数 f_a

工作温度/℃	2	3	4	5
f_a	1.0	1.0	0.9	0.9

表 18.6-46　载荷系数 f_w

工 作 条 件	f_w
无外部冲击或振动的低速运动的场合，速度小于 15m/min	1～1.5
无明显冲击或振动的中速运动场合，速度为 15～60m/min	1.5～2
有外部冲击或振动的高速运动场合，速度大于 60m/min	2～3.5

当行程长度一定，以 h 为单位的额定寿命为

$$L_h=\frac{L\times10^3}{2\times L_a n_2\times60}\approx\frac{8.3L}{L_a n_2} \quad (18.6\text{-}14)$$

式中　L_h——寿命时间（h）；

L——额定寿命（km），见式 18.6-13；

L_a——行程长度（m）；

n_2——每分钟往复次数。

4.2.3　载荷计算

直线运动滚动导轨所受载荷与很多因素有关，如配置形式（水平、竖直或斜置等）、移动件的重心和受力点的位置、移动导轨牵引力的作用点、起动和停止时惯性力，以及工作阻力作用等。各个生产商的滚动直线导轨副的样本，都有关于各种情况载荷计算的详细说明，具体选用时可参阅相应产品的详细样本。

某水平安装、卧式导轨，滑块移动式滚动直线导轨副载荷计算示例如图 18.6-7 所示。工作台质量均匀分布，重心在中间，G 为质量，外力 F 的作用点和

工作台重心重合。当工作台匀速并静止时，有 $F_{max}=F_1=F_2=F_3=F_4$。对于全行程变化的载荷，应计算其计算载荷 F_c，各种变化载荷的计算见表 18.6-47。

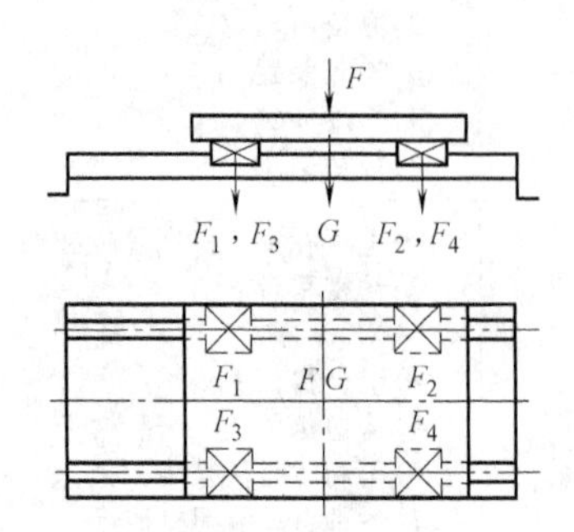

图 18.6-7 滚动直线导轨副载荷计算示例

4.2.4 摩擦力

摩擦力受结构型式、润滑剂的黏度、载荷及运动速度的影响而略有变化，预紧后摩擦力增大。摩擦力 F_μ 可按下式计算

$$F_\mu=\mu F+f \quad (18.6\text{-}15)$$

式中 μ——滚动摩擦因数，$\mu=0.003\sim0.005$；

F——法向载荷（N）；

f——密封件阻力（N），每个滑块座 $f=5\text{N}$。

当所受载荷低于额定静载荷 10%时，由于载荷过小，滚珠间相互摩擦的阻力和润滑脂的阻力占有较大比例，这时摩擦力并不随法向载荷的降低而成正比地下降，实际摩擦力将大于式（18.6-15）计算的结果。如果仍用该式计算，则可认为在低速时摩擦因数将增大。试验表明，$\mu=0.003\sim0.005$ 仅适用于载荷比 $F/C_0>0.1$；当 $F/C_0>0.05$，$\mu=0.01$；当 $F/C_0<0.05$，μ 值将急剧增大。

滑块座两端密封垫的阻力与所受的载荷完全无关，有时会因制造装配和使用中卡住赃物或碎屑等而增大阻力，此时应注意调整和清除。

4.2.5 尺寸系列

（1）编号规则

表 18.6-47 各种变化载荷的计算

载荷变化	计算载荷计算式	说明
分段变化	$F_c=\sqrt{(F_1^3L_1+F_2^3L_2+\cdots+F_n^3L_n)/L}$	F_n—对应行程 L_n 内的载荷(kN) L_n—分段行程(mm) L—全行程 $\sum L_n$(mm)
线性变化	$F_c=(F_{min}+2F_{max})/3$	—
全波正弦曲线变化	$F_c=0.65F_{max}$	—
半波正弦曲线变化	$F_c=0.75F_{max}$	—
同时承受垂向和水平载荷	$\boldsymbol{F}_c=\boldsymbol{F}_v+\boldsymbol{F}_h$	$\boldsymbol{F}_v$—垂向载荷向量 $\boldsymbol{F}_h$—水平载荷向量
同时承受载荷和力矩	$F_c=F_0+C_0\dfrac{M_0}{M_t}$	F_0—载荷 C_0—额定静载荷 M_0—转矩 M_t—额定转矩

1）GGB 型的编号规则：

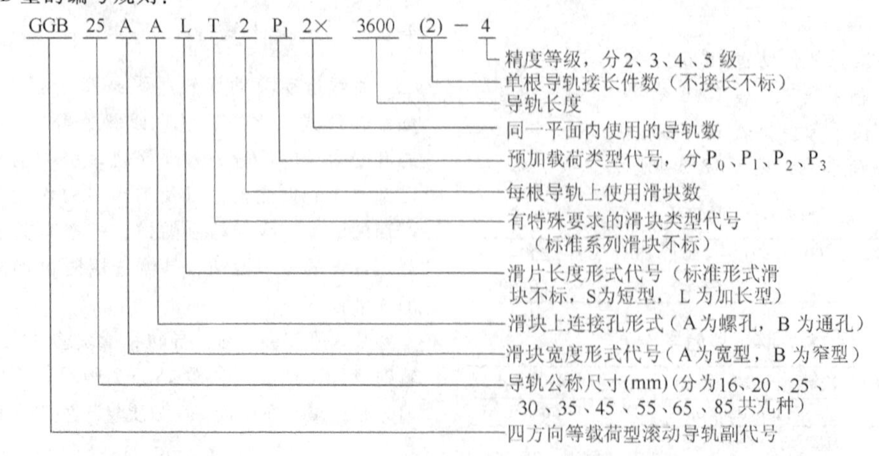

2）GGC 型的编号规则；

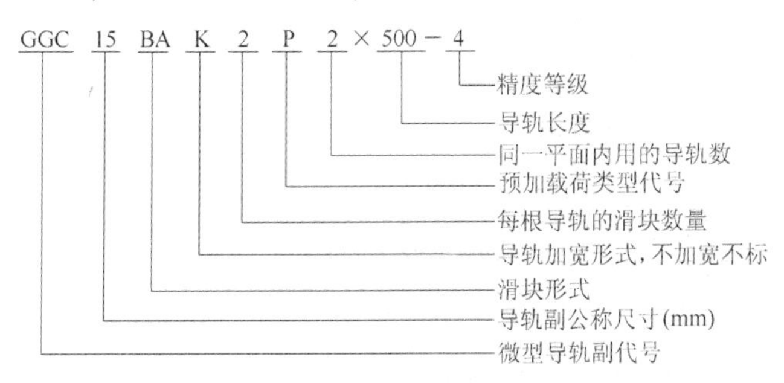

3）GGF 型的编号规则：

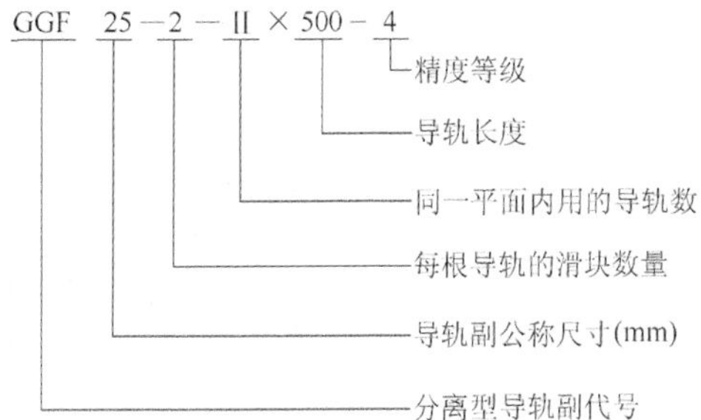

（2）尺寸系列

GGB $\begin{matrix}\text{AA}\\\text{AAL}\end{matrix}$四方向等载荷型滚动直线导轨副的结构尺寸如图 18.6-8 所示。

GGB $\begin{matrix}\text{BA}\\\text{BAL}\end{matrix}$窄型四方向等载荷滚动直线导轨副的结构尺寸如图 18.6-9 所示。

GGC 微型滚动直线导轨副的结构尺寸如图 18.6-10所示。

GGF 分离型滚动直线导轨副的结构尺寸如图 18.6-11 所示。

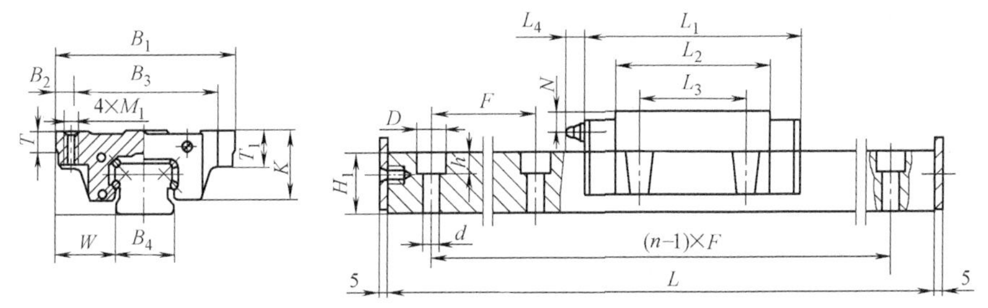

图 18.6-8　GGB $\begin{matrix}\text{AA}\\\text{AAL}\end{matrix}$四方向等载荷型滚动直线导轨副的结构尺寸

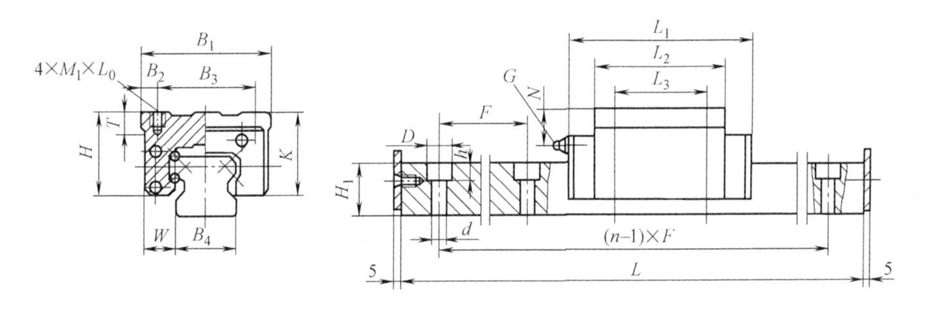

图 18.6-9　GGB $\begin{matrix}\text{BA}\\\text{BAL}\end{matrix}$窄型四方向等载荷滚动直线导轨副的结构尺寸

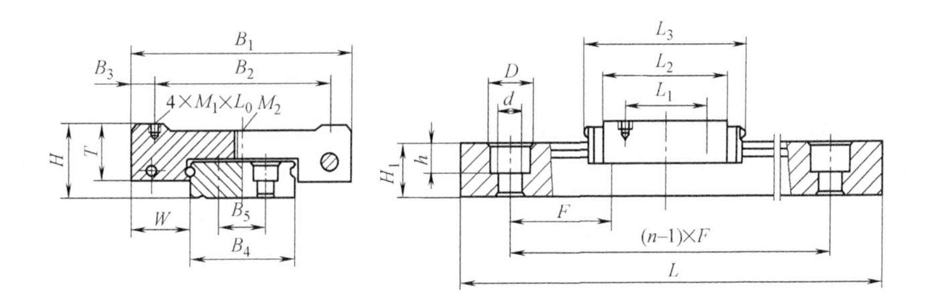

图 18.6-10　GGC 微型滚动直线导轨副的结构尺寸

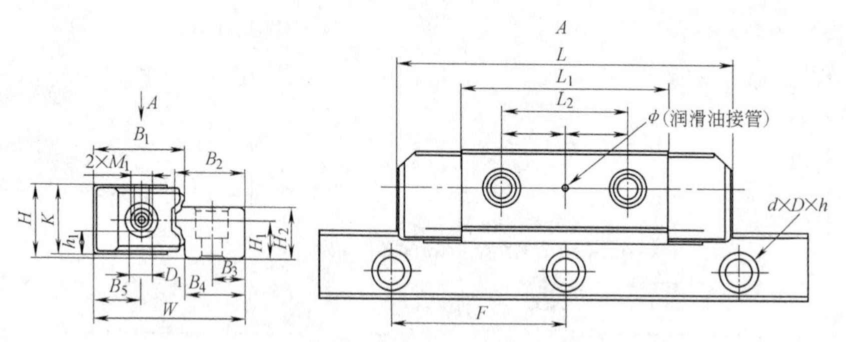

图 18.6-11　GGF 分离型滚动直线导轨副的结构尺寸

4.2.6　精度及预加载荷

（1）精度等级及应用

依据 JB/T 7175.4—2006《滚动直线导轨副　第4部分：验收技术条件》的规定，滚动直线导轨副精度等级分为六级，即1级、2级、3级、4级、5级和6级，1级为最高，依次逐级降低。滚动直线导轨副的几何公差如图 18.6-12 所示，其检验项目、精度等级和公差或偏差见表 18.6-48。由于导轨上四条滚道是将导轨轴在专用夹具上紧固磨削的，在自由状态下测量可能出现误差，应将导轨轴固定在平台上测量。精度等级应根据机床类型、精度等级和使用条件参考表 18.6-49 选用。

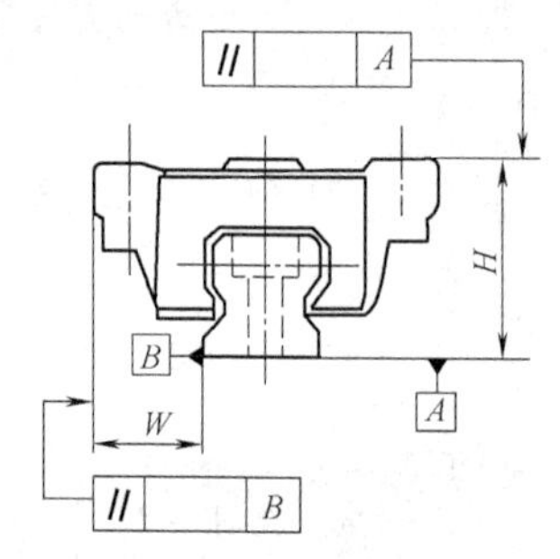

图 18.6-12　滚动直线导轨副的几何公差

表 18.6-48　检验项目、精度等级和公差或偏差

序号	检验项目	精度等级和公差						
1	滑块移动对导轨基准面的平行度： a)导轨顶面对导轨基准底面的平行度 b)与导轨基准侧面同侧的滑块侧面对导轨基准侧面的平行度	导轨长度/mm	精度等级					
			1	2	3	4	5	6
			公差/μm					
		≤500	2	4	8	14	20	28
		>500～1000	3	6	10	17	25	34
		>1000～1500	4	8	13	20	30	40
		>1500～2000	5	9	15	22	32	46
		>2000～2500	6	11	17	24	34	54
		>2500～3000	7	12	18	26	36	62
		>3000～3500	8	13	20	28	38	70
		>3500～4000	9	15	22	30	40	80
2	滑块顶面与导轨基准底面高度 H 的尺寸偏差	精度等级						
		1	2	3	4	5	6	
		偏差/μm						
		±5	±12	±25	±50	±100	±200	
3	同一平面上配对导轨的多个滑块顶面高度 H 的变动量	精度等级						
		1	2	3	4	5	6	
		公差/μm						
		3	5	7	20	40	60	
4	与导轨侧面基准同侧的滑块侧面与导轨侧面基准间距离 W 的尺寸偏差（只适用于基准导轨）	精度等级						
		1	2	3	4	5	6	
		偏差/μm						
		±8	±15	±30	±60	±150	±240	

（续）

序号	检验项目	精度等级和公差					
		精度等级					
		1	2	3	4	5	6
		公差/μm					
5	同一导轨上多个滑块侧面与导轨侧面基准间距离 W 的变动量（只适用基准导轨）	5	7	10	25	70	100

表 18.6-49 推荐采用的精度等级

机床类型		坐标	精度等级			
			2	3	4	5
数控机床	车床	x	√	√	√	
		z		√	√	√
	铣床、加工中心	x、y	√	√	√	
		z		√	√	√
	坐标镗床、坐标磨床	x、y	√	√		
		z		√	√	
	磨床	x、y	√	√		
		z	√		√	
	电加工机床	x、y	√	√		
		z			√	√
	精密冲裁机	x、y			√	√
	绘图机	x、y		√	√	
	数控精密工作台	x、y		√		
普通机床		x、y		√		
		z		√	√	
通用机械					√	√

由于滚动直线导轨副具有误差均化效应，当在同一平面内使用两套或两套以上时，可选用较低的安装精度达到较高的运动精度，通常可以提高产品质量20%～50%。

（2）预加载荷

为了保证高的运动精度并提高精度，对滚动直线导轨副可以采用预加载荷的方法进行滚动体与滚道间的间隙调整。预加载荷的大小决定了导轨副在外加载荷作用下刚度波动的大小，但预加载荷超过额定动载荷10%时将使寿命缩短。国内各厂家对预加载荷分级的大小略有不同，下面是南京工艺装备制造有限公司推荐的方法。

1）各种规格的滚动直线导轨副分四种预加载荷，见表18.6-50。

2）根据不同使用场合，推荐使用预加载荷级别见表18.6-51。

3）根据不同使用精度级别推荐的预加载荷见表18.6-52。

表 18.6-50 预加载荷

规　格	重预加载荷 P_0 (0.1c)/N	中预加载荷 P_1 (0.05c)/N	普通预加载荷 P (0.025c)/N	间隙 P_3 /μm
GGB16	607	304	152	3～10
GGB20	1150/1360	575/680	287.5/340	5～15
GGB25	1770/2070	885/1035	442.5/517.5	5～15
GGB30	2760/3340	1380/1670	690/835	5～15
GGB35	3510/3996	1755/1998	877.5/999	8～24
GGB45	4250/6440	2125/3220	1062.5/1610	8～24
GGB55	7940/9220	3745/4610	1872.5/2305	10～28
GGB65	11500/14800	5750/7400	2875/3700	10～28
GGB85	17220/20230	8610/10115	4305/5058	10～28

注：c—额定动载荷。

表 18.6-51 不同应用场合预加载荷

预加载荷种类	应用场合
P_0	大刚度并有冲击和振动的场合，常用于重型机床的主导轨等
P_1	要求较高重复定位精度，承受侧悬载荷、扭转载荷和单根使用时，常用于精密定位机构和测量机构上
P	有较小的振动和冲击，两根导轨并用时，且要求运动轻便处
P_3	用于输送机构中

表 18.6-52 不同精度级别推荐的预加载荷

精度级别	预加载荷			
	P_0	P_1	P	P_3
2、3、4	√	√	√	
5		√	√	√

4.2.7 安装与使用

（1）基础件安装平面的精度要求

1）使用单根导轨副时，其安装平面的精度可略低于导轨副的运行精度。

2）当同一平面内使用两根或两根以上导轨副时，其安装平面的精度可低于导轨副运行精度。建议按表18.6-53选用精度要求。

（2）导轨副连接基准面的固定结构型式

将导轨轴和滑块座与侧基准面靠上定位台阶后，应从另一面顶紧后再固定，其固定结构型式如图18.6-13所示。

表18.6-53 基础件安装平面的精度要求

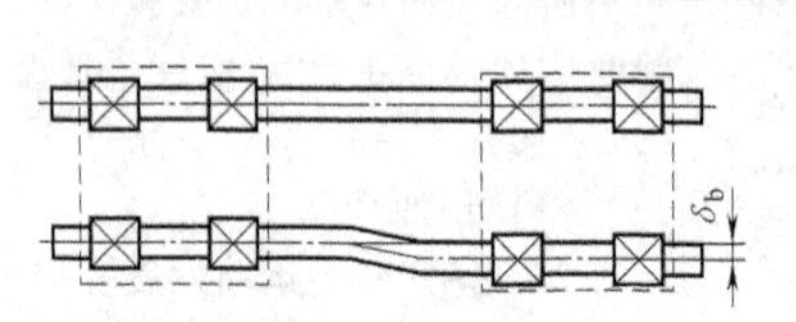

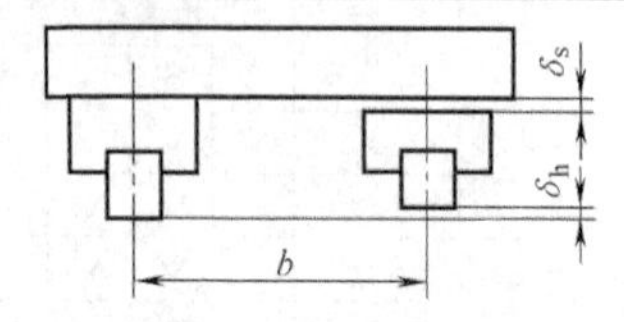

安装侧基面平行度误差 δ_b/mm				安装侧基面高度误差 $\delta_h=k\cdot b$ /mm				
P_0	P_1	P	P_3	计算系数 k	P_0	P_1	P	P_3
0.010	0.015	0.020	0.030		0.00004	0.00006	0.00008	0.00012
基础件滑块安装平面的高度误差为 $\delta_s=0.00004b$								

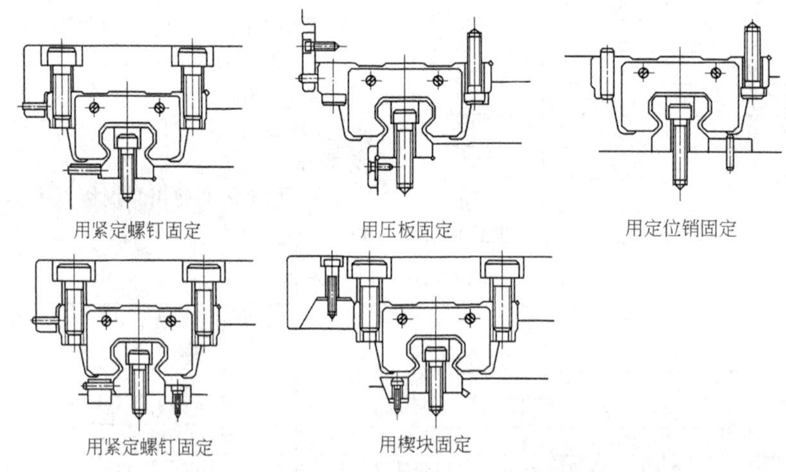

图18.6-13 导轨副连接基准面的固定结构型式

紧定螺钉、压板及楔块等的数量和位置，一般应与导轨轴安装螺钉孔的位置和数量相同。如果受力不大，精度要求不高，导轨的安装螺钉也可减少为两个，在两个螺钉孔位置设置定位销。

上述各种固定方法，可以根据需要任意组合或采用新的方法。滑块座上的螺孔可以是通孔，也可以是盲孔，订购时应注明。

（3）安装基面的台肩高度和倒角

为了使滑块和导轨在工作台和床身上安装时不与基础件发生干涉，相对移动件不相碰撞，规定了安装基面的台肩高度、倒角形式及尺寸，见表18.6-54。

（4）安装要求

1）滑块和导轨是有装配要求的，一般不允许将滑块与导轨分离或超行程又推回去。如果因安装困难，需要拆下滑块，可向制造商订购引导导轨（其

表18.6-54 台肩高度、倒角形式及尺寸（mm）

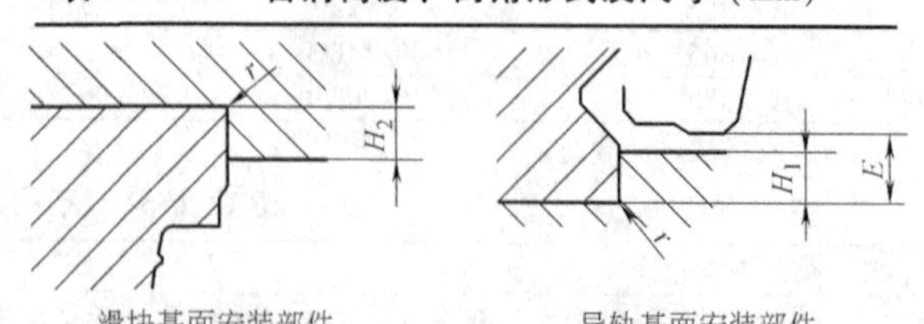

规格	倒角 r	基面肩高 H_1	基面肩高 H_2	E
GGB16	≤0.3	3.5	4.0	4.5
GGB20	≤0.5	4.0	4.5	5.0
GGB25	≤0.5	5.0	6.0	6.5
GGB30	≤0.5	6.0	6.0	7.0
GGB35	≤0.5	7.0	6.0	10.0
GGB45	≤0.7	8.0	8.0	11.0
GGB55	≤0.7	11.0	8.0	13.0
GGB65	≤1.0	12.0	10.0	14.0
GGB85	≤1.0	13.0	12.0	16.0

实际尺寸比导轨小一号)。需要时，可将导轨和引导轨的端头对接，把滑块推到引导轨上，当导轨安装好后，再将滑块推到导轨上，注意基准方向应一致。

2）安装前必须检查导轨副是否有合格证，有无碰伤、锈蚀，将防锈油清洗干净，清除装配表面飞边及污物等，检查装配连接部位螺栓孔是否吻合，如果发生错位而强行拧入螺栓，将会降低运行精度。

3）安装前必须要分清基准导轨副与非基准导轨副（基准侧的导轨轴基准面侧刻有小沟槽，滑块上有磨光的基准面），其次是认清导轨副安装时所需的基准侧面。

（5）安装基本步骤

1）检查装配面。

2）设置导轨的基准侧面，使其与安装台阶的基准侧面相对。

3）检查螺栓位置，确认螺孔位置正确。

4）预紧固定螺钉，使导轨基准侧面与安装台阶侧面紧密接触。

5）最终拧紧安装螺栓。

6）安装非基准导轨。

7）安装滑块。

8）精度检查。

（6）双导轨定位

当在同一平面内平行安装两条导轨时，如果振动和冲击较大，精度要求较高，则两条导轨侧面都要定位，如图 18. 6-14 所示。否则，其中一条导轨侧面定位即可，如图 18. 6-15 所示。侧面定位方式可根据需要采用这两种定位方式中的任何一种。

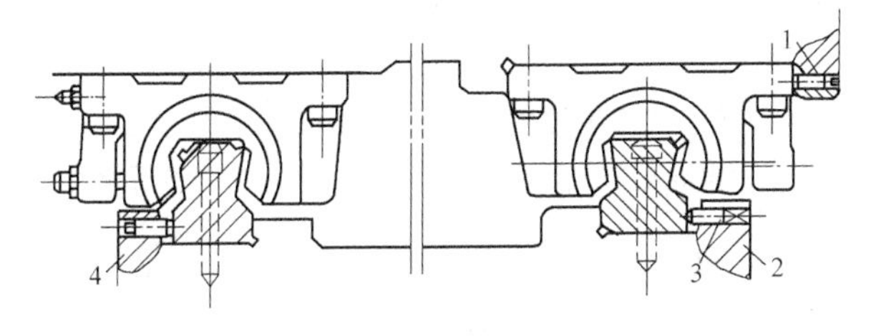

图 18. 6-14　双导轨定位
1—滑块座紧定螺钉　2—基准侧
3—导轨轴紧定螺钉　4—非基准侧

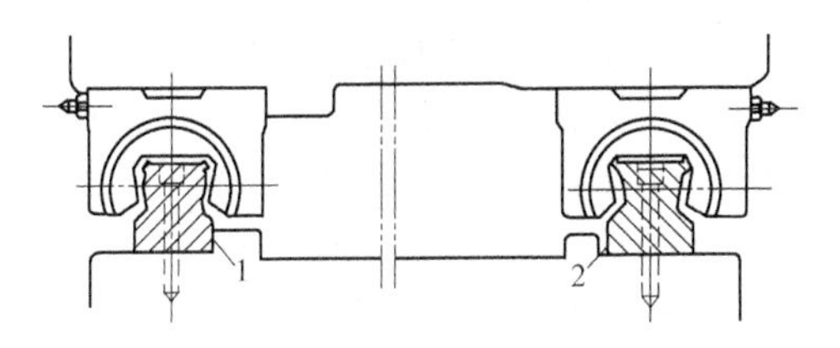

图 18. 6-15　单导轨定位
1—基准侧　2—非基准侧

双侧定位导轨轴按下列步骤安装：

1）将基准侧的导轨轴基准面（刻有小沟槽）的一侧紧靠机床装配表面的侧基面，对准螺孔，将导轨轴轻轻地用螺栓予以固定。

2）上紧导轨轴侧面的顶紧装置，使导轨的轴基准侧面紧紧靠贴床身的侧基面。

3）用力矩扳手逐个拧紧导轨轴的安装螺钉。从中间开始按交叉顺序向两端拧紧。

4）非基准侧的导轨轴与基准侧的安装顺序相同，只是侧面需轻轻靠上，不要顶紧。否则，反而引起过定位，影响运行的灵敏性和精度。

（7）单导轨定位

单导轨定位如图 18. 6-15 所示，但无顶紧装置。

安装按下列步骤进行：

1）将基准侧的导轨轴基准面（刻有小沟槽）的一侧紧靠机床装配表面的侧基面，对准安装螺孔，将导轨轴轻轻地用螺栓固定，并用多个弓形手用虎钳，均匀地将导轨轴牢牢地夹紧在侧基面上。

2）按表 18. 6-55 的参考值，用力矩扳手从中间按交叉顺序向两端拧紧安装螺钉。

3）非基准侧的导轨轴对准安装螺孔，将导轨轴轻轻地用螺栓予以固定后，采用下述方法之一进行校调和紧固。

方法 1：将指示表座贴紧基准侧导轨轴的基面，指示表测头接触非基准侧导轨轴的基面。移动指示表，根据读数调整非基准侧导轨轴，直到达到表 18. 6-53 中 δ_b 的要求。用力矩扳手逐个地拧紧安装螺栓。

方法 2：将指示表架置于非基准侧导轨副的滑块座上，测头接触到基准侧导轨轴的基面上，根据指示表移动中的读数（或测前、中、后三点），调整到满足表 18. 6-53 中 δ_b 的要求。用力矩扳手逐个拧紧安装螺栓。

以上两种方法一般仅适用于两根导轨轴跨距较小的场合，如跨距较大则会因表架刚性不足而影响测量精度。当采用方法 2 测量时，滑块座在导轨轴上必须没有间隙，因为间隙会影响测量精度。

方法 3：原理与方法 2 类似，但可适用于两根导轨轴跨距较大的场合。其方法是把工作台（或专用测具）固定在基准侧导轨副的两个滑块座上并固定，非基准侧导轨副的两个滑块座则用安装螺钉轻轻地与工作台连接，在工作台上旋转指示表架，使测头接触非基准侧导轨轴的侧基面，根据指示表移动中的读数（或测前、中后三点），调整非基准侧导轨轴，使它符合表 18.6-53 中 δ_b 的要求，并用力矩扳手逐个拧紧导轨轴（与床身）的和滑块（与工作台）的安装螺栓。

方法 4：将基准侧导轨副的两个滑块座和非基准侧导轨副一个滑块座用螺栓紧固在工作台上。非基准侧导轨轴与床身及另一个滑块座与工作台则轻轻地予以固定；然后移动工作台，同时测定其拖动力，边测边调整非基准侧导轨轴的位置。当达到拖动力最小和全行程内拖动力波动也最小时，就可用力矩扳手逐个拧紧非基准侧导轨轴及另一个滑块座的安装螺栓。

这个方法常用于导轨轴长度大于工作台长度两倍以上的场合。

方法 5：上述几种方法仅适用于单件、小批装配作业，其中有些方法比较烦琐，并且对提高装配精度也受到一定的限制。日本 THK 公司等推出了一些专用装配工具，图 18.6-16a 所示为专门的指示表架，图 18.6-16b 所示为标准间距量棒。两种工具都是以基准侧的导轨轴侧基面为基准，根据平行度要求调整非基准侧导轨轴。

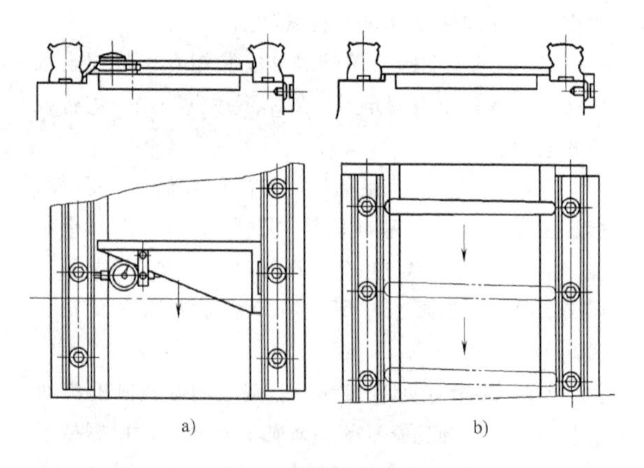

a)　b)

图 18.6-16　导轨安装的测量装置

(8) 床身上没有凸起基面时的安装方法

这种方法大多用于移动精度要求不太高的场合。床身上可以没有凸起的侧基面，工艺比较简单，如图 18.6-17 所示。

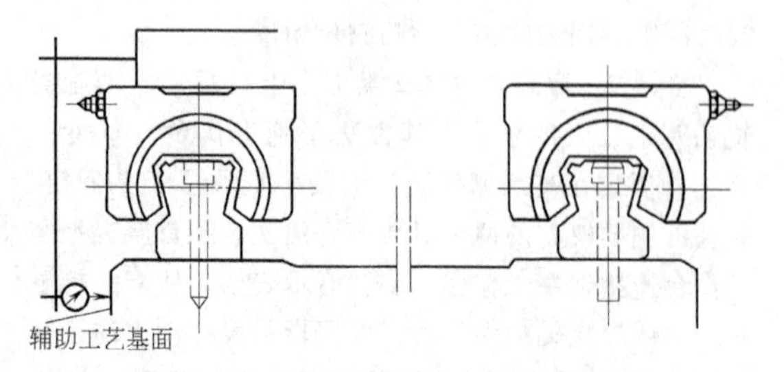

图 18.6-17　床身上没有凸起基面时的安装

安装按下列步骤进行：

1) 将基准侧的导轨轴用安装螺栓轻轻地固定在床身装配表面上，把两块滑块座并在一起，上面固定一块安装指示表架的平板。

2) 将指示表测头接触低于装配表面的侧向工艺基面，如图 18.6-17 所示。根据指示表移动中的读数，边调整边紧固安装螺钉。

3) 将非基准侧导轨轴用安装螺栓轻轻地固定在床身装配表面上。

4) 装上工作台并与基准侧导轨轴上两块滑块座和非基准侧导轨轴上一块滑块座，用安装螺栓正式紧固，另一块滑块座用安装螺栓轻轻地固定。

5) 移动工作台，测定其拖动力，边测边调整非基准侧导轨轴的位置。当达到拖动力最小和全行程内拖动力波动最小时，就可用力矩扳手，逐个拧紧全部安装螺栓。这一方法常用于导轨轴长度大于工作台长度两倍以上的场合。

(9) 滑块座的安装方法

1) 将工作台置于滑块座的平面上，并对准安装螺钉孔，轻轻地予以紧固。

2) 拧紧基准侧滑块座侧面的压紧装置，使滑块座基准侧面紧紧靠贴工作台的侧基面。

3) 按对角线顺序，逐个拧紧基准侧和非基准侧滑块座上各个螺栓。

安装完毕后，检查其全行程内运行是否轻便、灵活，应无停顿阻滞现象；摩擦阻力在全行程内不应有明显的变化。达到上述要求后，检查工作台的运行直线度、平行度是否符合要求（详见本节后文“装配后精度的测定”）。

(10) 紧固螺栓推荐拧紧力矩

紧固螺栓拧紧连接采用力矩扳手，推荐的扭紧力矩见表 18.6-55。

(11) 接长导轨

接长导轨采用同一套导轨副，编同一英文大写字母，连续的阿拉伯数字表示连接顺序，对接端头由同一阿拉伯数字相连，如图 18.6-18 所示。

(12) 装配后精度的测定

装配后的精度测定可以按两个步骤进行。首先，不装工作台，分别对基准侧和非基准侧的导轨副进行直线度测定；然后，装上工作台进行直线度和平行度的测定。推荐的测定方法见表 18.6-56。

(13) 滚动直线导轨副的组合形式

滚动直线导轨副可以有多种组合形式，见表 18.6-57。

表 18.6-55　推荐的拧紧力矩

螺钉公称尺寸	M4	M5	M6	M8	M10	M12	M16
拧紧力矩/N·m	2.6~4.0	5.1~8.5	8.7~14	21.0~30.5	42.2~67.5	73.5~118	178~295

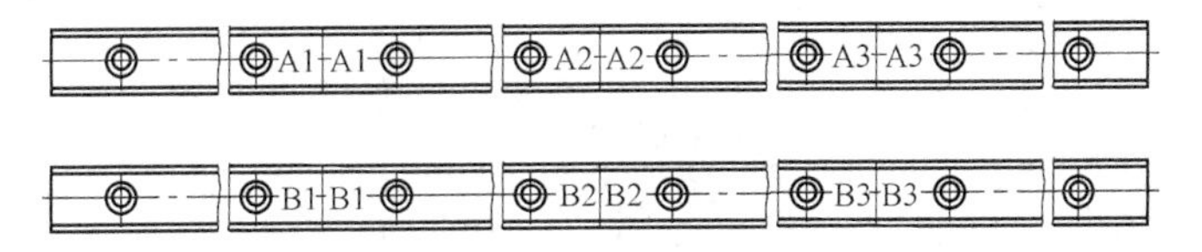

图 18.6-18　接长导轨

表 18.6-56　推荐的测定方法

序号	测量简图		检验项目和检验工具	检验方法
	滚动直线导轨副	工作台移动部件		
1	a)	b)	滑块座和工作台移动在垂直面内的直线度 指示表 平尺	指示表按图确定在中间位置，测头接触平尺，并调整平尺，使其头尾读数相等，然后全程检验，取其最大差值
2	a)	b)	滑块座和工作台移动在水平面内的直线度 指示表 平尺	指示表按图固定在中间位置，测头接触平尺，并调整平尺，使其头尾读数相等，然后全程检验，取其最大的差值
3			工作台移动对工作台面的平行度 指示表 平尺	指示表测头接触平尺，并调整两端等高，全程检验，取其最大差值
4	a)	b)	滑块座和工作台移动在垂直和水平面内的直线度 自准直仪	反射镜按图固定在中间位置，然后全程检验，取其最大差值

表 18.6-57　滚动直线导轨副的组合形式

组合形式								
	水平	①	②	③	④	⑤	⑥	⑦
		滑座移动	导轨移动	高度浮动型	侧向安装 滑座移动	侧向安装 导轨移动	侧向安装 一侧调整	单臂滑座移动
	竖直	⑧	⑨	⑩	⑪	⑫	⑬	
		滑座移动	导轨移动	侧向安装 滑座移动	侧向安装 导轨移动	侧向安装 下侧调整型	混合型	

（续）

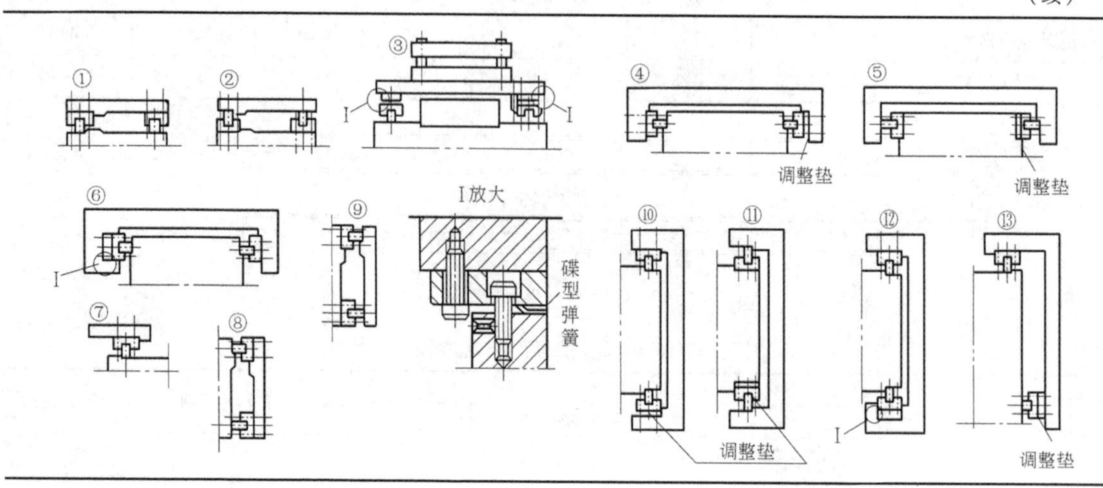

4.2.8　设计和使用注意事项

正确合理地设计和使用滚动直线导轨副，可以提高耐用度和精度保持性，减少维修和保养时间。为此，应注意如下事项：

（1）尽量避免力矩和偏心载荷的作用

滚动直线导轨副样本中给出的额定动载荷 C_a 和静载荷 C_{oa}，都是在各个滚珠受载均匀的理想状态下算出的，因此必须注意避免力矩载荷和偏心载荷。否则，一部分滚珠承受的载荷，有可能超过计算 C_a 值时确定的许用接触应力 $[\sigma_H]=3000\sim3500$MPa 和计算 C_{oa}值确定的许用接触应力 $[\sigma_H]=4500\sim5000$MPa，导致滚珠过早的疲劳破坏或产生压痕，并出现振动、噪声和降低移动精度等现象。

（2）提高刚度、减少振动

适当预紧可以提高刚度、均化误差，从而提高运行精度，均化滚动体的受力从而提高寿命，并在一定程度上提高阻尼。但是预紧力过大会增加导轨副的摩擦阻力，增加发热，降低使用寿命，因此预紧力有其最佳值。

滚动支承的阻尼较小，因此要尽可能使它承受恒定的载荷。在有过大的振动和冲击载荷的场合，不宜采用滚动直线导轨副。为了减小振动，可以在移动的工作台上加装减振装置；条件许可时可安装锁紧装置，加工时把不移动的工作台固定。

（3）降低加速度的影响

滚动直线导轨副的移动速度可以高达 600m/min。当起动和停止时，将产生一个力矩，使部分滚动体受载过大，造成破坏。因此，如果加速度较大，应采取以下措施：减轻被移动物体的质量，降低物体的重心，采取多级制动以降低加速度；在起动和制动时增加阻尼装置等。

（4）注意润滑和防尘

滚动直线导轨副常用钠基润滑脂润滑。如果使用油润滑，应尽可能采用高黏度的润滑油；如果与其他机构统一供油，则需附加滤油器。在油进入导轨前再经一道精细的过滤。

为了防止异物侵入和润滑剂泄出，产品出厂时滑块座两端均装有耐油橡胶密封垫。有条件的地方也可再加风箱式密封罩或伸缩式的防护置，将导轨轴全部遮盖起来。

4.3　滚柱交叉导轨副

4.3.1　结构与特点

按照 GB/T 21559.1—2008，滚柱交叉导轨副的准确名称为交叉滚子型非循环滚子直线导轨支承（non-recirculating linear roller bearing, linear guideway, crossed roller type），如图 18.6-19 所示。滚柱交叉导轨副是由一对导轨、滚子保持架和圆柱滚子等组成。一对导轨之间是截面为正方形的空腔，在空腔里装滚柱，前后相邻的滚柱轴线交叉 90°，使导轨无论哪一方向受力，都有相应的滚柱支承。为避免端面摩擦，取滚柱的长度比直径小 0.15～0.25mm。各个滚柱由

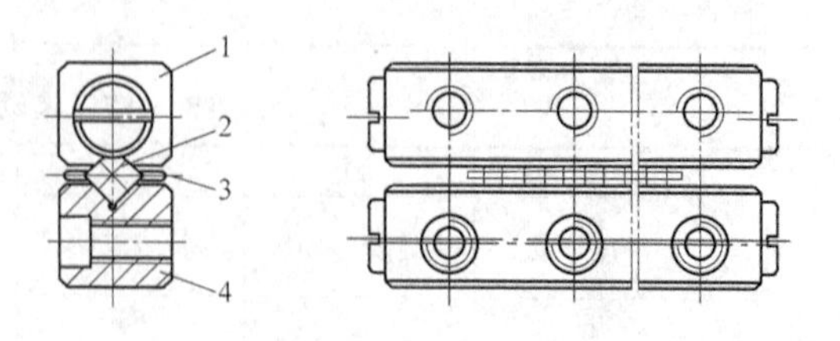

图 18.6-19　滚柱交叉导轨副
1—导轨　2—滚柱　3—保持架　4—导轨

保持架隔开。

这种导轨的特点是刚度和承载能力都比滚珠导轨大、精度高和动作灵敏，结构比较紧凑，但这种导轨由于滚柱是交叉排列的，在一条导轨面上实际参加工作的滚柱只有一半，滚柱不循环运动，行程长度受限制。这种导轨适用于行程短、载荷大的机床。

JB/T 10335—2002《直线运动滚动支承　分类及代号方法》对滚柱交叉导轨副的命名和分类有具体的说明。GB/T 21559.1—2008、GB/T 21559.2—2008和JB/T 7359—2007等标准对滚柱交叉导轨副的一些性能做出了规定。具体产品都有自己的编号规则和尺寸系列，下面以国内某厂家的产品为对象进行说明。

4.3.2　额定寿命

（1）额定寿命的计算

$$L=100\left(\frac{f_t}{f_w}\frac{C}{F_C}\right)^{10/3} \qquad (18.6\text{-}16)$$

式中　L——额定寿命（km）；

f_t——温度系数，当工作温度≤100℃时，$f_t=1$；

f_w——载荷系数，见表18.6-58；

C——额定动载荷；

F_C——计算载荷。

表18.6-58　载荷系数

工作条件	无外部冲击或振动的低速运动场合，速度小于15m/min	无明显冲击或振动的中速运动场合，速度为15～30m/min
f_w	1～1.5	1.5～2.0

（2）寿命时间计算

$$L_h=\frac{L\times10^3}{2\times l\times n\times60} \qquad (18.6\text{-}17)$$

式中　L_h——时间寿命（h）；

L——额定寿命（km）；

l——行程长度（m）；

n——每分钟往复次数。

4.3.3　载荷及滚子数量计算

（1）载荷计算（见表18.6-59）

（2）导轨长度及滚子数量（见图18.6-20）

导轨长度不小于行程的1.5倍，即$L\geqslant1.5l$。保持架的长度不大于导轨长度与行程长度一半之差，即$K\leqslant L-l/2$。

滚子数量的计算见式（18.6-18）。

$$N=(K-2a)/f+1 \qquad (18.6\text{-}18)$$

式中　N——滚子数量（整数）；

a——保持架端距（见表18.6-61）；

f——滚子间距（见表18.6-61）。

表18.6-59　载荷计算

	计算公式	
载荷类型	正向载荷 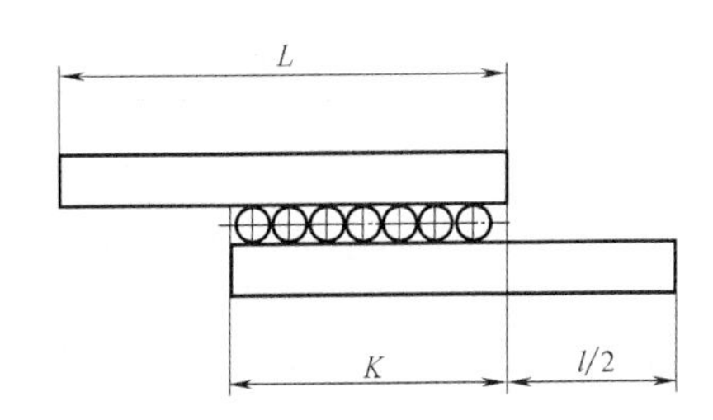	侧向载荷
额定动载荷 C	$C=\left(\frac{N}{2}\right)^{3/4}C_1$	$C=\left(\frac{N}{2}\right)^{3/4}2^{7/9}C_1$
额定静载荷 C_0	$C_0=\left(\frac{N}{2}\right)C_{01}$	$C_0=2\times\left(\frac{N}{2}\right)C_{01}$
说明	C—额定动载荷（N）；C_0—额定静载荷（N）；C_1—每个滚子的额定动载荷（N）；C_{01}—每个滚子的额定静载荷（N）；N—滚子数；$N/2$—滚子数（忽略小数）	

图18.6-20　导轨长度和滚子数量

L—导轨长度（mm）　l—行程长度（mm）

K—保持架长度（mm）

4.3.4　编号规则及尺寸系列

（1）编号规则

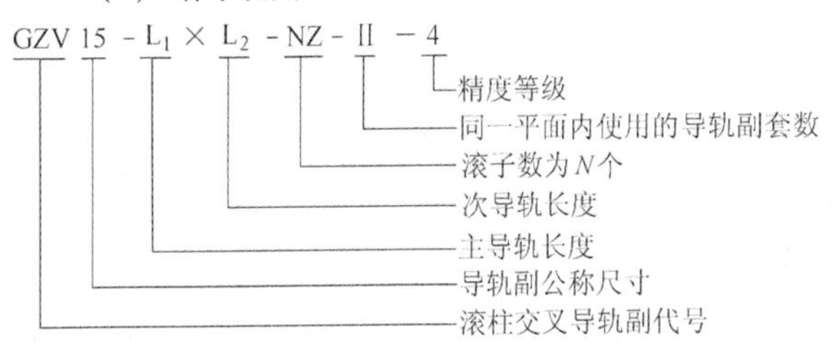

注：两根导轨组成一套导轨副，同一平面内使用的导轨副套数指的是同一平面内有几套导轨副同时使用。如上式中Ⅱ指同一平面内有两套导轨副，即四根导轨同时使用。

（2）尺寸系列

1）导轨副基本尺寸。南京工艺装备制造有限公司的滚柱交叉导轨副的公称尺寸见表18.6-60。

2）保持架基本尺寸。南京工艺装备制造有限公司的滚柱交叉导轨副保持架的公称尺寸见表18.6-61。

表 18.6-60　滚柱交叉导轨副的公称尺寸

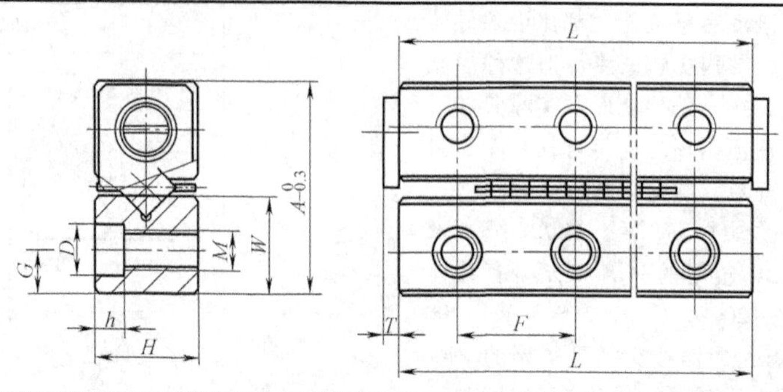

规　格	A /mm	H /mm	W /mm	M /mm	D /mm	h /mm	G /mm	F /mm	T /mm	导轨最大长度 L_{max}/mm	单根导轨每米质量 /(kg/m)
GZV3	18	8	8.1	M4	6.0	3.1	3.5	25	3	300	0.45
GZV4	22	11	10	M5	7.5	4.1	4.5	40	3	500	0.75
GZV6	31	15	14.2	M6	9.5	5.2	6	50	3	800	1.47
GZV9	44	22	20.2	M8	10.5	6.2	9	50	4	1400	3.07
GZV12	58	28	27	M10	13.5	8.2	12	100	5	1400	5.32
GZV15	71	36	33	M12	16.5	10.2	14	100	5	1400	8.30

表 18.6-61　滚柱交叉导轨副保持架的公称尺寸

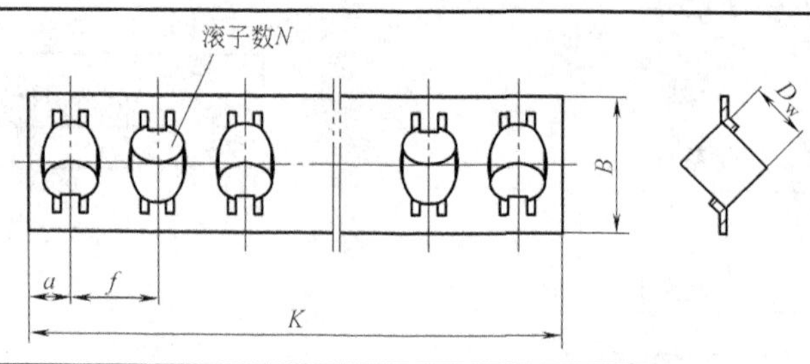

规　格	D_w /mm	a /mm	f /mm	B /mm	C_1 /kN	C_{01} /kN	K 最大值 /mm
GZV3	3	3	5	7.6	0.545	0.597	176
GZV4	4	4.5	7	10	1.05	1.16	275
GZV6	6	6	10	14	2.06	2.41	412
GZV9	9	7.5	14	21	5.904	6.74	701
GZV12	12	12.5	20	25	12.15	13.77	685
GZV15	15	15	25	34	19.61	22.32	680

注：C_1—每个滚子的额定动载荷；C_{01}—每个滚子的额定静载荷；D_w—滚子体公称直径。

4.3.5　精度

滚柱交叉导轨副的精度等级分为 2 级、3 级、4 级和 5 级，2 级最高，其精度项目及其数值见表 18.6-62。

表 18.6-62　滚柱交叉导轨副的精度　　(μm)

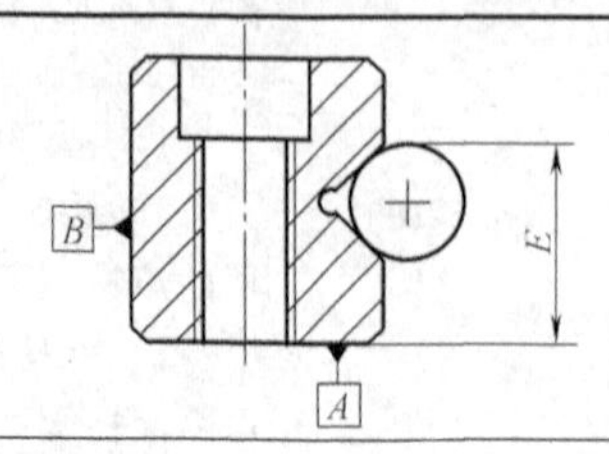

（续）

精度项目	导轨长度/mm	精度等级			
		2	3	4	5
导轨V形面对A、B面的平行度	≤200	2	4	6	10
	>200~400	4	6	8	12
	>400~600	5	8	12	14
	>600~800	6	9	13	16
	>800~1000	7	10	15	17
	>1000~1200	8	12	17	19
高度尺寸E的极限偏差		±10	±10	±15	±20
同组导轨副高度持尺寸E的一致性		10	10	15	20

4.3.6 安装与使用

1）配对安装面精度。滚柱交叉导轨副配对安装面的结构如图18.6-21所示。

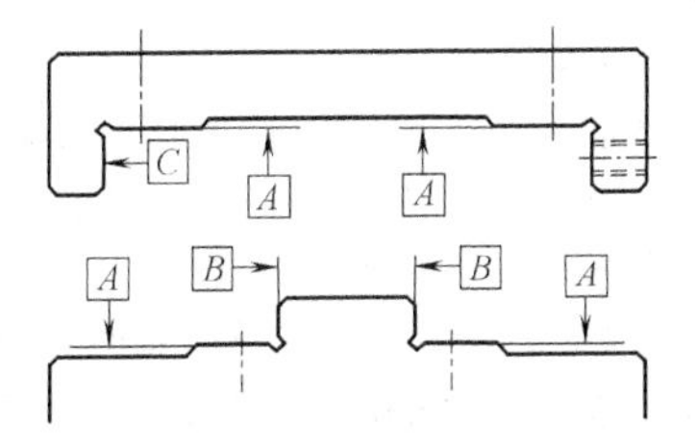

图18.6-21 滚柱交叉导轨副配对安装面的结构

配对安装面的精度直接影响滚柱交叉导轨副的运行精度和性能，如果要得到较高的运行精度，需相应提高配对安装面的精度。A面精度直接影响运行精度，B面和C面平行度直接影响预载，相对A面的垂直度影响在预载方向上的装配精度，因此建议尽量提高安装面精度，其精度数值应近似于导轨平行度数值。

2）预加载荷的方法。如图18.6-22所示，预加载荷通常用螺钉来调整，该螺钉尺寸规格与导轨的安装螺钉相同，螺钉中心为导轨高度的一半。

预加载荷的大小根据机床与设备不同而不同。过预载将减少导轨副的寿命并损坏滚道，且在使用过程中，圆柱滚子很容易歪斜，产生自锁现象。因此，通常推荐无预载或较小的预载。如果精度和刚度要求高，则建议使用图18.6-22c所示的装配平板或者图18.6-22b所示的楔形块加以预紧。

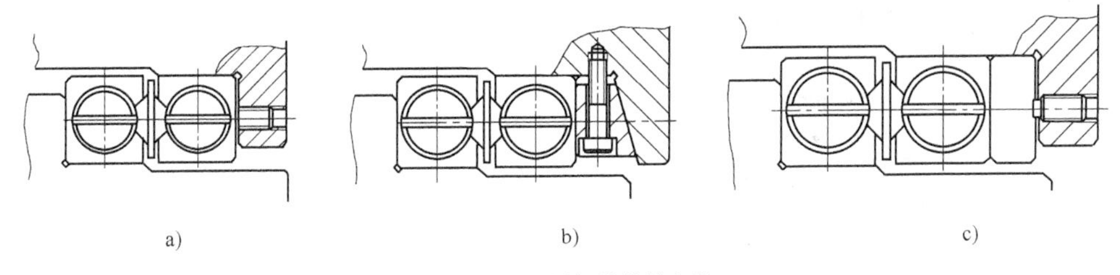

a) b) c)

图18.6-22 预加载荷的方法

3）滚柱交叉导轨副可在高温下运行，但建议使用温度不高于100℃。

4）滚动交叉导轨副的运行速度不能大于30m/min。

5）润滑。当滚柱交叉导轨副的运行速度为高速时（v>15m/min），推荐使用L-AN32润滑油，40℃时的运动黏度为28.8~35.2mm^2/s，定期润滑或接油管强制润滑；低速时（v<15m/min），推荐使用锂基润滑脂2#。

4.4 滚柱导轨块

4.4.1 结构、特点及应用

滚柱导轨块是一种精密直线滚动导轨部件，其结构主要由本体、端盖、保持架及滚柱等组成（见图18.6-23）。滚柱在本体中不断循环运动并承受一定载荷，运动时低于安装平面的滚柱为回路滚柱，高于安装平面的滚柱为承载滚柱，与机械导轨表面做滚动接触。

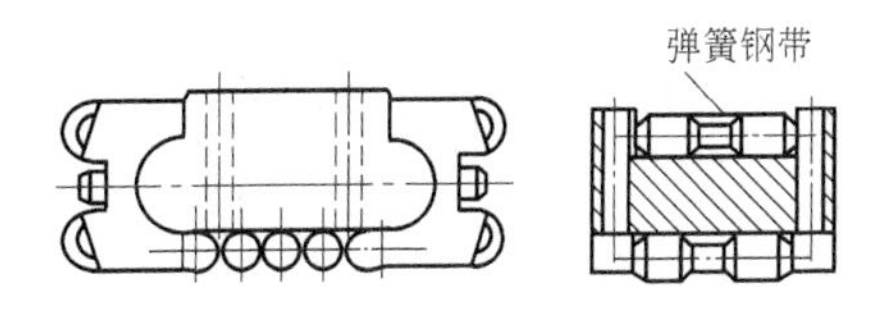

图18.6-23 滚柱导轨块

滚柱导轨块承载能力大，刚度高，滚柱运动导向性好，能自动定心，运动灵敏，可提高定位精度。行程长度不受限制，可根据载荷大小和行程长度来选择导轨块的规格和数量。滚柱导轨块可获得较高灵敏度和高性能的平面直线运动，可减轻整机的重量，降低传动机构及动力费用。

滚柱导轨块的应用较广，小规格的可用在模具、仪器等直线运动部件上，大规格的则可用在重型机床、精密仪器的平面直线运动部件上，尤其适用于NC、CNC 数控机床。

4.4.2　滚柱导轨块的代号编号规则

按照 JB/T 10335—2002 的规定，直线运动滚动支承代号由基本代号、补充代号和公差等级及分组代号组成，其排列顺序如下：

基本代号	补充代号	公差等级及分组代号

（1）基本代号

基本代号分为三部分：前部为类型代号，中部由数字表示直线运动滚动支承配合安装特征的尺寸或其外形尺寸的毫米数，后部为结构型式代号。

前部类型代号：直线运动滚子导轨支承的类型代号为 LRS，直线运动滚针导轨支承的类型代号为 LNS。

中部外形尺寸表示法：对直线运动滚子（针）导轨支承，用数字自左至右依次表示支承的公称高度（H）、公称长度（L）、公称宽度（B）及滚子体公称直径（D_W）的毫米数。

后部结构型式代号：循环滚子导轨支承由滚道基体和一组滚子组成，滚子呈单列，径向安装孔的循环滚子导轨支承的代号为 SG，轴向安装孔的代号为 SGK。

（2）补充代号

补充代号是用字母（或加数字）表示材料、密封和内部结构的改变等。补充代号及其含义见表 18.6-63。

补充代号置于基本代号的右边，并与基本代号空半个汉字距（代号中有符号“-”除外）。当改变项目多且具有多组补充代号时，按表 18.6-63 从上而下的顺序排列。

（3）公差等级及分组代号

按照 JB/T 10335—2002《直线运动滚动支承　分类及代号方法》和 JB/T 6364—2005《直线运动滚动支承　循环式滚针、滚子导轨支承》的规定，循环式滚子导轨支承的公差等级和分组代号见表18.6-64，其代号放在基本代号和补充代号后，用“/”隔开。

表 18.6-63　补充代号及其含义

改变项目	改　变　内　容	代　号
材料	保持架、端盖等零件用工程塑料制造 保持架、端盖等零件用铝合金制造	TN L
密封	单面带橡胶密封 双面带橡胶密封	-RS -2RS
结构	无保持架或隔离块 支承零件的形状或尺寸改变	V K
其他	有上述改变项目以外的其他改变内容	Y

表 18.6-64　循环式滚子导轨支承的公差等级和分组代号

公差等级代号	分组代号	公差等级、组件分组组合代号	高度偏差/mm
/G	—	/G	0～-0.010
/E	5	/E5	0～-0.005
	10	/E10	-0.005～-0.010
/D	3	/D3	0～-0.003
	6	/D6	-0.003～-0.006
	9	/D9	-0.006～-0.009
	12	/D12	-0.009～-0.012
/C	2	/C2	0～-0.002
	4	/C4	-0.002～-0.004
	6	/C6	-0.004～-0.006
	8	/C8	-0.006～-0.008
	10	/C10	-0.008～-0.010

例如，LRS 2562 SG /D6，代号含义为：直线运动导轨支承，公称宽度和公称长度分别是 25mm 和 62mm，循环滚子导轨支承、径向安装孔；D 级公差，分组代号为 6（-0.003～-0.006mm）。

4.4.3　滚柱导轨块的尺寸系列示例

基于 JB/T 6364—2005 某类型的滚动导轨块的结构示意图如图 18.6-24 所示。该类型的滚动导轨块的尺寸参数见表 18.6-65，参数的含义见标准文件。

4.4.4　寿命计算

滚柱导轨块的寿命计算见本章 4.2.2 小节，由于滚动体为滚柱，式（18.6-13）中的 $\varepsilon=10/3$，$K=100\text{km}$。

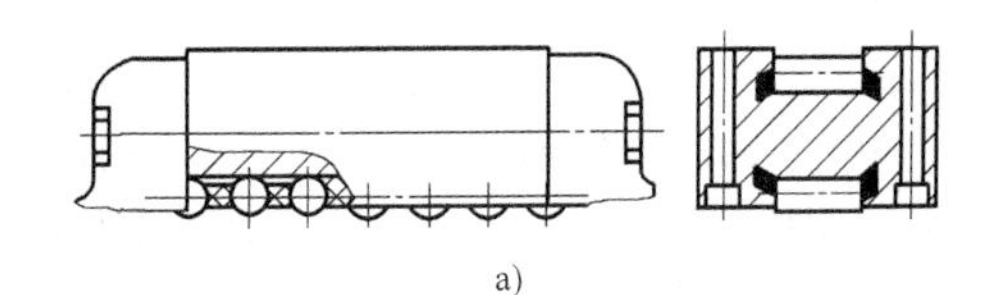

a)

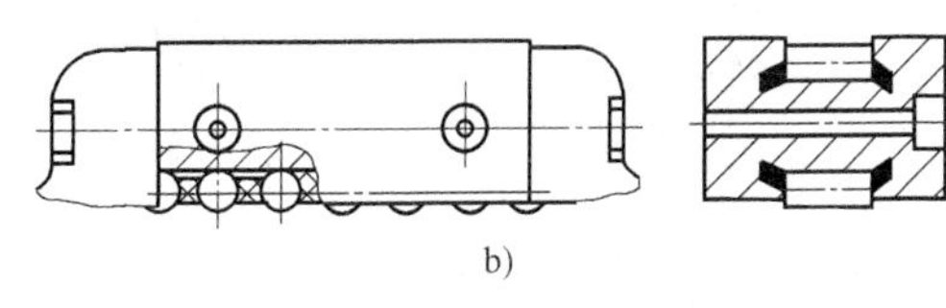

b)

图 18.6-24　滚动导轨块的结构示意图

a）带径向安装孔循环导轨支承（LRS…SG）

b）带轴向安装孔循环导轨支承（LRS…SGK）

表 18.6-65　滚动导轨块的尺寸参数　（mm）

型号		A	B	L	J	J_1	T_1	L_2	N	δ	L_w
LRS…SG 型	LRS…SGK 型										
LRS 2562 SG	LRS 2562 SGK	16	25	62	19	17	8	36.7	3.4	0.2	8
LRS 2769 SG	LRS 2769 SGK	19	27	69	20.6	25.5	9.5	44	3.4	0.3	10
LRS 4086 SG	LRS 4086 SGK	26	40	86	30	28	13	53	4.5	0.3	14
LRS 52133 SG	LRS 52133 SGK	38	52	133	41	51	19	85	6.6	0.4	20

4.4.5　安装方式和方法

（1）安装方式

1）开式。这种安装方式如图 18.6-25 和图 18.6-26 所示。导轨块固定在工作台上，在固定在床身上的镶钢导轨条上滚动。钢条经淬硬和磨削。两组导轨块 3 和 4（见图 18.6-25）或三组导轨块 3、4 和 6（见图 18.6-26）承受竖直向下的载荷。导轨块组 2 用于侧面导向，导轨块组 1 用于侧面压紧。这种安装方式没有压板，故称为开式。它适用于水平导轨副，而且工作台上只有向下的载荷，没有颠覆力矩作用的场合。

图 18.6-25 所示为窄式导向，侧向导轨块 2 与侧面压紧侧向导轨块 1 位于一根钢条的两侧，距离较近，压紧力（侧向预紧）受工作台与床身的误差影响较小。图 18.6-26 所示为宽式导向，压紧力受温差的影响较大。侧向预加载荷可用弹簧垫或调整垫实现，采用弹簧垫预加载荷是一种比较好的办法。

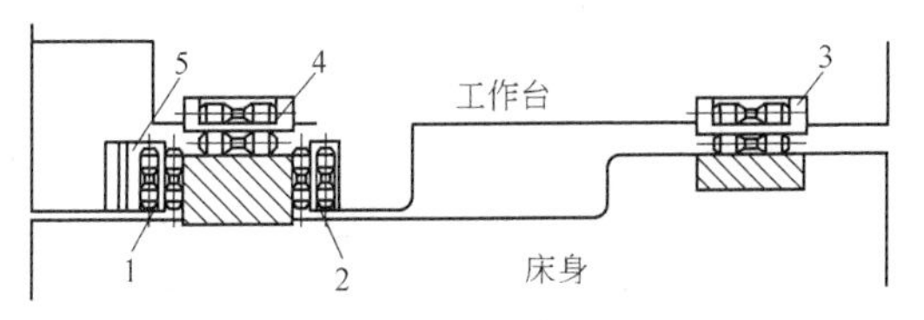

图 18.6-25　窄式导向开式导轨块的安装方式

1、2—侧向导轨块组　3、4—竖向导轨块

5—弹簧垫或调整垫工作台

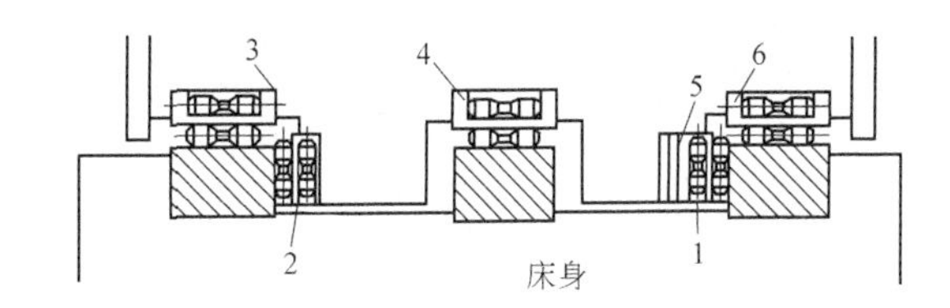

图 18.6-26　宽式导向开式导轨块的安装方式

1、2—侧向导轨块组　3、4、6—竖向导轨块

5—弹簧垫或调整垫

2）闭式。这种安装方式带有压板，如图 18.6-27 所示。工作台与床身之间上、下和左、右都装有导轨块，适用于水平导轨副有颠覆力矩作用的场合和竖直导轨副。

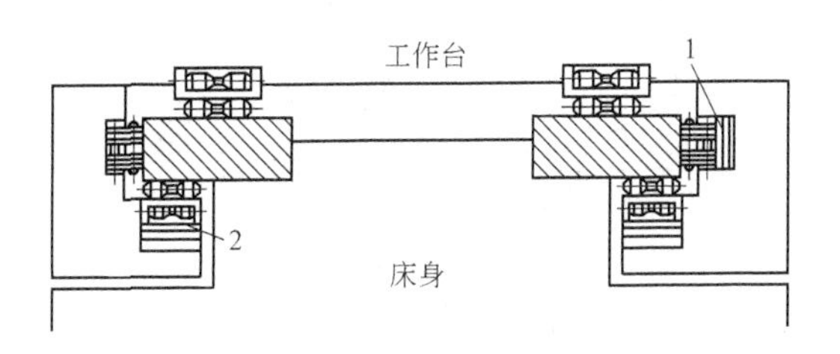

图 18.6-27　闭式导轨块的安装方式

1、2—弹簧垫或调整垫

3）重型或宽型工作台。这种安装方式由八列导轨块构成，如图18.6-28所示。与图18.6-27所示的方式相比，更能保证工作台的往复运动。对于水平或竖直方向的运动，摩擦力很小，同时也不会出现松动。

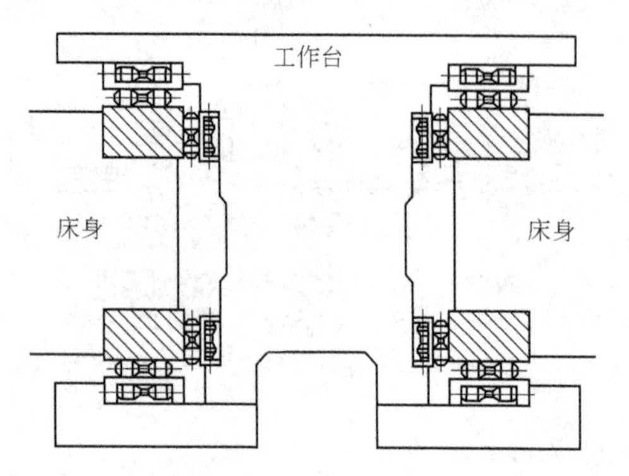

图18.6-28　重型或宽型工作台导轨块的安装方式

（2）安装方法

在确定导轨块的安装方法时，必须注意保证导轨块与导轨间的装配精度；此外不应采用压配的方法进行装配，而应该用螺钉将导轨块固定在机床的部件或其他附件上。下面介绍几种安装方法。

1）直接安装在机床部件上，如图18.6-29所示。

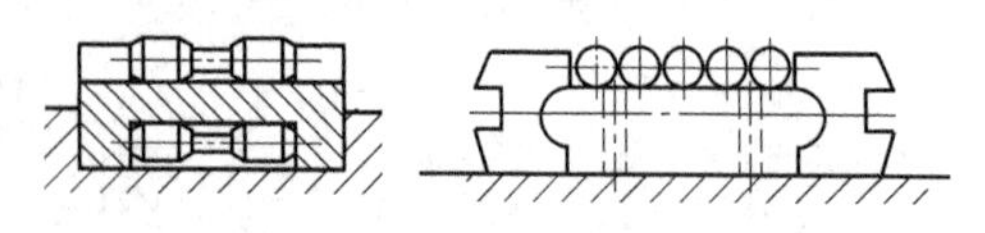

图18.6-29　安装方法（一）

2）安装在调整垫上，如图18.6-30所示。

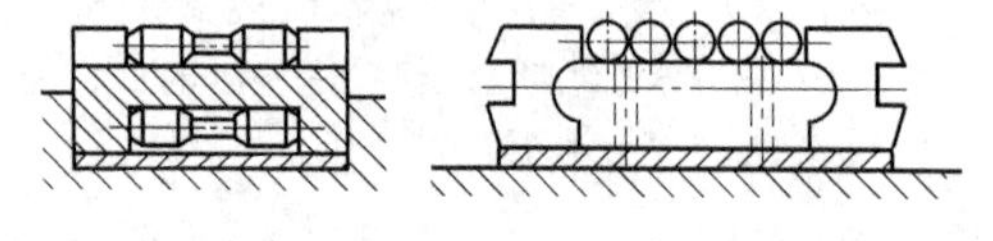

图18.6-30　安装方法（二）

3）安装在楔铁上，如图18.6-31所示，可以进行高度调整。

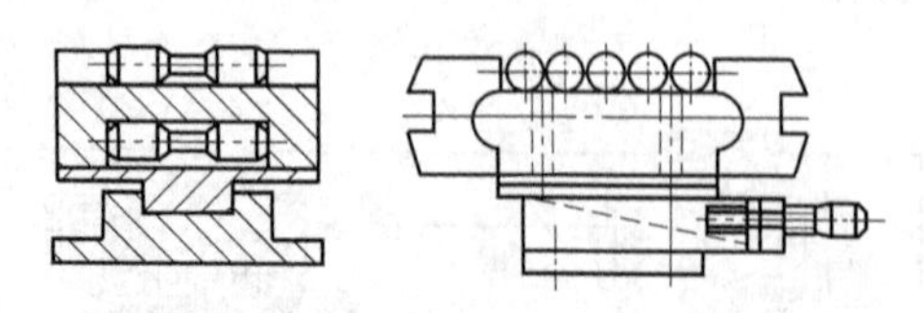

图18.6-31　安装方法（三）

4）安装在可调衬垫上，如图18.6-32所示。采用这种安装方法时，不用精加工安装表面，但在最后调整精度时很费时。导轨块支承在两个螺钉上，刚度较低。

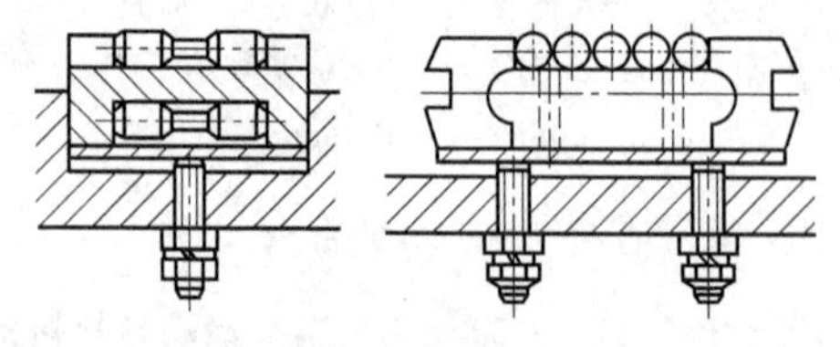

图18.6-32　安装方法（四）

5）安装在弹簧垫上，如图18.6-33所示。这种方式只能用于压紧导轨块。如果工作台较长，承载导轨块或基准侧的导向导轨块多于两个，则首尾两个必须与工作台刚性连接，中间的几个可以安装在弹簧垫上，作为辅助支承以分担部分载荷。

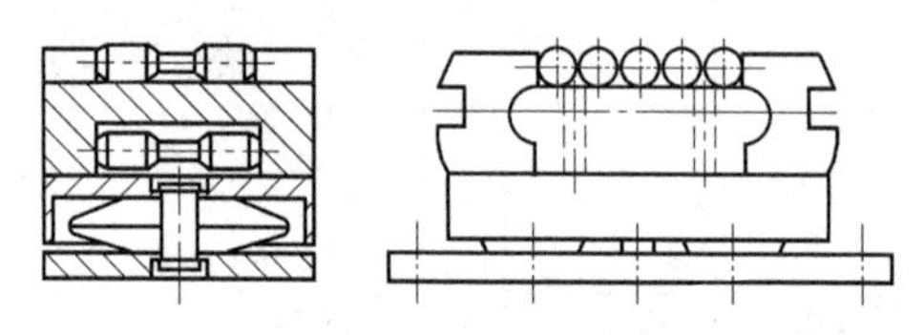

图18.6-33　安装方法（五）

（3）安装中的装配精度

要使导轨块能达到预期的性能和耐用度，必须保证下述的安装和调整精度：

1）安装面与导轨面间的平行度。要使机床导轨副的导轨块受力均匀，导轨块的安装基面与机床导轨滚动接触表面间的平行度公差应控制在0.02mm/1000mm以内。

2）安装中导轨块等高的控制。为了保证机床每条导轨中各个导轨块工作时载荷均匀，应严格控制导轨块相互间的高度差。

3）导轨块倾斜精度的调整。为避免运动中滚子侧向偏移而打滑，沿导轨副运动方向的滚子轴线的倾斜精度应控制在0.02mm/300mm以内，定位精度要求越高，则倾斜精度控制也越严。检查方法如图18.6-34所示。

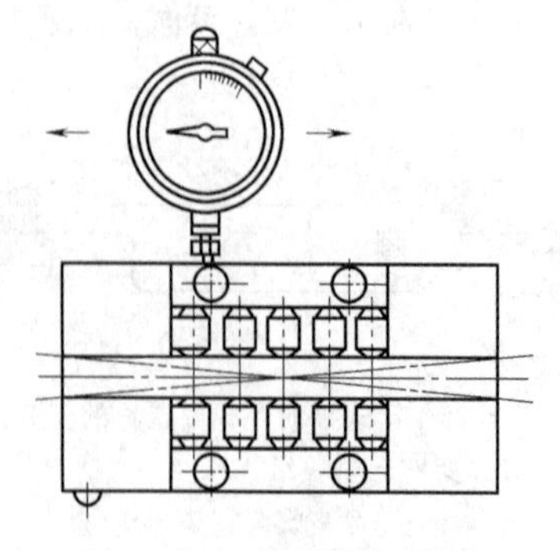

图18.6-34　精度检查方法

4.4.6 安装注意事项

1）当多个滚柱导轨块安装在相同的平台上时，为了使滚柱导轨块获得均衡载荷，建议选用相同的分组编号的导轨块安装。

2）与导轨块安装的主体，其表面硬度推荐为58~64HRC，表面粗糙度 Ra 为 0.4~0.8μm，主体本身平行度 ≤ 0.01mm/1000mm，安装后平行度 <0.01mm/1000mm。

3）采用预加载荷的办法，可防止导轨块的松动和提高刚度。预加载荷值应控制在约为每个导轨块的实际载荷的20%。

4）其他注意事项可参照本章4.3节有关内容。

4.5 套筒型直线球轴承

按照GB/T 27558—2011的规定，套筒型直线球轴承（sleeve type linear ball bearing）属于直线运动滚动支承、直线球轴承中的一种。为实现沿轴向做无限直线运动而设计的包含套筒、球和保持架，以及若干条循环球封闭滚道的直线运动球轴承。

套筒型直线运动球轴承又可以分为闭式套筒型、调整型、开口型和半型。

套筒型（闭式套筒）直线运动球轴承（closed sleeve type linear ball bearing）的外套为一圆筒状，圆周均匀分布三组以上钢球支承导轴，导轴上无沟槽，球在外套和导轴之间循环滚动做无限直线运动，可承受较轻的径向载荷；调整型（adjustable sleeve type linear ball bearing）是将套筒型轴承沿轴向开一窄缝，利用轴承座调整轴承与导轴之间的径向游隙，代号为LB…AJ；开口型（open sleeve type linear ball bearing）是将套筒型轴承沿轴向切去一组钢球相对应的一个扇形面，可调整径向间隙，代号为LB…OP；半型即轴承是套筒型轴承的一半，可径向安装，用于有中间支承的导轴上，代号为LB…HF。

无止动槽轴承（适用于1系列）的结构示意图如图18.6-35所示。有止动槽轴承（适用于3系列和5系列）的结构示意如图18.6-36所示。图中没有表示的一些参数及其含义：d 为轴径，E 为开口套筒型轴承在直径 F_w 处的开口宽度，F_{ws} 为球组的单一内径，$F_{ws\,min}$ 为球组最小单一内径，K_{ea} 为成套轴承径向跳动，α 为开口套筒型轴承所开的扇形角（包容角），Δ_{Cs} 为套筒单一宽度偏差，Δ_{C1s} 为套筒止动槽外端面之间单一距离偏差，Δ_{Dmp} 为轴承单一平面平均外径偏差。

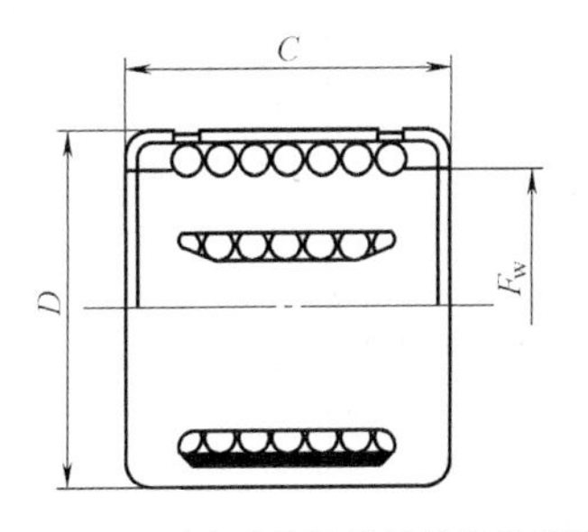

图18.6-35 无止动槽轴承的结构示意图

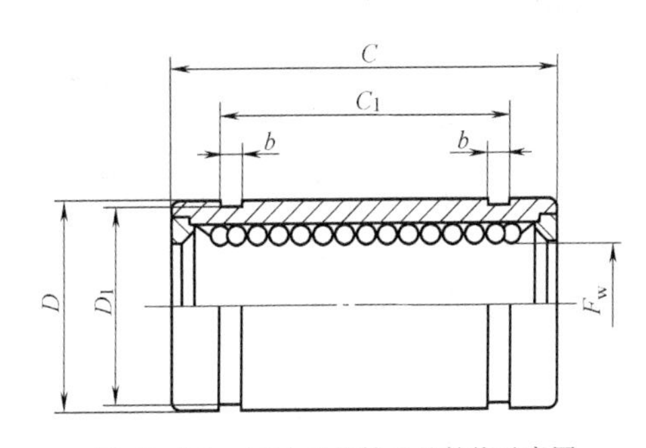

图18.6-36 有止动槽轴承的结构示意图

4.5.1 套筒型直线球轴承的外形尺寸和公差

基于GB/T 16940—2012《滚动轴承 套筒型直线球轴承 外形尺寸和公差》，可以得到套筒型直线球轴承的外形尺寸和公差的详细数据。

（1）外形尺寸

套筒型直线球轴承1、3和5系列的外形尺寸见表18.6-66。

表18.6-66 套筒型直线球轴承的外形尺寸 (mm)

F_w	1系列		3系列							5系列						
	D	C	D	C	C_1	b	D_1	E	α/(°)	D	C	C_1	b	D_1	E	α/(°)
						min	max	min	min				min	max	min	min
3	7	10	—	—	—	—	—	—	—	7	10	—	—	—	—	—
4	8	12	—	—	—	—	—	—	—	8	12	—	—	—	—	—
5	10	15	12	22	14.2	1.1	11.5	—	—	10	15	10.2	1.1	9.6	—	—
6	12	22	13	22	14.2	1.1	12.4	—	—	12	19	13.5	1.1	11.5	—	—
8	15	24	16	25	16.2	1.1	15.2	—	—	15	24	17.5	1.1	14.3	—	—
10	17	26	19	29	21.6	1.3	18	—	—	19	29	22	1.3	18	6	65
12	19	28	22	32	22.6	1.3	21	6.5	65	21	30	23	1.3	20	6.5	65

（续）

F_w	1系列		3系列							5系列						
	D	C	D	C	C_1	b	D_1	E	$\alpha/(°)$	D	C	C_1	b	D_1	E	$\alpha/(°)$
						min	max	min	min				min	max	min	min
13	—	—	—	—	—	—	—	—	—	23	32	23	1.3	22	6.7	60
14	21	28	—	—	—	—	—	—	—	—	—	—	—	—	—	—
16	24	30	26	36	24.6	1.3	24.9	9	50	28	37	26.5	1.6	27	8	60
20	28	30	32	45	31.2	1.6	30.5	9	50	32	42	30.5	1.6	30.5	8.6	50
25	35	40	40	58	43.7	1.85	38.5	11	50	40	59	41	1.85	38	10.6	50
30	40	50	47	68	51.7	1.85	44.5	12.5	50	45	64	44.5	1.85	43	12.7	50
35	—	—	—	—	—	—	—	—	—	52	70	49.5	2.1	49	14.8	50
40	52	60	62	80	60.3	2.15	59	16.5	50	60	80	60.5	2.1	57	16.9	50
50	62	70	75	100	77.3	2.65	72	21	50	80	100	74	2.6	76.5	21.1	50
60	75	85	90	125	101.3	3.15	86.5	26	50	90	110	85	3.15	86.5	25.4	50
80	—	—	120	165	133.3	3.15	116	36	50	120	140	105.5	4.15	116	33.8	50
100	—	—	150	175	143.3	3.15	145	45	50	150	175	125.5	4.15	145	42.7	50

注：对于3系列和5系列的开口和可调整套筒型轴承，D和D_1的尺寸是在轴承开缝后并装在直径为D、偏差为零的厚壁环规中所测得的尺寸。

（2）公差

直线球轴承的制造精度分为L9、L7、L7A、L6、L6A、L6J和L6JA级，其公差值见表18.6-67～表18.6-73。

表18.6-67 用于1系列闭式和可调套筒型轴承的L9级公差

F_w/mm		$F_{ws\ min}$的公差①/μm		Δ_{Cs}/μm	
>	≤	上极限偏差	下极限偏差	上极限偏差	下极限偏差
—	3	+12.5	-12.5	+180	-180
3	5	+15	-15	+215	-215
5	6	+15	-15	+260	-260
6	10	+18	-18	+260	-260
10	18	+21.5	-21.5	+260	-260
18	20	+26	-26	+260	-260
20	30	+26	-26	+310	-310
30	50	+31	-31	+370	-370
50	80	+37	-37	+435	-435

① 该值系轴承装在直径为D、偏差为零的厚壁环规中所测得的$F_{ws\ min}$与F_w之差的极限值。

表18.6-68 用于1、3系列闭式套筒型轴承L7级公差

F_w/mm		$F_{ws\ min}$的公差①/μm		Δ_{Dmp}②/μm				Δ_{Cs}/μm				Δ_{C1s}③/μm	
				1系列		3系列		1系列		3系列		3系列	
>	≤	上极限偏差	下极限偏差	上极限偏差	下极限偏差	上极限偏差	下极限偏差	上极限偏差	下极限偏差	上极限偏差	下极限偏差	上极限偏差	下极限偏差
—	3	+10	0	0	-9	—	—	0	-360	—	—	—	—
3	4	+12	0	0	-9	—	—	0	-430	—	—	—	—
4	5	+12	0	0	-9	0	-11	0	-430	0	-520	+270	0
5	6	+12	0	0	-11	0	-11	0	-520	0	-520	+270	0
6	8	+15	0	0	-11	0	-11	0	-520	0	-520	+270	0
8	10	+15	0	0	-11	0	-13	0	-520	0	-520	+330	0
10	18	+18	0	0	-13	0	-13	0	-520	0	-620	+330	0
18	20	+21	0	0	-13	0	-16	0	-520	0	-620	+390	0
20	25	+21	0	0	-16	0	-16	0	-620	0	-740	+390	0
25	30	+21	0	0	-16	0	-16	0	-620	0	-740	+460	0

（续）

F_w/mm		$F_{ws\ min}$的公差①/μm		Δ_{Dmp}②/μm				Δ_{Cs}/μm				Δ_{C1s}③/μm	
				1系列		3系列		1系列		3系列		3系列	
>	≤	上极限偏差	下极限偏差	上极限偏差	下极限偏差	上极限偏差	下极限偏差	上极限偏差	下极限偏差	上极限偏差	下极限偏差	上极限偏差	下极限偏差
30	40	+25	0	0	-19	0	-19	0	-740	0	-740	+460	0
40	50	+25	0	0	-19	0	-19	0	-740	0	-870	+460	0
50	60	+30	0	0	-19	0	-22	0	-870	0	-1000	+540	0
60	80	+30	0	—	—	0	-22	—	—	0	-1000	+630	0
80	120	+35	0	—	—	0	-25	—	—	0	-1000	+630	0

① 对于1系列，该值系轴承装在直径为 D、偏差为零的厚壁环规中所测得的 $F_{ws\ min}$与 F_w 之差的极限值。

② 不适用于冲压外圈和注射成型外圈的直线球轴承。

③ 球组公称内径 F_w = 35mm 的3系列直线球轴承，其 Δ_{C1s}的上极限偏差为+390μm，下极限偏差为0。

表 18.6-69　用于3系列开口和可调套筒型轴承的 L7A 级公差

F_w/mm		$F_{ws\ min}$的公差①/μm		Δ_{Cs}/μm		Δ_{C1s}②/μm	
>	≤	上极限偏差	下极限偏差	上极限偏差	下极限偏差	上极限偏差	下极限偏差
4	6	+18	0	0	-520	+270	0
6	8	+22	0	0	-520	+270	0
8	10	+22	0	0	-520	+330	0
10	18	+27	0	0	-620	+330	0
18	20	+33	0	0	-620	+390	0
20	25	+33	0	0	-740	+390	0
25	30	+33	0	0	-740	+460	0
30	40	+39	0	0	-740	+460	0
40	50	+39	0	0	-870	+460	0
50	70	+46	0	0	-1000	+540	0
70	80	+46	0	0	-1000	+630	0
80	120	+54	0	0	-1000	+630	0

① 该值系轴承装在直径为 D、偏差为零的厚壁环规中所测得的 $F_{ws\ min}$与 F_w 之差的极限值。

② 球组公称内径 F_w = 35mm 的3系列直线球轴承，其 Δ_{C1s}的上极限偏差为+390μm，下极限偏差为0。

表 18.6-70　用于1、3系列闭式套筒型轴承 L6 级公差

F_w/mm		$F_{ws\ min}$的公差①/μm		Δ_{Dmp}②/μm				Δ_{Cs}/μm				Δ_{C1s}③/μm		K_{ea}/μm	
				1系列		3系列		1系列		3系列		3系列		1系列	3系列
>	≤	上极限偏差	下极限偏差	上极限偏差	下极限偏差	上极限偏差	下极限偏差	上极限偏差	下极限偏差	上极限偏差	下极限偏差	上极限偏差	下极限偏差	max	
—	3	+6	0	0	-6	—	—	0	-360	—	—	—	—	15	—
3	4	+8	0	0	-6	—	—	0	-430	—	—	—	—	15	—
4	5	+8	0	0	-6	0	-8	0	-430	0	-520	+270	0	15	18
5	6	+8	0	0	-8	0	-8	0	-520	0	-520	+270	0	18	18
6	8	+9	0	0	-8	0	-8	0	-520	0	-520	+270	0	18	18
8	10	+9	0	0	-8	0	-9	0	-520	0	-520	+330	0	18	21
10	18	+11	0	0	-9	0	-9	0	-520	0	-620	+330	0	21	21
18	20	+13	0	0	-9	0	-11	0	-520	0	-620	+390	0	21	25
20	25	+13	0	0	-11	0	-11	0	-620	0	-740	+390	0	25	25
25	30	+13	0	0	-11	0	-11	0	-620	0	-740	+460	0	25	25
30	40	+16	0	0	-13	0	-13	0	-740	0	-740	+460	0	30	30
40	50	+16	0	0	-13	0	-13	0	-740	0	-870	+460	0	30	30
50	60	+19	0	0	-13	0	-15	0	-870	0	-1000	+540	0	30	35
60	80	+19	0	—	—	0	-15	—	—	0	-1000	+630	0	—	35
80	120	+22	0	—	—	0	-18	—	—	0	-1000	+630	0	—	40

① 对于1系列，该值系轴承在直径为 D、偏差为零的厚壁环规中所测得的 $F_{ws\ min}$与 F_w之差的极限值。

② 不适用于冲压外圈和注塑成型外圈的直线轴承。

③ 球组公称内径 F_w = 35mm 的3系列直线球轴承，其 Δ_{C1s}的上极限偏差为+390μm，下极限偏差为0。

表 18.6-71 用于 3 系列开口和可调套筒型轴承的 L6A 级公差

F_w/mm		$F_{ws\ min}$的公差①/μm		Δ_{Cs}/μm		Δ_{C1s}②/μm	
>	≤	上极限偏差	下极限偏差	上极限偏差	下极限偏差	上极限偏差	下极限偏差
4	6	+12	0	0	-520	+270	0
6	8	+15	0	0	-520	+270	0
8	10	+15	0	0	-520	+330	0
10	18	+18	0	0	-620	+330	0
18	20	+21	0	0	-620	+390	0
20	25	+21	0	0	-740	+390	0
25	30	+21	0	0	-740	+460	0
30	40	+25	0	0	-740	+460	0
40	50	+25	0	0	-870	+460	0
50	70	+30	0	0	-1000	+540	0
70	80	+30	0	0	-1000	+630	0
80	120	+35	0	0	-1000	+630	0

① 该值系轴承装在直径为 D、偏差为零的厚壁环规中所测得的 $F_{ws\ min}$与 F_w之差的极限值。

② 球组公称内径 F_w=35mm 的 3 系列直线球轴承，其 Δ_{C1s}的上极限偏差为+390μm，下极限偏差为 0。

表 18.6-72 用于 5 系列闭式套筒型轴承 L6J 级公差

F_w/mm		$F_{ws\ min}$的公差①/μm		Δ_{Dmp}②/μm		Δ_{Cs}/μm		Δ_{C1s}/μm		K_{ea}/μm
>	≤	上极限偏差	下极限偏差	上极限偏差	下极限偏差	上极限偏差	下极限偏差	上极限偏差	下极限偏差	max
—	4	0	-8	0	-10	0	-200	—	—	15
4	5	0	-8	0	-10	0	-200	+240	-240	15
5	8	0	-9	0	-11	0	-200	+240	-240	18
8	10	0	-9	0	-13	0	-200	+300	-300	21
10	18	0	-9	0	-13	0	-200	+300	-300	21
18	20	0	-10	0	-16	0	-200	+300	-300	25
20	30	0	-10	0	-16	0	-300	+300	-300	25
30	40	0	-12	0	-19	0	-300	+300	-300	30
40	50	0	-12	0	-22	0	-300	+300	-300	30
50	60	0	-15	0	-22	0	-300	+300	-300	35
60	80	0	-15	0	-22	0	-400	+400	-400	35
80	100	0	-20	0	-25	0	-400	+400	-400	40

① 该值系轴承装在直径为 D、偏差为零的厚壁环规中所测得的 $F_{ws\ min}$与 F_w 之差的极限值。

② 不适用于冲压外圈和注射成型外圈的直线球轴承。

表 18.6-73 用于 5 系列开口和可调套筒型轴承的 L6JA 级公差

F_w/mm		$F_{ws\ min}$的公差①/μm		Δ_{Cs}/μm		Δ_{C1s}/μm	
>	≤	上极限偏差	下极限偏差	上极限偏差	下极限偏差	上极限偏差	下极限偏差
5	6	+4	-9	0	-200	+240	-240
6	8	+6	-9	0	-200	+240	-240
8	10	+6	-9	0	-200	+300	-300
10	18	+9	-9	0	-200	+300	-300
18	20	+11	-10	0	-200	+300	-300
20	30	+11	-10	0	-300	+300	-300
30	40	+13	-12	0	-300	+300	-300
40	50	+13	-12	0	-300	+300	-300
50	60	+15	-15	0	-300	+300	-300
60	80	+15	-15	0	-400	+400	-400
80	100	+15	-20	0	-400	+400	-400

① 该值系轴承装在直径为 D、偏差为零的厚壁环规中所测得的 $F_{ws\ min}$与 F_w 之差的极限值。

4.5.2 套筒型直线球轴承的技术要求

按照 JB/T 5388—2010 的规定，套筒型直线球轴承的技术要求如下：

(1) 材料及热处理

轴承套圈及钢球采用符合 GB/T 18254—2002《高碳铬轴承钢》中规定的 GCr15 轴承钢制造，其热处理符合 JB/T 1255—2014《滚动轴承 高碳铬轴承钢零件 热处理技术条件》的规定。当用户有特殊要求时，允许采用其他材料制造，其热处理质量由制造厂和用户协商确定。

(2) 外圈表面粗糙度

外圈的表面粗糙度应符合表 18.6-74 的规定，表面粗糙度的测量按 JB/T 7051 的规定进行。

(3) 残磁

轴承的残磁限值应符合表 18.6-75 的规定，轴承残磁的测量按 JB/T 6641 的规定进行。

表 18.6-74　外圈表面粗糙度

表面名称	轴承公差等级	轴承公称直径/mm	
		≤80	>80
		Ra_{max}/μm	
外圈外圆柱表面	L9	1.25	2.5
	L7、L7A	0.63	1.25
	L6、L6A、L6J、L6JA	0.32	0.63
外圈端面	L9	1.25	1.25
	L7、L7A	1.25	1.25
	L6、L6A、L6J、L6JA	1.25	1.25
其余表面	L9	2.5	2.5
	L7、L7A	2.5	2.5
	L6、L6A、L6J、L6JA	2.5	2.5

表 18.6-75　轴承的残磁限值

F_w/mm	残磁/mT(max)
≤25	0.3
>25~60	0.4
>60~150	0.5

套筒型直线球轴承的额定动载荷和额定寿命的计算可以参见 GB/T 21559.1—2008 的相关内容，套筒型直线球轴承的额定静载荷计算可以参见 GB/T 21559.2—2008 的相关内容，套筒型直线球轴承的外形尺寸和公差可以参见 GB/T 19673.1—2013 和 GB/T 19673.2—2013。

4.6　滚动花键副

4.6.1　结构、特点与应用

基于 JB/T 11655—2013《滚动花键副》的规定，滚动花键副（ball spline）主要由花键轴（spline shaft）、花键套（spline outer race）及滚珠组成，可以实现直线运动并传递转矩。某结构的滚动花键副如图 18.6-37 所示。在花键轴的外圆上有 120°等分排列的三条凸起轨道部分与花键套相应部位将钢球夹持在滚道凸起的左、右两侧，形成六条承载滚珠列。

滚道（spline groove）是在花键轴和花键套上设计的供滚珠运动的圆弧槽（垂直于花键轴或花键套轴线的平面滚道截形，常用的滚道截形有两种，单圆弧和双圆弧）。

当转矩由花键轴施加到花键套上或由花键套施加到花键轴上时，三列转矩方向上的承载滚珠便平稳、均匀地传递转矩。当转矩方向改变时，则另外三列承载滚珠传递转矩。当花键轴与花键套进行相对直线运动时，滚珠在滚道中经反向器往复循环。

滚动花键导轨副可以将旋转运动方向的间隙控制在零间隙或过盈，可进行高速旋转、高速直线运动，结构紧凑、组装简单，即使花键轴抽出，钢球也不会脱落。

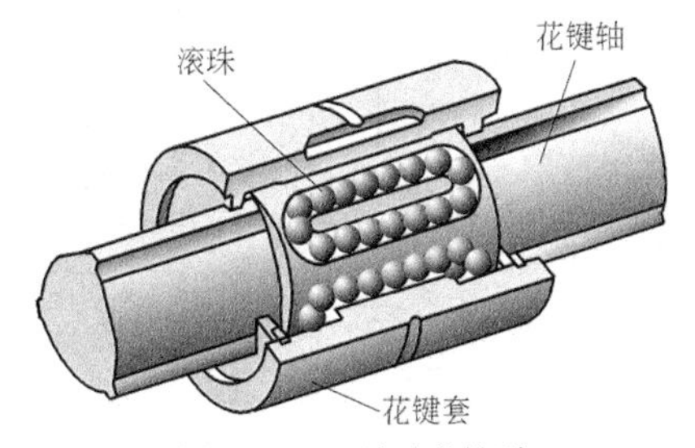

图 18.6-37　滚动花键副

花键轴采用优质合金钢中频淬硬 58HRC，花键套采用优质合金结构钢渗碳淬硬 58HRC，因此具有较高的寿命和强度，能传递较大的载荷及动力。

滚动花键副可分为两大类，即凸缘式滚动花键副和凹槽式滚动花键副，花键轴截面形状如图 18.6-38 所示。一般情况下，凸缘式所能传递的转矩及承受的径向载荷都比凹槽式的要大些。滚动花键导轨副应用广泛，主要应用在既要求传递转矩，又要求直线运动的机械上。

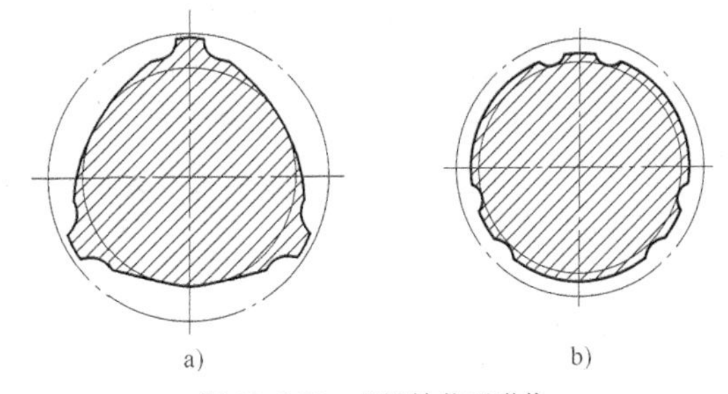

图 18.6-38　花键轴截面形状
a）凸缘式　b）凹槽式

4.6.2　编号规则

滚动花键副的标识符号如图 18.6-39 所示，包括编号的顺序和内容。

如滚动花键副，有密封件、花键轴滚道长度为 800mm、花键轴总长为 1000mm、一根花键轴上有两个花键套、轻预加载荷、精度等级为 3 级、公称直径为 32mm 的直筒型凸缘式滚动花键副标记为：GJZ32-3-P1-2/1000×800-M。

4.6.3　精度及其精度检验

按照 JB/T 11655—2013 的规定和要求，滚动花键副根据使用范围分为三个精度等级，从高到低依次为 2 级、3 级和 4 级。

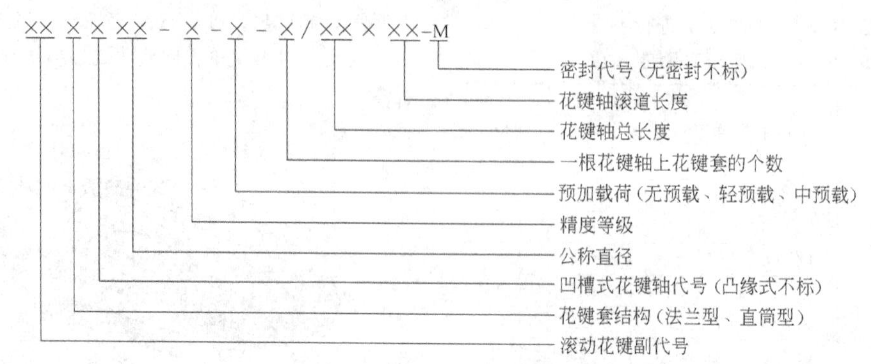

图 18.6-39　滚动花键副标识

（1）滚动花键套安装外圆对支承轴颈轴线的径向圆跳动

滚动花键套安装外圆对支承轴颈轴线的径向圆跳动检测的结构示意图如图 18.6-40 所示。

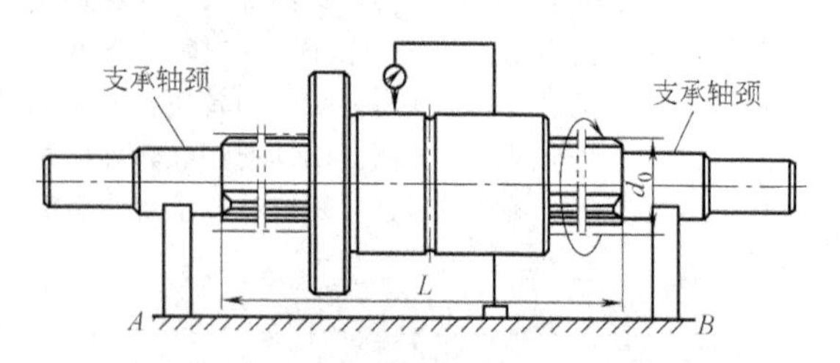

图 18.6-40　滚动花键套安装外圆对支承轴颈轴线的径向圆跳动检测的结构示意图

将滚动花键副置于支承轴颈 A、B 处的 V 形架上，如两端支承轴颈外径的尺寸不一致，则增加垫块将两端支承轴颈调水平。调整指示表，使其测头垂直触及滚动花键套外圆圆柱表面上素线的任意位置。缓缓转动滚动花键轴，记下指示表读数。测量误差以测量中的指示表读数的最大差值计。经商定允许将滚动花键副顶在中心孔上测量。所要达到的精度要求见表 18.6-76。

（2）滚动花键套法兰安装端面对支承轴颈轴线的轴向圆跳动

滚动花键套法兰安装端面对支承轴颈轴线的轴向圆跳动检测结构示意图如图 18.6-41 所示。精度要求见表 18.6-77。

表 18.6-76　滚动花键套安装外圆对支承轴颈轴线的径向圆跳动检测的精度要求

长度 L /mm	公称直径 d_0/mm																	
	≥15~20			>20~32			>32~50			>50~80			>80~120			>120~150		
	精度等级																	
	2	3	4	2	3	4	2	3	4	2	3	4	2	3	4	2	3	4
	公差/μm																	
≤200	18	34	56	18	32	53	16	32	53	16	30	51	16	30	51	—	—	—
>200~315	25	45	71	21	39	58	19	36	58	17	34	55	17	32	53	—	—	—
>315~400	31	53	83	25	44	70	21	39	63	19	36	58	17	34	55	—	—	—
>400~500	38	62	95	29	50	78	24	43	68	21	38	61	19	35	57	19	36	46
>500~630	—	—	112	34	57	88	27	47	74	23	41	65	20	37	60	21	39	49
>630~800	—	—	—	42	68	103	32	54	84	26	45	71	22	40	64	24	43	53
>800~1000	—	—	—	—	83	124	38	63	97	30	51	79	24	43	69	27	48	58
>1000~1250	—	—	—	—	—	—	47	76	114	35	59	90	28	48	76	32	55	63
>1250~1600	—	—	—	—	—	—	—	93	139	43	70	106	33	55	86	40	65	80

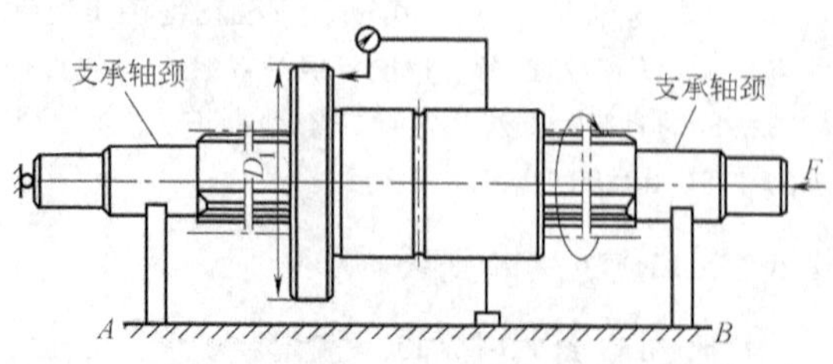

图 18.6-41　滚动花键套法兰安装端面对支承轴颈轴线的轴向圆跳动检测结构示意图

表 18.6-77　滚动花键套法兰安装端面对支承轴颈轴线的轴向圆跳动精度要求

法兰直径 D_1 /mm	精度等级		
	2	3	4
	公差/μm		
≥40~60	9	13	33
>60~80	11	16	39
>80~125	13	19	46
>125~170	15	22	54
>170~255	18	25	63

将滚动花键副置于支承轴颈 A、B 处的 V 形架上，如两端支承轴颈外径尺寸不一致，则增加垫块将两端支承轴颈调水平，防止滚动花键轴轴向移动（可将滚珠置于滚动花键轴中心孔和固定面间）。调整指示表，使其测头垂直触及滚动花键套法兰的安装端面外缘处，缓缓转动滚动花键轴，记下指示表读数变化。测量误差以测量中的指示表读数的最大差值计。经商定允许将滚动花键副顶在中心孔上测量。

（3）安装轴颈外圆对支承轴颈轴线的径向圆跳动

安装轴颈外圆对支承轴颈轴线的径向圆跳动检测结构示意图如图 18.6-42 所示。安装轴颈外圆对支承轴颈轴线的径向圆跳动的精度要求见表 18.6-78。将滚动花键副置于支承轴颈 A、B 处的 V 形架上，如两端支承轴颈外径尺寸不一致，则增加垫块将两端支承轴颈调水平。调整指示表，使其测头垂直触及安装轴颈圆柱表面的任意位置。缓缓转动滚动花键轴，记下指示表读数变化。测量误差以测量中的指示表读数的最大差值计。经商定允许将滚动花键副顶在中心孔上测量。

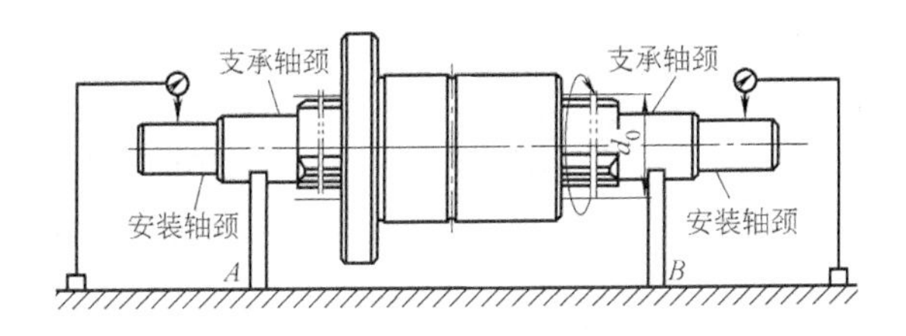

图 18.6-42　安装轴颈外圆对支承轴颈轴线的径向圆跳动检测结构示意图

表 18.6-78　安装轴颈外圆对支承轴颈轴线的径向圆跳动的精度要求

公称直径 d_0 /mm	精度等级		
	2	3	4
	公差/μm		
≥15~20	12	19	46
>20~32	13	22	53
>32~50	15	25	62
>50~80	17	29	73
>80~120	20	34	86
>120~150	23	40	100

（4）轴颈端面对支承轴颈轴线的轴向圆跳动

轴颈端面对支承轴颈轴线的轴向圆跳动测量结构示意图如图 18.6-43 所示。

轴颈端面对支承轴颈轴线的轴向圆跳动精度要求见表 18.6-79。将滚动花键副置于 A、B 处的 V 形架上，如两端支承轴颈外径尺寸不一致，则增加垫块将

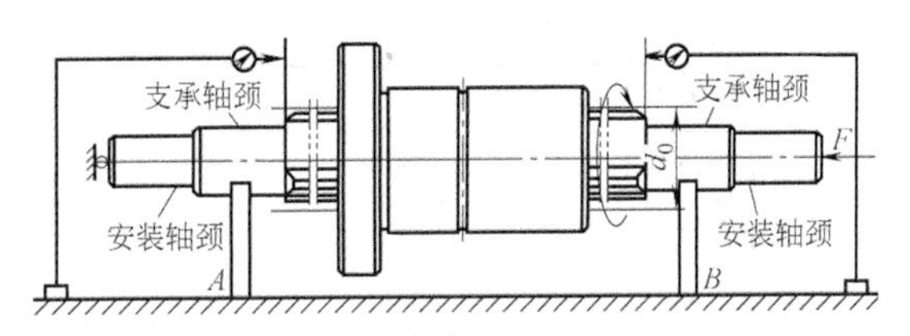

图 18.6-43　轴颈端面对支承轴颈轴线的轴向圆跳动测量结构示意图

两端支承轴颈调水平，防止滚动花键轴轴向移动（可将滚珠置于滚动花键轴中心孔和固定面间）。调整指示表，使其测头垂直触及轴颈端面。缓缓转动滚动花键轴，记下指示表读数变化。测量误差以测量中的指示表读数的最大差值计。经商定允许将滚动花键副顶在中心孔上测量。

表 18.6-79　轴颈端面对支承轴颈轴线的轴向圆跳动精度要求

公称直径 d_0 /mm	精度等级		
	2	3	4
	公差/μm		
≥15~20	8	11	27
>20~32	9	13	33
>32~50	11	16	39
>50~80	13	19	46
>80~120	15	22	54
>120~150	18	25	63

4.6.4　寿命计算

花键承受转矩载荷的额定寿命为

$$L=50\left(\frac{f_{\mathrm{T}}f_{\mathrm{C}}f_{\mathrm{H}}C_{\mathrm{T}}}{f_{\mathrm{w}}T_{\mathrm{C}}}\right)^3 \quad (18.6\text{-}19)$$

花键承受单向转矩载荷寿命时间为

$$L_{\mathrm{h}}=\frac{L\times10^3}{120L_{\mathrm{S}}n_1} \quad (18.6\text{-}20)$$

式中　L——额定寿命（km）；

f_{w}——载荷系数（见表 18.6-80）；

f_{C}——接触系数（见表 18.6-81）；

f_{T}——温度系数（见表 18.6-82）；

f_{H}——硬度系数，选择可参考滚动直线导轨相关部分；

C_{T}——额定转矩值（N·m）；

T_{C}——计算扭转载荷（N·m）；

L_{h}——寿命时间（h）；

L_{S}——行程（m）；

n_1——每分钟往复次数。

表 18.6-80 载荷系数 f_w

冲击及振动	速度 v/m·min^{-1}	f_w
没有冲击及振动	≤15	1.0~1.5
微冲击振动	>15~60	1.5~2.0
有冲击振动	>60	2.0~3.5

表 18.6-81 接触系数 f_C

花键套个数	f_C
1	1.00
2	0.81
3	0.72
4	0.66
5	0.61

表 18.6-82 温度系数 f_T

直线运动系统的温度	≤100℃	100~150℃	150~200℃
f_T	1	1~0.9	0.9~0.75

4.6.5 尺寸系列

1）直筒型凸缘式滚动花键副的结构型式和安装尺寸应符合图 18.6-44 和表 18.6-83 的规定。

2）法兰型凸缘式滚动花键副的结构型式和安装尺寸应符合图 18.6-45 和表 18.6-84 的规定。

3）直筒型凹槽式滚动花键副的结构型式和安装尺寸应符合图 18.6-46 和表 18.6-85 的规定。

4）法兰型凹槽式滚动花键副的结构型式和安装尺寸应符合图 18.6-47 和表 18.6-86 的规定。

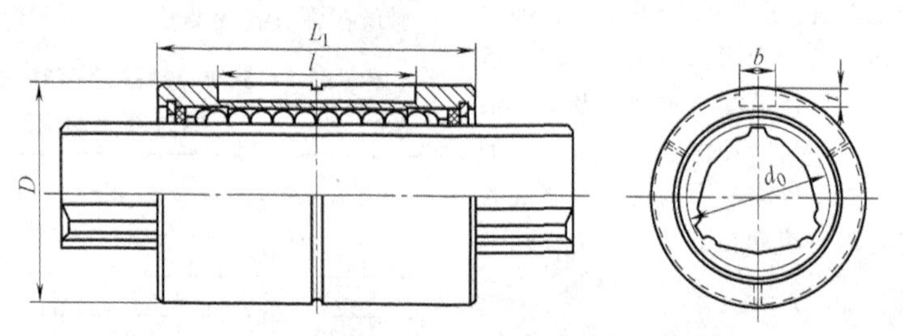

图 18.6-44 直筒型凸缘式滚动花键副的结构型式

表 18.6-83 直筒型凸缘式滚动花键副的安装尺寸 (mm)

公称直径 d_0	花键套外径 D(h6)	花键套长度 L_1	键槽宽度 b(H9)	键槽深度 t	键槽长度 l
15	23	40	3.5	$2^{+0.1}_{0}$	20
		50			
20	30	50	4	$2.5^{+0.1}_{0}$	26
		60			
25	38	60	5	$3^{+0.1}_{0}$	36
		70			
30	45	70	6	$3.5^{+0.1}_{0}$	40
		80			
32	48	70	8	$4^{+0.2}_{0}$	40
		80			
40	60	90	10	$5^{+0.2}_{0}$	56
		100			
50	75	100	14	$5.5^{+0.2}_{0}$	60
		112			
60	90	127	16	$6^{+0.2}_{0}$	70
70	100	110	18	$6^{+0.2}_{0}$	68
		135			
85	120	140	20	$7^{+0.2}_{0}$	80
		155			
100	140	160	28	$9^{+0.2}_{0}$	93
		175			
120	160	200	28	$9^{+0.2}_{0}$	123
150	205	250	32	$10^{+0.2}_{0}$	157

注：花键套长度 L_1 为常用系列长度尺寸。

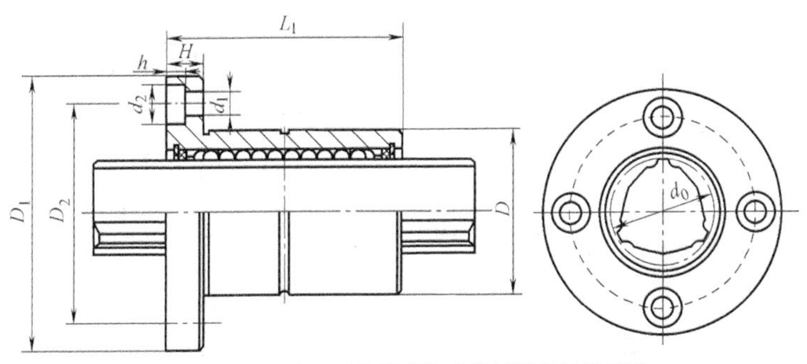

图 18. 6-45　法兰型凸缘式滚动花键副的结构型式

表 18. 6-84　法兰型凸缘式滚动花键副的安装尺寸　　(mm)

公称直径 d_0	花键套外径 D(h6)	花键套长度 L_1	法兰直径 D_1	安装孔分布圆直径 D_2	法兰厚度 H	沉孔深度 h	沉孔直径 d_2	通孔直径 d_1
15	23	40	43	32	7	4.4	8	4.5
20	30	50	49	38	7	4.4	8	4.5
25	38	60	60	47	9	5.4	10	5.5
30	45	70	70	54	10	6.5	11	6.6
32	48	70	73	57	10	6.5	11	6.6
40	57	90	90	70	14	8.6	15	9
50	70	100	108	86	16	11	18	11
60	85	127	124	102	18	11	18	11
70	100	110	142	117	20	13	20	13.5
		135						
85	120	140	168	138	22	13	20	13.5
		155						
100	135	160	195	162	25	17.5	26	17.5

注：花键套长度 L_1 为常用系列长度尺寸。

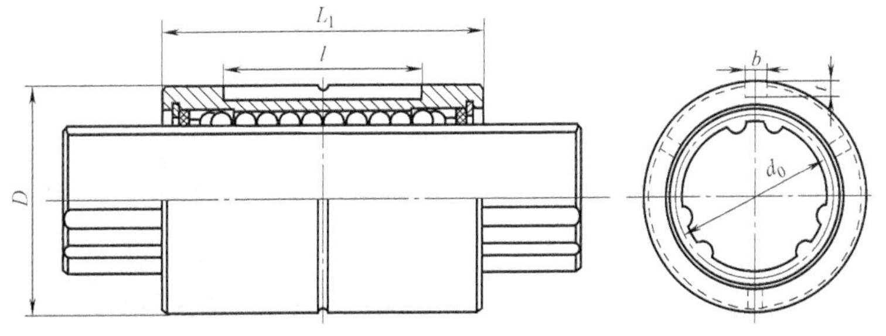

图 18. 6-46　直筒型凹槽式滚动花键副的结构型式

表 18. 6-85　直筒型凹槽式滚动花键副的安装尺寸　　(mm)

公称直径 d_0	花键套外径 D(h6)	花键套长度 L_1	键槽宽度 b(H9)	键槽深度 t	键槽长度 l
16	31	50	3.5	$2^{+0.1}_{0}$	17.5
20	35	63	4	$2.5^{+0.1}_{0}$	29
25	42	71	4	$2.5^{+0.1}_{0}$	36
30	48	80	4	$2.5^{+0.1}_{0}$	40
40	64	100	6	$3.5^{+0.1}_{0}$	52
50	80	125	8	$4^{+0.1}_{0}$	58
60	90	140	12	$5^{+0.2}_{0}$	67

（续）

公称直径 d_0	花键套外径 D(h6)	花键套长度 L_1	键槽宽度 b(H9)	键槽深度 t	键槽长度 l
80	120	160	16	$6^{+0.2}_{0}$	76
100	150	190	20	$7^{+0.2}_{0}$	110
120	180	220	32	$11^{+0.2}_{0}$	120

注：花键套长度 L_1 为常用系列长度尺寸。

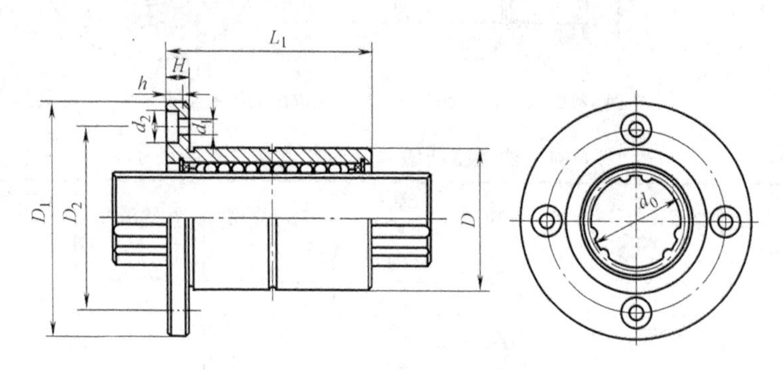

图 18.6-47 法兰型凹槽式滚动花键副的结构型式

表 18.6-86 法兰型凹槽式滚动花键副的安装尺寸 （mm）

公称直径 d_0	花键套外径 D(h6)	花键套长度 L_1	法兰直径 D_1	安装孔中心距 D_2	法兰厚度 H	沉孔深度 h	沉孔直径 d_2	通孔直径 d_1
16	31	50	51	40	7	4.4	8	4.5
20	35	63	58	45	9	5.4	9.5	5.5
25	42	71	65	52	9	5.4	9.5	5.5
30	48	80	75	60	10	6.5	11	6.6
40	64	100	100	82	14	8.6	14	9
50	80	125	124	102	16	11	17.5	11
60	90	140	134	112	16	11	18	11
80	120	160	168	144	20	12.8	20	13.5
100	150	190	200	170	25	16.8	26	17.5
120	180	220	252	216	30	20.6	32	22

注：花键套长度 L_1 为常用系列长度尺寸。

4.7 滚动轴承导轨

用滚动轴承作滚动体制作的滚动导轨在各种机械中已经得到广泛的应用，如大型（磨削长度达 15m）磨头移动式平面磨床的纵向导轨、绘图机的导轨及高精度测量机的导轨等。

4.7.1 滚动轴承导轨的主要特点

1）滚动轴承是一种标准的通用的元件，使用经济，便于维护保养和更换。

2）润滑容易。因为滚动体（滚珠或滚柱）是在轴承环内循环的，所以只需在轴承内填充永久性润滑脂即可。

3）由于与导轨面直接接触的是外径较大的轴承外圈（或另加的外圈套圈），所以对导轨面的接触压力小。这种导轨承载能力较强，而且也能承受较大的预加载荷，进而达到较高的导轨刚度。

4）由于对导轨面的接触压力较小，所以可降低对导轨面的硬度要求，一般为 42HRC 即可。

5）由于轴承的外圈（包括另加的外圈套圈）是一个很好的弹性体，能够起到吸振和缓冲的作用，所以这种导轨的抗振性比其他滚动导轨高。

6）轴承组可事先预加载荷，因而可提高滚动精度。

7）滚动轴承导轨的缺点是结构尺寸较大和滑鞍（或工作台）上的轴承组安装孔的加工较为困难。

4.7.2　滚动轴承导轨的结构

任何一种能承受径向载荷的滚动轴承都可以作为这种导轨的滚动元件，如深沟球轴承、圆柱滚子轴承（需要配用起轴向限位作用的深沟轴承）及成对使用的角接触轴承等。

将表 18.6-87 中所示的轴承组，利用其安装部位（D）安装在滑鞍或工作台上，滚动轴承的外圈（或外圈套圈）压在导轨面上，用相对工作的轴承组将滑鞍或工作台约束到只剩下一个运动自由度。

4.7.3　轴承组的布置方案

滚动轴承组在导轨中的布置方案与滚柱导轨块极为相似。根据导轨的安置状态及载荷的特点，可以布置成开式的和闭式的两种，详细说明见表 18.6-88。开式布置只适合水平安置，且无颠覆载荷的场合。

表 18.6-87　推荐的轴承组结构

序号	简　　图	应用及说明
1	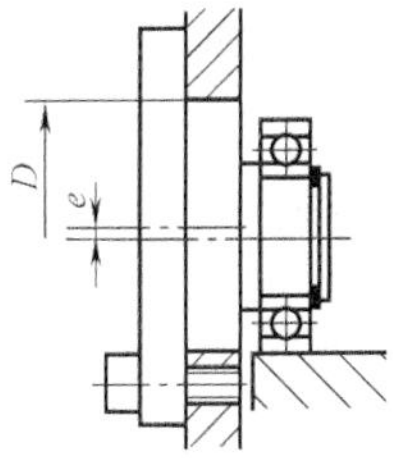	使用深沟球轴承,直接利用外圈与导轨面接触,结构简单,在一般情况下,均采用这种用法 利用安装部位 D 与轴承内孔的偏心 e 调节导轨间隙或预加载荷 安装部位的直径 $D>$轴承外径$+2e$ 事先不能对轴承预加载荷,影响了轴承的承载能力
2	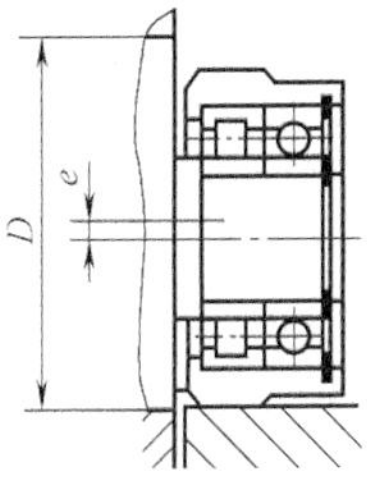	滚柱轴承受径向载荷,深沟轴承轴向限位,外圈套圈与导轨面接触 外圈套圈可以与滚柱轴承过盈配合,这种结构很适合承载能力高的场合 利用偏心 e 调整导轨间隙或预加载荷 $D>$外圈套圈直径$+2e$ 滚柱轴承也可以是滚针轴承
3	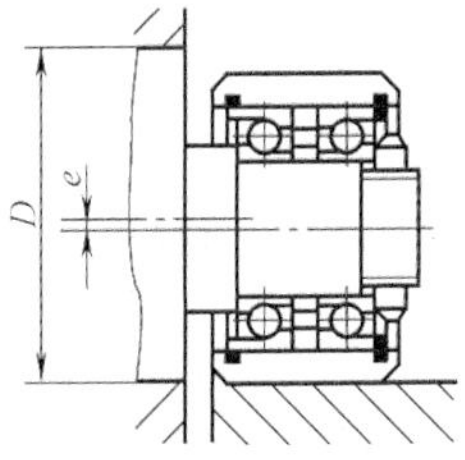	成对使用角接触球轴承,利用内、外隔套对轴承预加载荷,外圈套圈与导轨面接触 适合高精度的场合使用 利用偏心 e 调整导轨间隙或预加载荷 $D>$外圈套圈直径$+2e$
4	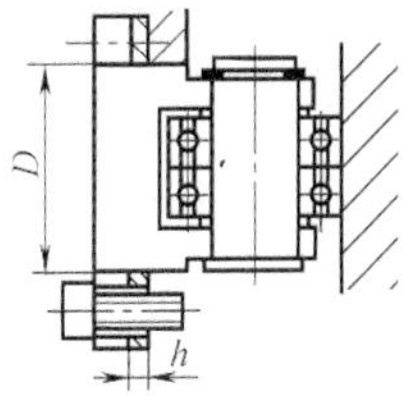	两个(或一个)深沟球轴承安装在轴承组支座上,轴承的外圈直接与导轨面接触,利用改变垫片厚度 h 的办法调整导轨的间隙或预加载荷 $D>\sqrt{轴承外径^2+轴承宽度^2}$

表 18.6-88　轴承组布置方案

序号	示　意　图	应用及说明
1	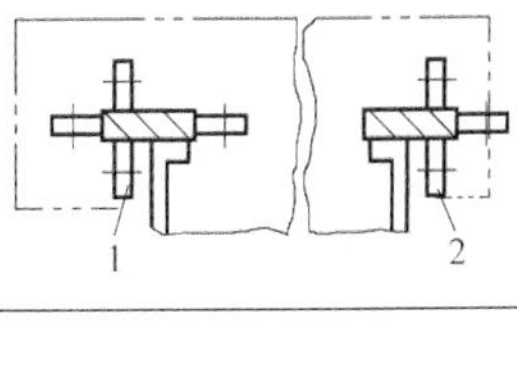	利用 6 对轴承组构成闭式布置。适合任何安置状态的导轨,尤其适合长行程水平安置的导轨 当撤去 1、2 位置的轴承组,即变成开式布置方案,此时只适合水平安置无倾覆载荷的场合

（续）

序号	示 意 图	应用及说明
2	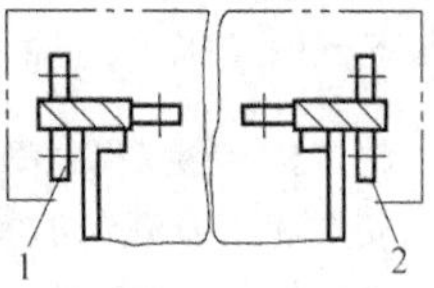 1 2	利用两根导轨的内侧面做侧向导向，可使导轨装置的横向尺寸变小。其他说明与序号1相同
3	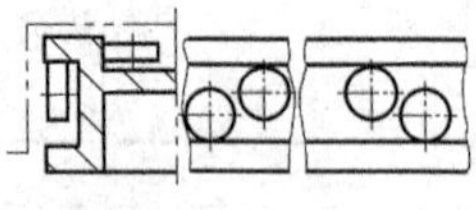	这是充分利用导轨体的内部空间（尺寸）布置轴承组的方案，也是用6对轴承组设置运动约束。在导轨装置的宽度和高度方面都可以获得较小的尺寸 适合任意工作位置的导轨
4	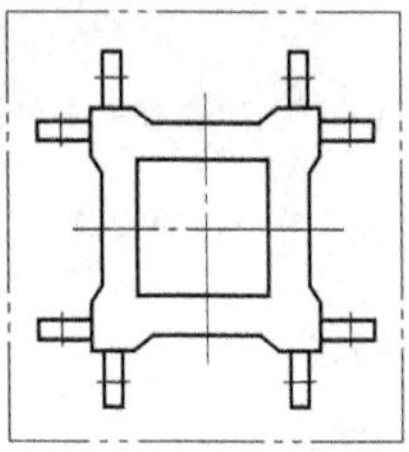	这是对方柱形导轨的运动约束方案，共用了8对轴承组，可获得高支承刚度，适合任何工作位置和受力状态，特别是大悬伸量的方形支臂
5	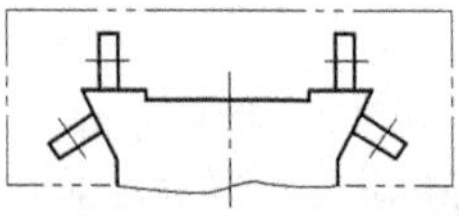	燕尾导轨轴承组的布置方案，只需设置4对轴承组就可达到运动约束的目的 适合任何工作位置和受力状态的轻型、行程短的场合
6	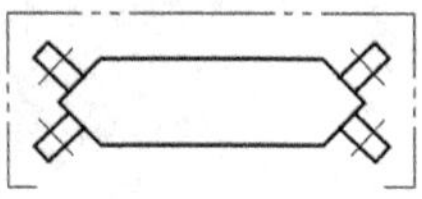	菱形导轨轴承组的布置方案 其他说明与序号5相同

4.7.4 预加载荷和间隙的调整方法

1）把轴承组安装部位的圆柱部分与滚动轴承的内孔（轴颈）做成偏心的，一般偏心量为1~2mm，见表18.6-87中的序号1、2、3。它们的结构简单，调整方便，调整时只需改变偏心的位置。

2）在轴承组安装座的下面设置垫片，见表18.6-87中的序号4简图所示。利用改变垫片厚度的办法来达到调整的目的。这种办法调整和测量垫片的厚度都比较麻烦。

上述方法1）也适用于弥补轴承组安装孔位置的制造误差。

4.7.5 导轨面的要求

1）导轨面的硬度。由于与导轨面直接接触的是外径较大的滚动轴承的外圈（或外圈套圈），导轨面的接触应力远远低于其他滚动导轨，所以可降低对导轨面的硬度要求，一般大于42HRC即可。

2）对铸铁导轨，如果不便于对导轨面进行淬火，则可以采用贴附经过热处理（或冷轧）的、硬度为大于42HRC的、精密的（厚度均匀度在0.02mm以内）钢带的办法。一般钢带的厚度可为1.2mm左右。

3）导轨面的接缝。当滚动轴承组的外圆滚过长导轨的接缝时，为避免颠簸，导轨的接缝除了尽可能的窄外，还应做成斜面对接。一般的斜角（相对移动方向）为45°左右。

4.7.6 导轨的计算

1）利用滚动直线导轨载荷计算方法计算滚动轴承的载荷。

2）根据滚动轴承组的滚动外径及导轨的工作速度，计算出滚动轴承导轨的工作转速，即

$$n_2=\frac{v_0\times10^3}{\pi D} \tag{18.6-21}$$

式中 v_0——导轨的工作速度（m/min）；

D——滚动轴承组滚动外圆直径（mm）。

3）再根据轴承的转速及载荷，按滚动轴承篇中的有关内容，进行寿命等计算。

4.7.7 应用示例

图18.6-48所示为一种滚动轴承导轨的应用示

例。图 18.6-48b 所示为轴承组布置示意图，共设置了6对轴承组约束中间的套筒，导轨面设在中间移动套筒上。图 18.6-48a 所示的轴承组设置了两对，用改变垫片厚度的办法，对导轨面施加预加载荷。图 18.6-48c 所示的轴承组设置了四对，用改变偏心的位置，对导轨面施加预加载荷。

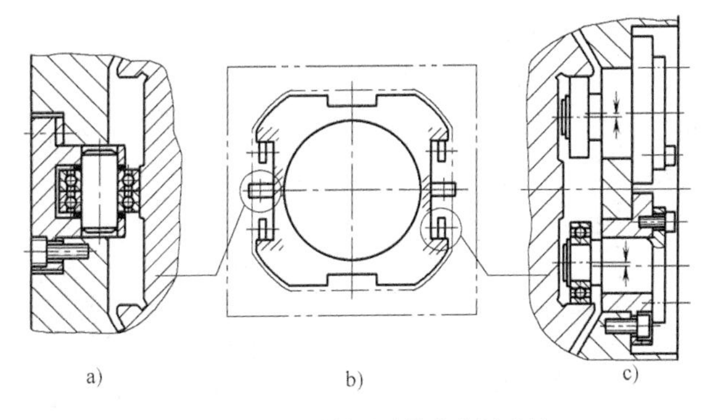

图 18.6-48 滚动轴承导轨的应用示例

5 液体静压导轨

5.1 液体静压导轨的原理、类型、特点和应用

在导轨的油腔通入有一定压力的润滑油，可使导轨（如工作台）微微浮起，在导轨面间建立油膜，得到液体摩擦状态，称为液体静压导轨。液体静压导轨有多种结构型式，其分类方法有两种：一种是按供油方式，另一种是按导轨的机构。习惯上是以节流形式和导轨结构来命名静压导轨。

液体静压导轨按结构型式分为开式静压导轨、闭式静压导轨和卸荷静压导轨。液体静压导轨按供油情况分为定压供油式静压导轨、定量式静压导轨等。

开式和闭式液体静压导轨的特点：

1）静压导轨的优点。在起动和停止阶段没有磨损，精度保持性好；油膜较厚，有均化误差的作用，可以提高精度，吸振性好；摩擦因数小，功率损耗低，减小摩擦发热；低速移动准确、均匀，运动平稳性好。

2）静压导轨的缺点。结构比较复杂，需增加一套供液设备；调整比较麻烦；对导轨的平面度要求很高。

卸荷静压导轨实际上就是未能将工作台完全浮起的开式静压导轨。由于卸荷静压导轨的接触刚度大，抗偏载能力较强，低速性能一般都能满足要求，设计、制造和调试技术要求相对较低，因此实际中在机床上大量使用的正是卸荷静压导轨。卸荷静压导轨的特点：工作台和床身两导轨面直接接触，导轨面的接触刚度大；摩擦阻力及工作台从静止到运动状态的摩擦阻力变化，大于开式和闭式静压导轨，小于混合摩擦的滑动导轨，工作台低速运动的均匀性优于混合摩擦的滑动导轨；导轨的每个油腔的压力由一个或两个节流器控制，也可以由溢流阀直接控制；需要有一套可靠的供油系统。

液体静压导轨多用于精密级和高精度机床的进给运动，以及低速运动导轨。

液体静压导轨通常将移动件的导轨面分成若干段，每一段相当于一个独立的油垫支承，每个支承由油腔和封油面组成。定压供油开式静压导轨系统的组成示意图如图 18.6-49 所示。

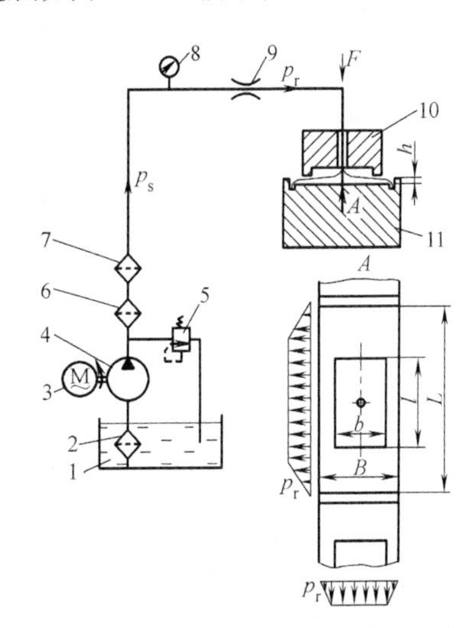

图 18.6-49 定压供油开式静压导轨系统的组成示意图
1—油池 2—进油过滤器 3—液压泵电动机 4—液压泵 5—溢流阀 6—粗过滤器 7—精过滤器 8—压力表 9—节流器 10—上支承 11—下支承

5.2 静压导轨结构设计

5.2.1 导轨面支承单元的主要形式

用于静压导轨的支承单元有三种主要形式，见表

18.6-89，可用以组合成多种静压导轨。

表 18.6-89 静压导轨支承单元的形式

形式	简图	特点
单一支承		1）载荷沿支承法线方向使上支承压向下支承 2）支承能沿垂直于法线的任何方向移动
一对对置支承		1）载荷可沿支承法线的正向或反向作用 2）支承能沿垂直于法线的任何方向做相对移动
一对斜面支承		1）能在朝向支承的任何方向加载 2）支承能沿垂直于两个支承法线的平面方向相对滑动

5.2.2 静压导轨的基本结构型式

静压导轨大部分采用平导轨面，截面形状为矩形，形状简单，制造容易，承载能力及刚度大，油面调整比较容易，也有的采用斜面支承（V形导轨）或圆导轨。

常用的开式静压导轨的基本结构型式如图18.6-50所示，其中图a、图b应用较普遍，图c用于回转导轨，图d使用较少，因为它加工困难，精度难保证。

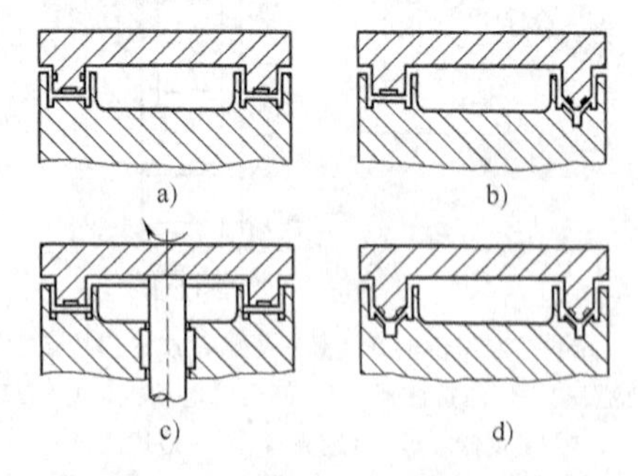

图 18.6-50 开式静压导轨的基本结构型式
a）矩形平导轨 b）V-平形导轨
c）回转平导轨 d）双V形导轨

闭式静压导轨的基本结构型式如图18.6-51所示。其中图a受热变形影响较大；图b用左边导轨两侧定位，受热膨胀影响小；图c是对置多油腔平导轨，用于回转件支承；图d的特点是加工面少，适用于载荷不大、移动件不长的导轨。闭式静压导轨能承受正、反方向的载荷，油膜刚度高，承受偏载和倾覆力矩的能力较强，但加工制造和油膜调整较复杂，用不等面积的油腔结构较经济。

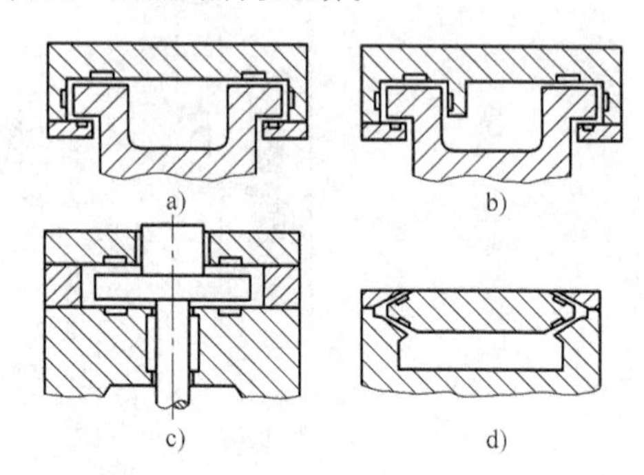

图 18.6-51 闭式静压导轨的基本结构型式
a）宽式双矩形导轨 b）窄式双矩形导轨
c）回转平导轨 d）菱形导轨

5.2.3 静压导轨的技术要求

1）开式和闭式静压导轨在工作过程中，应始终有一层油膜将两导轨面分开，因此要求在运动部件的长度范围内，导轨的平面度、平行度等几何精度误差总和小于导轨间隙。机床和机械设备的精度越高，要求导轨的几何精度误差越小。对于运动部件特别长的机床和机械设备，如果要求运动部件的导轨几何精度误差总和小于导轨间隙，势必要大大提高导轨的加工精度，或者选择较大的间隙。在这种情况下，若加工有困难，可考虑采用卸荷静压导轨。

2）导轨的变形会导致导轨精度降低。若变形量超过了导轨间隙，则静压导轨失去作用。工作台、床身以及同地基连接的零部件刚度不足，容易引起零部件变形，从而影响导轨的性能（如导致间隙、流量、节流比和刚度的变化）。由于导轨的性能下降和几何精度误差增大，因而影响导轨的运动精度和机床的加工精度。大型机床和机械设备的地基很重要，对于地基的选择和设计应有足够重视。地基刚度不足，工作台和床身导轨容易产生变形，也同样会影响导轨的运动精度和机床的加工精度。

3）为了防止铁屑和其他杂物落在导轨面上和润滑油中，导轨面上必须加防护罩：如果不加防护罩，不宜采用静压导轨。

导轨的形状应力求简单和工艺性好。开式导轨多用V-平组合，闭式导轨多用双矩形。以机床为例，静压导轨的技术要求见表18.6-90。

表 18.6-90　静压导轨的技术要求

（mm）

机床类型	动导轨在全长上的直线度和平面度	25×25mm² 上的接触点	刮研深度
高精度机床	0.01	≥20 点	0.003~0.005
精密机床	0.01	≥16 点	0.003~0.005
普通和大型机床	0.02	≥12 点	0.006~0.010

导轨材料一般多采用铸铁。目前，有些机床的床身和工作台直接用钢板焊接而成。

5.2.4　静压导轨的节流器、润滑油及供油装置

（1）常用的节流器

静压导轨用的节流器分为固定节流器和可调节节流器两种。由于静压导轨油腔多，各个油腔所受的载荷大小也不一定相同，所以静压导轨大都采用可调节节流器。静压导轨常用的节流器有毛细管节流器和薄膜反馈节流器。

每个油腔必须单独使用一个节流器（对于闭式导轨，每个支承用一副双膜反馈节流器），尤其是V形导轨的两侧油腔不能合用一个节流器，而应各自分别安装节流器，以免影响承载能力和导向性。节流器应尽量靠近所控制的油腔，以缩短油路，保证动态刚度。

（2）常用润滑油的选择

静压导轨常用润滑油有：中小型机床和设备常用黏度为 $20mm^2/s$ 的机械油，大重型机床和机械设备常用黏度为 $40mm^2/s$ 或 $50mm^2/s$ 的机械油。

（3）供油装置

静压导轨的供油装置与静压轴承的供油装置基本相同。静压导轨一般比较长，油腔分散在较大的范围内，供油管路较长，建立油腔压力所需要的时间较长。为保证工作台浮起稳定后才起动工作，油泵电路与主电机电路除泵压力联锁外，还必须增加时间联锁，或者在最远的油腔和承载最大的油腔装设压力传感器。只有当这两个压力传感器都检测到油腔压力达到设计值时，才能起动主电机，否则主电机无法起动，即增加油腔压力联锁。

润滑油在进入节流器以前应进行精滤，其过滤精度，对中小型机床应保证大于 10μm 的微粒不能通过，对大型机床应保证大于 10~20μm 的微粒不能通过。回油通道必须畅通、封闭，至少要保证润滑油在进入回油管之前是在防护罩内流动，以保证润滑油的洁净度。

5.2.5　静压导轨的加工和调整

（1）油腔的加工

目前静压导轨大多采用油槽形油腔，一般进行铣削加工，最好采用磨削导轨。如果采用刮削精加工导轨，注意刮点不要太深，以免影响油腔压力的建立。因为拖板行走过程中由于刮点深度不同造成的泄漏，会使油腔压力产生波动，影响拖板行走的稳定性。

（2）静压导轨的调整

静压导轨调整包括多方面的内容，这里只介绍开式和闭式静压导轨空载情况下工作台不能浮起和导轨间隙均匀性的调整。

1）工作台不能浮起。在供油系统的油泵起动后，当导轨油腔压力达到设计要求时，工作台浮起。如果工作台不能浮起，则主要有下列几方面的原因：节流器堵塞，润滑油无法进入油腔；滤油器很脏或已损坏不能正常工作；导轨材料有疏松、砂眼等缺陷，润滑油在油腔内泄漏太多；导轨精度太差，导轨的某些部分有金属接触，未能形成纯液体润滑。

上述种种现象可从压力表上观测出来。故障排除后，油腔建立正常压力，工作台便能浮起。

2）导轨间隙的调整。工作台浮起后，导轨间隙往往是不均匀的。这是由于受到下列因素的影响：导轨加工精度的误差，导轨弹性变形，支座上承受的载荷分布不均匀。为了保证工作台各油腔处的浮起量均匀，应当在油腔建立压力后，用千分表在工作台的四个边角（或更多的地方）测量工作台的浮起量。如果各处浮起量不同，应调整毛细管的节流长度，改变各油腔的压力，从而改变该油腔处的浮起量。对于浮起量小的油腔，要减小节流阻力；对于浮起量大的油腔，要增加节流阻力。通过节流阻力的改变，使工作台的浮起量符合设计要求的间隙值。

经过上述调整后，如果工作台浮起量仍不符合设计要求，说明导轨的几何精度太低，或导轨的弹性变形过大，此时应检查导轨精度并重新加工（或调整）导轨面。

5.2.6　静压导轨油腔结构设计

对直线往复运动的静压导轨，油腔应开在动导轨上，以保证油腔不会外露。这样就必须向移动的工作台输送压力油，为此可采用伸缩套管。圆运动静压导轨的油腔可开在支承导轨上。

当运动导轨长度小于 2m 时，每条导轨开 2~4 个油腔；当大于 2m 时，每 0.5~2m 开一个油腔，每条导轨的油腔数至少为两个。当载荷分布均匀，机器刚

度较高时，油腔数量可少些。

油腔形状大致可以分为矩形油腔和油槽形油腔（直油槽形油腔和工字形油槽形油腔），无论油腔的形状如何，只要支座的 L、B 和油腔的 l、b 相等，各种形状的油腔基本上具有相同的有效承载面积。油腔的常用形状和尺寸如图 18.6-52 所示。油腔形状根据导轨宽度选择，其尺寸为 $a_1 \approx 0.1B$，$a \approx 0.5a_1$，$a_2 \approx 2a_1$。为避免相邻油腔中油压互相影响，两油腔中间有一横向回油沟 E，油沟长度 l 可取得长一些，

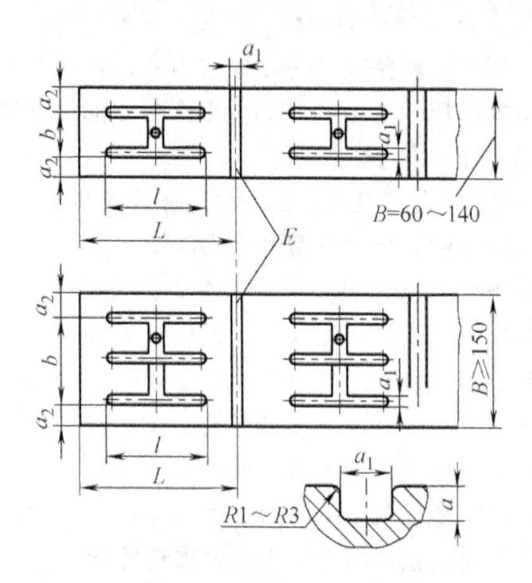

图 18.6-52　静压导轨的油腔的常用形状和尺寸

以提高承载能力，但不得开通。这种油腔的优点：加工方便；在工作过程中，当供油系统发生故障或突然停电时，即使停止将润滑油输送给导轨油腔，由于两导轨面的基础面积较大，比压小，因而能减小磨损。

6　压力机导轨设计特点

压力机导轨副由滑块上导向面和机架上导轨组成，导轨与机架不是一个整体，而是通过螺钉紧固在机架上，导轨承受滑块给予的侧向力和一定偏载力，因此压力机导轨设计除应满足前述导轨的设计要求外，还应注意压力机导轨的特殊性及与机床等导轨设计的不同点。

6.1　导轨的形式和特点

压力机导轨形式较多，滑动导轨应用广泛。从单个导轨形状分，有 V 形导轨、斜导轨和平面导轨；从导轨面数分，有 4 面、6 面和 8 面导轨；从可调性分，有可调导轨、不可调导轨、可调和不可调并用导轨；从导向方向分，有卧式导轨和立式导轨。

滚动导轨应用于高速精密压力机，如我国生产的高速精密压力机应用滚动导轨，滑块行程次数大于 80 次/min，高达 600 次/min。

压力机滑动导轨的基本形式及特点见表 18.6-91。

表 18.6-91　压力机滑动导轨基本形式及特点

导轨名称及简图	典型结构图	tanβ 的比较		导向精度	结构	导轨调节	精度保持	对中调整	适用范围	备注
2 个 V 形导轨 前 后		前后	$\frac{2\delta}{l\sin60°}$	较高	简单	容易	较好	加工保证	中小型开式压力机	—
		左右	$\frac{2\delta}{l\cos60°}$	低				可以		
4 个 45°斜导轨 前 后		前后	$\frac{2\delta}{l\cos45°}$	较低	较简单	较容易	较好	可以	中大型压力机	不适用近似方形的滑块
		左右	$\frac{2\delta}{l\cos45°}$	较低				可以		
2 个 45°斜导轨和两个平面导轨 前 后		前后	$\frac{\delta}{l}+\frac{\delta}{l\cos45°}$	较低	较简单	较容易	较好	加工保证	中大型压力机	—
		左右	$\frac{2\delta}{l\cos45°}$	较低				可以		

（续）

导轨名称及简图	典型结构图	tanβ 的比较		导向精度	结构	导轨调节	精度保持	对中调整	适用范围	备注
6个平面导轨 前 后		前后	$\frac{2\delta}{l}$	高	较复杂	较难	好	加工保证	中型开式压力机	异向间隙靠调整片调节
		左右	$\frac{2\delta}{l}$	高				可以		
8个平面导轨 前 后		前后	$\frac{2\delta}{l}$	高	复杂	较容易	较好	可以	中大型压力机	—
		左右	$\frac{2\delta}{l}$	高				可以		

注：1. 结构图栏中的代号：1—机架，2—滑块，3—紧固螺栓，4—顶紧螺钉，5—调整垫片，6—导轨，7—滑板（导板）。

2. tanβ 栏中的代号；β—由于导轨间隙使滑块产生的倾斜角度，δ—导轨间隙，l—滑块的导向长度。

6.2　导轨尺寸和验算

6.2.1　导轨长度

由于导轨长度直接影响压力机的工作精度和压力机的总高度，一般可根据滑块导向部分的长度来确定导轨长度。导轨长度的计算见表 18.6-92。

表 18.6-92　导轨长度的计算

滑块底部有凸缘	滑块底部无凸缘
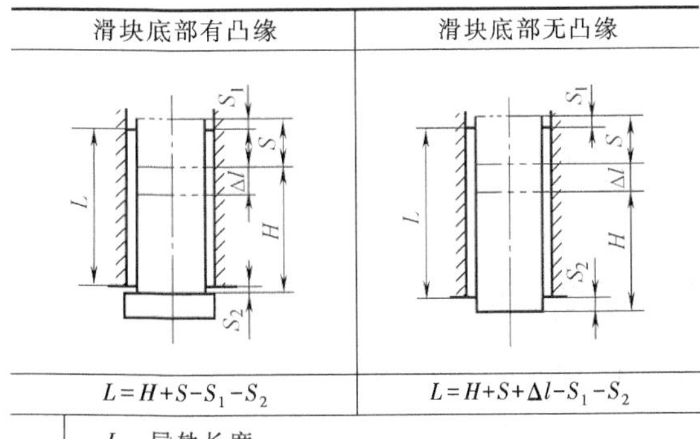	
$L=H+S-S_1-S_2$	$L=H+S+\Delta l-S_1-S_2$

说明：

L—导轨长度

H—滑块的导向面长度

S—滑块行程

Δl—封闭高度调节量

S_1—滑块到上死点时，滑块露出导轨部分的长度

S_2—滑块到下死点时，滑块露出导轨部分的长度

6.2.2　导轨工作面宽度及其验算

考虑到导轨需要承受压力机工作时的侧向力和一定的偏载力，以及充分的润滑，一般导轨面要宽些。导轨宽些还可以防止滑块转动误差的增加。

单个导轨工作面宽度的验算方法如下：

（1）压强 p（MPa）的验算

$$p=\frac{KP_g}{2BL}\leqslant p_p \qquad (18.6\text{-}22)$$

式中　P_g——压力机的公称压力（N）；

K——偏载力系数，可以取 $K=0.25$；

B——导轨工作面投影宽度（mm）；

p_p——导轨材料的许用压强（MPa），见表 18.6-21；

L——导轨长度（mm）。

（2）对于高速压力机还要进行 pv（MPa · m/s）值的验算

$$pv=\frac{KP_g v_{max}}{2BL}\leqslant (pv)_p \qquad (18.6\text{-}23)$$

式中　v_{max}——滑块运行最大速度（m/s）；

$(pv)_p$——导轨材料许用 pv 值（MPa · m/s）。

6.3　导轨材料

为了尽量避免或减少滑块导向面的磨损，要求导轨工作面的硬度比滑块导向面的硬度低一些，小型压力机滑块常用灰铸铁制造，中型压力机滑块常用灰铸铁、稀土铸铁或钢板焊接，大型压力机滑块一般用钢板焊接。导轨材料一般为灰铸铁 HT200。对于速度较高、偏心载荷较大的导轨，为提高耐磨性，常在导轨

工作面上镶装减磨材料制成的滑板，常用的耐磨材料有铸造锰黄铜（ZCuZn38Mn2Pb2）、铸造锡青铜（ZCuSn-5Pb52n5）和聚四氟乙烯软带等。

6.4 导轨间隙的调整

导轨和滑块导向面的间隙调整是通过紧固螺栓和顶紧螺钉，或紧固螺栓和调整垫片进行，见表18.6-94。

紧固螺栓和顶紧螺钉的数量及其布置是由导轨本身刚度及所承受的载荷大小等因素来决定。

紧固螺栓和顶紧螺钉的布置基本有三种形式：一种是分组布置，即两个紧固螺栓之间加一个顶紧螺钉；第二种是间隔布置，即紧固螺栓和顶紧螺钉间隔排列；第三种是复合布置，即在紧固螺栓上套一个顶紧螺套（结构紧凑，多用于中小型压力机）。

7 导轨的防护

导轨防护装置的主要功能是防止灰尘、切屑及冷却液侵入导轨，进而提高导轨的使用寿命；另外，制造精良、外形美观的防护罩还能增强机器外观整体艺术造型效果。

7.1 导轨防护装置的类型及特点

1）固定防护。利用导轨中移动件两端的延长物（或另加的防护板）保护导轨，适合行程较短的导轨，如车床的横刀架导轨。

2）刮屑板。利用毛毡或耐油橡胶等制成与导轨形状相吻合的刮条，使之刮走落在导轨上的灰尘、切屑等。适合在工作中裸露导轨的保护，如卧式车床的纵向导轨、滚动导轨等。

3）柔性伸缩式导轨防护罩。适合行程长、工作速度高，而且对导轨清洁度要求严格的导轨，如平面磨床的纵向导轨。

4）刚性多节套缩式导轨防护罩。行程长，但速度不能太高，不适合频繁往复运动的场合，多用于加工中心的导轨的防护。

5）柔性带防护装置。利用柔性带（如薄钢带、夹线耐油橡胶带等）遮挡导轨面，可以设计成卷缩型和循环型。

本节主要介绍已经系列化的并有专业生产商提供成品的导轨防护部件。

7.2 导轨刮屑板

导轨刮屑板的形状及其应用如图18.6-53所示。GXB型导轨刮屑板的结构如图18.6-54所示。GXB型导轨刮屑板的尺寸见表18.6-93。

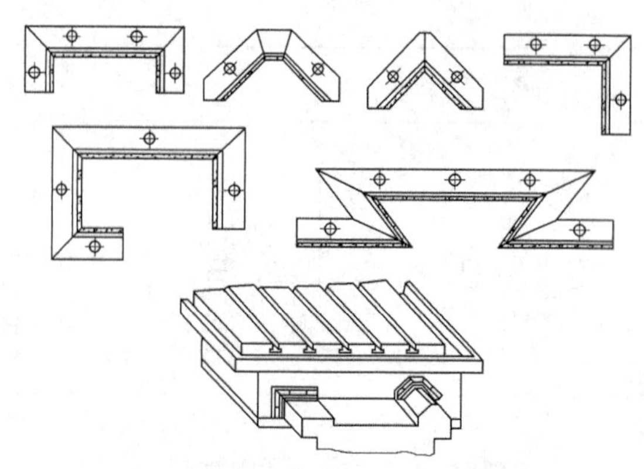

图18.6-53　导轨刮屑板的形状及其应用

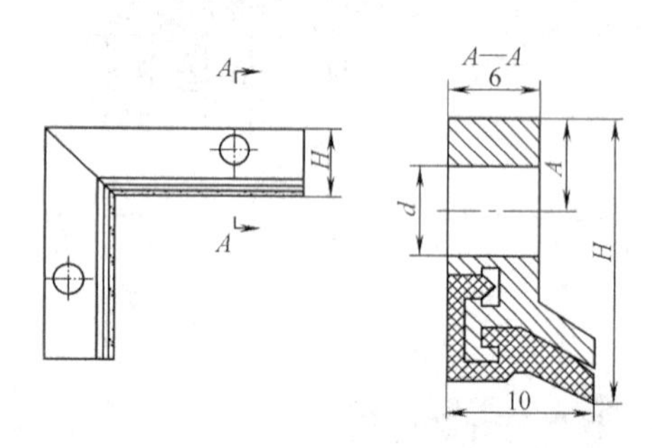

图18.6-54　GXB型导轨刮屑板的结构

表18.6-93　GXB型导轨刮屑板的尺寸

（mm）

代号	型号		
	GXB-18	GXB-25	GXB-30
	尺寸		
H	18	25	30
A	6	6~10	6~15
d	5~6	5~7	5~7

7.3 刚性套伸缩式导轨防护罩

该部分内容主要参考JB/T 6562—2008《伸缩式机床导轨防护罩》。导轨防护罩的结构型式按其结构特征和所能适应的随行速度可以分为A型、B型、C型三种。其典型结构如图18.6-55所示。

A型为低速滑动式，其额定随行速度为≤12m/min；B型为中速缓冲式，其额定随行速度为>12~25m/min；C型为高速滚动式，其额定随行速度为>25~45m/min。

导轨防护罩的主要性能指标包括额定随行速度、工作噪声和安全工作寿命三项。工作噪声要求小于70dB（A），安全工作寿命要求大于50万次往复。

导轨防护罩的技术要求如下：

1）导轨防护罩的罩板应采用耐热、耐蚀和防锈

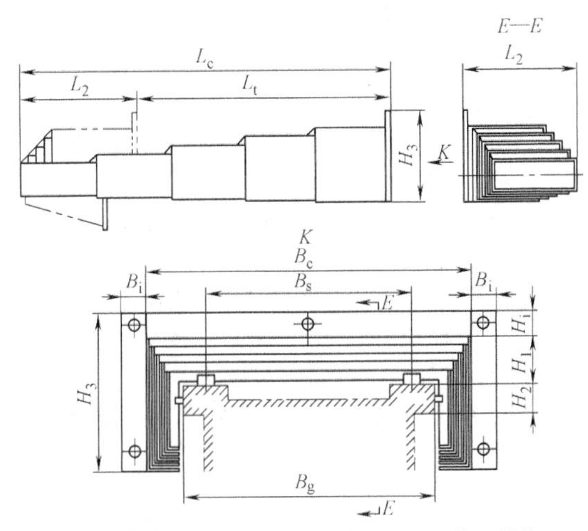

图 18.6-55　刚性套伸缩式导轨防护罩的典型结构

性能、力学性能及焊接性能良好的优质材料。

2）导轨防护罩的支承件和导向块应采用硬度适中、摩擦因数较小和耐磨性良好的优质材料。

3）导轨防护罩的刮舌应采用耐油、耐水和耐磨的优质橡胶和聚氨酯弹性体，其硬度应控制在邵氏硬度（A）75～80。

4）导轨防护罩各焊接处应牢固、可靠和平整，不得有虚焊、缺焊、裂纹及明显变形等缺欠。

5）导轨防护罩外表面应光滑、平整，不得有明显磕痕、划伤和锈蚀痕迹，铆接处不得有明显的凸凹缺陷。

6）导轨防护罩外表面进行抛光时，抛光纹理应一致，装配前内表面应进行清洁。

7）导轨防护罩刮舌唇口部分不得有破损和缺口，拼接处应紧密无缝隙。

8）导轨防护罩应具有良好的防护性能，工作过程中应无冷却液及铁屑渗入罩内。

9）导轨防护罩侧向层配合间隙应均匀，其不均匀度公差应符合表 18.6-94 的规定；侧向层间配合间隙不均匀度公差是指导轨防护罩自然收缩状态下各罩节侧向单边层间最大与最小间隙之差。

表 18.6-94　侧向配合间隙不均匀度公差

（mm）

结构型式	导轨罩宽度 B_e		
	≤500	>500～1000	>1000～3000
	侧向配合间隙不均匀度公差		
A	1.0	1.2	1.5
B	0.7	0.9	1.2
C	0.4	0.6	0.9

10）导轨防护罩与导轨的配合尺寸（即定位宽度）B_g 的公差和支承高度 H_1 的极限偏差见表 18.6-95。

表 18.6-95　定位宽度和支承高度的公差

（mm）

结构型式	定位宽度 B_g		
	≤500	>500～1000	>1000～3000
	公差		
A	1.2	1.5	2.0
B	1.0	1.2	1.5
C	0.8	1.0	1.2
结构型式	支承高度 H_1		
	≤100	>100～150	>150～200
	极限偏差		
A	±0.3	±0.4	±0.5
B	±0.2	±0.3	±0.4
C	±0.1	±0.2	±0.3

11）导轨防护罩运行时应伸缩灵活、平稳，不得产生跳跃、脱节和扭曲及明显的卡滞等现象。

刚性防护罩以不锈钢为主体材料，由多节罩壳组成。以滑块或滚轮支承在导轨（或另设的辅助支承导轨）上，随滑座运动；各节间用铜衬相隔。这种防护罩防护性能好、行程长及寿命长。缺点是制造成本高、收缩后尺寸长、质量大和维修较困难。

7.4　柔性伸缩式导轨防护罩

柔性防护罩以橡塑、人造革和漆布等作为主体材料，为缩摺型。具有轻便、价格低廉、安装维护方便和收缩后尺寸短等优点。适用于行程长、工作速度高及频繁往复运动的场合。这种防护罩的使用寿命短，且不宜用在防油（或冷却液）要求高、切屑灼热及飞溅大的场合。

该种防护罩也已形成系列，有专业生产商提供。在订货时需提出以下主要技术参数：最大拉伸后长度 L_{max}；最小收缩后长度 L_{min}；行程长度 L_t；导轨宽度 A；防护宽度 a；支承高度 H；主体材料；支承型式（滑动的或滚轮的）等，如图 18.6-56 所示。

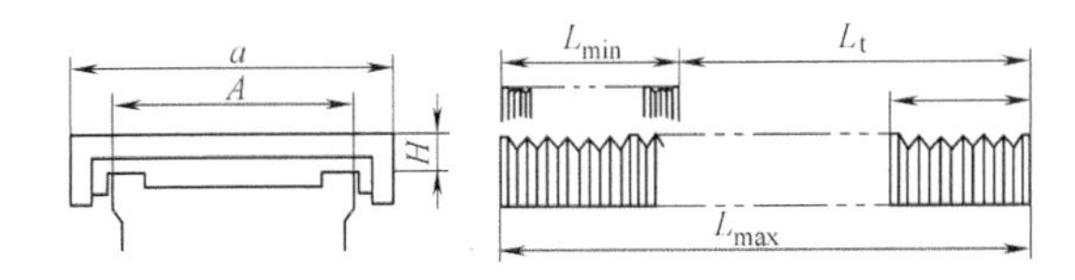

图 18.6-56　柔性伸缩式导轨防护罩示意图

柔性防护罩一般都做成多节的，以每节 5～7 摺为多。对于中、高速的防护罩，在其中还须设置弹簧连杆联动机构，以保证拉伸和收缩是平动的。

参考文献

[1] 闻邦椿. 机械设计手册：第3卷［M］. 5版. 北京：机械工业出版社，2010.

[2] 秦大同，谢里阳. 现代机械设计手册［M］. 北京：化学工业出版社，2011.

[3] 吴宗泽. 机械设计师手册［M］. 2版. 北京：机械工业出版社，2009.

[4] 俞新陆. 液压机现代设计理论［M］. 北京：机械工业出版社，1987.

[5] 俞新陆. 液压机的设计与应用［M］. 北京：机械工业出版社，2007.

[6] 叶瑞汶. 机床大件焊接结构设计［M］. 北京：机械工业出版社，1986.

[7] 机床设计手册编写组. 机床设计手册［M］. 北京：机械工业出版社，1979.

[8] 中国机械工程学会焊接学会. 焊接手册：第3卷［M］. 2版. 北京：机械工业出版社，2001.

[9] 中国机械工程学会焊接学会焊接结构设计与制造（XV）委员会. 焊接结构设计手册［M］. 北京：机械工业出版社，1990.

[10] 田奇. 仓储物流机械与设备［M］. 北京：机械工业出版社，2008.

[11] 孙靖民. 机械优化设计［M］. 北京：机械工业出版社，2014.

[12] 梁醒培. 基于有限元的结构优化设计——原理与工程应用［M］. 北京：清华大学出版社，2010.

[13] 刘辉，项昌乐，张喜清. 多工况变速器箱体静动弯联合拓扑优化［J］. 汽车工程，2012，34（2）：143-148，153.

[14] 孙占刚，孙铁铠. 基于有限元分析的轧机闭式机架结构优化设计［J］. 重型机械，2004（2）：44-46，58.

[15] 赵丽娟，刘宏梅. 基于ANSYS的矿用减速器箱体的优化设计［J］. 机械传动. 2007，31（4）：49-51，57.